本书的出版受下列研究课题资助：
国家自然科学基金面上课题（课题编号：51478317）
教育部人文社会科学研究青年基金课题（课题编号：16YJCZH095）

城市空间设计概念史

[英] 杰弗里·勃罗德彭特　著

王　凯　刘　刊　　译

郑时龄　　　　　校

U0271292

中国建筑工业出版社

著作权合同登记图字：01-2009-3045 号

图书在版编目（CIP）数据

城市空间设计概念史 /（英）勃罗德彭特著；王凯，刘刊译；郑时龄校. —北京：中国建筑工业出版社，2016.10
ISBN 978-7-112-19788-0

Ⅰ. ①城… Ⅱ. ①勃…②王…③刘…④郑… Ⅲ. ①城市空间-城市规划-建筑史-世界 Ⅳ. ①TU-098.11

中国版本图书馆CIP数据核字（2016）第214753号

Emerging Concepts in Urban Space Design/Geoffrey Broadbent，ISBN 978-0419161503

责任编辑：董苏华　张　建
责任校对：李美娜　关　健

城市空间设计概念史
［英］杰弗里·勃罗德彭特　著
　　王　凯　刘　刊　译
　　郑时龄　　　　　校
＊
中国建筑工业出版社出版、发行（北京海淀三里河路9号）
各地新华书店、建筑书店经销
北京嘉泰利德公司制版
北京画中画印刷有限公司印刷
＊
开本：850×1168毫米　1/16　印张：24　字数：624千字
2017年1月第一版　2017年1月第一次印刷
定价：**88.00**元
ISBN 978-7-112-19788-0
　　　　（28796）
版权所有　翻印必究
如有印装质量问题，可寄本社退换
（邮政编码 100037）

目　录

第二部分 哲学和理论

第 4 章 哲学基础

第 5 章 从哲学到实践

第 6 章 后续的规划理论和实践

第四部分　实践应用

第 12 章　城市肌理和纪念性建筑

第 13 章　城市的未来

鸣 谢

作者和出版社对慷慨允诺复制其作品的众多建筑师、规划师表示感谢，有些人为此提供了原始文件，他们是：博菲尔及建筑师事务所（Ricardo Bofill and the Taller de Arquitectura）、G·卡伦（Gordon Cullen）、A·杜安伊（Andrés Duany）和 E·普拉特–齐贝克（Elizabeth Plater-Zyberk）、D·戈斯林（David Gosling）、L·克里尔（Léon Krier）、R·克里尔（Robert Krier）、L·马丁爵士（Sir Leslie Martin）、C·摩尔（Charles Moore）、R·佩雷兹·达阿尔塞（Rodrigo Pérez d'Arce）、M·A·罗加（Miguel Angel Roca）、F·斯波特瑞（François Spoetry）、J·斯特林（James Stirling）和 B·屈米（Bernard Tschumi）。

本书的一些内容曾经在书籍和杂志上发表，文中适当加以引注，以方便那些希望进一步研究的读者。

虽然很困难，因为很多材料经历了多次出版社的变化，我们仍然花了很大的精力去寻找版权所有者。

第一部分
历史的多重视角

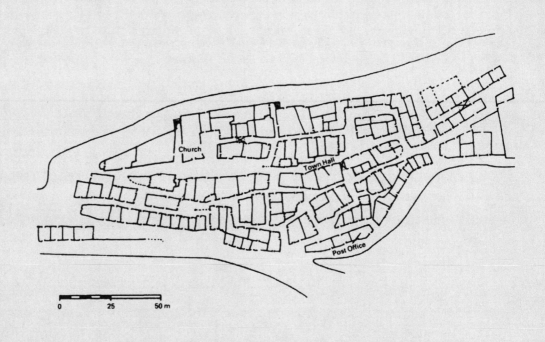

第 1 章　历史上的城市空间设计

规划的起源

如果我们要理解城市的本质，那么就应该记得"城市"（City）这个词本身是来自拉丁语中的"Civilis"，意为"为公民造福"。我们还应该记得"文明"这个词同样来源于这个词根。所谓文明，就是指那些发生在伟大城市中的一切事情！

K·克拉克（Kenneth Clark，1903—1983）开设了关于"文明"的电视系列节目（1959），随后又出版了与之相关的书，他观察了巴黎市中心——巴黎圣母院、卢浮宫、法兰西学院、城市住宅以及塞纳河岸边的小书摊。在他看来，这里面包含着文明对我们来说的全部意义。

如他所言，只有在人类超越了对物质的单纯追求，从"日复一日的生存斗争和夜复一夜的恐惧"中解放出来之后，发展了一种思想和感知之间平衡的能力，对理性的完美、公正和身体的美感等的向往，文明才有可能。

同时，这也和稳定性有关，或者用克拉克的话来说，"持久性"（Permanence）。巴黎那些优质坚固的石墙给了他这种"持久性"，而这种观念也铭记在那些书里面。对他来说，文明是人类自身心智和精神上延伸到极限的证据。

当然，有些人会对这种精英主义望而却步，克拉克会把这些人简单地叫作"未开化的"。不过他们在读到恩格斯在马克思墓前的讲话（1883）的时候会感觉不错：

> 马克思发现了人类历史的规律……人类在追求政治、科学、艺术、信仰等之前，首先必须能够吃、喝、遮风避雨和穿衣蔽体。

马克思把这些后来的东西称为建立在"经济基础"之上的"上层建筑"。但是，当然，一旦社会超越了原始的为了生存的经济行为本身而挣扎的阶段，其本身就变成了"上层建筑"的一部分。而城市，就在这样的情况下出现了。

第一批城市明显建立在人类超越基本生存斗争之后。已知最早的城市杰里科（Jericho，公元前7000），本来是约旦河畔的一片绿洲，广布防卫；而那时候在安纳托利亚中部的加泰土丘（Catal Huyuk）似乎贸易已经非常发达（Mellaart[1]，1967）。两者都依赖发达的农业，包括饲养家畜。

不过，通常而言，只有在就近解决了食物生产、足够数量的供应并具备了向城市运输的条件的状况下，城市级数量的人口才能聚集起来。所以第一批大城市总体上都出现在河谷或盆地也就毫不奇怪了。

必要规模的灌溉技术似乎最早在美索不达米亚地区——介于底格里斯河和幼发拉底河之间的地区——的中部，大约从公元前6000年发展起来。在那里，最早的城市规模的建设是在苏美尔文化的乌鲁克（前3500）、乌尔（前3100）和埃利都（前2750）三个地区。最早的埃及城市建立在

---

1. J·梅拉特（James Mellaart），1925年在伦敦出生，是英国考古学家和作家，他在土耳其新石器时代的村庄加泰土丘的考古工作为世人所知。此处应指 Çatalhöyük, A Neolithic Town in Anatolia, London, 1967。——译者注

尼罗河的河口地区的法尤姆（前4440）和梅里德（前4300）。更南边，在开罗以南的地区，埃及最早的两个首都在孟菲斯（前3100）和底比斯（前2080）。再往东方，印度河谷里有摩亨朱达罗和哈拉帕（都在公元前2400年以前）这两座城市。更往东方则有黄河及其支流地区，早期的中国城市如二里头（前1766）和郑州（前1650）。

大江大河的存在使灌溉成为可能，但是正如凯尼恩（Kenyon）所说，还需要有序的组织：

> 成功的灌溉包含一个复杂的控制系统。一个成系统的主水道为次水道供水，水闸关闭时，次水道就可以为田地灌溉。因此，水道必须被事先规划，每个农民通过关闭闸门取水所需要的时间需要被确定，对于不遵守规则的人必须有相应的惩罚措施。这也就意味着，必须有某种中心社团组织，以及这些组织所遵守的法规条文的出现……而这种组织的存在可以在巨大的防卫系统中得到印证。

权力自然而然地集中于那些建造或者控制这些灌溉系统——尤其是防卫系统的人手中。没有中心化的规划，这些都没办法实现。所以，最早的城市表现出了社会阶级的分层和手艺职业化的发展也就不足为奇了。

杰里科南部的小城贝达有个人开设的骨制品加工、石匠、屠户等的专业商店，而最伟大的新石器时代城市加泰土丘，有着比其他城市更加细致的专业划分（Mellaart，1967）。

还有的其他一些专业，例如专门加工燧石和黑曜石——一种黑色的火山玻璃——用以制造箭头、匕首、矛头、刀、镰刀、刮刀和钻孔工具的，更不用说还有用抛光黑曜石做成的镜子；首饰匠制作项链珠、臂环、手镯和脚环；石匠制造扁斧、斧子、抛光器、磨刀石、凿子、钉头和工具箱；骨匠制作锥子、冲头、刀、刮刀、勺子、碗、铲子、抹刀、锥子和带钩；木匠制造箱子和碗；纺织工纺制羊毛布料和地毯；篾匠编篮子和席子；还有制陶工、画家、雕塑家和其他艺术家。从一些房子比其他房子大很多，而且一些人比其他人的坟墓奢华得多来看，显然社会分层是存在的。

所以，首先，四种因素使得城市的出现成为可能：建成区域和周围乡村区域的分离，可能是由防卫的围墙分开；供密集农业生产的灌溉系统的发展；权力结构的发展，通过这个权力结构，灌溉系统和城市生活的其他方面得以控制——通常是由国王或神职人员进行；手工业的专业分工的发展，不仅满足城市人口的需要，同时为贸易提供基础。

既然城市是由这些因素发展而来，那么当然毫不意外的，城市从第一天起，就被这些元素或它们的等价物所渗透。

关于城市或地段的形态设计，可以分为两种方式。一种被亚历山大（Alexander，1964）称之为"自然式"，人们像最初的贫民窟时代一样自发建造。另一种就是人工的方式，即根据预先准备好的总平面，排布街道，建筑则根据某个规划者的秩序感建造在广场和城市街区中（Stanislawski，1947）。

这两种情形的对比会在本书中多次出现。同时经常出现的还有另外一个对比：规则和不规则。"自然"形成的城市倾向于不规则；当然，规划者也会有意识地使设计表现出某种明显的不规则性。大多数的规划者追求各种规律性，体现了人类智性的作用；除了一部分追求有意识的不规则性，也就是所谓的"风景如画风格"。本书在很大程度上是关于这种对比的，当然，是在相应的历史语境中。

古典规划

笔直的街道，直角相交，这些都是尼布甲尼撒王[1]约在公元前 1126—公元前 1105 年间进行的巴比伦规划的特征（图 1.1）。亚里士多德在《政治学》里似乎认为这种规划方式是米利都的希波丹姆斯[2]在公元前 479 年发明的，他认为后者"发现了划分城市的方法"。像很多后来的城市一样，米利都是在棋盘状的方格网上规划的。不过，它的邻居，建造在陡峭坡地上的城市普里恩也是如此——主要的街道沿等高线布置，由阶梯状与之交叉的支路相联系（图 1.2、图 1.3）。确实，正如柯斯托夫（Kostoff）所说（1985），希腊时代首选的城市设计方法是植物状（per strigas），也就是说，通过条带将东西两侧的大道相联系，通过一条或更多的南北向道路垂直布置。

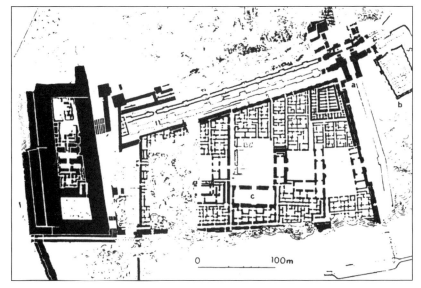

图 1.1　巴比伦：尼布甲尼撒的南宫（约公元前 1126—前 1105）（图片来源：Oates，1979，P.100）

留存至今的这种古代关于城市规划的文本，更多的讨论外观、景象和气候，而不是街道的几何关系。例如，希波克拉底[3]在《空气、水和场所（iii-iv）》中指出，最健康的朝向是东向，亚里士多德也同意这个观点（《政治学》，vii，10.1）。如果不能朝东，那城市就应该朝南。维特鲁威也很关注主导风向（第 I 书，第 6 章，i）：宽阔的大道应该利于通风，而小路则应该避风。"凉风伤害人的健康，热风导致食物腐败，湿风则有毒。"

确实，维特鲁威在城市选址方面，关于风向和其他环境因素有很多讨论（图 1.4），首要的是水源。所以（VII，I.i），人们应该在日出以前，面部朝下俯卧在地上，下巴着地。这样目光就不会游离到高处，这样就可以看到湿气"似乎卷曲着上升到空中"。从这里向下挖，就一定可以找到水源。

人们应该观察在这里繁茂生长的是何种植物，还有水果的气味，尤其是此地酿造的任何酒，

---

1. Nebuchadnezzar，古巴比伦国王，攻占耶路撒冷，建空中花园。——译者注
2. Hippodamus of Milietus，公元前 5 世纪的法学家，在希波战争之后的城市规划建设中，提出一种深刻影响后来西方 2000 余年城市规划形体的重要思想。——译者注
3. Hippocrates，约公元前 460—约前 370 年，古希腊医师，医药之父。——译者注

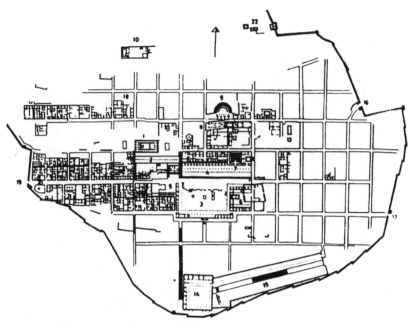

图1.2 普里恩（约公元前350）：方格形平面（图片来源：Akurgal，1978）

图1.3 普里恩（约公元前350年）：陡峭的阶梯状街道（图片来源：作者自摄）

因为那些都是气候最好的指示器。最重要的，人们应该观察牲畜，因为，正如维特鲁威所说的（I，IV，9）：

7　　　我们的祖先在想要建城镇或兵营的地方，就用放养于该地的羊做牺牲，检查它们的肝脏。若肝脏变了色或有病兆，就再杀些羊，看看原先杀的那些羊是否因染上了疾病或食物中毒而遭到伤害。一旦他们对若干羊进行彻底检查，认定当地的水与饲料对肝脏有利，便在那里构筑要塞。

　　　如果肝脏表明这里的水土不行，那他们就转移到其他地方去建城。

里克沃特（1976）非常详尽地考察了罗马建城的各种仪式，此处没必要重复他的精彩见解。

关于风，维特鲁威认为共有八种——正如雅典的风塔所表示的。风塔的平面为八边形，八个面对应着八个不同的风向，城市应该据此而规划。

因为八个面是朝向八个不同的风向，维特鲁威说（V，7）"让街道的方向介于两个风向之间"，这样风就不会直接穿过这些街道。因为如果风直接吹进街道的话，会使风力更强；而如果风吹向建筑的转角，就会被分散而减弱。

维特鲁威对这个想法非常自豪，以至于他重复了一遍，然后就开始规定主要的神庙、广场和巴西利卡"应该位于尽可能最温暖的街区"等。

图 1.4　维特鲁威：风向图（图片来源：G.H.Rivius，1548）

他认为，城市应该被城墙所围合，并有突出城墙的塔楼防卫。进入城市的道路应该通过向上的坡道进入城门，而城门应该开向右侧，这样左手拿着盾牌的敌人的侧翼就会暴露在守卫军队面前。

维特鲁威建议（I，V，2）说，城市的布局应该"既不是正方形，也没有明显的凸角，而应该是圆形，这样就可以从很多位置观察敌人的行动"。他明确认为任何"凸角"都不利于防卫，因为这种设置没有保护守卫者，反而保护了进攻的敌人。

尽管维特鲁威偏好圆形的城市，但是大多数罗马城市还是采用了希腊的方格网布局。 *8*

一位罗马的土地测量师，可能是弗朗蒂努斯[1]，这样描述建立一座城镇的方法（引自 Pennick，1979）：一旦选定城镇的中心位置，祭司（augur）就会把这里定位为中心点（omphalos），城市（及其测量）都从这里起步。

他坐在这个点上，面向西边，当然四个方向就此确定。在建立一座城市的时候，首先需要一把木工尺（amussium）—— 一块绝对水平的大理石板——在上面放一个青铜的日晷仪（gnomon）、一个"影子计时器"。通过记录特定时间点的影子，人们可以画出一条从北到南的线，并以此为基础测定这座城市。

土地测量师（Agrimensores）定位了两条主要的道路，其中东西轴线大道（decumanus maximus）从南到北，而南北轴线大道（cardo maximus）则自西向东（图 1.5）。沿着这些道路， *9* 城镇和乡村都呈正方形，尽管正如德尔克（Dilke，1971）所说，国土按照百人队（centuriae）的 2400 罗马尺布置成正方形，包含 200 个居住单元，而城镇街区（insulae）分布，尺度上变化很大，虽然阿克提尺（acti squares）很常见，比半英里略小一些。古罗马尺比罗马帝国时代的尺稍大，东西轴线大道宽 40 尺左右，南北轴线大道的宽度大概是它的一半。所以每 20 个阿克提不到会有一

1.　Frontinus，公元 40—103 年，罗马军人、不列颠总督。——译者注

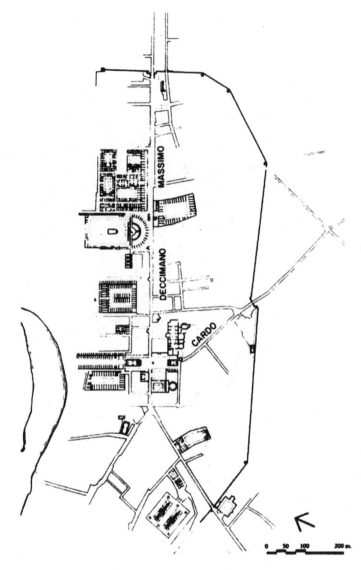

图 1.5　奥斯蒂亚：东西大道和军团大道
（图片来源：McDonald，1986）

图 1.6　塞维鲁时期的罗马地图：城市形式局部
（公元 3 世纪）（图片来源：Bacon，1967）

些更小的道路，仅有 8 尺宽。

　　道路从主要交叉口（中心点）开始编号，每隔 4 条会有一条 12 尺宽的道路，作为公共道路。南北轴线大道和东西轴线大道在穿越城市和整个驻防地（colony）[1] 的时候，本身会被作为主干道，例如阿皮亚大道（Appian Way）。

　　正如德尔克所说，大量的罗马地图被保存了下来，其中很多是配文字的插图，似乎是培训测绘员的手册。同时，还有精美的罗马城市地图（Forma Urbis Romae）的片断，本来是雕刻在 203—208 年为了塞维鲁皇帝（Septimus Severus）而制作的石板上（图 1.6）。最初的尺寸高 18 米、宽 13 米，平均比例 1 ：300。

---

1. 罗马时代在征服地区设置的殖民地。——译者注

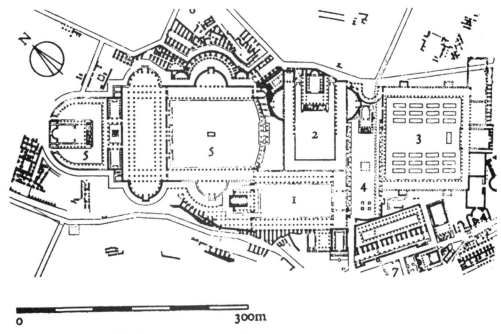

图 1.7　罗马广场（图片来源：Ward-Perkins，1970）

这张地图本身也是罗马测绘员应用几何工具的一个证据，其中不仅包括直角尺和方形，还包括指南针。如果他们在制作地图和绘图的时候可以用这些设备，那么显然他们也会在设计的时候使用。

无论如何，这是我们从各种形式的罗马城市规划中——无论是单体建筑还是城市空间——都能够得到的结论（Ward-Perkins，1970）。比如说，我们很难想象类似于大浴场这样的建筑，更不用说恺撒广场（前46）和奥古斯都广场（前52）中如此高的几何成就，在最初设计的时候可以不借助几何制图手段（图 1.7）。

至于在罗马城市的这些主要建筑之间的街区，图拉真市场—— 一座带有拱券的多层砖结构建筑——和奥斯蒂亚的市场一样，代表了我们所能看到的最接近于古罗马真实样貌的例子。

到图拉真皇帝的时代，罗马已经走过了900年的历史，有少数的大型规则的建设项目插入城市肌理中，但总的来说，城市肌理还是不规则的。不过，不规则性本身也有自身的规律。

现在，想找到在古典城市中的感觉已经很难了，因为那么多的古典城市已经毁掉了，即使有城墙保存下来，也不会超过1米高。我们只能通过二维的图纸去得到建筑以及建筑之间的空间的概念，而不是三维的感受。诚然，雅典卫城（图 1.8）里面的山门、帕提农神庙、伊瑞克提翁神庙甚至小的雅典娜神庙依然还在，但是卫城绝对不是典型的城市片段，而且我们今天所看到的卫城与保萨尼阿斯[1]在公元前3世纪绘声绘色的描述相比，仅仅在山门和帕提农神庙之间，就已经缺少了40级左右的踏步、平台、神庙、祭坛、雕塑以及其他一些东西。

对于罗马广场（Forum Romanum）来说，没什么毁坏得比它更厉害的了。我们同样需要充分调动想象力才能看到它完整和使用中的样子：包含几个大浴场和一些城市纪念。我们只能在废墟上看到一些关于它尺度和形状的信息，但是关于覆盖于留存至今的砖砌体和混凝土结构表面的大

1.　Pausanius，？—约公元前 470 年或前 465 年，斯巴达将领。——译者注

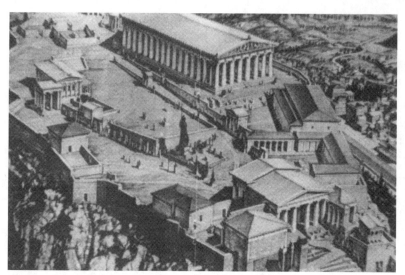

图 1.8　雅典卫城复原图

图 1.9　以弗所的塞利乌斯图书馆（约
117—125 年）（图片来源：作者自摄）

理石覆层就没有任何线索了。

帕提农神庙给了我们更好的信息，至少室内的大理石线脚依然很完整。图拉真市场在空间方面保存得是最完整的，六层的建筑排列成行，形成了典型的罗马街道。当然，现在的立面太平了，还缺少各种各样的阳台和突出物。古奥斯提亚的一些部分也保持了类似的完整性，只不过尺度稍小一点，无法再现在古罗马城市中一定能感受到的那种"幽闭恐惧症"（claustrophobia）一般的感觉。

在完整性这方面，罗马帝国一些偏远的城市的纪念性中心，因为较少被后世的建造者盗取，反而能够给我们关于"过去应该是怎么样"的更加清晰的印象，例如北非的城市大莱普提斯（莱卜代的古称）、提姆加德等。不过关于在罗马城市街道上行走最清晰的印象可能来自非常靠近土耳其西海岸的以弗所。

这座城市的上城部分像大多数城市一样，已经毁掉了。但是一旦下降到了下一半，所谓的克里特街（Curetes Street），完整程度显著增加。到了大理石大街，塞利乌斯（Celsius）图书馆（图 1.9）和剧院，这些建筑所围合的城市空间和古典时代一样。庞贝和赫库兰尼姆已挖掘的部分相比就更加完整。人们在街道上可以得到强烈的感受，但是由于街道两侧的建筑都是单层住宅，围合感不是特别强。在富裕大道（Via dell' Abbondanza）两侧，有一些两层的住宅，这里有更好的城市围合感。大广场周围也围绕着两层的柱廊，不过由于后面的残存建筑之间有很多倒塌建筑留下的空隙，所以围合感也不会太好。

伊斯兰规划

规整的规划原则众所周知出现在古典时代，而另外一种相当不同的文化——伊斯兰文化则在西方文化所认为的"黑暗时代"（Dark Ages）发展出一种非规整规划的原则。

这个时代对于伊斯兰文明来说，绝对不是黑暗的。而且正如纳萨尔（Nasr）所指出的那样（1976），在伊斯兰文化的扩张过程中，他们吸收和发展了被征服地区文化中一切看起来合理的东西，包括医药、哲学和科学，不仅仅是从希腊和罗马，还包括它们本身所吸收的其他早期文化。正如纳萨尔所说，伊斯兰文明绝不仅仅是"把古代的思想传递到中世纪欧洲的桥梁"。

这些东西没有一个是因为表面价值而被伊斯兰接受，而是通过穆罕默德传递给穆斯林的世界观而被接受，这种世界观在《古兰经》（Qur'an）中被传颂，并在伊斯兰教圣行[1]——先知穆罕默德本人神圣言行的记录——中被发展起来。所以，《古兰经》和伊斯兰圣行建立了我们所说的非规整规划最初法则的基础。

所有最好的非规整规划——复杂、综合但协调一致——都可以在伊斯兰世界扩张过程中的城市、城镇和村庄中找到，从西班牙到印度，一直到东南亚。

正如哈基姆（Hakim）所说（1986），伊斯兰法律本身就是由沙斐仪[2]、布哈里[3]和穆斯林[4]通过《古兰经》和圣行摘录出来的。一旦法律成文，其他人例如伊萨·本·穆萨（Isa ben Mousa, 996）和伊本·拉米（Ibn al-Rami, 1334）从其他的一般法律中提取圣训（Ahkam）或建筑的一般法规。

哈基姆（1986）分析了这些解决方案背后的原则，发现它们都是直接从《古兰经》或者穆哈默德的圣训中的某些句行中获得依据。哈基姆分析了这些原则对伊斯兰城市形态的影响，他区分出向所有人开放的公共道路（Shari）和通向一组住宅仅供房子拥有者使用的尽端路（Zanqa）。这些原则包括：

1. 不危害原则（Harm）：在不危害他人的情况下，鼓励人们行使自己的全部个人权利。

各种各样的方针都是从这条原则里面派生出来的，包括城市中对可能会产生烟、冒犯性的气味、噪声等活动的选址。其他的原则包括：

2. 相互依存：根据这个原则，居住在城市里的人们和他们所居住的建筑被看作是相互依存，*12*
这种依存是生态学意义上的。

3. 私密性：根据这个原则，城市里的每一个家庭都被保证隔声、隔绝视线和其他方面的私密性。

由于穆斯林家庭的特质，女性的脸不能被陌生人看到，任何形式的对视都是严令禁止的。这影响了开窗的位置，例如高窗以避免街上的行人看进去。门和窗也不能隔街直接对向别人家的门或者窗。总之，任何形式的视觉通廊都要避免，这就不可避免地导致了立面设计的不规则性。不允许看到邻居房屋的任何部位，特别是女性可能会出现的内院和屋顶。即使是到邦克楼上面呼唤信徒祈祷的宣礼官（Muezzin），也禁止看到周围的房屋。

4. 早到优先原则：根据这个原则，老的或者已经成型的用途，例如窗、界墙的位置等，比后来的新的用途，特别是新的设想具有优先地位。

5. 不限高原则：这个原则令人惊奇地包括，只要在自己的地基上建造，想造多高就可以造多高。即使在影响到邻居的空气或者阳光的情况下，这个原则依然有效。只有在有证据表明存在危害邻居的故意的情况下，方案才会被拒绝。

6. 尊重他人的私有财产。 *13*

7. 优先购买权：根据这个原则，在出售自己的财产时，为了维护社会的凝聚力，邻居、邻近业主甚至合伙人享有优先权。

---

1. 圣行 Sunna，又译逊奈，指穆罕默德创教过程中的各种行为及其所默认的弟子的行为。——译者注
2. 沙斐仪 al-Shaf'i，卒于 819 年。穆斯林法学家，沙斐仪教法学派的创始人。——译者注
3. 布哈里 al-Bukhari，卒于 870 年。最杰出的穆斯林圣训学者之一。——译者注
4. 穆斯林 Muslim，卒于 875 年。全名为穆斯林·伊本·哈加吉，阿拉伯学者，先知穆罕默德言行圣训的主要权威之一。——译者注

8. 公共道路（Shari）的最小宽度不小于 7 腕尺（cubit）。1 腕尺大约为半米，这个尺度可以保证两头满载的骆驼通行而不互相碰撞。

哈基姆指出，满载的骆驼可能有 7 腕尺高，因此建筑任何伸出街道的凸出物不得低于 7 腕尺。

尽端路当然可以比公共道路更窄一点，但要保证至少一头骆驼可以通行，所以最小宽度为 4 腕尺。同时，还有关于能否侵占道路的规定：

9. 任何公共大道不得有任何永久性或临时性的障碍物阻塞。

不过，每一位业主有权使用他门口的那部分墙下的空间（fina）用于牲畜卸货等，但是他没有权力堵塞墙下（fina，指紧靠外墙的室外空间，通常一米宽左右）。

自然有关于界墙和支撑权的规定。很自然，考虑到伊斯兰文化起源于阿拉伯，也应该有关于用水的规定，包括雨水和废水的排水、排水管和污水坑的维护，以及最特别的，邻居有权使用任何主人用剩下的水。

哈基姆指出，这里面的每一项原则都和主要城市以及建筑元素互动，并且都是根植于阿拉伯文化的。当然，不同的地区根据当地的气候有所不同，也会受到阿拉伯人到来以前原住民建筑方式的影响。这些因素都被伊斯兰文化所吸收，正如他们吸收各种古代科学一样。

在概括了伊斯兰的规划法律的基础后，哈基姆接着开始分析这种法规在突尼斯城市里面的运用，展示了街道的布局、冒犯性的功能的选址、视觉通廊的避免、界墙建造的方式、雨水和污水的排水如何作用于城市的这种致密肌理的规划中（图 1.10—图 1.12）。

正如哈基姆所展示的，与古典规划比起来，找到能够清楚地展示伊斯兰规划的例子要容易得多。人们还可以在西班牙的主要伊斯兰城市，例如格拉纳达和塞维利亚找到

图 1.10　突尼斯：樟橄清真大寺以南街区的平面图（图片来源：Hakim，1986）

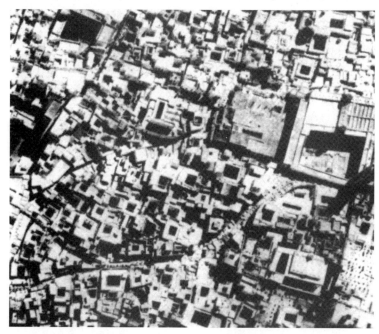

图 1.11　突尼斯：樟橄清真大寺以东和以北街区的航拍图（图片来源：Hakim，1986）

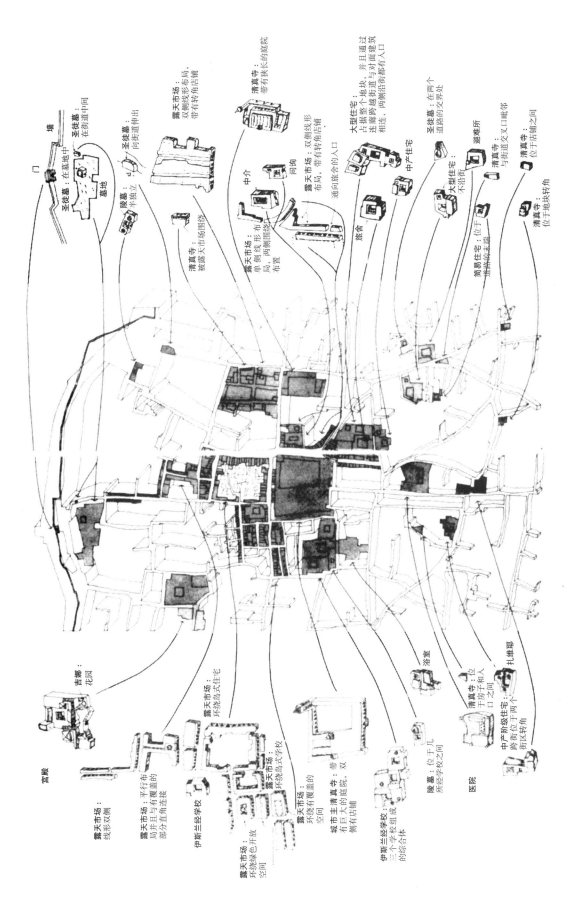

图 1.12　突尼斯：城区中心的基本平面构成元素（图片来源：Hakim，1986）

一些袋型区域（pocket）。跨越直布罗陀海峡，在丹吉尔、菲兹、马拉喀什以及其他一些摩洛哥城市，例子非常容易找到。就好像，它们最远到达非洲的北海岸，当然也包括开罗。

哈基姆还指出，即使在一个大洲的两侧，依然会看到地域的差异，如果再往东进入沙特阿拉伯以东，由于气候和建筑材料等原因，变化会进一步扩大。

但是总的印象，比如马拉喀什的露天市场（souks），是一个由很多小路组成的迷宫。这些小路通常有顶，也许在一小段之内是直的，但总是转来转去、扭曲、相互联结，并且通向明显是私家的院落等。

中世纪规划（一）：黑暗时代

尽管曾经先后被东哥特人、匈奴人、西哥特人、阿兰人、苏维汇人、斯拉夫人和汪达尔人的多次入侵所打断，基督教会确实在黑暗时代的欧洲保留了文明的火种。其中汪达尔人甚至穿越整个欧洲直达西班牙，并最终到达北非（429），直到查士丁尼（Justinian，东罗马帝国皇帝）把他们驱赶回来（533）。

所以，很自然，第一批基督教的修道院是在欧洲的边缘——爱尔兰，包括克罗纳德（520）和邦戈（559）——建立起来的，爱尔兰的修道士们北抵伊欧纳，东至林迪斯凡（635）、贾罗、威尔茅斯和惠特比（664），随后向南，穿越法国到达吕克西尔（590）、方丹、艾奈尔吉、瑞士的圣加尔（610）以及卢森堡的埃希特纳赫（698）（图1.13）（参见 Matthew，1983；Chadwick 和 Evans，1987）。

不过，597年，当圣奥古斯丁和40位修道士一起在肯特郡登陆的时候，建立了另外一种宗教建制：带有主教堂和主教辖区的教区。肯特国王皈依基督，把王宫让给奥古斯丁，他的女儿结婚后把约克郡也纳入进来，由此主教区分别在伦敦（604）、约克（625）、温切斯特（676）和赫克瑟姆（Hexham）建立起来。

奥古斯丁和其他的主教们带来了古罗马时代的法律和财产观念，同时还有管理这些事物的教廷的等级制度。正如科恩（Korn）所指出的那样，教会给农民加入了新的生活规则，例如中央集权、纪律、成文法以及遗产等。最终，英格兰整个被划分为主教区（see），每个主教区有自己的主教堂和主教辖区。主教区进一步被分割为主教辖区（parish），聚集在教区教堂周围。主教辖区不仅负责市民的精神福祉，同时还要负责经济和法律方面的事务。它的影响不仅限于一座城市，往往延伸到整个的主教教区。

所以，一旦某座主教堂建立起来，一个成规模的社区就在其周围成长起来。正如皮雷纳[1]所说，修道院和教会学校会在这样的城市内或周边建造。主教和他的管理人员、修士、教师和他们的学生们当然需要各种服务，这也就意味着城市需要"仆人和手艺人"。人人都需要食物，所以会有每周一次的集市，农民和佃户可以从周边的乡村带来他们的产品。

有些教堂建立在罗马城墙的里面，例如伦敦、温切斯特和约克，这对主教来说很有好处。城市被围墙包围，那就可以在城门口收取通行费，这些人就可以被"进进出出的一切东西"所供养了。圣彼得被杀害于罗马城外，所以他的教堂也建在城墙外（155），不过这也不能阻止西哥特人于公

---

1. Henri Pirenne，1862—1935年，比利时历史学家，著有《中世纪欧洲经济社会史》。——译者注

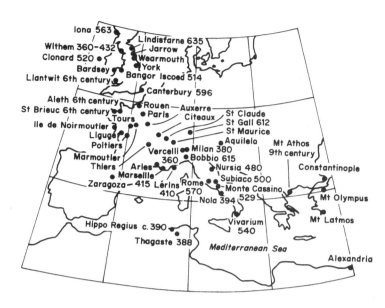

图 1.13　320—612 年隐修院制度在
欧洲的传播（图片来源：Chadwick
和 Evans 所绘，1987）

元 410 年洗劫这座城市。

　　可是在欧洲那些更容易受到攻击的地区，教堂甚至修道院也没有停止建造，几乎一直延伸到
和斯拉夫人的边界。这其中包括奥尔德鲁夫（Ohrduf）大教堂（730）和富尔达（Fulda）大教堂（744），
最东端的修道院包括弗里辛（Friesing）、帕绍（Passau）、雷根斯堡（Regensburg）和萨尔茨堡的
修道院（739）。

阿拉伯在欧洲的影响

　　我们从历史中得知，阿拉伯人把伊斯兰教沿着非洲的北海岸传播（641 年后），并且把柏柏尔
人变成了伊斯兰教徒。他们和让他们皈依的人后来被称为摩尔人。在到达了非洲大陆的西北角之后，
摩尔人跨过直布罗陀海峡，北上进入西班牙（始于 711 年），甚至一度进入法国〔直到查理·马特
（Charles Martel）于 732 年在普瓦捷把他们打回去〕（图 1.14）。但是当阿拉伯人通过今天的突尼斯时，
他们让迦太基人也皈依了伊斯兰教。像撒拉逊人一样，迦太基人也曾经入侵过欧洲（关于这些名
词的讨论，参见丹尼尔著作，1975）。

　　人们都知道，伊斯兰文化、家庭生活的性质、穆斯林城市的设计，特别是住宅的布局都会导
致不规则性。但是诸多中世纪欧洲城市同样是不规则的。既然没有几座城市在欧洲的黑暗时代有
很大的发展，我们就有必要知道城市在何种程度上在复兴之前曾有过伊斯兰的"血统"。它们中的
很多——当然不是全部——几乎像伊斯兰城市一样不规整。

　　欧洲大陆上伟大的伊斯兰城市当然是摩尔人在安达卢西亚建立的那些城市。在科尔多瓦、格
拉纳达和其他一些地方，还存留着他们建造的那些坚固的，乃至辉煌的建筑。

　　但是除了 19 世纪的折中主义以外，欧洲大陆的其他地方看不到伊斯兰文化影响建筑或规划的
影子。事实上从罗马时代开始，欧洲从意大利所获得的灵感比从西班牙获得的要多得多。

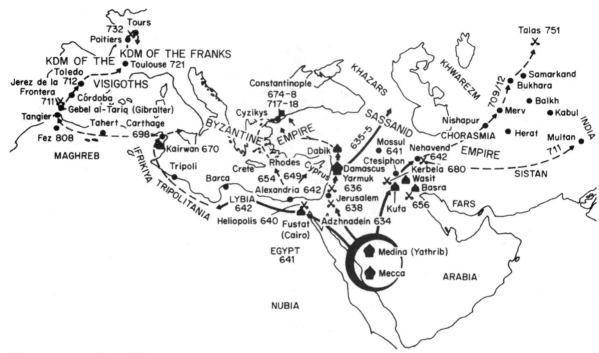

图 1.14　634—808 年，阿拉伯人经由近东、北非和欧洲的入侵（图片来源：Kinder 和 Hilgeman，1964）

18 不过，如果我们能够在意大利找到伊斯兰建筑或者规划的蛛丝马迹，也许我们可以说伊斯兰文化曾经影响了欧洲城市以及单体建筑的设计。所以我们需要知道，在意大利能够找到的所有和伊斯兰建筑和规划有关的东西。

我们知道，无论如何，历史上撒拉逊人曾经在 827 年占领过撒丁岛；我们还知道他们曾经占领过西西里（827）、科西嘉（850）和马耳他（870）。到 891 年以前，一些撒拉逊人在拉加尔德弗雷内内控制了一座城市，位于弗雷瑞斯和圣特罗佩之间，并以此为基础不断袭击普罗旺斯地区和意大利西海岸的其他地方。在这样的袭击持续了 80 年左右之后，阿尔勒、艾克斯、弗雷瑞斯和日内瓦被放弃了。

丹尼尔（Daniel，1975）根据中世纪的历史学家埃尔辛伯特（Erchembert，来自蒙特卡西诺）、辛克马尔（Hincmar）和柳特普兰德（Liutprand）的说法，描绘了一幅不断遭受撒拉逊人进攻的图景，特别是在利古里亚海岸，很少采用持续的聚落的方式。

那些大河例如阿兰迪河、阿尔诺河和阿尔比诺河的河谷为入侵提供了方便的路线。古罗马的阿庇亚大道也同样如此。

沿着这些路线的城市就是这样被侵入的，例如阿尔诺河上的比萨和佛罗伦萨，阿尔比亚河和维特伯河上的锡耶纳等。最终，根据辛克马尔的研究，撒拉逊人刺穿了翁布里亚地区的心脏，直达佩鲁贾，并进一步翻越亚平宁山脉到达维罗纳、帕维亚乃至威尼斯。

早在 828 年，奇维塔韦基亚[1] 就已经被攻陷，但撒拉逊人最无畏的攻击是针对罗马的（846），正如辛克马尔所描述的那样（Daniel，1975）：

1.　Civitavecchia，意大利拉齐奥大区罗马省的一个海港镇，位于第勒尼安海沿岸。——译者注

阿拉伯人和摩尔人攻击了罗马……他们把圣彼得的巴西利卡变成了废墟……一切装饰和财宝，甚至圣坛都被他们搬走了……他们占领了距城市 100 英里以外的一座防卫森严的山丘（在加里利亚诺河上）……

从蒙特卡西诺方向而来的加里利亚诺河，在罗马以南 90 英里处入海。在那里，撒拉逊人建立了一座城堡（直到 915 年才失陷），他们把他们的妻子、孩子、俘虏以及财物保存在里面。

在罗马和比萨之间，撒拉逊人的侵略基本上是毁灭性的。蒙特卡西诺在 883 年被攻陷，法尔法在 890 年、阿马尔菲和萨比纳在 897 年相继陷落。罗塞洛在 935 年的毁灭促成了内陆城市维泰博和锡耶纳的发展。

同样在 840 年，利乌特普兰德说：

从非洲乘船而来的阿拉伯人占领了卡拉布里亚、阿普利亚、贝内文托和几乎罗马人所有的城市，以至于在每座城市里罗马人和非洲人基本上各占领一半。

正如丹尼尔所说，在侵袭、毁坏、居住和殖民之间，有着清晰的分界。而且像圭东尼（Guidoni）说的那样（1979），即使 9 世纪的时候曾经有过文化和经济的分界线，今天我们也很难找到它们的踪迹了。

在撒拉逊人的军事扩张之外，在占领区内部还存在着相当数量的贸易——这些区域本身仍然是衰败中的拜占庭帝国（围绕着拉文纳和罗马，以及意大利南部）和伦巴第族人占领区的一部分（自744 年始）。

当然，我们知道，塔兰托（位于意大利半岛的脚背）和巴里（位于半岛的脚跟部分）分别在842 年和 841 年成为撒拉逊的酋长国。

所以，我们希望可以在这里找到撒拉逊人占领的蛛丝马迹，不用说还有雷焦卡拉布里亚、布林迪西和加利波利。

在任何情况下，历史纪录都只能告诉我们历史的一部分。圭东尼试图去寻找其他的证据，包括遗留下来的描述城市某部分的阿拉伯语词汇。但是总的来说圭东尼寻找的是意大利撒拉逊人建筑的形态上的遗迹。

尽管大多数地方已经被后来的规划——包括赶走阿拉伯人的诺曼人的规划——所掩盖了，圭东尼还是发现了很多他想要找的规划案例。在西西里地区的很多城市，例如巴勒莫、桑布卡、阿格里真托和卡斯特尔韦特拉诺，墨西拿地区的菲乌梅蒂奇尼和阿格罗、米内奥、卡斯特罗诺沃、卡卡马、萨拉米乌和苏泰恩。

圭东尼说，寻找阿拉伯人的遗迹有很多种方法。他建议我们可以寻找传统服饰中遗留下来的从伊斯兰神化和传统中翻译到意大利的元素。当然，首先我们应该寻找城市规划中所表现出的那种极具标志性特征的迷宫般的规划，例如转弯抹角、狭窄的通往私人庭院的通常有顶的尽端小路；还有典型的伊斯兰式非连续、不规则的房子组合，以及非常具有伊斯兰特征的千篇一律的有机规划。

我们可以去观察建造技术、规划方法等，特别是不同街道的等级制。他还寻找典型的防卫区和居住区的清晰的划分，居住区里带有阿拉伯人的聚居区（medina）以及在阿拉伯语中被称为乡

19

镇（*rabati*）的各种居住地区。

伊斯兰规划中"空间的等级"对应于圭东尼所称的街区（quartier），它由一个种族部落或者甚至一个家族所占据。

即使是在那些有伊斯兰规划的地方，很多此类的建设也经常难觅踪迹，因为要么它们建立在古典规划的基础之上，要么被后来的拜占庭或者诺曼人的规划所掩盖。曾经是清真寺的地方很可能变成了一座教堂。即使是这样，圭东尼还是在意大利各地100座大大小小的城市里发现了必要的踪迹。

这种情况很少在大型的纪念性建筑中出现，而是在建造方法（这方面也许今天仍然在应用）、规划和实际建筑的类型以及装饰的母题方面得以残留，虽然在漫长的岁月中大多数都被歪曲了。

和在西班牙一样，曾经几乎完全是伊斯兰式的意大利城市因为多种原因而一直处在变化中，这些原因包括：军事、城市的耐久性——例如为了容纳不同类型的交通方式，甚至是美学方面的原因。于是，街道被拓宽、拉直，尽端路被打通等。

西西里

正是出于这种想法，圭东尼首先观察了西西里地区的所有城市。很自然的，在巴勒莫（图1.15，de Seta 和 di Mauro，1980）、特拉帕尼、马尔萨拉、马扎拉、夏卡、锡拉库萨、阿格里真托、恩纳和墨西拿，他发现了不计其数的被他称为"城市迷宫"的例子。这些例子不但在城市结构本身，而且在街道名称之类的地方都显示出伊斯兰规划的遗迹。他在塞拉、克塞拉、胡埃拉伊、谢拉、塞里等地发现了很多阿拉伯公共道路（Shari）的变体。甚至在景观方面，他也发现了伊斯兰的灌溉系统。

圭东尼制作了很多城市地图，例如桑布卡，呈现了最初显然是伊斯兰的街道和院落。他的巴里鸟瞰图，包括塔兰托、布林迪西和阿马尔菲都清晰地表现出伊斯兰城市布局的基础。

意大利半岛

圭东尼同时还发现，在卡拉布里亚和巴西利卡塔地区的萨西、马泰拉，特别是在塔兰托和巴里这样的城市里，伊斯兰规划隐藏在城市的形态中。他在莱切、加利波利、比通托、格罗塔里、马丁纳弗兰卡、马萨夫拉、阿尔塔穆拉、卢切拉、奥斯图尼等城市中也发现了类似的情况。例如，在阿尔塔穆拉有一些彻底伊斯兰式的街道和院落的例子。卢切拉也有一个很大的撒拉逊人的核心城区。

这些城市中的一部分确实呈现了基督教文化和伊斯兰文化的共存——像利乌特普兰德所描述的，设想中罗马人和非洲人和平共处、比邻而居。这些城市包括从萨莱诺到波西塔诺的一些港口城市，不用说，其中就包括阿马尔菲和那不勒斯。

他在坎帕尼亚找到了类似的共存，以及9—10世纪不间断的经济和文化交流。

穆斯林最终被赶出了欧洲，最早赶走他们的就是比萨人。穆斯林从雷焦卡拉布里亚（1005）、科西嘉岛和萨丁岛（1051—1052）、巴勒莫（1072）被赶了出去（图1.15）。

当然，在比萨人和其他人把撒拉逊人赶走的同时，他们一定曾经发现伊斯兰的城市迷宫让他们的进攻特别困难。毫无疑问，他们从中学到了这种由伊斯兰教规所导致的复杂规划特别有利于

图 1.15 巴勒莫：阿拉伯规划的遗存
（图片来源：Lossieux，1818，选自 de
Seta and di Mauro，1980）

防卫。也许这就是为什么复杂规划——尽管不同于伊斯兰规划——开始在很多（但不是全部）欧洲中世纪城市中蔓延。

非规整空间的逻辑

显而易见，方格网城市是根据几何规则规划的，非规整伊斯兰城市则是由社会规则所决定的，而中世纪的非规整城市则与任何后来的规整规划不同，似乎一开始的建设没有任何的计划。

这些城市似乎是有机生长的，依据着苛刻的地形条件、山脊和山谷、突出的岩层的位置等。

但是，希利尔（Hillier）和汉森（Hanson）则认为，即使是最不规整的布局，也是由空间的社会逻辑决定的（1984）。他们的论点从一开始就认为中世纪在复杂性方面确实如此，这种观点来自生物学概念中的基因型（genotype，生物体的基因构造）和显型（phenotype，表现出来的异于基因构造的生物体）。

这种生物学的类比，把他们引向了根据基因型来思考建筑内部空间或建筑本身——把它们看作相互连接或相互联系的细胞。显然，在单个的房间或者建筑中没有 DNA 来控制代际遗传以及后代之间的关系。所以希利尔和汉森转而去寻找似乎决定了这些关系的几何或者地形的规则。

对他们来说，细胞也许可以分为两类：一类由地板、墙和顶棚或屋顶构成的带有边界的封闭空间，它有内部、外部、入口和领域。其中入口和领域与封闭的细胞一起成为另一种类型，一种开放的细胞。也就是说，仅仅被围墙限定而对天空开放，周围是其他封闭的细胞。

希利尔和汉森描述了某种拓扑规则，在这种规则之下，封闭单元也许能也许不能相互连接。

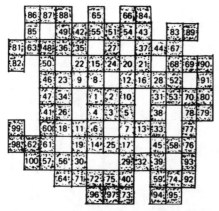

图 1.16　希利尔：随机、正面对接的方形单元，每一个都有一个面不临其他单元（图片来源：Hillier 和 Hanson，1984，《空间的社会逻辑》，剑桥大学出版社）

例如，一个封闭的细胞可以通过一个"正面对接"相连接，例如一堵界墙。在这种情况下人们可以建造成对的细胞，有点像联立住宅。

他们又增加了另一条规则：至少一个面不和其他单元连接。也就是说，一个单元最多和三个单元连接，只要有一个面朝向空地（图 1.16）。在某些古代城市中，例如亚洲土耳其的加泰土丘——也许是第一座城市——就部分地呈现了这种规划。

希利尔和汉森在他们所提出的细胞积聚的拓扑规则和句法——某些学者如乔姆斯基（Chomsky，1957）提出的，我们日常说或者符合文法的句子过程中所无意识应用的规则——规划之间建立了有效的对应关系。

在摘要中描述了这些规则之后，希利尔和汉森考察了法国南部沃克吕兹地区的一些建筑组群。其中最小的，例如克雷沃林（Crevoulin），包括不超过六栋建筑，但如他们所说"在平面上完全不同"。但当他们观察更大一些的村落时，"某种全球性的规律似乎开始呈现"。例如，佩罗特（Perrotet）有 40 座房子，看起来似乎是不规则的，"但是作为一个行走或者感受的场所时，它似乎具有另外一种更加微妙、更加复杂的秩序。"

他们认为，这种感受被这样一些空间特质所加强：

1. 每一所房子都不受阻挡地直接朝向村落开放空间系统的某个部分；

2. 村落并非围绕单一的中心开放空间，而是围绕一个线性连接的空间序列，就像串珠一样，有的宽一点，有的窄一点，根据周围建筑的围合程度而不同；

3. 当聚落逐渐扩大时，这些空间依然相互联系，但呈一组环形分布。其中一个主要的环会变成聚落主要的特征，同时还有越来越多的次环；

4. 每一个珠环都有一个内部建筑组团和一系列的外部建筑组团；

5. 构成外部建筑组团的建筑形成了聚落的边界，由于这个边界的存在，聚落形成了确定的，甚至完型的外观；

6. 既然每所房子至少有一个开向开放空间的开口，聚落整体具有非常好的可达性。而且，建筑之间相互可达，从本质上说，从一个建筑到达任意另一个建筑都至少有两条道路。

因此，希利尔和汉森认为，这个"珠环结构"就是他们在沃克吕兹所分析的所有聚落的基因型（genotype）。

由此，他们发现了一个惊人直接的解释。他们用两个规则在电脑上编程：首先每一个封闭的单元在入口面和一个开放的单元正面连接（full facewise join），得到一个"对子"（doublet），然后这些对子通过下面的规则随机集聚在一起：每一个新加上来的对子把本身的开放单元至少和一个开放单元正面对接。这个程序运行的结果就是一个普遍的珠环状结构，这个结果不是来自某种外来的形式（例如方格网）的植入，而是当地规则的空间 – 时间演变。

他们把这个比作"小飞虫云"（a cloud of midges）形状的形成方式。显然，没有哪一只小飞虫能够有意识进行大的设计，即使它有，也没办法传达给其他的小飞虫。但是如果"每个小飞虫随

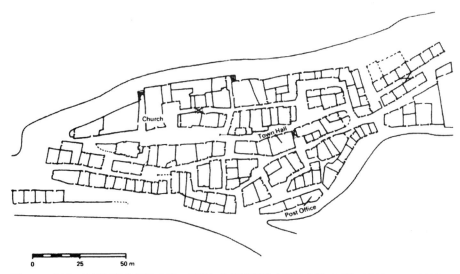

图 1.17 "G"，法国瓦尔地区的小镇，希利尔的集聚实例（图片来源：Hillier 和 Hanson，1984，《空间的社会逻辑》，剑桥大学出版社）

机的运动，直到一半的视野没有其他飞虫的阻挡，然后沿着虫群整体移动的方向移动，就会形成稳定的虫云了。"

当然，最关键的是某种普适性的形式产生了，但却并非基于某种普适性的平面。而是像云一样，是"某种系统的普适性的、集体的结果，在这个系统中，相互分离的有机体遵从某种纯粹当地的只对恰好相邻的个体产生作用的规则"，所以，"普适性形态的设计……并非存在于某种特定的时空条件下，而是散布在集体行为中。"而"普适规则从自组织系统中发生"（图 1.17）。

显然，即使是在最平坦的场地中，这种情况也可以出现，而一旦有人把这种方法应用到那些不规则和倾斜的场地上时，正如很多的中世纪城市所遇到的情况一样，不规则的城市形态就更可能出现了。

中世纪规划（二）：欧洲的复兴

当欧洲从黑暗时代中复苏时，有些新的城市形式来自侵略者自身。仿佛南欧的那些入侵还不够，来自挪威的维京人在 793 年从林迪斯凡开始攻击欧洲的西北地区。在此之后，大部分的英国和欧洲的海岸线，从比利时到普罗旺斯，都经常暴露在挪威人的攻击之下。正如穆斯林在西班牙建立城市，挪威人在英国和荷兰也建立了城市，例如南特（799）和鲁昂（911）。

北欧和地中海之间的贸易线路被这些入侵所切断，无数的城市被摧毁，或至少陷入衰落。而一部分罗马城市因为有城墙的存在而幸存下来。

皮雷纳（1925）指出，到公元 9 世纪，即使是带有主教堂和修道院的主要城市，也不足以抵抗各种外敌。城墙需要加固、重建以及恰当的布防。

例如，丹麦人在他们的聚落周围用顶上带有栅栏的土木工事防卫，称为"堡"（burgh），"borough"（设防城镇，城堡）由此而来。即使在维京人占领了法国西北部——在这个过程中，他们开始被称为诺曼底人——他们继续侵略东南方向的法兰克王国。

因此，各地的统治者会给自己的家族和侍从们建立一座有防卫的住宅。正如霍勒（Hohler，1966）指出的：木结构的房子再怎么防备也没什么用处。比如说，维京人就习惯于等到房主酩酊大醉的时候把房子都烧掉。他暗示说，事实上也许建造一座防火的建筑曾会被认为是不太光明正大的。不过，早在 992 年，富尔克三世[1] 在朗热里斯（Langearis）的两层大宅就是用石头建造的。

"秃头查理"[2] 在 9 世纪确实曾经下令要求法兰克人把每个可能的地方设防。因此，他们在突出的岩石和自然山丘上建造了很多塔楼——大部分是木构的。在没有条件的地方，他们建造人工的夯土假山，高度 10—200 英尺不等。这些土山被称为护堤（motte），周围环绕着壕沟。当然，如果对某些领主来说，如果他们的塔楼足够大的话，他就带领家人和侍从住在里面。这些大的塔楼被称为要塞（keep）。

"忏悔者"爱德华国王（Edward the Confessor）将其从法国引入英国（1042—1066），而在1066 年的入侵之后，"征服者"威廉国王（William the Conqueror）建造了大约 49 座要塞。他手下的贵族建立了另外的 50 座，但是即使这么晚的时代，其中只有四座不是木构的。

随着进攻的方法变得越来越先进，土山上的要塞已经不足以抵御了，所以正如霍勒所说，要塞外面需要环绕一周带有城垛的防护或城廓。由此就产生了城堡。城廓大体上呈圆形，并根据场地的条件有所调整，在一个发展完备的城堡里，在这些之外还会有一圈外城廓和外城墙环绕四周。

直到东征的十字军到达地中海东边（1096 年之后），见到了拜占庭人和当地的穆斯林——撒拉逊人的防御工事之后，这么复杂的城堡才在西欧建立起来（Boase，1967）。西方的任何一座城堡都不能和君士坦丁堡（图 1.18）相提并论，三层的护城河，外台地和外城墙，内台地和更高的带有高达 60 英尺的高塔的内城墙——由狄奥多西二世（Theodosius II）在 578—582 年建造。早在 650 年左右，撒拉逊人也在亚美尼亚建立了很好的城堡（参见 Grabar，1973）。

与之类似，欧洲的城堡也是用来保卫一个成规模的集体，无论是城堡、带有主教堂的城市还是修道院，以及吸引到的农民、田地和商人。如果是城堡的话，还包括聚集在周围寻求保护的人。这样一个聚集点被称为"设防城镇"（burgus），英文的 borough（设防城镇）就来源于此。

毫无疑问，城堡主鼓励这种发展，因为这符合他们的利益，一旦城镇建立起来，他就可以获得经济和法律上的权威性，而这种权威以往是教会的职权范围。

所以，一座城市可能发端于城镇、罗马旧城、教堂、修道院或其他随便什么，也可能起源于围绕着城堡的设防城镇。

当然，在欧洲人的城市继续发展之前，他们还需要自信心。在奥托大帝一世（Otto I）于995 年在奥格斯堡击退了马扎尔人的进攻之后，这种自信开始增长。到 10 世纪末期，摩尔人——还有拜占庭基督徒——被驱赶出意大利南部。1005 年，比萨人甚至在海战中击败了撒拉逊人。到 1015 年，他们在撒丁岛站稳了脚跟。1034 年，他们一度占领了北非的博纳。在占领了西西里（1058—1090）和科西嘉（1091）之后，他们开始在地中海宣示基督徒的地位，甚至要控制地中海。

---

1. Fulk Nerra，约 970—1040 年，安茹王朝的统治者，绰号黑富尔克，被称为"伟大的建造者"。——译者注
2. Charles the Bald，823—877 年，神圣罗马帝国皇帝，875—877 年在位，西法兰克王国国王，840—877 年在位。——译者注

图 1.18　君士坦丁堡的城墙（图片来源：Zorzi，1980）

因此，1096 年欧洲北部的基督徒开始发起第一次十字军东征，希望从撒拉逊人手中夺回圣地。但在第一次乃至第二次十字军东征（1147）时，他们还是审慎地从君士坦丁堡经陆路进军。

一旦入侵被中止，欧洲很快就恢复了生气。在 1000 年左右，大多数的土地被森林覆盖。随着信心重新回归，村民们开始清除村庄周围的丛林，并开垦荒地。其他一些更加需要土地的人，移居到了无人的高地。食物的增加导致了人口的增长。确实，据估计 1000 年欧洲的人口大约 3000 万，而在接下来的 150 年之中增长了 40%。随着人口的增长，修道士和主教开始在修道院和教堂门外、领主也开始在城堡外规划新的城镇。他们意识到作为商人、推手和投机者，城市可以产生价值并且是源源不断的收入来源。

像主教堂城市一样，既然有了城墙和城门，就可以控制出入。同样也可以向一切通过进城或出城的东西征税。

至少到法国大革命（1789）以前，城墙和城门一直发挥着这样的作用（参见图 5.2）。事实上勒杜（Claude-Nicolas Ledoux，1736—1806）建造的城墙和城关甚至因此引发了革命。

但是在中世纪，正如芒福德所说（1938，P.196），城墙还具有另一个心理的功能，因为有了这样的城墙（P.54）：

　　一个人要么是城里的，要么是城外的，要么在城里，要么在城外。每天日落后，城堡的铁吊索闸门拉起，城门上锁以后，这座城镇就与外界隔绝了。就像在水中船上一样，城墙也对居民产生同样的聚拢效果：在城池遭受围困或者饥荒的时候，这时，沉船时刻的同舟共济概念就自然而然地培育出来了。

一旦在新城中开发出一块土地，那就会对所有人本着先来先得的原则开放。每个土地所有人都要求在指定的时间期限之内——通常是一年——在土地上建造一栋房屋。

因此，新城就这样建立起来了。到 11 世纪之前，在威尼斯和弗兰德斯地区海岸的布鲁日（Beresford，1967）贸易开始复兴。布鲁日的地理位置优越，是北欧（包括不列颠群岛）和地中海之间极佳的贸易中心。皮雷纳（1925）主张，北欧的城市，特别是他研究的弗兰德斯城市主要就是从这种国际贸易中发展和扩张起来的。弗兰德斯的位置特别适合进行跨越波罗的海、北海和沿莱茵河流域的贸易活动。所以弗兰德斯的商人们借地利之便，从英国进口羊毛，纺成布匹并制成斗篷，并出口回英国。

至 1150 年，他们的斗篷已经销往巴黎以南的香槟省，和北欧的毛皮一起，以换回法国的酒。不过生意同样吸引了意大利北部伦巴第地区的商人，他们不但带来了地中海的出产还有异国情调的东方货品，例如从威尼斯进口来的阿拉伯和拜占庭的丝绸。

商人的存在自然吸引了手工匠人。正如皮雷纳所说（1937），虽然还很有限，这时确实发生了一场真正的"工业革命"。因此，在弗兰德斯地区，制造业和贸易共同发展当然会对中世纪的城市形态产生影响。

即使城市是从规则的平面开始，它同样可以沿着很不规则的道路发展。对于企业家（商人、手工艺工匠等）来说，城市里面最好的地段是近邻市场的那些地方。所以，地租的结构也有助于确定城市的形态，因为地租会随着位置自然变化（参见 Platt, 1976）。根据伯克（Burke）的观点，临近市场、用作商铺的地块租金最高。确实像普拉特（Platt）所指出的，朝向良好的地块特别有利，因此往往会被额外收税，以鼓励更有效率的规划方式。普拉特展示了在金斯林（King's Lynn）和牛津以及其他地方的精巧的设计，沿街面分成几个店铺，后面是一个大的住宅（图 1.19）。

次好的位置是入口位于通向市场道路上的地段；此外的其他地段都是第三级，只适合用来做住宅。

不过皮雷纳指出（1937），随着越来越多的人涌入城市，城内的地块被占满了。所以他们就必须到城外去，并马上建造一个有围墙的村镇和老城的城墙相对，或者一个正如城郊（foris-burgus faubourg）这个词的本来意义，也就是说城外地区（outside burg）（图 1.20）。

这个词在巴黎市郊的圣安托万区、圣日耳曼区和圣奥诺雷区的地名中遗留了下来。商人建造他们的新市区，并在有可能的情况下在老城的城门外形成次要的市场（图 1.21）。

随着商人们自己足够富有和新市区的不断扩张，他们也开始建造城墙或者栅栏（pallisade）。这意味着其他人又需要在外面建造新的新市区了。这样，城市就以同心但是不规则的环形的方式不断扩张。这很像旧时的教会城镇或封建要塞，商业积聚被建立起来，就像希利尔所说的那种很大尺度上的"小飞虫云"。

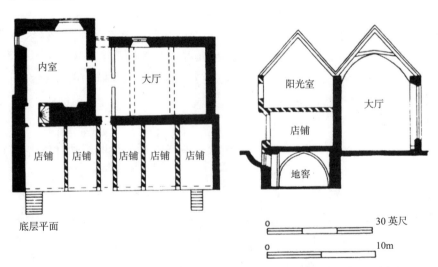

图 1.19　牛津：塔克利（Tackley）的旅馆，13 世纪晚期到 14 世纪早期，由 W·潘廷（W.Pantin）重建（图片来源：Platt, 1976）

图 1.20　阿维尼翁，带有城墙和城郊的同心圆发展的实例（图片来源：Saalman，年代不详）

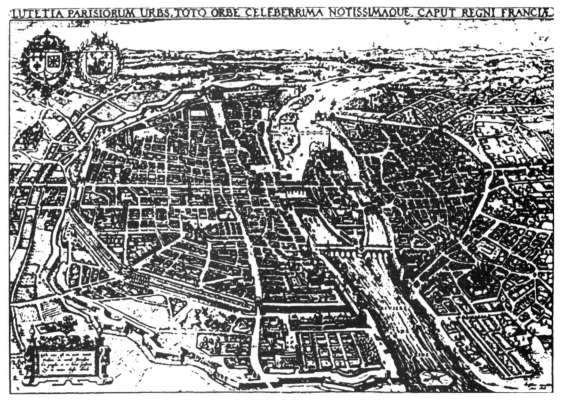

图 1.21　中世纪的巴黎（17 世纪早期印刷品）（图片来源：Hiorns，1956）

27 **中世纪规划（三）：不规则城市**

关于为什么中世纪会有如此多的不规则城市，有几点原因，包括场地的特性、最初的防卫的考虑、希利尔和汉森所描述的那种拓扑关系、伊斯兰的影响等。正如芒福德所说（1938，P.53），中世纪的建设者"并不那么偏爱对称"，因此与其把场地下挖或垫高，还不如简单一点"遵从自然的等高线"。

也不需要规整的道路去方便马车，因为主要的运输是骡子承担的，所以街道可以比用骆驼运输的伊斯兰城市还要窄！而且，采用了水井或泉水作为水源以后，陡峭的多岩石的场地就和和缓水平的场地一样好了。因此，芒福德认为：

> 中世纪城镇经过了顽强不屈持续努力，不断地因地制宜，让城镇规划服从实际的需要，才呈现出具有个性的丰富形态。中世纪城镇的规划师利用了不规则地形、自然因素、偶然因素，以及意想不到的情况。当然，如果这座城镇可以建筑在新开辟的地块上，规划师也不反对采用对称和规则形态，尤其在边境布防城镇的规划建筑中。

28 因此，遗留至今的很多中世纪城市的不规则性，是由于被后来覆盖的河流、被砍倒的树林、作为荒野界标的自然障碍形成的。

但是正如柯斯托夫指出的（1995）：除了场地之外，还有其他一些因素因为某种原因影响了建造。例如，最早的规划法令之一在1262年的锡耶纳颁布，而且，正如塞尔曼（Saalman）曾经指出的，欧洲的城市处处遍布着类似的法令，例如控制街道的宽度、退界距离、二层挑出街道时的最小净高等。

正如塞尔曼所说，房主们确实有侵占街道的趋势，他们会利用个人政治权利逃脱法令的约束。一个极端的例子是威尼斯的拱廊街（sottoportici），房屋事实上跨越了街道，另外的例子是约克的尚布尔斯（Shambles），悬挑出去的二层几乎相碰。

关于材料也有规定。科恩（1953，P.51）谈到，领主可能希望卖自己木材和石头。在某些地区，规定必须使用防火材料：砖、石、瓷砖等。因为如果一座城市里都是间距很紧密的木构或茅草建筑，简直就是一个柴火堆。

如果我们想要搞清土地、特定（ad-hoc）建筑和市政法规与中世纪城市之间的关系，或许看看一个最好的例子——锡耶纳——可能会有帮助，因为在这里，这几个因素之间的关系和互动展现得特别清楚。

锡耶纳的中世纪规划

我们已经看到，中世纪的城市建在某些场地之上，让即使是最喜欢整齐的规划师也只能接受不规则性。这种情况在城堡遇到突出的岩石、城市延伸的周围遇到坡地的时候尤甚（图1.22）。

即使是单个的设防的房子也是这样，例如在圣吉米尼亚诺、博洛尼亚和其他地方留存至今的

29 那些塔楼，建造的时候的考虑是那里能够提供最坚固的承载力，而不是在任何追求对称或秩序

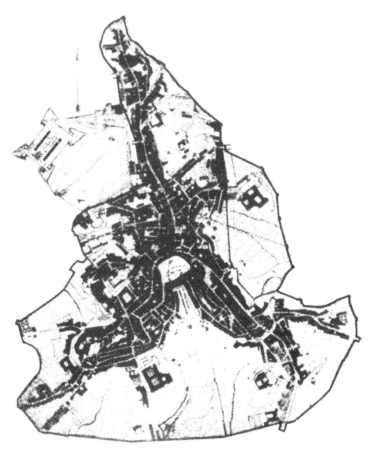

图 1.22　锡耶纳，城市平面图（图片来源：Bortolotti，1983）

的规划里都需要的对齐。在 16 世纪的锡耶纳版画（参见 Pellegrini，1986）里，在城墙之内有大概 40 座这样的塔楼，锡耶纳本身就是由于苛刻场地而形成的形式复杂的非规整城市的经典实例（图 1.23）。

舍维尔（Schevill，1909）追溯了锡耶纳城市的历史，他认为，城市最初起源于位于建在现在的城市中心南方的一条山脊上的古堡（Castel Vecchio）。

这条山脊向东北方延伸，并和另外两条北边和东侧的山脊相遇。因此城市就建在一个由三条山脊组成的 Y 形的地形上，这三条山脊以耶稣受难十字广场（Croce del Travaglio）为核心，呈放射性向西南、西北和东南方向分布，从 1417 年开始，建在上面的"贸易拱廊"（Loggia della Mercanzia）成为中心的标志物。从中心出发沿着山脊的三条主要道路分别被称作城街（Via di Cittá）、上街（Branchi di Sopra）和下街（Branchi di Sotto）。它们（虽然更换了各种名字）最终通往三座主要的城门：西南方向的圣马可门、西北向的卡诺利亚门和东南向的罗马门。城市被分为三个主要的区（Terzi），依次为：城区、圣马提尼区和卡莫利亚区。

城街从中心和下街以南，蜿蜒向东，在它们之间形成了世界上最好的公共空间之一——贝壳形的大广场（图 1.24）。它不只在平面上被周围的建筑界定成扇形，而且也在铺地的剖面上呈碟形向中心的市政厅（Palazzo Publico）倾斜，高差不少于 4.7 米，半径为 55 米左右。由于周围的建筑都是从铺地边拔地而起，因此碟形让处在大广场中的人们，有一种特别强烈的围合感和真正被城市包裹其中的感觉（图 1.25）。

图 1.23　带有中世纪塔楼——府邸的锡耶纳（Cock，1555 年的版画）（图片来源：Pellegrino，1986）

图 1.24　锡耶纳：大广场平面
（图片来源：Guidoni，1971）

图 1.25　锡耶纳：大广场（图片来源：作者自摄）

　　舍维尔指出，早期的城市"大户"（grandis）是沿着山脊建造了砖石的房屋，常常是带有开敞内院和塔楼的粗犷的城堡。直到 1555 年的版画中还能看到 40 座残存的塔楼，正对着圣维吉利奥教堂[1]的还有确实如舍维尔所描述的那种城堡下面的空间（castellare），虽然塔楼已经不复存在。

1.　Church of S.Vigilio，原书误为 Church of Svegilio。——译者注

而对于"普通百姓"来说，根据舍维尔的研究，他们住在位于山脊两侧野坡上的粗糙的茅屋、洞穴和地窖里面。

因此，早期的锡耶纳城就是这样一番景象：沿着山脊的起伏的街道，两侧排布着城堡，由漆黑的小径组成的迷宫所围绕。

至于大广场本身，像世界上其他很多伟大的城市空间一样，被一些本身并不见得出色的建筑围绕。市政厅（始建于 1250 年以后）当然很好，底层的哥特式石头——或者说石灰华，因为在尖拱里面奢华的石灰华石块——的拱廊，特别具有锡耶纳特色。

市政厅的上部是砖砌的，带有哥特式的三联窗。四开间宽的主要体量于 1299 年完工，两层高、三开间宽的侧翼在 1305—1310 年之间模仿原来的风格加建。被砖拱城垛悬挑支撑的其他层则在 1610 年加建。

1338—1348 年间建在加建部分东北角上的曼吉奥塔楼（Torre del Mangio）改善了整体的构图。塔楼从下面的四方形平面的砖塔到顶部的带有城垛的用砖拱悬挑的石头尖塔，共计 102 米高。

紧邻塔的基座的是优雅的广场礼拜堂（Cappella di Piazza），始建于 1352 年。最初为哥特风格，但在 1468 年以雕刻精细的文艺复兴式的圆拱改造一新。

在大广场上，唯一能和市政厅在风格和尺度上匹配的是桑塞多尼府邸（Palazzo Sansedoni），1339 年建于贝壳形广场的东北侧弧线处。它也有一个石灰华的底层，但是带有矩形开口，还有朝向砖砌的二层的矩形开窗。上面的三层同样是砖砌的，并且开着像市政厅一样的哥特式三联窗。

这是有原因的，1297 年锡耶纳议会通过法令，要求大广场上所有的新建房屋都必须采用这种窗的形式，以和市政厅相配，并且禁止建造开敞的阳台。

这并不是锡耶纳通过的第一部影响城市形态的法令。我们一般倾向于认为：规划条例、建筑规范和法律是 20 世纪官僚制的产物，古典和文艺复兴时代的建筑师被城市的规整几何形布局所限制，可至少在中世纪的欧洲，人们是想建什么就可以建什么的，想什么时候在哪里建都可以的。否则我们如何理解中世纪城市如画般的非规则性？

欧洲从黑暗时代走出之后，也许会有偶然遗留下来的建筑，但是即使是那时想造房子的人也要受到地主、贵族、教会或其他什么人的制约。在锡耶纳，就是统治者，依次是伦巴第人、法兰克人，以及 11 世纪中期为止的采邑主教（prince-bishop）。但是 12 世纪才过了一半，采邑主教就被执政官（consuls）所取代，他们建立了自己的政府形式。1252 年，执政官又被行政官（podesta，或市长）取代，随后又是 1287 年的 9 人制议会（Council of Nine）取而代之。

尽管政治地位在不停变动，继任的锡耶纳政府还是通过了一系列法规：1262 年的公约（Costituto），1290 年的街道法规（Statuto dei Viari）和 1308 年的另一部公约。这些法规包括了关于街道宽度、窗户以及其他开口的形式、建筑之间的关系、建筑与街道的关系等。关于这些问题的细节，兹杰考耶尔（Zdekauer）在 1967 年、巴莱斯特拉奇（Balestracci）和皮奇尼（Piccini）分别有所描述，但年代不详。

例如，在 1262 年的公约中，很明显的要更正之前的错误。由于街道建立在台地上，锡耶纳的街道蜿蜒曲折，独立的建筑，特别是私人住宅，随机地突出来。因此公约提供了各种方式去改正这个问题，使街道能够尽可能从头到尾保持直线（recta linea）。这可以通过下面的方式达到：先选好基准点，可能是一座建筑的角部、一个柱子、一座塔楼或其他任何东西，然后再找到另外一个基准点，在两点之间拉一条线，超过这条线的会被要求拆除。

公约还规定了不同级别道路的宽度，从 6 肘尺（braccia，1 肘尺是指从肘部到指尖的长度，6 肘尺约等于 3.5 米）到 8—10 肘尺（4.7—5.9 米）。教堂边的主要道路宽 10 肘尺，美观而明亮，而萨利科尔街（Cavina di Salicol）则更宽敞、明亮而又熠熠生辉。

从这个意义上来说，"街"（cavina）是指公共街道，而"小巷"（treseppio）是指两栋房子之间的空隙——一种极狭窄的小路，可以用一个拱跨过去。在 1309 年的公约中，小巷可以用来作为生活用水排放，尽管邻居显然会经常对这种事情"聚讼争斗"，因此 1309 年的宪法规定排水沟必须深埋并用瓦覆盖。

锡耶纳城里面沿山脊的主要道路是用石板铺砌的，但是那些在两侧和他们平行、沿等高线布置的小路就不一定了。

除了道路宽度、排水要求等等以外，向街道的悬挑也由法规所规定。例如，悬挑的阳台使狭窄的道路更加黑暗，出挑的窗户也是如此，在 1262 年的公约中规定，6 肘尺的街道上，窗户出挑不能大于半肘尺。

正如阿拉伯人的户外空间一样，在锡耶纳狭窄的城市小路常常被使用者搞得一团糟，有买卖食物的、做工的手艺人等。所以 1357 年，锡耶纳议会出台了对过分侵占街道的人的惩罚措施。正如公约所说，议会要维护城市的尊严。

有类似规定的不只是锡耶纳，博基（Bocchi，1987）描述了一大批中世纪城市的类似状况，包括皮亚琴察、费拉拉、摩德纳、博洛尼亚、帕尔马和雷焦。例如，帕尔马的街道 10 步（piedi）宽（相当于 4 米），摩德纳的街道宽 12 步，而费拉拉城外的大道宽达 20 步。

因此，虽然看起来很不规则，但中世纪的城市绝对不是没经过规划。就像伊斯兰的规划法规和实践决定了某种特别的不规则性，中世纪的规则和实践则决定了另一种相当不同的不规则。

33　中世纪的规则性

我们倾向于认为中世纪的典型规划就是不规则的。但事实并不总是这样，现存的中世纪绘画中就有规则的、几何化的规划，例如隐修院的规划，包括带有排水系统的坎特伯雷隐修院（12 世纪中期）和较之早很多的圣加仑隐修院（St.Gall）的设计图（820—830）（图 1.26）。霍恩和博恩（Born）曾经非常详细地研究了圣加仑隐修院的平面图（自 1979 年起，他们共出版了三卷著作），L·普赖斯（Lorna Price）对他们的工作进行了总结（1982）。根据他们的研究，平面图被置入 160 英尺见方的网格中，南北长 3 格，东西宽 4 格。教堂的中心线位于北面数下来第二行，教堂本身占了 2 格的长度。

一个很大的内院紧挨着教堂的南侧，包括一个食堂、修道士居住的房间等。以此为中心，周*34*围环绕着其他的建筑，包括一座医院、见习修士住处、一座修道士的住宅、一座客房、一座朝圣者和乞丐的收容所，以及他们的浴室、厨房、面包房和酿酒厂、工作室、工匠和手工艺人的住区、谷仓和磨坊、果园和花园，还有鸡舍、鹅棚、羊圈和管理员的住房。

大部分这样的屋子都围绕着内院布置，剩下的则用栅栏相互隔开，形成相当开放的街区。其间还设有街道，所以圣加尔隐修院确实是作为一座小城市来规划的。建设从未按照规划实现，残存至今的部分也覆盖在巴洛克时期的厚重装饰下了。

本笃教派的克吕尼隐修院则更为宏大（参见 Conant，1939，1954，1959）。克吕尼隐修院建

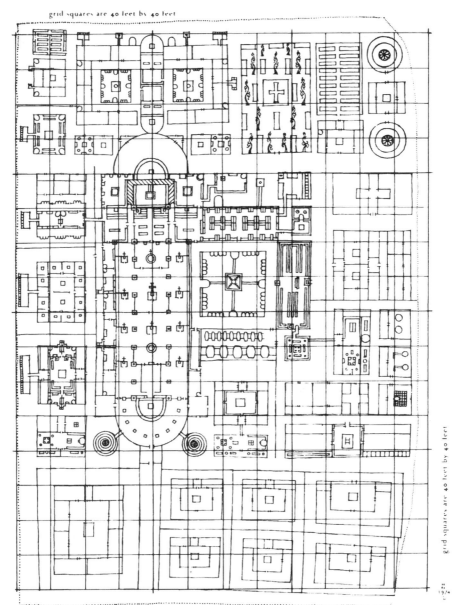

图 1.26　圣加仑隐修院，平面图（820—830）（图片来源：Price，1982）

于 910 年，第一座教堂大概在 930 年左右建成。到 1035 年，大概建成了 20 多座房子（Houlier，1964），在圣休（St.Hugh）任院长期间（1049—1109），克吕尼隐修院成为巨大的隐修院帝国的中心，包括欧洲各个地区的大约 1100 座相互联系的隐修院，向南最远延伸至西西里岛（Hunt，1971）。而同样作为隐修院的中心，圣伯尔纳（St.Bernard）建立的教规更严的西多会的中心西都（Citeaux）隐修院，其规模和克吕尼隐修院差不多——也许还更大一些。

在西多会扩张的高峰期 13 世纪，有 742 座隐修院和 900 座女隐修院，尽管其中有一些规模很小。西多会选择建造隐修院的地方都很偏远，虽然风景很美，因而和更加合群的本笃会相比，建造在西多会隐修院周围的城镇相对少得多。

所以即使是在最黑暗的时代，隐修院的建造也没有停止过，而且数量巨大。而他们建造的地点则成为后来很多中世纪城市发展的基础。

军事城镇

欧洲中世纪最复杂的城市位于法国中部的安茹地区。科恩（1953）曾经指出，在1220—1350年间，法国大约建造了300座左右的军事城镇。其中最早的是由阿方斯·德·普瓦捷（Alphonse de Poitiers，1220—1271）于1253—1270年间在法国中部的阿热奈建造的一大批城市。

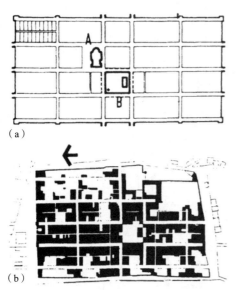

（a）

（b）

图1.27 多尔多涅省的蒙帕齐埃（约1284年），
（a）理想平面（图片来源：Hiorns，1956）；
（b）实际的平面（图片来源：Morris，1979）

因为法语里"建造"这个词是bâtir，因此这些城市就被称为军事城镇（bastide）。佩里戈尔地区这一部分一直在英国和法国国王们之间存在争议，因此他们也开始建造军事城镇。作为放弃土地的交换，土地所有者们被给予城镇授权书（town charter）、安全保障、免除兵役以及授予世袭特权。他们也选举议会，虽然税收和司法由国王的代表监察官（baillie）掌管。

法国国王雷蒙德·七世（Raymond VII，1197—1249）建造了大约40座军事城镇，而英国的国王建造了20座，其中最重要的也许是博蒙（1272），莫利耶尔，拉兰德，圣福伊（1255）和蒙帕齐埃（1285）（图1.27）。

博蒙建造在一个有防卫的教堂周围，而蒙帕齐埃则完全是新建的。大多数的城市历史学家认为，它是最理想的军事城镇，400米×220米的矩形平面。基本上是方格网布局，五条平行的街道和四条垂直的道路（carreyrous）。但是莫里斯的研究（Morris，1974）显示，这样的理想情形从没实现过，城墙本身就不是标准矩形的，因此城市的东南角从来没有建造过！有很多房子就建在城墙的脚下，中心的四个街区之一被作为拱廊的市场——最初由木屋顶覆盖。与之对角线相邻的街区有一座教堂。

像在其他军事城镇一样，房子中间有浅沟相隔，就像锡耶纳的房屋小巷（treseppii），称为"间隙"（andrones），用于防火隔离、排水甚至是作为厕所。确实像莫里斯所说的，"相邻房子之间10英寸深的沟形成了防火隔离带，包含了开敞的排水沟和承载其上的排污管。"外墙上开有城门——开向主要的街道——并在角部设防卫塔楼。在英法争夺佩里戈尔地区的时候，这些军事城镇证明了自己在军事和政治上的价值。

虽然例如蒙帕齐埃这样的一些军事城镇是在矩形城墙内部修建的矩形街区，另外一些城市则是相似的矩形街区，圆形的城墙，还有一些城市，例如蒙塞居尔则基本上呈方形，但根据地形和自然边界有所调整。

芒福德指出（1938），矩形规划一直以来被很表面化的解释："特别是被那些作者，他们没有注意到这种形式的起源和那些最曲折的小道一样乡野。"

当然，它可能来自罗马或之后时代的土地分割，很可能是矩形分割的道路或封建农田。在芒福德看来，这种布局不一定是有意为之的几何化规划，而是犁耕文化的遗留。它的起源确实有可能更早，史前渔村时代建造梁柱结构房屋时就采用过的直线形布局了！

文艺复兴规划

阿尔伯蒂

出乎意料的是，对中世纪非规整城市的最有条理的倡导来自文艺复兴时期第一位建筑理论家——L·B·阿尔伯蒂（Leon Battista Alberti，1404—1472）。在他的《论建筑》（1485）中，他说（第四书，第 5 章）：

> ……如果这座城市高贵而强盛，那么街道就应该是笔直而宽阔的，因为它象征着伟大而庄严的气息；但如果是小镇或者边塞，那么出安全的考虑，就不应当让道路直接通向城门，而是应该让道路忽左忽右，靠近城墙，特别是在城墙上的塔楼脚下通过；在城市的中心，更好的做法是不让道路笔直，而是蜿蜒地前后绕一些路，就像河流一样。

对此，阿尔伯蒂有几分理由：

> ……这样一来，道路越长就越能彰显城市的伟大，同时也能让城市更加美丽和方便，并能更安全的应对事故和突发事件。

不过最重要的是，这可以让城市具有一种特别的美，因为：

> 更重要的是，这种蜿蜒可以让旅人随时发现新东西、每一栋房子的正面和门都正对街道的中心……由于街道的转折，每栋房子都有开阔的视野，这将会既健康又愉悦。

相反的，正如塔西佗（Tacitus）所发现的，在尼禄（Nero）拓宽了罗马的大道之后，大城市的宽街道就"不太体面、不太健康"了。这种拓宽仅仅让城市在夏天变得更热，因为阴影没有了，冬天则暴露在暴风之中。狭窄、蜿蜒的道路会使人们远离这些麻烦，而且所有的房子都会在一天的某个时候享受到阳光，同时又永远不会缺乏轻柔的微风。

狭窄蜿蜒的道路还有另外的一点好处，就是如果敌人想要穿越城市，就会迷惑而失去方向。

阿尔伯蒂认为（第四书第 8 章），城市还应该有一些广场："有些可用于和平时期货品售卖，有些可以用于年轻人锻炼游戏，还有些可以为战时存储木材、草料以及其他被围困的时候所需的物资。"

与维特鲁威一样，阿尔伯蒂从最适宜健康的气候方面来讨论城市选址（第一书第 3 章），他也同样援引自据他说来自瓦罗（Varro）和普卢塔尔克（Plutarch）以及其他古典作家在预兆（Auspices）中所描述（第四书第 2 章）。他设想中的城市应该有带有城垛、塔楼、甬道（cornishes）和城门的围墙环绕。

关于什么形状最理想，他认为这很难说。正如他（第四书第 3 章）所说："形式应该因地制宜。"如果建在平坦的地形上，可以选择正圆形、方形或其他规则形状，但是城市建在山上就不行了。当然，维特鲁威曾经批评过"城市围墙突出的角部"，因为这使城市易受到那个时代常见的攻击。但是正如阿尔伯蒂指出，这对建在山上的城市是有用的，特别是当角度与城市街道相符合的时候。

36

图 1.28　L・劳拉娜（约 1420—1479 年）：《理想城市》，藏于乌尔比诺总督府

因此，阿尔伯蒂关于城市的设想与大多数人头脑中的对于文艺复兴城市印象是不一样的。这些印象主要来自阿尔伯蒂的继承者们，例如焦孔多修士（Fra Giocondo，1511）和切萨瑞阿诺（Cesariano，1521）对维特鲁威的配图和出版，更不用说还有 L・劳拉娜（Luciano Laurana，约 1420—1479），皮耶罗・德拉・弗兰西斯卡（Piero della Francesca）以及其他人的绘画。事实上，现藏于乌尔比诺（Urbino）公爵府的一幅据说是 L・劳拉娜绘制的画（图 1.28）[1]，代表了我们大多数人认为的文艺复兴时期的理想城市，中心式布局，围绕着三层的圆形神庙。但是似乎事实并非如此。沿中轴线镜像对称的两口井和一些建筑，这些建筑中至少左侧的部分严格地遵守矩形的建筑控制线。这些建筑本身是对称的，层高较高的 3 层到单层较低的 4 层，还有一个地方由层高较高的单层连接两栋建筑。

中轴线右侧的建筑更加不规则一些。一栋三层建筑和一栋四层的房子高度差不多，但是四层的房子超出了建筑控制线，而在同一侧，中心神庙后面有一座巴西利卡教堂，中轴线和主轴线平行，但是并不重合。

不过，从留存至今的文艺复兴式城市平面来看，似乎比这里画得要更加规则一些。事实上，我们所知最早的来自菲拉雷特（Filarete，约 1400—约 1469），他描述并画出了他虚构的城市《建筑论说》（Codex Magliabecchiano，1457—1464）中所说的斯弗金达（Sforzinda），一直保存在佛罗伦萨，直到 20 世纪才出版（图 1.29）。

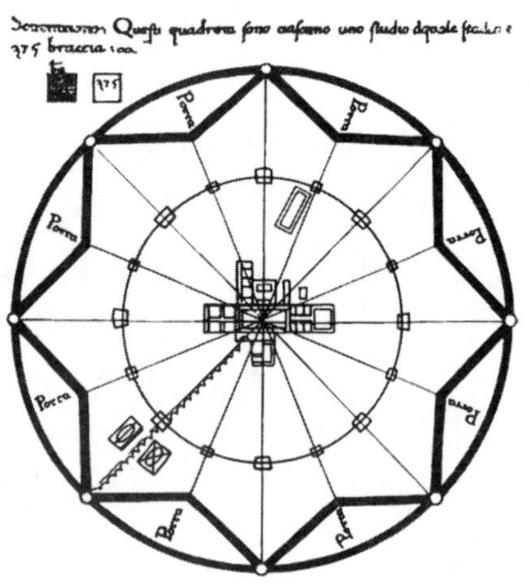

这座城市是为了一位赞助人斯福尔扎（Sforza）伯爵而设计的，因此才有了斯弗金达这个奇怪的名字。罗西瑙描述了它的一些细节（Rosenau，1959），毫不意外，它是基于维特鲁威式的圆形平面，并且道路布局有着维特鲁威一样对于风向的回应。但是圆形看起来似乎仅仅是基础或者八角星形的基座，角部带有塔楼，凹角处是城门。

在城市的中心有一个矩形的主广场，边上是两个次广场，一个有大教堂和王宫围绕，另一个边上是银行、造币厂和行政长官府。其他的公共建筑围绕着这些相互连接的维特鲁威

图 1.29　菲拉雷特：斯弗金达平面图（1457—1464）（图片来源：Rosenau，1959）

---

1. 通常认为这幅画是皮耶罗・德拉・弗兰西斯卡的作品，不知本书作者的根据何在。——译者注

式排列的街道，大概有 16 个服务于教堂和市场的次广场。主广场与周边区域通过运河相连，每两条街道就有一条运河，像威尼斯那样。主要的广场和街道被拱廊围绕。

　　除了这个城市布局的设想之外，菲拉雷特还设计了一些单体建筑，包括学校、医院和监狱，规模从 10 层高的"恶与美德大楼"到单层的工匠住宅。在这座 10 层建筑中，"恶"是通过包含在正方形底座里面的一所妓院来表现的，底座上方升起的圆柱形的建筑通向上层的代表学习的美德的部分。美德的最高层次是占星术，整栋大楼的顶端矗立着美德女神的雕像。

　　罗西璐追溯了文艺复兴时期理想城市的发展，弗朗切斯科·迪·乔尔吉奥（Freancesco di Giorgio，1439—1501/2）、达·芬奇、米开朗琪罗、拉斐尔和丢勒都曾经画过理想城市或者城市的一部分。她观察了卡塔内奥（Cataneo，1554）、马吉[1]和卡斯特里奥托（Giacomo Fusto Castriotto，1564）和斯卡莫奇（1615）为托马斯·莫尔的乌托邦所绘制的理想的城市平面。他们这些或多或少带有防卫的平面都是从维特鲁威的主题或者菲拉雷特的主题上面衍生出来的（Lazzaroni and Muňoz，1972）。其中绝大多数都是带有中心广场的星形平面，在卡塔内奥的版本里，还有 6 个小的广场聚集在四周，在斯卡莫奇那里则有 4 个。

　　这些人中，没有人同意阿尔伯蒂的观点，即波浪形的街道更加美观，同时也更加便捷。事实上，在城墙之中包裹的，是在网格系统内的带有对称分布的小广场的格子变体。当这些街道网格遇到十二边形（斯卡莫奇）、七边形（卡塔内奥）或者其他多边形的外防卫城墙的时候，这当然会导致一些异形的地块。

　　当然，有一座城市就是依据这种规则建造的：威尼斯的卫城新帕尔马城（图 1.30）。这座城市始建于 1593 年，曾经被认为是斯卡莫奇设计的。但是据罗西璐说，它更应该归功于菲拉雷特，甚至马吉和卡斯特里奥托。这是一座九角星形平面的城市，除去一系列的城墙防卫后简化成为规则的九边形平面。城市的中心是一个广场，但是并没有规划成方格网状，相反，道路设计成了中心放射形，这就意味着所有的地块都不太好用了。

　　所以，第一眼看上去，似乎作为文艺复兴时期的所有理论探索的结果——完美的城市新帕尔马城，现在成了一潭死水（图 1.30）。但是正如克劳奇（Crouch），卡尔（Garr）和蒙迪戈（Mundigo）所指出的（1982），在城市史上，依据文艺复兴的观念所设计和建造的城市比其他任何一种方式都要多。

巴洛克

　　在我们考察这些方式之前，我们应该先去看看欧洲文艺复兴城市的最后辉煌，巴洛克城市。

　　巴洛克城市规划首先是在建筑群之间的空间体现出来的，例如米开朗琪罗设计的罗马的坎皮多利奥广场（图 1.31）（1536）以及瓦萨里（在米开朗琪罗的指导下）建造的佛罗伦萨乌菲齐的平行的两翼之间的广场（1560—1574）。西格弗里德·吉迪恩分析了这些设计之后认为，米开朗琪罗的广场建在古罗马主神殿卡比多神庙（Capitol）的位置上，从 50 米高的卡比多山上俯瞰西边的广场群（fora）。古罗马人当然是从广场群进入神殿的，但是米开朗琪罗把他的设计朝向西侧的中世纪时期发展起来的城市。

　　正如培根（Bacon）所述（1967），在米开朗琪罗开始设计以前，这里已经有了一个不规则

1.　Girolamo Maggi，约 1523—1572 年，意大利文艺复兴时期的学者和军事工程师。——译者注

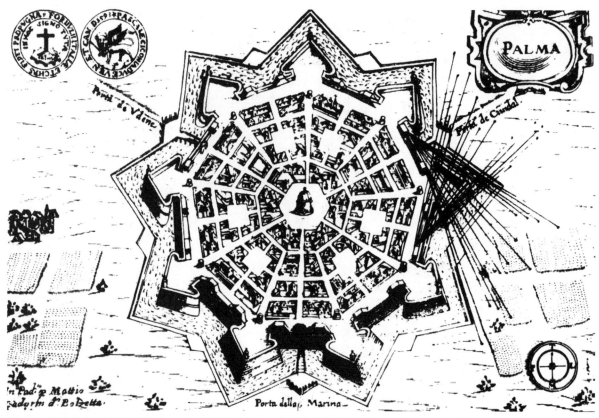

图 1.30　斯卡莫奇：新帕尔马城（1593）。本图所示为 1713 年时的状态（图片来源：威尼斯双年展第三届国际建筑展（Third International Exhibition of Architecture, Biennale di Venezia），1985，Electra Editrlce）

的中世纪坎皮多利奥广场，米开朗琪罗的工作开始于形成广场东界面的带有城墙形式的元老院（Palazzo del Senatore），以及形成广场南侧边界的向内倾斜的孔塞尔瓦托里宫（Palazzo dei Conservatori）。

　　米开朗琪罗从确定经过参议院的东西向的轴线入手，开始整理这个广场。接下来他为参议院大楼加建了一个新的对称立面，在一个坚实的基座上支撑着科林斯柱式装饰的体量，一组大台阶通向二层的入口。随后，他给孔塞尔瓦托里宫建造了一个稍微小一点的里面与之相配，并在轴线的北侧建造了卡比多利尼博物馆（Museo Capitolini）。

　　这样，北侧和南侧的两栋建筑就可以对齐，围合着向西侧逐渐打开的广场，这里米开朗琪罗留出开口，只有一些栏杆。所有的元素围绕着一座马库斯·奥勒利乌斯皇帝的骑马雕像——可能是公元 2 世纪的遗物。

　　米开朗琪罗设计了一组巨大的通向广场的"巨型阶梯"（la Cordonata），始建于 1536 年。当你走上巨型阶梯的时候，会发现广场展现给你的是一种利用透视产生的"错觉"效果。而这种效果通过围绕雕像的铺地设计得到了加强和复杂化，骑在马背上的奥勒利乌斯位于椭圆形铺地中的一个十二角星的中央。椭圆形的铺地比周围的广场低两级踏步，弧线的铺地伸向雕塑，放射性的曲线布满了整个椭圆。尽管这是米开朗琪罗设计的，但是铺地直到 20 世纪 40 年代才最终完成。作为简单抽象的现代主义建筑的主要倡导者——吉迪恩，在书中（1941）饱含热情地记录了这一切（P.68）：

图 1.31　米开朗琪罗：坎皮多利奥广场，罗马（始建于 1536 年），透视图为 Stephano 所绘（1596）
（图片来源：Ackerman，1961）

　　……如手指般辐射出来构成十二角星形之交叉曲线。它们奇妙的图案点燃了不同元素之间热烈的对比之相互作用：椭圆形、梯形、罗马与中世纪的传统背景，巴洛克的光与影之微妙地交错所变换塑造之墙壁，巨型阶梯的壮丽姿态——全部结合而形成一个包容一切的单一和谐……

　　关于这一点，文丘里（1953）说，或许是这样的，但你得忽略米开朗琪罗的广场和大台阶与就在旁边更高的阿拉科埃利圣母教堂（Church of Santa Maria in Aracoeli）以及更具主导性的大楼梯，极其笨拙的并置，更不用说在旁边萨康尼（Giuseppe Sacconi，1854—1905）设计的大而无当的伊曼纽尔二世纪念堂（1885）（图 1.32）。

　　显然，当你试图把卡比多山上的中世纪、甚至是罗马时代的不规则性，与只能应用在水平场地上的几何化图案，甚至对称性相结合的时候，就会遇到麻烦。中世纪的工匠们把广场朝向教堂开放，显然不是没有理由的。显然，米开朗琪罗也知道，他对于对称带来的问题的解决方案非常巧妙，但是总体效果还是在教堂的主导下，很难说是"包容一切的单一和谐"。

40

　　另外，考虑到场地位于罗马的七座山丘之上，加上之前 2500 年的发展，使得罗马不可能像勒沃（Louis Le Vau，1612—1670）和芒萨尔（Jules Hardouin Mansart，1678—1708）的凡尔赛宫或者勒诺特（André Le Notre，1613—1700）的凡尔赛花园那样的一体化设计。

　　教皇西克斯图斯五世（Sixtus V）当然尽了他的一切努力，在任教皇的 5 年（1585—1590）中将罗马城统一加以改造（图 1.33）。他所寻求的不是视觉、建筑的统一体，而是一种折中主义的城市连贯性。正如吉迪恩所说，他的目标是将其主要的教堂以及罗马的圣地通过道路连接起来，这样的话朝圣者就可以在一天之内拜谒所有的地方了。

　　这些地点都是在古罗马城墙的范围之内的，至少也是在奥勒利安时代（前 270—255）的城墙之内，但是其中最重要的教堂圣彼得大教堂却和绝大多数的其他建筑距离很远，在台伯河的另一

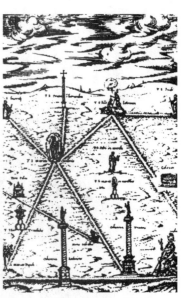

图 1.32　罗马：（左）伊曼纽尔二世纪念堂，（中）阿拉科埃利圣母教堂，以及（右）大舷梯——米开朗琪罗设计的通向卡比多广场的巨型阶梯。只有在忽略了旁边这些强势的邻居才能休会到建筑师构图中的"统一的整体"（图片来源：作者自摄）

图 1.33　博尔迪诺：平面草图（1588），显示西克斯图斯在罗马城市中的圣地之间建立的连接。（来源：Giedion, 1941）

侧、天使堡[1]之外。之前的教皇把圣彼得大教堂和天使堡连接起来，城堡通过台伯河上的天使桥和中世纪的罗马城相连。它们一起在台伯河南岸形成了桥头广场（Plate Pontis），风车状的道路穿过中世纪的罗马城，向东边和东南方向延伸。广场的东北边，另一组道路从人民广场放射出去。尽管前任做了这些建设，正如教皇西克斯图斯五世的建筑师 D·丰塔纳（Domenico Fontana，1543—1607）所说（1612）的那样：

> ……（他）希望为了那些被虔诚或者誓言驱动着的、经常拜访罗马城里面最神圣的地方——特别是因为豁免和圣迹而闻名的七座教堂——的人们打开通路，到处修建最便捷的大道，因此人们无论是步行、骑马还是坐马车，都可以从任何一个地方出发，沿直线到达他想去的任何一个著名圣地。

正如博尔迪诺（Bordino）在 1588 年的罗马地图中展示的那样，为了达到这个目的，西克斯图斯五世需要修建另外一条从人民广场出发，东南向的通往圣母大教堂（S.Maria Maggiore）的道路，这样就可以形成第一个星形广场，从圣母教堂出发，通向圣洛伦索教堂、圣十字教堂、圣约翰拉特兰教堂（St Giovanni in Laterano），以及最后回到图拉真纪功柱的古罗马广场。另一个从圣约翰拉特兰教堂出发的广场将它和圣保罗教堂和大斗兽场连接起来，而另一条斜切的幸福大街（Stada Felice）的对角线道路将奎里纳尔山（Quirinal）和奥勒利安壁垒上的皮亚门（Porta Pia）连接在一起。这些都和西克斯图斯五世有关。

除了这些通过道路连接起来的建筑之外，最重要的地点都有一座埃及的方尖碑：圣彼得大教堂广场、圣母大教堂广场、圣约翰拉特兰教堂广场以及人民广场（参见 Batta, 1986）。加上其他广场，

1.　即哈德良陵墓。——译者注

罗马总共有大约 14 座方尖碑，尽管这些可能使西克斯图斯最初的设想变得不那么清晰，但是它们极大地激活了这些广场。

正如吉迪恩指出的，西克斯图斯五世与丰塔纳开辟这些道路的时候恰好是四轮马车开始普遍使用的时候。这当然意味着道路必须有足够的宽度，让马车可以通过。因此，与为了步行、骑马或者坐轿的道路相比，要宽很多。正如丰塔纳所说：

> 最驰名的是幸福大街，它起始于圣十字教堂……经过圣母大教堂，到达山上的圣三一教堂，再从那里下到人民广场；总长 2.5 英里，笔直宽阔，可以容纳五辆马车并驰。

关于这条轴线，必须说，事实上是和古代罗马城妥协的结果。那些巴西利卡大教堂，诸如圣十字教堂、圣母大教堂、圣三一教堂都建于圣地上，本来并非相互对齐的，尽管幸福大街的一部分，从圣十字教堂到圣母大教堂之间这一段还留存至今，即圣十字街（Via di S.Croce），而与之垂直的西克斯图斯五世的十字轴线，从皮亚大门到奎里纳尔这一段，是今天的 9 月 20 日大街（Via Venti Settembre）。但是在圣母教堂和人民广场之间，却没有什么幸福大街的迹象。最近的路大致是从西斯廷街到四泉教堂，再到阿戈斯蒂诺·德普雷蒂斯街（Agostino Depretis），不到广场甚至还不到圣母大教堂。如果这就是西克斯图斯的大街的话，那它的北段和南段都太长了。

因此，我们很难从罗马城中得到巴洛克城市设计的概念，除了米开朗琪罗的卡比多广场上所表现出来的建筑之间空间的尺度感以外。

在台伯河对岸，西克斯图斯五世在圣彼得大教堂（以及梵蒂冈）和天使堡之间建造了他自己的新城（Borgo Nuovo）。

因此，人们只能从凡尔赛去寻找巴洛克城市规划的模板了。勒诺特的轴线长达 2.5 公里，以宫殿为中心，由带有喷泉的运河、花坛、大道和步道组成。这也许乍看上去有点奇怪，因为不管它有多大，毕竟是将一座花园作为一种城市规划模式的实例。

不过，勒诺特在巴黎的香榭丽舍大道（1664）规划上应用了同样的原则，而这些原则反过来直接影响了其他地区的城市规划，包括雷恩（Christopher Wren，1632—1723）设计的格林尼治，埃格特维（Nicolai Eigtved，1701—1754）设计的哥本哈根的阿马利恩博格宫（Amalienburg，1749），朗方（Pierre Charles L'Enfant，1754—1825）在 1791—1792 年设计的华盛顿特区的步行区广场等。 *42*

我们也将看到，勒诺特的设计方法被 18 世纪最有影响力的建筑理论家洛吉耶神父（Abbe Laugier）作为城市设计的样板。

印度群岛的法则

在向其他大洲殖民的过程中，欧洲的殖民者自然会把欧洲的城市规划模式带到那里。因此，到 15 世纪中期，葡萄牙人建立了阿尔金城（现在叫阿加迪尔，归属摩洛哥），完全以中世纪的里斯本为原型：带有一所沿海边商栈的一座建立在山顶的城市。他们还在黄金海岸上建立了类似的埃尔米纳（Elmina，1482）。到 1510 年之前，他们把位于印度东海岸的当中的果阿邦（Goa）都里斯本化了（Smith，1955）。

与之类似的是，哥伦布在 1492 年到达美洲之后，西班牙人也把西班牙的城市规划模式运用到伊斯帕尼奥拉岛（圣多明戈和海地）、古巴和其他的安的列斯群岛，更不用说还有委内瑞拉、哥伦比亚以及墨西哥湾的海岸。正如克劳奇、卡尔和蒙迪戈所说（1982），如同罗马帝国的殖民地城市一样，西班牙帝国的殖民地城市也"被看作并作为文明的宣传、象征和体现"。

其他人有另外的方式。比如说，在巴西的大西洋海岸，法国人、西班牙人和葡萄牙人之间存在着利益的冲突。后者用巴洛克的轴线的方式规划城市，按照等级制组织以体现文明，同时象征着与当地印第安人以及非洲的黑奴与葡萄牙文化的融合。

不过像克劳奇、卡尔和蒙迪戈竭力指出的，西班牙的规划模式不仅强加在南美和加勒比海地区（包括墨西哥），还影响到北美包括加利福尼亚州、亚利桑那州、新墨西哥州、得克萨斯州和佛罗里达州。所以，他们认为，有必要进行比较下列一系列的规划模式：西班牙和葡萄牙的殖民地、伊斯兰规划法则影响下的西班牙城市思想，西班牙人到来以前的印第安人本土的规划，不同类型的殖民城市：港口、要塞、首都等，关于西班牙殖民地在美洲不同地区之间详细比较，同时还有地中海周边的希腊－罗马殖民地以及美洲的西班牙殖民地。既然如他们所说，从第一个殖民地圣多明各（1493）（图 1.34）到最后一个在加利福尼亚的殖民地（1802）之间，西班牙人在美洲建造了 350 座城市，那么他们的规划方法也许比其他的规划模式扩展到了更多的地方，更大的规模，延续时间也更长。除此之外，斯坦尼斯拉夫斯基（Stainislawski）指出（1947），这些城市是建立在罗马，事实上更确切地说是建立在维特鲁威的原则之上的。

克劳奇、卡尔和蒙迪戈认为（P.37），在西班牙人把摩尔人赶到南方去的——从托莱多（1085，在熙德的领导下）、塞维利亚（1284）并最终于 1492 年攻克了格拉纳达——过程中，他们又一次学会了城市生活的原则。当然这些摩尔人的城市是根据伊斯兰的规划方法建设的。

不过，有些从罗马时代就有的西班牙的城市还保留着罗马时代的遗迹，至少是平面。包括巴塞罗那、梅里达（这个城市的名字来自 Emerita Augusta）和萨拉戈萨（源自 Caesar Augusta）（Violich，1962）。西班牙的国王们，或者说他们的谋士们，似乎认为，既然罗马代表了他们之前最成功的帝国，那把城市建立在罗马城市的基础之上一定是好的。这也是为什么西班牙的城市规划法令都要

图 1.34 圣多明各：D·哥伦布的房子（约 1520 年）（图片来源：作者自摄）

求规则的，甚至直角的方格网布局。它们还暗示，西班牙人的这种规划是从他们占领的印第安城市学来的，特别是蒙特苏马（Montezuma）的首都特诺奇蒂特兰（Tenochtitlan），墨西哥城就直接建在其上。

当时和 H·科尔特斯[1]一起在场的 B·迪亚斯[2]，是这样描述特诺奇蒂特兰的：

> 城市的布局表明，原来的区域被分为四个对称的部分。每一个区包括……旧的城市遗址……被覆盖在帝国的建筑物之下。四个区的边界……相交于一点，这个区域被神庙、皇宫和领主的住所占用。神庙有四座大门，每一个都通向一条作为分区边界的大街。其中三条道路是跨越湖面的堤道，与大陆相连。

科尔特斯和他的属下是在 1519 年末才第一次看到这座令人惊讶的城市的，并最终在 1521 年初攻克了它。他们迅速把阿兹特克人的城市夷为平地，然后在上面建造了西班牙的城市。这看起来很奇怪，因为他们说喜欢这座阿兹特克人的城市，除了它是被太阳神庙和一些金字塔所主导、野蛮的杀人祭祀等场面对于西班牙的基督徒来说也是值得诅咒的（anathema）之外（虽然实际上西班牙人自己也在这么做）。

第一部关于印第安地区的西班牙城市规划的皇家法令早在 1513 年就在塞维利亚发布了，这仅仅是哥伦布到达美洲的第 20 年，而科尔特斯要 6 年后才会到那里。每一座城市都要求有方格网的布局，中间有一个广场，旁边布置教堂及其他公共建筑。

在特诺奇蒂特兰，科尔特斯自己占用了蒙提祖马的王宫，摧毁了太阳神庙，以留出广场建造 *44* 天主教的教堂。他自己的城市，墨西哥城，由一位叫作布拉沃（Alfonso Garci Bravo）的土地测量师规划，而印第安人则被定都在特拉特洛尔科（Tlatelolco），由政府大楼、广场以及非常不规则的居住区所构成。

因此，正如柯斯托夫所说（1985），西班牙殖民者很快就在墨西哥站稳了脚跟。最早的方济各会的修士 1524 年就到了那里，很快，奥古斯丁修会和多明我修会也到了。这些修士规划了大部分的城镇，建造了第一批教堂，并负责建立了第一批的西班牙政府。

在其后的若干年中，这些法令一直被不断细化，直到 1573 年卡斯蒂利亚国王 D·费利佩（Don Felipe）发布了新的印第安法令，之后的所有规划都依据这个法令进行（Nuttall，1921，1922）。

148 条法令的条款包含选址、规划和政治组织的各个层面的内容。除了为殖民者创造一种看起来是西班牙式的环境以外，更重要的是一个基督徒的城市，可以鼓励当地人放弃他们的异教信仰而皈依基督。这当然可以通过类似于教堂在城市中的位置体现出来。

因此，他们做了很多努力去安抚印第安人，以对印第安人造成最小伤害的方式建造新城（第 5 条）。不过，除了善待印第安人之外，殖民者还要寻找可资利用的金属（第 15 条）、当地的食物（第 16 条）、宗教教化的可能性（第 17 条）等。事实上，如后面的法令（第 36 条）所说，这就是"我们授权建立这些殖民地的主要目的"。

在确定在哪里建造殖民地的时候，下列条件应予考虑（第 34 条）：

---

1. Hernando Cortés，1485—1547 年，推翻阿兹特克帝国的西班牙殖民者。——译者注
2. Bernal Diaz，约 1492—1581 年？西班牙军人和作家。——译者注

地区的健康状况，这可以从下面这些看出来：老年人的数量，或者年轻人的面色、自然体态和肤色、没有疾病，足够大小体形的健康动物，成长健康的水果以及无毒无害的植物生长的土地，但是气候好、天空晴朗、空气清新柔和……温度适中，不太冷也不太热，如果一定要选一个的话，那还是冷一点好。

近处应该有水源，也应该有现存的城镇，可以从那里取得再利用的建造材料（第39条）。不能处在太高的地方，因为高地风大且不易到达（第40条），除了港口以外，也不能选海边的地，这样容易被海盗攻击，也没有足够的土地和原住民耕种（第41条）。如果周围有河的话，城市应该在河的东岸，这样，早上太阳就可以在照到河水之前先照到城市。

像1500年前的维特鲁威一样，D·费利佩和他的幕僚也很注重风向、水质等。城市不能建在潟湖或者湿地附近，以免被有毒的动物、污染的空气和水侵扰（第111条）。

在人口方面，至少需要30个人才能开始建立一座城市，当然，最少也不少于12个、包括10个已婚的男人（第100条）。在某个特定的时间段——通常是一年——这30个人中的每个人都要建好自己的房子，以及在同一块地上建立畜栏："十头母牛、四头阉牛，或者两头阉牛和两头小公牛，以及一匹牝马，五头猪，六只母鸡，二十只从卡斯蒂尔带来的羊……"（第89条）。另外，还应该有一位教士，如果他不能在指定的时间段内建造一座教堂并开放礼拜服务的话，就要被处以1000金比索（peso）的罚款。

一旦选定了城市的位置，就要确定四个主要的分区（第90条），其中一个是为创立者和他的30位邻居准备的（他可以占用四分之一，其他人占用其他四分之三，其中四分之一给城镇吸引来的殖民者，四分之一用于放牧，四分之一给原住民）。

至于具体的规划方法，在第110条法令里面有如下的描述：

> 一旦到达新殖民地准备建立的地方……就要建立场地的规划，使用绳子和尺把它分成广场、街道和建筑街廓，从主要广场开始，道路从这里通向大门和主干道……留出足够的空地，这样即使城市扩展了，仍然能够用同样的方式扩展……（图1.35）

主要广场（图1.36）不应小于200英尺×300英尺，也不大于532英尺×800英尺。事实上，"良好的比例"是600英尺×400英尺（第113条），这样就可以为举办

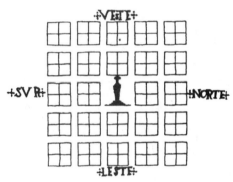

图1.35 阿根廷的门多萨，最初的城市布局（图片来源：CEDEX，1985）

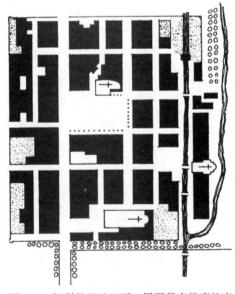

图1.36 智利的圣地亚哥：周围带有拱廊的广场和教堂的城市中心（图片来源：Crouch, Carr and Mundigo，1982）

45

宗教节日的仪式提供一个适宜的形状，特别是马匹通行的地方（第 112 条）。

广场的角落应该面向主导风向，"因为这样连接广场的道路就不会暴露在主导风中"（第 114 条）。有四条主要的街道通过每条边的中点，另外每两条相互垂直的街道通过四个角（第 114 条）。为了给"经常聚集在那里的商人最大的方便"，广场四周和主要道路两侧都围绕着柱廊，只是在街道进入的地方被中断（第 115 条）。

在寒冷的地区，街道可以宽一点，而在炎热的地区，道路较狭窄，除非是在用马防卫的地方需要拓宽（第 116 条）。

在沿海的城镇，主要的教堂的选址应该布置在可以作为有效的海上标志物的地方，而在内陆城镇，教堂则应该布置在临近易达主要广场的地方，又不在广场上，并且最好地势高起。它应该有专属的场地，以方便每个方向都可以看到它（第 124 条），而皇家议会、市政厅（cabildo）和海港、海关大楼、军火库也应该围绕着主要广场，但不应干扰教堂。为穷人的（非传染病）医院也应该布置在附近。

传染病院，以及产生有毒物品的地方，例如屠宰场、渔场、皮革厂等，应该"布置在污物可以迅速排出"的地方（第 122 条）。

在城市中应该到处建小广场，作为小教堂、修道院等的场地，这样，所有东西就都"可以在宗教的指导下合理分布"（第 118 条）。

广场周围的地方应该用来建造和教会、皇家建筑等有关的建筑，殖民者则致力于商店和商人的住房（第 127 条），其他的地块则由抽签分配决定归属（第 127 条）。

像在防卫城市中一样，这些殖民地城市采用规则的方格网布局。每一个殖民者会被分配最多 5 个地块（peonias）用于放牧和其他用途，每一块为 50 英尺 × 100 英尺（第 102 条），三块宅场地（caballerias），每一块为 100 英尺 × 200 英尺。刚刚到达的殖民者随身携带帐篷（第 128 条），否则的话他们会用当地的易得材料建造小屋（第 128 条）。这种传统一直延续到现在建造临时住宅区（shanty-towns）。

刚到达的移民还会被发给种子，让他们种植（第 131 条）。他们还将饲养牲畜（第 132 条），并尽快开始建造他们的永久性房屋。他们必须非常小心并高效地完成这些工作，因此他们就会被发给模具、木板和工具（第 132 条）。他们房子的朝向利用南北通风（第 133 条），每栋房子都有尽可能大的自己的院子以及动物畜栏，以保证健康和清洁（第 133 条）。

在建筑形式方面，法令第 134 条规定："为了城市的美观，应该尽可能让所有的建筑采用同样的类型。"事实上，建筑师和其他的执行者被委派保证这些法令都"在最细致的监管下"得到实施（第 135 条）。

在此之后的最后 12 条法令是关于如何将印第安人纳入基督教的怀抱，城市本身对他们来说就是基督教优越性的象征。

在墨西哥和南美的各个地方，这种殖民地模式运行足够良好，但是当西班牙人从墨西哥城向北进入新加利西亚（Nueva Galicia）和新比斯开（Nueva Vizcaya）的时候，就变得越来越难了。有些印第安人，例如霍皮族（Hopi），已经居住和生活在村镇（pueblo）里面了，可是其他的人，例如阿帕奇族（Apache）却肯定没有。事实证明用武力强逼迫他们既昂贵又危险，因此 1584 年瓜达拉哈拉（Guadalajara）的主教建议一种更加平和的办法：派出两到三个修士去建立一座修道院，八名左右带着家庭的士兵负责守卫，同时还有一些基督教化的墨西哥印第安人作为移民，同时还可以担任宗教仪式中的贡物收集者和领唱。

这种模式似乎效果不错,15年后大概有8000人住进了墨西哥城北边1000英里的类似的移民点,现在这里被称为新墨西哥。因此,直到1610年佩拉尔塔[1]才发现圣菲(La Villa Reale de la Santa Fe)是一片合适的地方:根据印第安人的规则,这里不仅是政治和军事的中心,也是宗教的中心。它是用当地材料建造的,例如石头、土坯泥墙和木梁。到1633年,这座城市就有200居民,其中50名是西班牙人,到1859年转归美国时的人口接近5000人。

无论如何,圣菲并不是西班牙人最北的,也不是最后一个在美国境内的移民点。克劳奇、卡尔和蒙迪戈还追踪了圣路易斯和洛杉矶的历史。马克桑(Maxent)、拉克利德(Laclede)、一家法国的皮革公司曾经于1763年在圣路易斯这块地方建立过一个商栈,河对岸有一座印第安人的村庄皮奥里亚(Peoria)。不过,1762年法国总督已经将上路易斯安那割让给西班牙人。因此圣路易斯市是在1770年根据新奥尔良的总体模式布局的,由彼尔纳斯(Pedro Piernas)船长接管。他建造了围墙(pallisade)和防卫塔,以保护城市免受印第安人的袭击。街道的形式、建筑和地块分配越来越和印第安规则相一致。

47　西班牙对圣路易斯的控制并没有延续很长时间。1800年,依据波旁家族签订的协定,圣路易斯被交还给法国人,然而,T·杰斐逊在1803年把路易斯安那州从拿破仑那里买了回来。

西班牙人还同时还在加利福尼亚海岸建造了城堡,圣迭戈(1769)、蒙特雷(1770)、旧金山(1776)以及更南边的圣巴巴拉(1786)。他们还建造了大约20个使馆,包括圣安东尼奥-德帕多瓦(1771)、圣路易斯-奥比斯波(1772),圣胡安-卡皮斯特拉诺(1776),圣克鲁斯(1791)和圣何塞(1797)。其中最后一批,直到1817年,圣拉斐尔-阿尔康杰尔甚至圣弗朗西斯科-索拉诺角直到1823年才在旧金山湾地区建成。

但是,在1777年以前,当时的加利福尼亚的统治者,德内韦(Felip de Neve)已经决定去建立新的殖民地,或者说一种新的类型,在其中教会的地位没那么高。事实上,他并不把教堂看作印第安人可以被归化的基督教的中心,而宁愿让印第安人继续住在自己的村子里。

他把城市看作农业的中心。这其中包括1781年建立的圣何塞和波尔西温库拉天使女王圣母城[2]。克劳奇、卡尔和蒙迪戈指出,德内韦非常严格地执行了某些法令,特别是涉及选址(第34条)、富饶的土地(第35条)、驯服的当地人口(第36条)、陆路通畅可达(第37条)、有水源和可再利用的建筑材料(第39条)。

最初的洛杉矶小得不能再小,起先只有11户人家——大约44口人——包括西班牙人、印第安人和黑人。德内韦尊重其他有关分配土地和房屋用地的各种规则,尽管这些都比地块和宅场地标准小得多。有一个按照法令规定的广场,尽管比法令规定的要小得多,还有政府、教堂、卫戍所和谷仓等。广场和与广场之间连接的道路两旁都有柱廊。

根据克劳奇、卡尔和蒙迪戈的研究,直到19世纪30年代,洛杉矶周围的地块仍然按照西班牙人制定的法令分配。1835年,墨西哥政府定都洛杉矶,但是却没有足够的房子,在1846—1848年与墨西哥的战争之后,加利福尼亚归属美国,洛杉矶失去了首都的地位。

奥德中尉被指定去测量这座城市,搞清楚可以出售的地块数量,所得收归城市所有。他的目的很模糊,也许是有意的,因为城市只有两里格的街区(square),但是奥德测量了16个街区范围

---

1. Don Pedro de Peralta,约1584—1666年,西班牙殖民地官员,新墨西哥州圣菲市的创建者。——译者注
2. Nuestra Senore La Reina de Los Angeles de Porciuncola,即洛杉矶的前身。——译者注

的里格[1]，更多的是为了城市的利益。

当然，洛杉矶从那时起就开始扩张得超出了认知，最终成为世界上最大的——至少面积上——大都市之一。

从某种角度来说，纽约看起来也像一个"印第安法令"的城市，至少在方格网平面这方面来看。但实际上并非如此。纽约首先是荷兰人、然后是英国人建立的，而且规划的主要出发点是作为一个贸易城市，而不是劝服北美印第安人皈依基督教。这个城市发展为一个某种贸易企业的中心，正如创立者的想法一样。事实上，到 19 世纪末之前，纽约市一个建成城市形态中贸易化，或者说资本主义城市的样板。

即使是现在，对许多人来说，它仍然代表了对于 20 世纪城市期待的本质特征，我们将在后文中看到（第 2 章），而这似乎在其他的北美城市中丢失了。不过，在城市发展方面，它代表了如此重要的一个案例，值得我们详细探讨。很快我们就要开始。不过在此之前，我们应该去看看对很多人来说，什么是世界上最好的城市空间：威尼斯的圣马可广场和南锡的斯坦尼斯拉斯广场（Place Stanislas）。

48

---

1. leagues，美国的土地面积测量单位，约等于 4400 英亩。——译者注

第 2 章　范型

圣马可广场

　　想一想下面的这些城市空间：威尼斯的圣马可广场、南锡的斯坦尼斯拉斯广场。在每个案例中，空间——或者广场——为建筑所环绕，但是斯坦尼斯拉斯广场是轴对称的，而圣马可广场则是非对称、不规则而多变的。这并不让人惊讶，因为圣马可广场发展到今天的样子，经历了近千年的发展和演变（880—1810），而人们通常认为斯坦尼斯拉斯广场是由同一位建筑师埃瑞（Emmanuel Héré de Corny，1705—1763，法国建筑师）在 1752 年设计的。尽管埃瑞的设计自身自然是统一的，我们也看到，它们也试图其他东西统一。在总体概念上，每个局部都在整体的几何秩序中有其位置，而广场周边的建筑方面，每一位建筑师根据当时的时代品味回应前人的作品，或者协调或者挑战。

　　对于大多数的城市学者来说，最终的结果是欧洲最震撼的空间。K·史密斯（Kidder Smith，1955）引用了很多的描述，从拿破仑的"欧洲最美的客厅"到沙里宁的"由单独的建筑所组成的精彩的建筑组合，成为建筑形式永恒的交响曲"。他引用了西特的盛赞"……画家也无法构想出更完美的建筑背景……剧场里也创造不出更高贵的场景……"，以及 H·史密斯（Hopkinson Smith）的"全世界独一无二的伟大广场，就在圣马可教堂前面"（1896），以至于相比之下，他自己的评价"除了（雅典）卫城以外,（威尼斯的圣马可广场）是世界上能找到的规划和建筑最好的例子……"，看起来对这个广场就有点不够慷慨了。

　　现在的圣马可广场为上千人提供了一个生活和工作的环境，一个休闲的场所、一个吃喝的地方、一个欣赏音乐的地方、一个购物的地方，而雅典卫城——作为其过去的影子——则仅仅是一处为了游客的地方，确实，那是个很棒的地方，场地非常具有戏剧性，但是我们关注的东西——建筑之间的空间——仅仅是保萨尼乌斯[1]所描述的卫城山门（Propyleon）和帕提农神庙之间空间特色（feature）的拙劣模仿而已。如果没有这些特色，建筑之间的空间只不过是剩下来的空地而已。

　　我们可以像威彻利（Wycherly，1949）和道萨迪亚斯（Doxiadis，1972）分别做过的那样，把 20 世纪的空间概念注入其中，但是它们的独特之处在于，它们没有围合——而这是任何可以被称作城市空间的最基本的要求。拿破仑的客厅没有屋顶，而是将天空作为屋顶，但是他还是把它看作一个房间。就像房间一样，它是有围合的：圣马可广场的空间变化丰富多样。而斯坦尼斯拉斯广场则更为统一，具有整体性。后者的这种整体性一直延伸到檐口的高度、层数，最特别的是建筑语言都是古典的，或者更准确地说是文艺复兴式的。也就是说，那些门和窗，用基石、额枋和山花构成的墙体上的矩形洞口。主要的建筑，市政厅和行政公署的正立面附加了拱廊，并有中央的山花。在斯坦尼斯拉斯广场和更狭长的卡里埃广场（Place de la Carriere）之间有一座凯旋门，半圆形拱廊限定了皇宫的正立面。整个系统的几何关系延伸出皇宫，到达（高度形式化的）花园。

---

1. Pausanius，古希腊旅行家和地理学家。——译者注

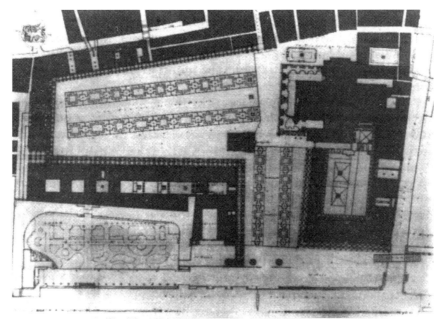

图 2.1　P・赫斯特（Philip Hirst，1935），圣马可广场平面（图片来源：罗马的英国学院）

今天我们所看到的圣马可广场，是经过差不多 30 次改建才形成的（图 2.1）。大体上呈 L 形，主广场东西向，朝向圣马可教堂，小一点的广场从教堂向南，经过总督府（Doge's Palace），在南端面向大运河，与对岸的帕拉第奥的圣乔治大教堂（S.Giogio Maggiore，1565—1580）（Moretti，1831）遥遥相对。大广场与小广场，通过整个区域现存最古老的一栋建筑铰接在一起，虽然这种遗存更多是在形式上，而不是材料上。

钟楼最初建于 888—912 年，并在 1511—1514 年由博恩重建，1902 年倒塌之后，又根据照片由贝尔特拉米（Beltrami）和莫雷蒂（Moretti）重建过一次。总高度为 323 英尺，方形钟塔，上面是金字塔形的螺旋塔楼。在广场中，它成为一个焦点，把大小两个广场以及周围的建筑非常成功地统一在一起。

钟楼最初是作为广场的西端，当时的一条运河形成了广场的边界。1176 年左右运河被填平，曾经建在河边的教堂向西移，形成了现在我们看到的广场的长度。

除了钟楼之外（图 2.2），最古老的建筑是两根浮雕柱，来自黎凡特[1]，在 12 世纪末的时候就已经树立在大运河边上。一个顶上有一个也许是波斯或者亚述的狮子雕塑，而另一个上面有一个狄奥多尔（Theodore）的雕像，威尼斯的第一位守护神。它们构成了一个看教堂美景的景框，同时也避免小广场的空间向大运河彻底散掉。

而圣马可教堂本身同样是若干次重建的产物（828，976，还有最终形成今天的 5 个穹隆的集中式平面的 1063—1073）。显然，它的祖先是圣索菲亚大教堂和其他拜占庭教堂，特别是使徒教堂（今已毁），而始建于 11 世纪的大理石和马赛克装饰也来自拜占庭建筑。里面的每一开间上面都有精心雕刻的尖拱山花，其间的小尖顶和洋葱穹隆让整座建筑充满了异域风情，提醒我们威尼斯离欧洲东部还很远。中间的四匹铜马虽然来自希腊，但也是 1200 年从拜占庭帝国运来的。

51

---

1. Levant，地中海东部地区的总称。——译者注

图 2.2　圣马可广场和钟塔（图片来源：作者自摄）

图 2.3　总督府（图片来源：作者自摄）

52

同样的，总督府（图 2.3）也经历了很多的变迁。始建于 814 年，毁于火灾后于 976 年和 1105 年重建，1309 年、1404 年（南立面，或运河立面）以及 1424—1442 年（西立面或小广场的立面面）改建成现在的样子。尽管室内和内院是文艺复兴和洛可可风格，呈现给外界和广场的是一座独特的威尼斯哥特式建筑，包括有 36 根柱子和尖拱的底层，以及更复杂的带有 71 根柱子的凉廊、尖拱和四瓣花窗的二层以及上面的粉色和白色对角线拼花的大理石立面——这是博塔索（Bottasso）的现代饰面。为了适应内部使用的需要，上面开了尖拱大窗和小的牛眼窗，最顶部带有大理石的浮雕装饰。建筑和圣马可教堂通过 B·博恩（Bartolomeo Bon）和其父 G·博恩（俗称小博恩）（Giovanni Bon）在 1438—1442 年加建的卡尔塔门相连。

广场西、北以及南侧与行政公署对齐，那是行政长官的官邸，这些建筑围合出圣马可广场。而北侧最古老的部分，最初由小博恩在 1480 开始建造，1512 年毁于火灾之后，由贝尔加梅斯科（Bergamesco）、小博恩和圣索维诺（Jacopo Sansovino，1486—1570），在科杜奇[1]的钟塔（Torre dell'Orologio，1496—

1.　Mauro Coducci，1440—1504 年，15 世纪意大利最伟大的建筑师。——译者注

图 2.4　博恩的旧行政长官官邸（图片来源：作者自摄）

图 2.5　圣索维诺的圣马可图书馆（始建于 1536）（图片来源：作者自摄）

1499）西侧重建，它那隆巴尔多（Lombardo）风格的古怪的不匹配的两翼（1506），显然是火灾之前遗留下来的。旧行政长官官邸（Procuratie Vecchie）（图 2.4）由 3 层文艺复兴式的拱廊构成，底层开敞，共 50 开间，而上面两层则是 100 个包含窗户的开间。桑索维诺的圣杰米尼阿诺教堂（San Geminiano）构成了广场西侧的边界。

　　1505 年，一位叫莱奥帕尔迪（Leopardi）的金匠，在大教堂的前面竖起了三根青铜的柱子（pylon）。

　　圣索维诺同时还建造了广场中最精美的两栋文艺复兴建筑——圣马可图书馆（图 2.5）（始建于 1536 年），它界定了小广场的西侧，以及在钟塔脚下，大小广场交界处的钟楼敞廊（loggetta）。帕拉第奥认为圣索维诺的图书馆（最终由斯卡莫奇完成，1582—1588）是古典时代以来最美的建筑。强调水平线条，在第一层的柱廊和柱廊上面都有精心雕刻的檐部，这种水平向通过二层和屋顶的镂空栏杆得以进一步加强，而每一个开间通过天际线上竖立的雕像得到强化。

　　钟楼敞廊只有图书馆的一半高，包括三个并排的凯旋门，中间用壁柱连接。壁柱上有壁龛，放置阿波罗、墨丘利、和平女神和米涅瓦的雕像，雕像两侧有两根科林斯式柱子。上面带有高浮雕饰板的无窗楼层，支撑在镂空的栏板上。

　　有些人认为钟楼敞廊好比华丽的珠宝，而另外一些人觉得它的繁复——特别是那些彩色的大理石——接近粗俗。

53

　　在完成圣索维诺的图书馆之后不久，斯卡莫奇在广场的南侧开始建造新的行政长官官邸。他把建筑从原来的位置向南退后了 20 英尺，使得塔楼和建筑脱离，建筑模仿圣索维诺的图书馆，至少在开间上保持一致，但是增加了一层，带有三角形或者半圆形山花窗。因此，整栋建筑比对面的旧行政长官官邸要高一些。斯卡莫奇仅仅建造了 10 个开间，长度与图书馆一致，西侧加建部分的 29 个开间是隆盖纳（Baldassare Longhena，1598—1682）在 1640 年完成的。至此，除了西端的圣索维诺的教堂之外，广场基本形成了今天的样子。

　　新行政长官官邸后来改造成拿破仑的皇宫，拿破仑在 1807 年加建的时候设法拆除了圣索维诺的教堂（图 2.6），由索利（Giuseppe Maria Soli，1748—1823）设计的部分称为拿破仑宫（A la

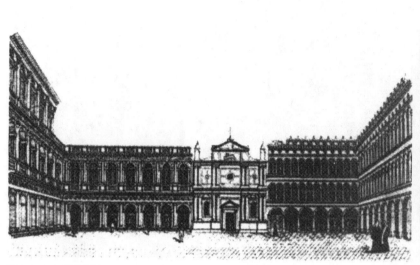

图 2.6　L·莫雷蒂（Luigi Moretti）（1831），拿破仑宫建造（1807）以前圣马可广场西端的原貌，可见圣索维诺的教堂和吉米亚诺教堂（图片来源：Keller，1979）

图 2.7　尴尬的拼接，博恩的旧行政长官官邸和索利的拿破仑宫（图片来源：作者自摄）

Napoleonica）。地下两层模仿新行政长官官邸，只在西立面广场有拱廊入口，而朱斯（Gius）用了带有罗马皇帝的雕塑的无窗的顶楼，以此来解决两部分高度上的不统一（图 2.7）。

这样，广场或多或少完成了，尽管当时还缺少最引人注目的一些细部，因为 1797 年圣马可教堂的铜马被拿破仑运到巴黎，在卢浮宫外的小凯旋门由佩西耶（Charles Percier，1764—1838）和方丹（Pierre-François-Léonard Fontaine，1762—1853）为他设计建造一座带有马车的雕塑。拿破仑战败之后，威灵顿公爵在 1815 年将其追回。

再加上 19 世纪加建的灯柱，广场的形成差不多经历了 30 个阶段。这个过程非常复杂，可以进行多种的研究：例如 K·史密斯（Kidder Smith，1955）所描述的在广场上行走的动态体验，以及更静态不同地点，例如某张咖啡桌的场景：白天最好在弗洛林咖啡馆，因为位于新行政官邸的人们可以在阴影区里避免日晒，太阳落山以后在夸德瑞咖啡馆，因为这里的音乐不那么伤感，圣索维诺的钟楼平台周围的座位，小广场双柱下面的座位等。体验这里最好的是春天、夏天和秋天，至于你是否愿意冬天去忍受大雾、亚得里亚海的寒风和小心翼翼地穿过广场以避免被上涨的海水弄湿脚，就看你自己了。毫无疑问，在海水上涨，人们只能坐船的时候，圣马可广场会给你展示更多的秘密（图 2.8a 和 b）。

斯坦尼斯拉斯广场

令人好奇的是，尽管斯坦尼斯拉斯广场看起来概念上是似乎那么简单而易于理解——它是完全对称的，也就是说只要你理解了一半，那另一半只要镜像就行了——但是，它形成的过程竟然是和圣马可广场一样漫长。正如培根告诉我们的，线性的卡里埃广场——斯坦尼斯拉斯广场概念的核心——是一个中世纪的比武场，因此才有了这种形式—— 一个两边带有建筑的狭长街道。在 17 世纪初，南锡城曾经被加固过，但是它的基本地形以及中世纪城市的非规则形态却使得它的城墙不能像新帕尔马城（1500）一样呈现出完美星形的几何化形状，相反，它的形式是两个拉长的

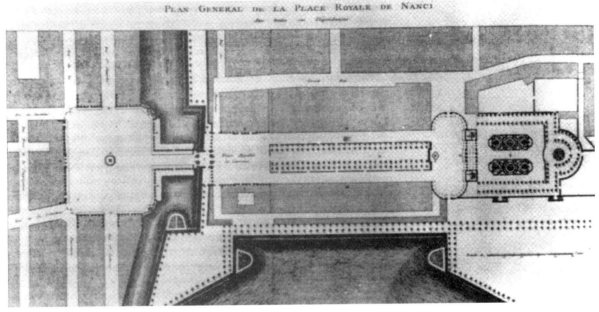

图 2.8 （a）帕特（1765）：南锡的斯坦尼斯拉斯广场平面

55

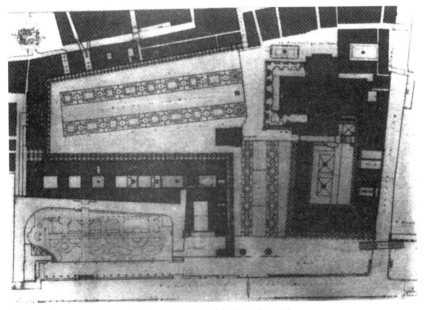

图 2.8 （b）P·赫斯特：相同比例的圣马可广场平面（1831）

相互重叠的星形。到 1750 年，城墙完成了使命，被拆除后，空出来一些土地。于是洛林地区的公爵斯坦尼斯拉斯·拉钦斯基（Stanislas Laczinski）——他曾经是波兰的国王——决定为他的女婿、法国的路易十五竖立一座雕像，以及一个与之相配的场景。

　　因此，他建议他的建筑师埃瑞在城墙旧址设计了一座皇宫（图 2.9），即卡里埃广场的南边，与公爵府（Ducal Palace）和花园相对。整个建筑群北至省政府的新楼（图 2.10）——包括公爵花园中的花园——南至新的市政厅。

　　很自然的，这些建筑都要是纪念性的、对称的，但问题是，哪种纪念性？埃瑞从一座既有的建筑中得到了启发，就是在卡里埃广场东南角的博沃－克拉翁公馆（Hôtel de Beauvau-Craon），由

56

图 2.9 埃瑞：带有斯坦尼斯拉斯雕像的皇宫（图片来源：作者自摄）

图 2.10 埃瑞（1752—1755）：省政府大厦（来图片源：作者自摄）

博夫朗（Gabriel-Germain Boffrand，1667—1754）在 1715 年所建（图 2.11）。它不仅确定了埃瑞设计的风格，还确定了新建筑的宽度和卡里埃广场的基准线。他设计了一座和主轴线对面的建筑仿佛镜像一样的建筑，沿用了博夫朗的那栋纪念性建筑的开间、柱式、开窗和其他形式，只是简化了阳台的做法，以此强化了宫殿和市政厅。

博夫朗的博沃－克拉翁公馆的中央部分包括粗石的底层，上面支撑着 2 层的科林斯柱式的壁柱，再上面是檐部。底层和二层都有半圆拱的开窗，而顶层则是平圆拱。埃瑞发展了这个主题，在皇宫和市政厅中把柱子集中在一起，构成一个中心体量，把两翼和两端的楼阁联系起来，在中心体量上面加了一个山花，这把上层的开间区分开来。埃瑞采用了博夫朗的母题，在自己的市政厅和皇宫建筑中加以发展——其中每一个都有一个带有山花的中部和突出的两侧。

他在皇宫周围的其他六座建筑中重复了同样的基本的开间形式，用让·拉莫尔（Jean Lamour）制造的金属加工的曲面的屏幕（Screen）将转角封闭起来。拉莫尔同时还建造了镀金的阳台、大门、灯柱和护栅，使得整个建筑带有一种洛可可风格的轻盈特征。

图 2.11　博夫朗（1715）：南锡的博沃 – 克拉翁公馆（图片来源：作者自摄）

图 2.12　埃瑞：斯坦尼斯拉斯广场，南锡：凯旋门（图片来源：作者自摄）

　　皇宫通过一个与市政厅相对的较狭窄的豁口，沿着主要轴线向着卡里埃广场开放。一座凯旋门（图 2.12）和与之相连的粗石的单层建筑，标志着两个广场之间的转换——和博夫朗建筑的底层一样——而埃瑞的两侧与很平的立面拉齐——但仍然与博夫朗的开间大小一样——取代原来的斯坦尼斯拉斯的旧建筑。广场的线性感被林荫大道强化，中轴对称的方形的亭子标示着广场的北端。这些东西都通过半圆形的柱廊与宫殿相连接，轴线最终中止于宫殿的规整花园——对称的几何化的花坛，以及线性的大道不断延伸，最终形成另一个更大的半圆形。

　　因此，尽管斯坦尼斯拉斯广场建筑群（图 2.13）显示出某种主观的组织性，也就是说埃瑞的思想，它最大限度利用了可用资源的长处塑造成一个整体，广场的线性感，特别是，博沃 – 克拉翁公馆的细部。埃瑞的这种把前人的工作和自己的设计变化相配合的做法，与斯卡莫奇对圣索维诺的再创造、隆盖纳对斯卡莫奇的延续等在方法上和出发点上都是一样的。

　　斯坦尼斯拉斯广场的背面（图 2.14）比许多的广场（例如巴斯的伍德设计的女王广场）更加不规则，埃瑞仅仅是建造了一个立面，后面就随便别人怎么造了。

图 2.13 埃瑞：斯坦尼斯拉斯广场，南锡（图片来源：作者自摄）

图 2.14 斯坦尼斯拉斯广场背面。在18世纪的城市布局条件下，建筑师只设计了立面，背后的建筑则由他人自行决定（图片来源：作者自摄）

　　虽然两个广场有诸多相似之处，但是显然它们代表了两种不同的城市空间设计策略。圣马可广场是历史上一系列愉快的意外的结果，而埃瑞则虽然整合了若干意外，例如广场的长边、市政厅的位置，但在他的设计中，似乎它们都是整体的构图中的一部分。

　　这种整体性使得斯坦尼斯拉斯广场和圣马可广场有所区别，而这种不同被尺度的差别强化了，从宫殿到南锡市政厅大概有 500 米，卡里埃广场自己就有 250 米，而圣马可广场最长的距离——从拿破仑宫到总督府只有 200 米。最宽的地方 75 米，而卡里埃广场从头到尾是一样宽的。考虑到这比圣马可广场的全长都要长，那东立面和西立面远远超出威尼斯的 160 米的旧行政长官官邸和 150 米的新行政长官官邸就毫不意外了。

　　因此，埃瑞的几何中有一种生猛（boldness）是圣马可广场的建筑表情中完全没有的。威尼斯的建筑师则别有一种自信。

58　　事实上，可以这么说，埃瑞的缺乏自信使他不敢创造一个新的立面，而是去依傍博夫朗的设计。与之相对，威尼斯建筑师们则每个人都知道——或者相信——他们的作品无论和前人的作品如何不同，都足够好到可以与之媲美。有时候旧建筑被拆除，就像斯卡莫奇建造新行政官邸的时候，但是显然这是出于对圣索维诺的尊重。朱斯——或者拿破仑——虽然在拆除圣索维诺的教堂的时候没有这种考虑，但是一般来说有一种感觉，威尼斯广场上的每一个阶段的建筑师都会观察既有的东西，然后决定如何回应它们。尽管我们知道埃瑞有这么做了，但是感觉上似乎他在任何情况下都会是这种做法。如果是在一块空地上，可能卡里埃广场会稍微短一点。如果博夫朗没有提供他一个模板的话，那他可能就会选择芒萨尔。因为在埃瑞的态度背后隐含着一种对权威性的诉求，南希的紧急状况赋予他权威性，而博夫朗建筑给予他的建筑权威性，更重要的是他几何布局的权威性。这就导致了最终的朴素设计——当然，拉莫尔（Jean-Baptiste Lanmour）的铁艺设计使它放松了一点——但是和圣马可广场的感性放纵迥异。甜粉的公爵府、钟塔以及圣索维诺的敞廊。必须要说，再加上钟塔的锚固作用，威尼斯建筑师们想要达到——并且做到了——被 R·文丘里称为"艰难的整体性"（difficult whole）。当如此具有统治性的竖向元素位于靠近重心的位置，任何可能的建筑群都会成为一个视觉的整体。

圣马可广场的诉求，毫无疑问是一种感性，而且，它是诉诸多种感官的。在视觉上，它当然是极美的，但是人们的总体感受来自各种印象的集合：弗洛林咖啡馆的香气、光影的对比、走动时空气的静止和流动、那种有些人称为"触觉"（haptic）的而其他人称为动觉（kinaesthetic）的运动感本身。当然，还有声音的对比。你不能说弗洛林咖啡馆多愁善感的音符或者夸德瑞咖啡馆枯燥的摇滚乐会带来什么深刻的音乐体验，除非当它们像 C·艾甫斯[1]的作品中那样撞在一起。但是不能忘记的是，正是圣马可广场给了加布里埃利[2]创作最早期的也是最关键的几首对唱式圣咏（antiphonal music）的灵感，乐队之间在穹顶之下相互应合，公爵府的内院为此提供了很好的场景。

这多种感官体验的混合在斯坦尼斯拉斯广场中是体会不到的。那是一座智性（Intellectural）的建筑，事实上帕特所画的精美平面图能给你的愉悦和在广场上行走给你带来的愉悦相比，并不逊色。

---

1. Charles Ives，1874—1954 年，美国现代作曲家。——译者注
2. Giovanni Gabrielli，1556?—1612 年，意大利文艺复兴时期作曲家、管风琴家和教师。——译者注

60 # 第 3 章 20 世纪的城市

纽约

如果说圣马可广场是基于感官的经验主义设计的经典案例，而斯坦尼斯拉斯广场是理性主义的案例，那纽约则比任何城市都更加清楚地显示了实用主义的作用。

我们这里的目标，是观察是什么让纽约成为 20 世纪之城的；也就是说，它在任何其他的时代都不可能出现。我们应该依次考查一下造就了今日纽约的历次发展。但在此之前，我们应该简要回顾一下城市的历史。因为纽约有着自身独特的、与众不同的演变过程，这让它能够在特定的时间、特定的地点从这些发展中受益。

不过，当然，纽约在发电和用电技术发展以前很久就已经开始了。它的早期历史一部分在街道中体现出来。例如，最早的定居者阿尔冈琴族印第安人从纽约州北部 130 英里外的阿尔巴尼到曼哈顿岛南端今天的百老汇都留下了踪迹。

荷兰人在 1626 年用 60 荷兰盾（25 美元）的低价从阿尔冈琴族人手中买下了曼哈顿，建立了新阿姆斯特丹，并在南端建造了防卫城墙（图 3.1）。这个做法被证明无效，因为继任的总督 W·基夫特（William Kieft）马上就在北边建造了一条方便通行的道路，这条路现在还被称为华尔街。1789 年，一群一直在一棵树下聚会的商人在华尔街 68 号建立了纽约证券交易所。从此以后，这条街成为纽约的金融中心区。

在 1803 年，纽约迎来了一位野心勃勃的新市长，德威特·克林顿（de Witt Clinton，1769—1828），他颁布的十条法令对纽约的城市形态将产生比任何其他事情都更深刻的影响（图 3.2）。

这是由克林顿任命的委员会在 1807 年草拟的，而他们的样板，显然就是朗方为华盛顿特区所规划的方格网平面。

不同的是，华盛顿规划中，巨大的纪念性林荫大道和对角线的宾夕法尼亚大道和马里兰大道形成了宏伟的街景，而纽约一切规划的关键，正如 S·盖姆斯（Stephen Games）所说（1985），是把曼哈顿分割成方便出售的地块："以使房地产的管理和开发更加容易……"

61 这样做的目的之一，是防止出现欧洲那种富人或有权势的人购买越来越多的城市土地，损害公众利益，特别是穷人的利益。因此，克林顿委员会制订的规划中，没有公共广场，没有对角线的大道（除了百老汇之外），当然也没有林荫大道。因此，纽约没有街景（vista），就像盖姆斯说的："……当你站在路边向远处眺望，你除了天空什么也看不到；所有的景象，都是开放的。"

曼哈顿被 100 英尺宽的南北向大道分割成矩形地块，而东西向的街道则窄很多。道路的间距为 200 英尺，而大道间距 650—920 英尺不等。因此，尽管地块的南北向宽度一致，但东西向的长度则是变化的。大多数的大道通向曼哈顿岛直到哈勒姆，最初的编号为 5—12。横向街道也被编号，从休斯敦北边的 1 号——在华尔街北侧距离 26 个地块——直到紧挨着哈勒姆的 155 街。由于住宅被迫不断向北扩展，需要越来越多的交通把人在南北之间输送。因此在原有的基本网格中又增加了新的大道，例如麦迪逊大道和列克星敦大道。

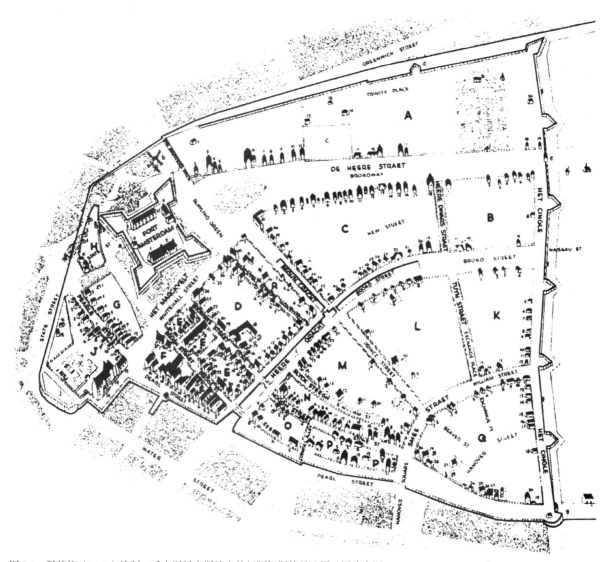

图 3.1　科特柳（1660）绘制，后由斯托克斯补充的新阿姆斯特丹地图（图片来源：Kouwenhoven，1953）

地面交通

62

根据 1811 年的规划，一旦南北向的大道建好以后，就可以建立马拉的有轨电车了，到 1831 年——仅仅在 G·斯蒂芬森（George Stephenson，1781—1848）的利物浦和曼彻斯特的铁路之后一年——纽约也有了第一条铁路，从市中心通向北边的哈勒姆。

伊利运河

63

1825 年，克林顿担任纽约州的州长，他成功地实现了通过建造伊利运河（Erie Canal）将纽约和中西部富饶的农场连接起来的设想，运河连接了伊利湖和奥尔巴尼的哈得孙河。这最终彻底奠定了纽约作为通向北大西洋的港口的地位。

曼哈顿拉长的形状——16 英里长，2 英里宽——保证了漫长的海岸线，并且可以和道路方便连接。

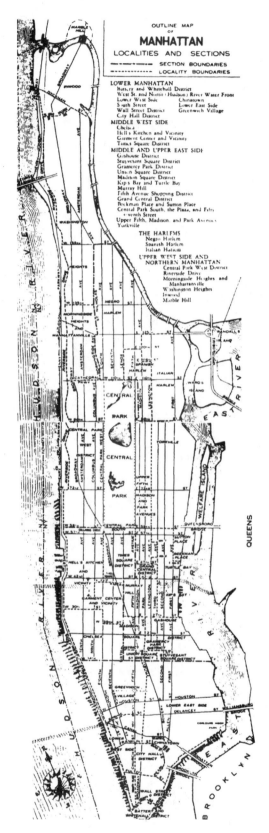

图 3.2　W·布里奇斯（1811）：曼哈顿官方平面图（图片来源：*The Federal Writters Project Guide of 1930s New York*, Pantheon Books, 1939）

仅仅在运河开通的 1825 年的上半年，就有大约 1500 名新的商人在纽约开业，12 所新的银行在这里开设。而这还远远不能应付雨后春笋般涌现的贸易，还有 27 家银行递交了开业申请。当时已有的 10 家保险公司无法应付大量增加的海上交通，又成立了 31 家新公司。

办公楼

这些商业行为不仅需要新的建筑，事实上，还需要新的建筑类型。当然，非常重要是作为其中之一的类型是办公街区，20 世纪 40 年代，R·厄普约翰（Richard Upjohn，1828—1903）在圣三一教堂的用地上建造了第一个办公街区：百老汇的圣三一有限公司大楼。

这种建筑类型不是厄普约翰首创的。在伦敦，支撑了早期工业革命磨坊的公司一直就需要防火建筑。第一座建筑是 R·亚伯拉罕（Robert Abraham）的位于摄政街的乡村消防处（County Fire Office），很自然采用了由早期防火的磨粉厂，例如贝奇（Bage）设计的什鲁斯伯里（Shrewsbury）的磨粉厂（1786）发展而来的钢结构建造。

同样，一种被广泛接受的新商业建筑风格也是在伦敦发展起来的。C·巴里（Charles Barry，1795—1860）在他设计的旅行者俱乐部（1829）中表明，意大利文艺复兴府邸的风格提供了一种建筑形式上的最大的自由度：高度、层数、宽度与内部布置、房间分割相匹配的开窗大小和比例等。A·T·斯图尔特（A.T Stewart）把巴里的想法带到了纽约，在百老汇大街 280 号建造了大理石立面的太阳大厦（Tauranac，1979）。就这样，意大利风格登陆纽约。

来得正是时候，因为 1835 年的大火烧毁了 17 个街区。这场大火刺激了建筑师和工程师，例如 J·博加德斯（James Bogardus，1800—1874）去寻找一种防火的建筑方法。博加德斯设计了一种预制系统，梁、柱、柱上楣构、拱、拱肩等等都在他的钢铁铸造厂里铸造。

他为这个系统选择了意大利风格，并应用于中央大街的自己的工厂和百老汇大街 183 号米劳药房（Milhau Pharmacy，1848）的 5 层建筑设计上。这是纽约第一批全钢结构建筑，随后许多建筑开始运用这种做法，除了博加德斯本人以外，还有巴格达（Bagdar）、约翰逊（Johnson）、康奈尔（Cornell）、斯图尔特（Stewart）、吉尔西（Gilsey）等。其中大概 250 座建筑直到今天还在（参见 Gayle 和 Gillon，1975），大部分在 SoHo 区（休斯敦区的南面），但是博加德斯的建筑只有一栋保留至今，有点破旧，在莱昂纳德路 85 号。

城市的进一步扩张

1841—1850 年间，纽约吸引了大约 1713251 名移民，他们来自爱尔兰、苏格兰、英格兰、德国以及其他西北欧的地区。他们被安置在最差的房子里，没有自来水、卫生设施和供热。因此，要求所有的居住区适当的照明、防火逃生通道和通风手段的法案在 1867 年顺理成章的获得通过。因为这些一直以来都被忽略了。

电梯

在博加德斯的药房建成 4 年后，奥蒂斯（Elisha Graves Otis，1811—1861）展示了第二项能够改变纽约面貌的发明。当然，这就是奥蒂斯的电梯，与钢框架结构的其他的改进一起，它们使纽约建筑形式的精髓——摩天楼——成为可能。

1852 年，奥蒂斯建造了第一台（安全）电梯，并在 1853 年的纽约世博会的水晶宫（Crystal Palace）中每天展示他的新发明（图 3.3）。

奥蒂斯的电梯并非纽约未来的唯一预报，在水晶宫的对面，拉廷（Latling）的冰淇淋售卖厅上面，一个细细的金属骨架的圆锥体、大概 360 英尺高的观景台拔地而起，观众通过（经常失灵的）蒸汽机抬升到一些观景平台上，如果他们选择自己爬上观景台，那就像库哈斯（Koolhaas）说的（1978）："曼哈顿的居民第一次可以从空中俯瞰他们的家园了。"他引用了 1939 年世博会指南上的说法："如果不算巴别塔的话，那这大概可以被称为世界上第一座摩天楼了。"

可以说，拉廷的观景台给了纽约人更高的体验，如库哈斯所说，在 1876 年、1904 年和 1906 年，康尼岛上建造了各种各样的高塔。拉廷同时证明，如果地基下挖 40 英尺左右，曼哈顿下面的片岩地层将为高层建筑提供非常好的承载力。

因此，毫不意外的，19 世纪 50 年代后期的这些发明，例如电梯、钢结构和对高层建筑偏好，影响深远。

世界最高建筑的竞赛似乎从 1859 年的第五大道的酒店开始了，其中安装了奥蒂斯·图夫特（Otis Tuft）的垂直升降梯，可令人感到意外的是，此后的十年间，在纽约的办公建筑中，这种电梯一部也没有安装。

工业

在内战前，纽约完全依赖于国内外的贸易。但是战后，建立了许多工厂，特别是纺织业，尤其是毛皮制品及相关产

图 3.3　奥蒂斯和他的安全电梯（1853）
（图片来源：Giedion，1941）

品，包括首饰。报纸、书籍和音乐等的出版和印刷业也建立起来，还有食品制造业（包括面包和糖果、含酒精和不含酒精的饮料）、金属制品（从锅具到装饰铁艺）、纺织品、木器、化工、石材、黏土和玻璃制品、造纸和纸制品、烟草以及涵盖广泛的其他各种产品。

运输

随着人们居住和工作地点距离的增加，纽约开始深入思考如何解决交通问题。到 1860 年以前，马车每年运送 6 亿人次的旅客，街道变得越来越拥挤，必须找到另外的办法。到 1863 年，伦敦建造了世界上第一条蒸汽驱动的地下铁路："大都市"（the Metropolitan）。

纽约本来也可以向地下发展，在片岩中开掘通路，但是在 C·哈维（Charles Harvey）在 1867 年提出高架铁路可以比马拉火车更便宜，而且更少干扰之后，纽约人作出了另外的选择。

纽约的第一条蒸汽机驱动的高架铁路——沿着第三大道——在 1878 年开放，随后又开通了沿着第二、第六和第九大道的线路。

电力

然而在 1866 年，西门子（Werner von Siemens, 1816—1892）已经发明了他的旋转发电机（rotary dynamo），而一旦他把旋转用于发电，西门子就可以用它去驱动电动机。他在 1879 年柏林的博览会上展示了他的第一条电动铁路，而一旦电动机可以强大到驱动火车，很自然就被用到很多其他地方中去了：驱动工厂中的机器、电梯、大风量风机等。

电力所能改变的环境状况还不仅仅这些。它特别能用于照明。到 1880 年，英国的斯旺（Joseph Wilson Swan, 1828—1914）和美国的爱迪生（Thomas Alva Edison, 1847—1931）分别制造出了足够好的电灯，1882 年 9 月，爱迪生在纽约的珍珠路上开设了他的（直流）发电站。直到 1932 年设计洛克菲勒中心时，纽约的中心区还在使用最初的直流供电。

因此，到 19 世纪 80 年代早期之前，纽约下一轮发展的萌芽已经出现了。然而，在这些技术应用的背后，还有一个驱动的因素：如果能够赚钱，那么纽约人就有兴趣，如果不能，他们就没兴趣了。

例如，G·B·波斯特（George B.Post, 1837—1913）在 1868 年，设计了纽约第一栋带有电梯的高层建筑，百老汇大街上的原公正大楼（the old Equitable）。很快，它的 130 英尺的高度就被波斯特设计的西部联合电报大楼（Western Union Building, 1872—1975）的 230 英尺所超越，而后者还在建造的时候就被 R·M·亨特（Rrichard Morris Hunt, 1827—1895）设计的 260 英尺的论坛报大楼（Tribune Building）超过了。到 1893 年，N·勒布伦（Napoléon Le Brun, 1821—1901）正在筹划 348 英尺高的大都会人寿保险公司塔楼（Metropolitan Life Insurance）——它在实际建成的时候要高很多——而 1890 年，波斯特的世界，即普利策大楼（Pulitzer Building）高达 360 英尺，9 年以后，罗伯逊（R.H.Robertson）的帕克街大楼（Park Row Building）高度达到 382 英尺。

在佩夫斯纳（Pevsner）和其他一些人看来，尽管这些大楼都很高，但是它们并不是真正的摩天楼，原因很简单，因为它们都是墙承重的。也许它们的顶端深入云霄，但这不是关键。对于这些历史学家来说，摩天楼必须是钢框架结构。

钢框架建筑

19 世纪 80 年代，建筑法规禁止纽约建筑师在外墙使用任何金属框架。那些铸铁建筑证明，它们在遇到火灾的时候后是很脆弱的。

铁，随后是钢结构被采用了，因为随着建筑承重结构越来越高，承重结构的占地面积越来越大。经验（rule-of-thumb）证明，建筑每加高一层，墙体就要加厚 4 英寸，也就是说，如果建筑有 64 层，66那墙厚就达 24 英尺，那就没什么空间留给使用办公面积了。

因此，一种防火的框架结构就呼之欲出了。我们所知的最早的框架结构，是 1883 年芝加哥的W·勒巴伦·詹尼（William Le Baron Jenny，1832—1907）在家庭保险大楼中首次组装的。詹尼的机构特别复杂，包括上面 5 层新通过贝塞麦转炉炼钢法（Bessemer process）生产的轧制工字形梁柱，这项技术刚刚在匹兹堡投产（图 3.4）。

虽然钢框架和电梯解决了建造高建筑的技术难题，但是对于解决这方面的建筑问题贡献不大。因为即使仅仅造五六层的房子，意大利风格所依赖的文艺复兴宫殿也是水平向的。事实上所有的古典建筑都是一样。古典柱式的三个元素：基座、柱子和檐部本身都是水平的。

因此，毫不意外的，纽约第一幢真正的摩天大楼圣保罗大楼（Saint Paul's Building，1899）就是由很多层水平向的建筑叠起来组成的。

建造古典风格的高房子不是没有更好的办法。其中最简单的是把整个建筑作为一个单一的大体量——就像 A·卢斯（Adolf Loos，1870—1933）在芝加哥论坛报大厦设计竞赛（1923）中做的那样——但是这种做法显然会给内部空间的使用带来困难。或者，人们可以采用一种三段式构图，建筑本身像柱式一样，分成基座、柱身、柱头三个部分。L·沙利文（Louis Sullivan，1856—1924）在圣路易斯设计的温赖特大楼（Wainwright Building，1891）和布法罗的保障局大楼 [Guaranty Building，今咨询大楼（Prudential Buffalo），1894] 中所采用的就是这种方法。

图 3.4　W·勒巴伦·詹尼：芝加哥的公平百货公司（1890—1891），早期轧制钢框架结构的实例（图片来源：Condit，1964）

在建造了这些建筑之后，他在一篇文章《高层办公楼的美学思考》（The Tall Office Building Artisticaly Considered，1896）中描述了他的目标。二到三层的基座部分应该包括入口、入口大厅和商店；多层部分应该包括重复的办公标准层；而柱头——加上檐部——应该包括各种服务设施。

沙利文本人在纽约建造了康迪特大楼 [Condict Building，现在是湾区大楼（Bayard Building），1898]，这不是他最好的建筑，但确实最引起人们的注意。纽约第一座真正的摩天楼是 D·H·伯纳姆（Daniel Hudson Burnham，1846—1912）在 1901 年设计的富勒大楼（Fuller Building），现在被称作烙铁（Flatiron），因为它处在对角线的百老汇大街和第五大道的交叉口上的场地是一个三角形。这座建筑高 21 层，钢框架结构，石材贴面。伯纳姆采用沙利文提出的三段式，用了很厚重的意大利风格的细部（Tauranac，1979）。

交通的发展

也是在 1900 年，从 1878 年以来一直吐出大量煤烟、煤灰甚至正在燃烧着的煤块的第三大道上的高架铁路，终于电气化了。但是到那个时候，竞争也在不断加剧，因为 1900 年政府和 J·B·麦克唐纳（John B MacDonald）签订了一份合同，建造地铁系统，从市政厅往北通向布朗克斯。

第一条地铁线路在 1904 年开通，从布鲁克林桥往北通向第 145 街。随着地铁的延伸，房地产，尤其是奢侈的房产可以越来越向北面扩展。

空调

1907 年，W·卡里尔（Willis Carrier，1876—1950）发明了被他称之为"人造气候"的原理。S·克拉默（Stuart Cramer）在各种讲座中将其称为空调（1904）。这个原理同年被特罗布里奇（Trowbridge）和利文斯顿（Livingston）应用于高端市场，1904 年在东 55 街的圣瑞吉 – 喜来登酒店（Tauranac，1979；Stern 等，1983）。业主阿诺特（Colonel Arnott）要求每个房间有一个自动调温和壁管设备，从三楼、七楼和十二楼机房中送出的冷、热、干、湿风通过它们输送到每个房间。每个房间还有一个与管道相连的接口，通向地下室的大型的肯尼式真空吸尘机。

在当时，这些设施是办公室工作人员不可能享用的。就像在奥蒂斯的电梯发明 10 年之后他们还是要爬楼梯一样，还要再等 40 年纽约才能迎来第一栋全空调的办公楼：1947 年的环球影业大楼（Universal Pictures）（Banham，1969）。

与工人们的舒适相比，纽约的办公楼建造者们更关心的是符号——还有利润——很快，建造更高楼的竞赛又开始了。

例如，1909 年拿破仑·勒布伦在麦迪逊大街上设计了大都会人寿大厦（Metropolitan Life Tower）。即使是最初设计时的高度 500 英尺也已经是世界最高建筑，可是在建设过程中高度进一步增加到 700 英尺。铺满整个场地的裙房高 9 层，带有金字塔型递缩顶部的塔楼显然从威尼斯罗马风的圣马可钟塔中获得启发，一个沙利文的三段式古典设计的精彩替代品（Tauranac，1979；Stern 等，1983）。

比赛并未就此中止。伍尔沃斯（Frank Woolworth）希望建造一栋办公塔楼，以此来象征他"五分一角"杂货商店的成功。他曾经向大都会人寿公司申请贷款，但遭拒绝，因此他决定，不管他的建筑是什么样子，至少要比对方的高。最终高度确定在 792 英尺（60 层）（图 3.5）。伍尔沃斯和他的建筑师 C·吉尔伯特（Cass Gilber）一样，热衷于巴里设计的伦敦国会大厦。因此勒布伦的塔楼像圣马可钟塔，而吉尔伯特的则像大笨钟。事实上，吉尔伯特的哥特风格一度被认为最适合于高层建筑，比沙利文的古典风格自然得多。尽管塔楼后面的低层部分像个驼背，但是它的带有赤陶土（terra cotta）的哥特式细部非常优雅，而且这颜色非常能耐受纽约的气候。这种精致性和耐久性的完美结合对于表现伍尔沃斯的持续性成功至关重要，简直不能再好了。

伍尔沃斯不介意吉尔伯特浪费一部分使用空间而建造了一个比较纤细的塔楼，其他人就不会这么大方了。例如，格雷厄姆、安德森、普罗布斯特和怀特（Graham、Anderson、Probst and White）设计的 537 英尺高的工字形平面的公正大厦（1915）就把场地占满了。他们把建筑设计成 40 层，每层 3 万平方英尺。要是每幢建筑都这么贪婪，那曼哈顿的街道就会变成不适合居住的峡谷了（图 3.6）。其他人也好不了多少，比如说，自由大楼（Liberty Tower）就占满了整块场地，58 英尺乘以 82 英尺，401 英尺高。

因此，新的分区法案在 1916 年获得通过。城市划分成商业区和居住区，建筑的高度、体量都事先加以规定。在任何一条街上，立面到达指定高度之后就必须后退。在一块场地上，后退的距离是通过画一个想象中的通过道路中心线和规定檐口高度的平面而规定的。任何超出东西都必须退到由想象平面相交围成的金字塔形中去。只有在占地面积不超过 25% 的时候，塔楼才可以超出这个范围。

分区法规的影响

关于分区法规有很多研究，包括科比特（Harvey Wiley Corbett，1873—1954）和其他人的论文。科比特的文章《分区制与包络外形》（Zoning and the Envelope，1922）之中提到了 H·费里斯（Hugh Ferriss，1889—1962）所画的示意图。

费里斯一共画了五幅示意图，第一次戏剧性地展示了法规允许的建筑外形。在剩下的示意图中，分别显示了外形满足日照要求、满足钢结构建造要求、满足出租的要求，以及最终满足沙利文式的三段式构图的建筑需要（图 3.7）。

图 3.5　C·吉尔伯特（1913），伍尔沃斯大楼（图片来源：作者自摄）

图 3.6　格雷厄姆、安德森、普罗布斯特和怀特（1915），公正大厦，纽约，一个工字形的街区，覆盖整个场地，高 537 英尺（图片来源：作者自摄）

装饰艺术派

20 世纪 20 年代之前，其他的一些因素也开始影响纽约建筑的形式。例如，1919 年，维也纳工作室（Wiener Werkstatte）的分部在纽约开业。维也纳分离派建筑师 J·莫夫曼（Joseph Moffman，1870—1956）、I·奥尔布里奇（Joseph Olbrich，1867—1908）和 O·瓦格纳（Otto

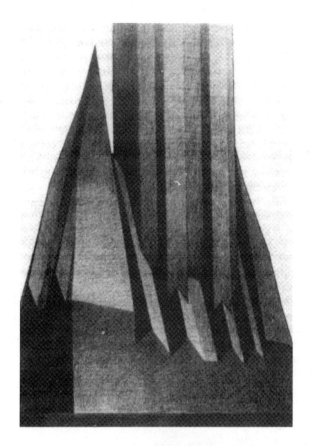
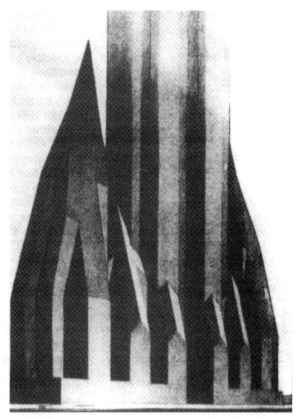

69　　图 3.7　H·费里斯对 1916 年分区法令的诠释（1922）（图片来源：Ferriss，1980）

Wagner，1841—1918）的设计通过首饰、织物、瓷器和其他东西的形式出售。这似乎刺激了纽约人进入了一种来自赖特、玛雅神庙、普韦布洛印第安人图样，以及立体主义、表现主义、构成主义等的几何化图案的混合中去了（Bletter，1975），现在称为装饰艺术派（Art Deco）。

这种风格很快就在一些建筑中得到了最商业化的运用，例如斯隆（Samuel Sloan，1815—1884）和罗伯逊（Robertson）为弗伦奇（Fred F.French，1927）的设计，更不用说还有 W·范艾伦（William van Allen，1883—1954）的建筑杰作（tours de force）克莱斯勒大楼（Chrysler Building，1928）。这栋建筑最初是作为一种炒作，范艾伦知道，这座 925 英尺高的建筑正在和华尔街 40 号竞争"世界最高建筑"的称号。不过随后他发现，业主克莱斯勒（Walter P.Chrysler）和之前的伍尔沃斯一样，想要一幢独特的建筑。因为克莱斯勒是造汽车的，因此范艾伦在基座部分设计了带有砖制的前轮挡泥板和汽车装饰，角部带有真的车轮盖和（超大的）带翼板的散热器盖。

70

随后，范艾伦在上面设计了更为夸张的一些符号，用不锈钢的螺旋锯齿形新月状仿佛放射状的格栅代替了原来的玻璃穹顶。这些东西都是秘密预制的，安装好后，克莱斯勒大厦达到 1048 英尺，甚至比埃菲尔铁塔还高 64 英尺。

不过，1931 年，世界最高建筑变成了施里夫、兰姆和哈蒙事务所（Shreve, Lamb and Harmon）设计的帝国大厦。这座建筑的设计是在分区法规允许的体量内开始的，不断地削减下面的体量并把削下来的部分加到顶上去，最终帝国大厦达到 86 层、1100 英尺高，比克莱斯勒大厦高出 50 英尺左右。可是业主 A·史密斯（Arthur Smith），这位落选的总统候选人，希望将这个最高纪录永久保持下去。当时，德国人正在计划在穿越大西洋的路线上使用齐柏林飞艇，因此他又在上面加了一个可供飞艇停靠的桅杆，使大楼升高到 1250 英尺。

这样，5 层的基座部分占据了场地——第五大道，33 街和 34 街之间——上面是一个大的退台，形成了一个围绕着塔楼的 60 英尺高的平台。在塔楼的顶端有进一步的退台，还有在南北立面上三个开间左右宽的凹进。这种设计使得帝国大厦具有高耸的垂直感，不锈钢的竖框形成了竖向的窗间墙，与石灰石的窗下墙齐平，更增加了这种垂直感。

洛克菲勒中心

到帝国大厦完工的时候，华尔街已经在大萧条中破产了。但是，这并没有让决意要在曼哈顿的中心、第五大道和第六大道之间建造一座巨大的中心的 J·D·洛克菲勒改变想法（Balfour，1978; Kinsky，1978）。洛克菲勒的目标，根据他自己在 1939 年的说法，是"让广场及周边建筑成为世界上最值钱的商业区"。

由于莱因哈德和霍夫迈斯特事务所为这个地块设计了带广场的歌剧院，因此仍然由他们来做这块地的总体规划。由于新的规划包括 13 栋建筑，因此其他的建筑师也参与进来。总平面仍旧包括一个平行于第五和第六大道的广场，它通过一个位于法国大厦（La Masion Francais）和不列颠帝国大厦（The British Empire Building）之间的、T 字形的水渠花园（Channel Garden）（图 3.8）与第五大道相连。历史上第一次，摩天楼被精心设计的城市空间组织在一起，即使在今天这也还很少被超越。西侧沿着水渠花园的街景被莱因哈德和胡德设计的 70 层的无线电公司大楼围合。按照分区法规，这栋建筑可以做到 850 英尺，因为广场和公园提供了足够的开放空间。其他的高层

71

图 3.8　莱因哈德和胡德（1931）的无线电公司大楼，莱因哈德和霍夫迈斯特设计的洛克菲勒中心广场上的水渠花园（图片来源：作者自摄）

图 3.9　康和雅各布斯：环球影业大楼（1947），纽约第一座全空调办公楼（图片来源：作者自摄）

建筑还包括 54 层 740 英尺高的埃克森（Exxon）大楼、51 层 670 英尺高的 McGraw Hill 大楼、48 层 587 英尺高的时代生活（Time Life）大楼以及 41 层高的英皇大厦北边的国际大厦。

带有喷泉、下沉的溜冰场、购物中心的广场不但是纽约，也是全世界最受赞扬，使用率最高的城市空间。

雷电华城音乐厅位于国际大厦的后面，无线电公司大楼的北侧。内部全空调，这已经是卡里尔 1922 年在格劳曼（Graumann）的洛杉矶大都会剧院中安装之后大型观众厅的标准设置了。冷空气从上部引入，废气从座椅下方的格栅排出。

无线电公司大楼内部有带空调的工作室，还有一个购物中心。办公部分本来也可以安装空调，但是胡德选择即使是在无线电公司大楼里面，办公室也不装空调。他认为，办公室的工人应该需要自然采光和通风，这通过精心的规划可以满足。因此，胡德认为："我们消除了每一个黑暗的角落，所有可出租的位置离窗户的距离都小于 22 英尺。"

洛克菲勒中心之后

在洛克菲勒中心之后，到 20 世纪 40 年代晚期之前，因为 1942 年美国卷入了第二次世界大战，再也没有更引人注目的建筑了。纽约战后的第一栋办公楼，1947 年的环球影业大楼也是第一栋全空调的办公楼（图 3.9）。

1952 年，人们目睹了一组有影响的建筑的竣工：联合国总部。场地位于东河岸，从 42 街到 45 街，设计团队真正是国际化的，包括巴索夫（Bassov）、邦沙夫特、科尼尔（Cornier）、梁思成、马克琉斯（Marklius）、尼迈耶（Oscar Nimeyer，1907—2013）、罗伯逊、苏勒克斯（Souleux）和维拉马贺（Villamajo）。负责的建筑师是哈里森和阿布拉莫维茨（Harrison and Abramovitz），但是总体概念来自勒·柯布西耶。事实上，这是他第一次实现他城市中的公园的设想。建筑群包括三座独立的体量：大厅、会议厅和哈马舍尔德图书馆（Hammarsjöld Library），围绕着一个巨大的开放庭院布置，其上方是秘书处的高层（图 3.10）。

秘书处的大楼的原型来自全玻璃幕墙的里约热内卢的教育部大楼，柯布曾经为那个项目的巴西建筑师，包括科斯塔、尼迈耶、里迪（Affonso Eduardo Reidy）及其他人做过咨询（1936）。

教育部的办公板楼侧边是实体的，但是正反立面完全是玻璃幕墙，联合国秘书处也是一样。但是二者有一个根本的区别。教育部大楼的玻璃面朝向南北侧，因为里约市在南半球，因此勒·柯布西耶坚持要在北侧朝向太阳的一面增加他所发明的那种遮阳系统（Le Corbusier，1937）。

解决了热带的太阳直射的热工问题之后，勒·柯布西耶为联合国秘书处大楼的东西侧设计了类似的遮阳。在发展柯布的想法时，哈里森抛弃了遮阳，把日照问题完全通过空调来解决（Banham，1975）。勒·柯布西耶激烈抗议（Le Corbusier，1948），但是尽管他认为这样的办法非常危险、很不安全，哈里森还是没有采用遮阳系统。

芒福德这样的评论家被这样彻底非人性的工作环境吓坏了（1952）。可是正如 1925 年装饰艺术派战胜了包豪斯、风格派和纯粹主义的抽象几何那样，现在的情况正好反过来了。纯粹的、没有装饰的直线形几何体已经变成了第二次世界大战以后一切设计的基础，从收音机、风扇加热器，直到建筑尺度以及城市空间。

从 1947 年 P·约翰逊（Philip Johnson）在纽约现代艺术博物馆（MoMA）举办了密斯作品展以来，纽约一直就是孕育抽象艺术的肥沃土壤。在那次展览会上，密斯尚未广为人知，展览把他的巴塞罗那世博会德国馆描述为："……现代建筑的里程碑之一……可以和以往伟大建筑相媲美的当代时代精神极少数的代表之一……"

图 3.10　哈里森等按照勒·柯布西耶的概念设计的纽约联合国大楼（图片来源：作者自摄）

在联合国秘书处大楼之后，密斯的追随者之间开始了"谁能建造第一座四个立面全是玻璃的办公塔楼"的竞赛。密斯本人在 1951 年完工的芝加哥湖滨公寓中给出了一种示范。获胜者是加拉加斯的马丁·维加斯（Martin Vegas），他和何塞·米格尔·加利亚（Jose Miguel Gallia）一起，同样在 1951 年完成了 Polar（软饮料）办公楼。

一年以后，另一位密斯的追随者，SOM 事务所的 G·邦沙夫特（Gordon Bunshaft，1909—1990）完成了在纽约公园大道上的利华大楼（Lever House）（图 3.11）。它包括一个向街道开放的庭院，由架空柱支撑的单层水平板围绕，或者说，就是一个在二层的中空广场。邦沙夫特本来可以设计一栋根据分区法令的缩进式建筑，但是他却选择了建造一个只占用场地 25% 的塔楼，塔楼位于开敞庭院的北侧，在 17 层的高度达到了限高，但是由于退让了那么多，因此被准许再加高 4 层再加上一个冷却塔。

图 3.11　SOM 事务所的邦沙夫特（1952）：利华大厦，纽约第一座全玻璃幕墙办公塔楼（图片来源：作者自摄）

板楼最容易看到的三个面都是幕墙，只有在远离公园大道（Park Avenue）的那个面，有一个浅黄色面砖的逃生楼梯和管道井的塔楼。

这样，邦沙夫特就打破了公园大道的界面，提供了一个开放的公共广场；和洛克菲勒广场不同，这里阴冷多风，只有夏天才会被那些想要逃离办公室空调的人使用。

因为像联合国总部的玻璃幕墙一样，利华大楼的浅绿色玻璃带来了你能想到的一切问题：日照吸热、热量散失等。不过，芒福德（1954）认为在这种精致的"玻璃房子"中，这些问题无关紧要的。

图 3.12 密斯和约翰逊（1954）：纽约西格拉姆大厦（今公园大道 375 号）（图片来源：作者自摄）

73

图 3.13 约翰逊和伯吉（1978），AT&T 大楼，麦迪逊大街（左上），位于 IBM 大楼右侧，后方是特朗普塔楼，利华大楼位于图中左下的公园大道，其右侧为原西格拉姆大厦

密斯和 P·约翰逊在设计公园大道 375 号大厦的时候（原名西格拉姆大厦），仍然对玻璃盒子情有独钟（图 3.12）。到这个时候（1958），制造商宣称，他们的铜色玻璃已经解决了光污染的问题。西格拉姆大厦的窗子和肋上面都采用了这种材料。

像利华大楼一样，它的正面有一个 90 英尺的后退，留出了一个朝向街道的开放广场。37 层高达 500 英尺的塔楼拔地而起，平面呈 T 形，因为背面有复杂的退台处理。

利华大楼和西格拉姆大厦不只为纽约，甚至为整个西方世界都提供了抽象式摩天楼的样板。直到 1973 年石油危机之后，纽约人才明白，这是一种我们所知道的最不节能的建筑（图 3.13）。后来，P·约翰逊在他的非密斯化方向（Non-Miesian Direction）中表达了对密斯方式的最严肃的异议（1959）。再后来，他就用他的 AT&T 大楼展示了另外的可能性（图 3.14）。

在建筑的内部和建筑之间，人们都会得到这样的印象：20 世纪 50 年代的抽象主义者在三维塑造空间这方面不太在行。室内的空间仅仅是夹在水平楼板和吊顶之间、偶尔被柱子打断的连续体积。室外空间也仅仅是直线型板楼剩下的地方。

在纽约，城市规划师似乎把西格拉姆大厦看作是某种额外的奖励——尽管它破坏了街道界面。因此，1961 年，分区法案获得再次修订，允许建筑密度仅为 40% 的建筑不限高度。如果建筑前面有一个广场，那么建筑体量还可以额外增加 20%。

这个规定并没遇到市场的阻力，因为到这个时候，显然离窗子太远的办公室已经不好租出去了。例如在公园大道 270 号（前剑桥联合会，1960），斯基德莫尔（Skidmore）牺牲了 36 万平方英尺中的 20 万平方英尺的面积，使得 65% 的办公空间可以离窗子在 15 英尺以内。

在联合国总部大楼之后，纽约的下一个精心设计的公共空间——不同于那种板楼之间剩下的空地——是在 1962—1966 年建造的林肯表演艺术中心。负责协调的建筑师仍然是哈里森（Wallace Harrison，1895—1981）。很清楚，他仿照的原型是米开朗琪罗的罗马坎皮多利奥广场，由三座主要建筑——P·约翰逊和 R·福斯特（Richard Foster）设计的纽约州剧院，哈里森本人设计的大都会歌剧院以及 M·阿布拉莫维茨（Max Abramovitz，1908—2004）设计的费希尔音乐厅[1]围合而成，

---

1. 原名爱乐音乐厅，今埃弗里·费希尔音乐厅。——译者注

并向东侧的百老汇大街开放。三座建筑都是全玻璃立面，用开放
的柱廊遮阳——就像尼迈耶设计的巴西利亚那样。大都会歌剧院
提供了广场轴线的焦点，柱子支撑着巨大的半圆形拱券。广场具
有相当良好的比例，但是由于柱廊后面是玻璃而不是实墙，看起
来特别像卡纸板做的。

　　大都会和费希尔音乐厅还围合了一个带有水池的小广场，
水面中反射出 H·摩尔雕塑的倒影。小广场的另外两个面是 E·沙
里宁设计的维维安·博蒙特剧院（Vivian Beaumont Theatre），
并通过广场的延伸部分与 66 号大街对面由彼得罗·贝卢斯基、
卡塔拉诺和韦斯特曼设计的朱利亚音乐学院相连。这是真正的
城市空间，不过由于所处的位置是纽约最恶劣的街区，导致只
有在观众人流进入观众厅和结束演出散场的时候才有人活动。

图 3.14　石油危机（1973）后的纽约公
园大道（图片来源：作者自摄）

　　林肯中心是简化的古典主义建筑，在抽象的简单几何形体成
为规则的时代饱受诟病。确实有很多的几何形建筑的变体，包
括沙里宁 1965 年设计的 CBS 大楼，SOM 在 1967 年设计的米德
兰海运大楼和自由广场 1 号以及罗思（Emery Roth）设计的沃尔特大街 55 号（1973）。沙里宁的
CBS 大楼的 V 形花岗石立柱和竖向带形窗交错，具有某种抽象的优雅，而罗思的建筑则是一个巨
大的建筑体块，320 万平方英尺的世界上最大的私人的办公街区。

　　虽然有一些 SOM 设计的建筑很规矩，但是也有一些却对街道产生了破坏，例如他们建于
1972 年的第 57 街西九大楼（Nine West）以及美洲大道 1114 号，剖面上从建筑控制线到 25% 的高
层曲线形缩进，用足了法规的后退要求，也让街面上的围合感完全丧失。

　　不过总的说来，正如我们所见到的，纽约是一座电气化城市，不仅仅是因为它令人激动，也
不是指更加字面意义上的在百老汇和时代广场集中了（至少在 20 世纪 30 年代）世界上最高密度
的霓虹灯。而是说无论是城市本身还是那些高楼，如果没有非常大量而稳定的电力供应就不会形
成现在这个样子。

　　如果没有电力驱动电梯，那些楼房就不会那么高；如果没有电力去供应屋顶照明或者空调，
建筑平面就不会那么大的进深，也不会在立面用那么多的玻璃。

　　如果没有世界上第一条高架铁路——从 1900 年起实现电力驱动——和地铁，就不会有成百上
千的人每天被从郊区运送到这里。这么多人如果想要用私人汽车交通或者其他形式的地面公共交
通的方式，都没有可行性。

　　这一点，在 1965 年 11 月和 1977 年 7 月纽约的两次突然停电的异常情况中表现得非常清楚
（Rosenthal 和 Gelb，1965）。

电气化城市：大停电

　　令人好奇的是，纽约的停电恰好发生在人们都开始意识到现代运动不能解决他们的所有问题
的时候。

　　正如在第二次大停电发生后，《纽约时报》的一位主笔的评价：

纽约是一个电力化城市。巨大的能源危机也许会妨碍芝加哥或者洛杉矶，但是绝对不会造成在纽约这么大的影响。

不住在纽约的人或许会因此没有了早上的收音机报时，但他们不会像纽约人那么用电动水泵带来洗澡水、电梯带他们离开家门、电力火车带他们去工作，或者大型的安保、银行和通信等电力的神经系统行业为他们提供的就业机会。

当3000万人以这样或那样的方式被电力短缺问题所困扰，那观察一下城市生活到底因此缺了什么就特别有意思了，两次停电的情况似乎有所不同。每次，纽约的地铁、电梯都停止运行，没有电灯，也没有空调（Rosenthal and Gelb，1965）。

根据《纽约时报》的报道，在从1965年11月9日下午5：27开始到11月10日早上7:00的第一次大停电，大约有80万人被困12小时，其中大概有60人左右整夜（14个小时）被困在地铁上，几百人试图在火车站、酒店大堂甚至兵工厂里停止的自动扶梯上睡觉。

时任联合国秘书长的吴丹（U.Thant）被困在一架电梯里5个小时，其他一些人被卡在因停电而停止运行的帝国大厦的13架电梯、泛美大楼的6架电梯、RCA大楼和其他大楼里更长的时间，等待救援人员修复混凝土电梯井中的电梯。

75　　投机者买来了蜡烛，并且将价格翻倍出售；酒吧和餐馆也充分利用了商机，同时还有出租车司机们。在很多办公楼里，只有行政人员的套间里才能找到食物和饮料。既然电冰箱断电不工作了，比较慷慨的雇主就为办公室的员工提供蟹肉和全麦饼干，当然还有舒适的床——这也可以解释为什么9个月之后纽约及其周边地区婴儿出生率有所上升。

就总体而言，1965年的大停电造成了一种同舟共济的精神——就像让伦敦度过了大轰炸的精神一样。但尽管如此，第二天一早，根据《纽约时报》报道，人们"又饥又渴，蓬头垢面……乐趣荡然无存……暴躁取代了幽默感"。

尽管采取了预防措施，但是到1977年7月13日的大停电，一切都重演了一遍。7月14日的《纽约时报》报道："这是一个断水、没有电梯、没有地铁、没有银行的早晨，甚至一度连一杯能让这一切好过一点的热咖啡都没有……"

但情况还是有所区别，特别是犯罪率明显上升，甚至需要动用军队进入纽约市。《纽约时报》描述了那些砸碎的玻璃、拉响的警报，以及受撞击变形的垃圾桶。

区别主要在三个方面：由于这是第二次出现大停电，人们、包括罪犯都可以更快进入状态；7月的纽约市是出了名的闷热，情绪失控，纽约的失业率正在快速上升。因此，卖酒的商店、服装店、干洗店以及电器设备的折扣店都被洗劫了。有2700人被逮捕。

有人认为，无论这些人做了什么，这两次电力短缺让纽约人重新回归了更加人性化的价值。而这种说法最好的例证，就是出生率的上升！

中庭

然而，正是在这个时候，一种新的城市形态正在开始出现。亚特兰大的J·波特曼（John Portman，1924—）认为，如果城市中心区很危险，那么还不如在城市建筑的内部建造一些小尺度可以被建筑保护的城市空间。

此后，这种室内城市空间开始复苏。与其说是波特曼发明的，不如说是他在佐治亚州的亚特兰大凯悦酒店（1967）以及更加壮观的旧金山的凯悦酒店（1974）一系列中庭复兴的。这些建筑把教堂尺度的空间引入了市中心，在那些以往步行都很危险的地区，人们可以坐在那里看着外面经过的世界。

在纽约的第一个案例是列克星敦大街与第 53 街和第 54 街的花旗中心（1977），由斯塔宾斯（Hugh Stubbins）和罗思（Emery Roth）设计。这座建筑坐落在四个体量巨大的 127 英尺高的柱子支撑的玻璃中庭上，高达 915 英尺。

花旗中心的中庭里有一个购物中心、一个地铁入口，甚至一座圣彼得（路德派）教堂。覆层表皮非常平滑，带有一个水平的铝合金印花玻璃带。屋顶向南倾斜 45°，以满足分区法令的要求，斯塔宾斯曾经设想要用太阳能板覆盖，后来因为太阳能板对结构来说太重而放弃了，但是经过 40 年以后来看，这对于城市天际线至少是一个新的贡献：纽约终于有了一个不是平屋顶的建筑。

更多的贡献来自对 20 世纪 60 年代兴起的机械的功能主义的反抗。例如，H·霍莱因（Hans Hollein，1934—）曾经制作了一幅纽约下城的照片拼贴的戏作，表现了一座华尔街的像劳斯莱斯散热器的摩天大楼。约翰逊和伯吉在设计 1977 年的麦迪逊大街上的电话电报公司总部大厦（AT&T，位于第 53 街和第 54 街之间）的时候，显然脑子里记住了这个，也许是在他们的潜意识里。因为山花状的顶部，这座大楼被称为奇彭代尔式高脚柜断裂山花摩天楼（Chippendale Skyscraper），但它的故事显然还不止于此。

约翰逊和伯吉曾经参与过公园大道 375 号——前西格拉姆大厦——的设计，因此深知它的问题在哪里。而且，他们的业主美国电话电报公司要求一个节能的大楼，他们的管理人员可以舒服地在其中对着显示屏工作。这就意味着许多独立的用墙隔开的有小窗的房间。与玻璃幕墙相比，这种做法显然可以带来更好的温度和眩光控制。另外，这些窗子被深深陷在花岗石的竖肋之间，自然地强化了立面的竖向线条。

就像沙里文的办公塔楼顶端需要合时的收头和基座，约翰逊和伯吉的大楼也是这样。因此就有了电话电报公司总部大厦顶部的断山花，以及地面层的拱门。大楼在麦迪逊大街上拔地而起，入口被阿尔伯蒂或者伯鲁乃列斯基式的拱门突出出来，两侧还带有两个小一点的拱门。

因此，与斯基德莫尔在第 52 街和美洲大街的建筑不同，约翰逊和伯吉没有破坏街道界面，而是加强了界面的连续性，同时也进行了一定的修正：拱门和购物中心，而不是像西格拉姆大厦那样的广场。

在电话电报公司总部大厦旁边，巴恩斯（Edward Larrabee Barnes）建造了一座 43 层高的 IBM 大厦，五边形的平面，表面饰以极其光滑的灰绿色石灰石板。它最显著的特征，就是玻璃的 4 层高的广场，标准的温室，向公众开放。在 IBM 大厦旁是斯旺克、海登和康奈尔事务所（Swanke, Hyden and Connell）的斯库特（Der Scutt）设计的特朗普大厦旁边，是一座 52 层高、锯齿形的斜向大楼，从一个正方形的平面升起，形体用复杂的缩进系统形成。大楼表面是金色的玻璃，而内部的入口大厅——中庭——则是大理石台阶和喷泉构成的奢华工艺品。

这些建筑的共同点是，在它们的内部都包含有一个城市空间，而却没有想在这些建筑之间营造一个城市空间。

由于大多数的纽约建筑已经建成，这种用"不连续的"方式设计的机会越来越少了。事实上考虑到纽约土地所有权的模式，想要组织聚集足够的地块、甚至街区，在它们之间营造带有设计过的城市空间越来越难了。但这阻止不了特朗普（Donald Trump）去尝试。对于那些形成了今天的纽约的那些因素——贪婪、投机、挖空心思——更近的例证，我们应该去看看其他的地方，例如休斯敦，我们会在第 13 章讨论这个问题。

关于我们谈到的三种范式，最重要的一点是，它们分别是不同思维方式的结果。在圣马可广场中的例子中，不同的建筑师们利用他们的感觉去接近已经存在的东西，并通过自己的设计不断增加这种感官的愉悦，我们可以说，这种设计应该被称作"经验主义"的；埃瑞当然也运用感觉，但是他的主要前提是根植于"理性主义"哲学的几何的秩序；而纽约则是由一系列的因地制宜、反复试验的事件逐渐形成的，我们称其为"实用主义"。

第二部分

哲学和理论

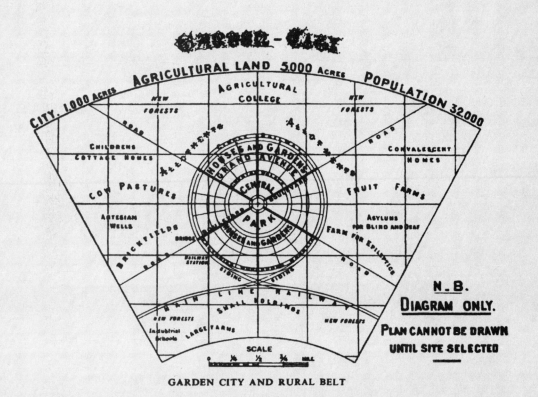

GARDEN CITY AND RURAL BELT

第4章　哲学基础

这些城市规划的历史模式以及我们的规划范式清晰地体现了思考和设计城市的不同方式。古希腊人和古罗马人求助于占卜、女祭司等，采用神秘的仪式来为他们的城市选址。一旦选定位置，它们会用方格网状的街道建造城市。因此，他们实际的城市规划建立在简单的几何系统之上，就像西班牙殖民依据印第安法则来建造城市一样。

然而，古希腊人、古罗马人以及西班牙殖民者都知道单靠几何法则是不够的。不用说西班牙殖民法的起草者，就是希波克拉底和维特鲁威也都关注外观、前景、水源、与城市相关的太阳运行轨迹、遮阴的需要、主导风向以及其他影响市民舒适度、便捷、幸福和愉悦的方方面面。换言之，规划师关注城市中可见可闻的方面、皮肤可感觉到的温度和气流以及可感的诸如制革的有害气味等。当然，在伊斯兰的城市中，形成建成形态的基本原因是保护妇女不被外人看到。

任何城市建造者也不会忽视场地的实际情况，无论是平原、斜坡，还是崎岖的岩石地带。例如，古希腊人基于普里恩城陡峭的地段，建造了台地状的方格网。然而，不管是古希腊人、古罗马人，还是西班牙殖民者，都没有像许多欧洲中世纪城市的缔造者一样，为了防御的目的，在那么复杂的地形上建造城市。

古希腊人显然了解并且能够区分下面这三种思考方式：1.从纯粹的几何布局出发——有时候就这样建成了；2.从人的感知体验出发；3.通过不断地微调演进最终找到合适的形式。

例如，柏拉图在《蒂迈欧篇》阐述了自己的信念：宇宙结构本身是基于简单的几何形式。他也"满腔怒火地痛批"那些试图采用"机械装置"反复试验微调去解决几何问题的人们（Broadbent，1973）。而亚里士多德在《物理学》和《形而上学》中则更加关注人的感知。

历经几个世纪之后，这三种基本的思考方式演变为三种连贯的而又相互竞争的哲学：经验主义——坚信人的感觉；理性主义——不相信人的感觉，而更相信基于第一法则的逻辑推理；实用主义——更倾向实践过程中可行的事实。

经验主义

培根

1620年，F·培根爵士（Sir Francis Bacon）提出，对于我们所在的这个世界，我们所知的是通过经验获得的，也就是通过我们的感知体会到的。我们通过归纳来建立自己的思想，当然不是经由K·波珀（Karl Popper）等学者已经试图推翻的那种粗糙的归纳法（1959，1963）。在培根的归纳法中，人们先收集某种现象，例如热，然而制定一个关于本质与存在的列表。随后，他再给每个案例寻找一个相反的案例，从而建立一个偏差（Deviation）或者不存在（Absence）的列表。

例如关于"热量"，他发现在诸如火、阳光、胡椒以及新鲜马粪等中都有热。于是，对于每个实例，他都找到了一个相反的实例，即感觉不到热的例子。例如，阳光发热，而月光不热。于是，培根建立了不存在的表格，即排除那些不热的事物，最后，他做出了热实际上由什么构成的结论。

波普尔（1963）提出，任何假设都可以由单一的反证来推翻。在北半球长大的人也许会归纳出或推断出，所有天鹅是白色的；而看一眼澳洲黑天鹅就可以推翻这个假设。而对于培根来说，在断定所有天鹅要么是白色、要么是黑色之前，他将会试图寻找多色天鹅的例子！

其他英国哲学家，诸如洛克（John Locke，1632—1704）、伯克利主教（Bishop Berkeley，1685—1753）、休谟（David Hume，1711—1776）等在他们的解释中沿着培根的道路，认为我们依靠感知获得的经验来形成所有的知识，并以此建立了他们经验主义的整个哲学体系。

洛克、伯克利、休谟

第一位真正的实证主义者是 J·洛克，他的主要著作是 1687 完成的《人类理智论》（Essay Concerning Human Understanding），这本书于 1690 年出版。

洛克认为我们所有的想法都是基于感觉，即通过我们的感官来获取信息，并进行反思，即接下来沉思感官告知了我们什么。刚出生的婴儿可能会有饥饿感和口渴感，也许还能感觉到温暖、寒冷以及疼痛。然而，他们并未形成任何知识。知识需要多年的经验积累才能建立起来。

通过这种方式，我们形成了诸如此类的观念：黄、白、热、冷、软、硬、苦、甜等。我们感知到物体具有这样那样的特性，学会了这个物体的名称，并认识到其他相似的物体，这是由于它们具有相似的特性。

一旦我们按照这种方式建立起我们的观念，我们就可以运用它们去依照这样的顺序去做：思考、质疑、相信、推理、熟悉以及喜欢等，这些构成了我们理解的基础。

问题在于，通过我们感官所感受到的特性可以说都是表面属性，如色彩、形状、味道、声音等。洛克认为这些仅仅是次要特性，而物体本身还具有基本特性，如硬度、外形、移动、静止、数量等我们常常不能直接感觉到的特性。因为地球在自转，于是它表面上的所有物体都在随之旋转，然而我们却无法感觉到它们的旋转。

洛克关于基本和次要特性的辨析不仅引发了各种烦人的质疑，而且还导致了一系列哲学问题。后来的经验主义者如伯克利主教、D·休谟都详细地研究了那些问题。如果我们能够感觉到的只是那些次要特性，那么我们怎么能认为那些基本特性实际存在呢？此外，如果我们对物体特性这么不确定，那么我们又怎么能认为那些物体本身存在呢？

伯克利主教从这种质疑中得出了一个极端的结论（1709）：在感知者的头脑之外，根本不存在物体本身。

D·休谟认同洛克的怀疑论，并在 1739—1740 年完成的《人性论》（Treatise on Human Nature）中提出了自己的解释。

休谟认为真实世界被分解为一系列感觉印象。除非有人在场看、听、接触或者体验这个世界，否则任何物体都不存在。

休谟也极大地发展了洛克的关联理念。他认为有三种方式让不同的思想在头脑中彼此关联。首先，根据一个物体可以联想到另外一个物体，因为它们有某种类似之处。当某个物体类似于或者看上去像另外一个物体，那么头脑就可以自由地将这两个物体关联起来。其次，他认为邻近可以导致关联。当我们在同一时间内或者同一地点体验到两种想法，那么我们常常会把这些想法关联起来。再次，因果关系导致关联。当我们感觉到某个事件看来导致了另外一个事件（例如，没有火，就没有烟），那么一旦我们感觉到这两个事件之一，这就让我们想到另外一个事件，想当然另外一个事件是存在的。

此外，正如艾尔[1]所说，休谟提出了归纳法中的根本问题，可是他并没有最终解决这个问题。

对于经验主义者来说，所能做的只有直接去面对感官得到的信息，把这种新感受和头脑中还能记得住的经验相比对。我们从经验中认识到：直到目前，至少在南北极圈之间的任何地方，太阳每天都会升起。这就是我们个人的归纳法。

我们也许可以像波普尔那样，试图否认归纳法的存在，但是这将导致我们的日常生活无法进行。我们必须每天从初始原则出发来做我们每天所做的每件事情，如起床、洗澡、穿衣以及吃饭等（否认了归纳），设计也将彻底不可能。例如，工程师不再能根据某根柱子多年来一直立在那儿，来推断另一根同样的柱子也不会倒塌！

休谟给出了一个精彩的例子：河流。我们也许从生活经验中认识到：某条较浅的河流较快地流过河床的石头时，我们也可以从清澈的河水中看到这种情况，那么这条河是安全的，我们可以穿行，甚至徒步穿行。我们也许可以还认识到；一条流动缓慢且混浊的河流也许真的较深，并有湍流。对于这样的河流，休谟当然会先测试它的深度再决定是否以及如何穿过它。然而，波普尔的信徒者则拒绝从经验中学习，他们会鲁莽地瞎闯，也许会因此被淹死。如果人们否认归纳的存在，那么也就可能不存在任何有效的逻辑理由让他在河边停下脚步，除非某种非常好的心理原因可以真的会阻止他被淹死！

理性主义：笛卡儿

R·笛卡儿（Renée Descartes，1597—1650）对经验主义者的观点有很多异议，他认为既然我们的感官会被视错觉或者其他假象所迷惑，我们的头脑也会自主地生成梦境、噩梦、错觉以及甚至幻觉，那么我们的确不能相信我们感觉到的证据，而必须寻求普遍性的真实，就如同柏拉图那样，他坚信通过逻辑思考可以获得普遍性的真实。笛卡儿以及他追随者的哲学被称为理性主义。

在某种意义上，笛卡儿试图将伽利略和牛顿的科学模型，特别是他们的数学方法，运用到更为普遍的哲学问题上。

笛卡儿沉浸于思考"思考过程"本身，在《方法论》（Discours de la méthode，1637）一书中，他对我们如何分辨真伪的问题给出了结论。

说也奇怪，他首先针对建筑进行了深入思考。他是这样说明那些观点的：

> ……我首先想到的一件事情是相对于那些由单个建筑师一次性完成的作品，那些由不同的建筑师们分别拼凑而成的作品往往不是很完美。因此，我们发现由单个建筑师设计并建造完成的建筑物通常是多么优美，超越了那些由许多建筑师利用本来用于其他目的的老墙而建成的建筑物。

很显然，笛卡儿不喜欢那些风景如画的不规则形态！他继续谈道：

> 因此，相对那些由单个工程师按照规则的风格而自由设计的城市，那些源于村庄而历

---

1. Alfred Jules Ayer，1910—1989 年，英国教育家和哲学家，逻辑实证主义的倡导者。——译者注

经岁月形成的古老城市通常都呈现出较差的形态，因为在古老城市中，建筑物是分别建成的，即使它们各自拥有的艺术品质常常和其他城市中的建筑物一样的，甚至还多，然而它们还是混乱的，大小住宅散布各地，街道曲折而不均衡，整个城市看似随机生成的，而不是由设计者根据他们的逻辑而建成的。

正是出于这个原因，在城市设计方面笛卡儿更喜欢那些法国的城堡式新城，如南锡（1588）和沙勒维尔（1605）等。他把这些城市看成单一工程师头脑中的设想，并认为它们远远优于那些古老的中世纪城镇，它们具有狭窄而曲折的街道以及不同时代的建筑物，见证了它们几个世纪以来的发展和变化。

当然我们必须澄清，笛卡儿头脑中的南锡是星形城堡，是在他参观之前不久刚刚建成的，而不是 115 年之后埃瑞设计斯坦尼斯拉斯广场的那个南锡。

不过对于我们而言，笛卡儿的核心部分是他对感觉的态度。在《沉思录》（Meditations，1641）中，他阐述了怀疑的方法论，从而来检测他以前所有的观点。他谈道："至今为止，我已经直接或者非直接地通过我的感觉获得了真理"，这如同实证主义者所说的那样。他又说道："然而，感觉在我的经历中有时具有欺骗性；此外，对于那些已经欺骗我一次的感觉，我需要很谨慎，不要完全相信它们。"

这当然是真的。就如同笛卡儿所说：

> 在夜晚，当我每次裸睡在床上，我多次梦到就在这个房间中，我穿戴齐全地坐在火边……当我更仔细地反思这件事情，我清楚地发现找不到判定我们是清醒还是睡着的明确的标志，以至于让我哑口无言，我的困惑是在这种（睡着的）时刻，我几乎可以相信我自己。

然而，不管他是睡着还是清醒，他所感知到的对象是一模一样的。他身体的真实部分，如眼睛、手、头以及其他都具有真实的物质存在，他在梦到的那些东西也一样。他在睡梦中看到的幻觉是真实物体准确而富有色彩的再现，它们不会通过其他的方式形成。

对于某种颜色而言，不管是真实的还是虚幻的，它都是一样的，因此笛卡儿认为色彩是普遍的实体。其他任何东西也一样，一旦它们具有实实在在的物质形式，那么它就具有"物质的本质及其延伸"。因此，物质在空间中的形状和构成、它们的数量、大小以及数字、它们存在的空间以及它们持续的时间等都是普遍的存在。

诸如算术和几何这类科学是研究物体之间的关系，而不是物体本身。因此，它们具有某种显而易见的事实：

> 无论我是睡着还是清醒，二加三等于五，以及正方形一直有四条边；这种显而易见的事实不应该遭到任何怀疑。

这样的事实是普遍的、不可怀疑的以及不可更改的。因此，笛卡儿继续说道：

> ……例如，当我想象一个三角形时，虽然它也许不存在于我头脑之外的任何地方，然而，它具有一种自然本性、形式、抑或本质，这是不可以改变的，也是永恒的；这也不是我发明的，也完全不依靠我的头脑。这来自事实，这就是三角形可以体现多重特性，它的三个角之和等于180° 即使这样，当我第一次构思这个三角形时，我并未考虑它的这些特性，因此它们也不是我能发明的。

正如笛卡儿所说，三角形的观念也许是他通过自己的感官而获得的。毕竟，他见过三角形或者具有三角形状的物体。但是，他拒绝了这种解释。

> 事实上我可以设想大量其他的形状，毫无疑问我并没有用感官观察到它们，而我也可以通过展示它们的各种特性触摸它们的本质，就如同在三角形的案例中我所做的那样。

知道了三边构成的形状（三角形）以及四边构成的形状（矩形），他可以设想其他构形，如五边构成的（五角形）以及六边构成的（六角形）等。如果他可以设想具有类似特性的其他物体，那也应该是真实的，因为在笛卡儿看来，任何可以"明确分辨"的都是真实的存在。

然而，如果这完全是一个巨大的虚幻呢？他周密地思考了各种可怕的可能性，然后认为他必须找到他自己能确信的某种存在。为了找到这种存在，他首先假设所有的东西都是虚假的，不存在任何东西，包括物体、形状、延伸、移动以及场所等，也就是假设这些东西都是虚构！表面上，没有任何证据能确信它们的存在，除了一件事：他本人，正在思考那些东西。这就证明了他自己的存在。如果他不存在，那么他怎么能思考呢？ _84_

当然，笛卡儿的结论通常用那句著名的拉丁文表达：我思，故我在（cogito，ergo sum）。他坚持认为，无论如何这一定是真的。

因此，理性主义的本质是这样的：事物的存在不依靠任何人是否曾经体验过它们。这也包括来自算术和几何的概念：数字、形状以及三维形态等。

理性主义认为，我们不需要通过感官去体会形状，就可以认知它们。这当然是理性主义和经验主义之间的本质差别；然而，哲学首先依赖感觉。因此，毫不奇怪，每个时代的理性论者都强调那些事物本身的重要性。理性主义者天生就更关注二维、三维或者其他形式的纯粹性，而较少关注设计对使用者的感知所造成的影响。

实用主义

实用主义者认为，我们应该通过思考事物的实际因果关系来理解该事物：这就是 C·S·皮尔斯（Charles Sanders Peirce，1839—1914）、W·詹姆斯（William James，1842—1910）以及 J·杜威（John Dewey，1859—1952）的著作所表达的思想。

他们的哲学源于美国的情况，当新技术运用到工业，也包括建筑业中，似乎贫穷、犯罪、疾病以及丑陋等现象应该被消除，然而事实上恰恰相反，这些现象空前地泛滥起来。此外，既然技术（如此成功）基于化学和物理这些科学发展而来，这些科学按理来说必须是真实的。那么，广而言之，其他科学，如航天学和生物学，也必须是真实的。然而，如果这些科学是真实的，那么宗教显然被宣判为虚假的。于是，没有精神真理、没有上帝、没有灵魂、没有不朽、没有理由去渴望诚实和公正，并追求真善美。如果技术的确是真实的，那么那些东西必然仅仅是大脑中化学和物理作用力的副产物，而这种力正是技术的基础。

如果传统哲学和宗教在人们日常事务中已经不起作用了，那么需要寻找新的方法去帮助现代人至少可以理解他的境况。如果他开始理解了，那么他还有希望去改善他的境况。首先，人们必须学习；必须直接探索思考本身的本质；思考信仰系统以及信仰是如何消失的；也必须思考过去的世界是怎么样的，以及为什么世界完全不是过去的那个世界了。他必须从最基本的原则开始来考虑这些问题，因此他需要理解如何在目标设置的框架下来指导思考本身。

这类思考的先例在经验主义中已经存在过，此外，C·达尔文（Charles Darwin）在《物种起源》（The Origin of Species，1859）中采用的经验主义方法中，也有这类思考的案例。达尔文认为作为动物王国的一员，人通过思考、观察周围环境、运用才智以及做出行动的决策更好地满足自己的需求，从而得以生存。

皮尔斯第一个试图将科学和技术的方法应用到一般的思考之上。他采用了康德的名词，将这种思考方式称为实用主义（1902）。

皮尔斯（Peirce，1878）在关于《如何使我们的观念清晰》的一篇文章中讨论了很多问题，其中首次定义了实用论："设想我们的思考对象具有哪些所期待的实用的效应，那么，我们对于这些效应的概念就是我们关于该对象的概念的整体。"

如果他的确试图使得他的想法清晰化，那么他也许应该这样说："思考特定的对象，就考虑该对象确实具有的所有效应。然后，进一步思考那些效应的实际结果。如果你按这种方式考虑那些结果，那么你产生的想法就包含了你对该对象的整体概念。"

皮尔斯通过质疑诸如硬度和重量等概念的确切含义，从而阐述了如何思考的过程。例如，机械学的某些教科书声称我们甚至不知道诸如"力"这种词语的确切含义。然而，皮尔斯指出（p.94）：

> 力这个词在我们头脑中所激发的想法仅仅是影响我们的行为，而这些行为能够与力关联起来，也仅仅是通过力的效应。
>
> 因此，如果我们知道力的效应是什么，我们就熟知所有暗示力存在的事实，也不需要知道更多的了。

由于皮尔斯的语言晦涩，他常常被人误会也就不奇怪了。他自己也抱怨这一点（1905）。J·杜威在他的论文《美国实用主义的发展》（The Development of American Pragmatism，1931）中继续替皮尔斯诠释一些常见的关于实用主义的误解。正如他所说：

> 通常是这样解释实用主义的，它让行为成为生活的终极目标……让思想和理性行为都附属于利益以及利润的特殊目标。

然而，皮尔斯反对将理智本身简化为仅仅服务于金钱利益的行为。

皮尔斯所提出的实用主义并未立刻获得成功。相反，正如 W·詹姆斯所说（1907），实用主义有 20 年之久一直未获重视，直到詹姆斯本人在加利福尼亚大学宣读了一篇关于这个论题的论文

（1896）。

詹姆斯的文章比皮尔斯的更为明晰，他用一个案例先定义了实用论，该案例是讲述一个人试图去观察一个绕树跑动的松鼠，然而不管这个人的动作多么敏捷，那只松鼠以相同的速度向相反的方向跑动，让树始终处于那个人和那只松鼠之间。那么，关于案例的问题就是：到底是那个人绕着那只松鼠跑，还是那只松鼠绕着那个人跑？

为了裁定这样一个激烈的形而上学的争论，詹姆斯指出：按照实用主义的思维，既然双方采用完全可理解的实用性语言描述了相同的情形，那么它们都是正确的，至少按字面意思来说，不可能在它们之间作出选择。

因此："对于任何想法，个人都可以提出简单的检验方法，就是询问那些想法的实际后果是什么。"

詹姆斯将实用主义看成是经验主义的一种延伸，这样就减少了反对意见。他实际上严厉地反对理性主义，认为那仅仅是装腔作势。正如他所论述 (p.54)："实用主义离不开事实，而理性主义可以只关注抽象存在。"

86

实用主义者从多元的角度来谈论真相，关注它们的实用性、可操作性以及它们的运作方式。对于理性主义者（或者理性论者的思想）而言，实用主义推荐了一种关于真理的粗糙、蹩脚、二流的权宜之论。

对于理性主义者来说，客观的真理必须是非实用的、傲慢的、优雅的、遥远的、威严的以及崇高的等，它们也必须体现我们思想与绝对的现实之间的某种同样绝对的对应。

我们可以预见，当詹姆斯持这种观点之后，他将会拒绝宗教，把它仅仅看成是形而上学的猜测。他也的确拒绝接受绝对精神的想法，然而如果从实践而言，信仰上帝有利于人们行为举止，作为真正的实用主义者，詹姆斯也准备接受这种想法。正如他所说（p.57）：

> 如果神学思想被证明对现实生活有价值，那么，实用论认为它们将是真实的，从为了更多人的善的意义上来说。它们在多大程度上是真实的，这完全取决于它们和其他必须承认的真理的关系。

科学的真理也是这样！

实际上，杜威（1908，p.279）认为实用主义最杰出的成就是，它"调和了对宇宙的科学观和对道德生活的主张"。他所指的实用主义是（p.276）指："一种学说，它认为真实存在具有实践的特征，而智力活动又最有效地体现了这种特征。"他相信这将让我们解决一个基本问题（p.279）："宇宙是运动的物质的重新分布这一判断（或者某些自成体系的原则）是否是唯一正确的？或者根据可能性和期望，或根据创造和责任来描述宇宙是否也是有效的？"

他个人倾向于赞同第二种观点。他认为科学判断"是会被道德同化的"。

杜威认为："只有使得生活更合理、增加其价值时，一个行为和机会才能具有合法性。"

对于设计来说，这三种哲学都有其各自当代的支持者。实际上，当代的理性主义者认为自己是，也宣称自己都是理性主义者。而当代的实证主义者从未形成类似理性主义者那样统一的团体，然而他们却实际上存在着。对于当代的实用主义者，他们遍地都是，可分为两类：一些人仍然采用试错的方式来发展城市，如纽约；而另一些人则更关注实际城市生活中的实践效果。

第 5 章　从哲学到实践

理性主义者

洛吉耶

一旦理性主义哲学得到发展，那就不难理解，美学家们很快就会试图将这种哲学转化为设计原则。先行者之一就是法国神父马克 – 安托万·洛吉耶（Marc-Antoine Laugier，1713—1769），他的《建筑论》（Essai sur l'architecture）于1753 年出版。与笛卡儿一样，洛吉耶认为需要借鉴自然科学的方法，特别是艾萨克·牛顿的思想。

他的目标是建立建筑学的真正原则，在他看来，这可以从维特鲁威那儿获得，或者说借鉴维特鲁威作为建筑的起源而引用的一个案例：原朴小屋，它包括柱子、梁以及人字形的屋顶（图 5.1）（见 Rykwert，1976 年描述的精彩历史）。我们所知的考古学证据表明了洛吉耶是十分错误的；建筑还源于其他方式，比如石堆、栅栏圈地、洞穴内的单坡小屋、覆盖着草皮的由树枝编制而成的地面筑巢等。

然而，即使洛吉耶知道这些建筑方式，他也不会改变自己的观点。如此的实证案例（与他的想法）是不相干的；作为理性主义者，他显然更愿意从基本原则来思考事物，并形成一个诱人的故事。他说：

图 5.1　马克·安托万·洛吉耶（1785）：原朴小屋（来源：Laugier，1753）

让我们来思考一个原始状态的人，他没有任何东西可以帮助或者指导自己，而只具有需求的自然本能。他需要一个场所去休息。他兴奋地发现安详的小溪边有刚萌芽的草坪，向他招手；他走过去，在这如地毯般光鲜的草坪上，懒洋洋地伸展活动；他仅梦想着和睦地与大自然玩耍；他一无所求，这儿也没有他需要的东西。

然而，阳光的灼热使得他寻找树荫。可是：

其间，浓密的水蒸气上升着，旋转着，并愈来愈厚重；乌云压顶，暴雨倾泻，如瀑布般冲向这片快乐的森林。此刻，树叶已无法荫蔽他，湿气氤氲，无比难受。

因此他在洞穴中寻求庇护。然而，洞穴阴暗而又空气污浊，于是他决定建造庇护所来改造自然环境：

合适的建造材料是森林中落下来的树枝，他选择了其中四根最粗壮的，在矩形的四角上支立起来。他再将其他四根树枝放在四根支柱的顶端，然后在此之上，从两侧起，再斜向搭上其他树枝，使之在最高点相交。

也就是说，庇护所有一个屋脊，两侧是倾斜的屋顶。他在屋顶上铺了树叶，"防止阳光或者雨水穿透。"这样，他就住下来了。

当然，小屋四周透空，他会感到寒冷或者炎热。然而，他可以在柱子之间加上填充物，让自己获得安全感。

基于这些，洛吉耶推论道，建筑的本质只包括柱子、梁以及人字形屋顶。正如他所说（p.12），"没有穹顶、拱廊、基座、阁楼，甚至没有门和窗等。"

他相当详细地发展了这些观点，并得出结论：在所有已知的历史形式中，希腊神庙，特别是多立克式的神庙，在形式上最类似于他所寻求的建筑的本质。

然而，他想进一步发展他的理论，寻求"某种新的，或者某种来自历史但不寻常的形式"。他认为这是通过如下的方式可以到达目标：

用所有规则的几何形状构成：从正圆到最细长的椭圆，从三角形到边数最多的多边形。

基于这些，任何人都可以从直线或者曲线出发来构筑形式，这意味着可以很容易地"改变方案，这几乎是无穷尽的，能够让每个形式与其他的不一样，同时又保持其规则性"。

毫不奇怪，一位理性主义者应该会赞成使用纯粹的几何形式，那些运用该理论的人们也实际上应该采用那种方式来设计。洛吉耶非常深入地研究了单体建筑物之后，他继续研讨"城镇的改造"。

我们也知道，城市规划在古老的文献中也有论述，而对于城市规划，洛吉耶的阐述确实是最早的现代意义上的解决方案。他的核心思考中包括是对城市和自然关系的思考，而目前城市规划最新的理论也仍然与之有关。

洛吉耶对当时的巴黎评价很低，事实上他说（p.121）：

我们大多数的城镇仍然处在一种疏忽、迷惑和混乱的状态……这是由于我们的前辈的无知和粗野造成的。一批新建筑建造起来了，但是丝毫没改变街道的混，或是随意无规则的不优雅的装饰……我们的城镇还是像以前一样，一堆的房子混乱地没有规则、没有规划或设计地聚集在一起。没有比什么地方比巴黎的混乱更加触目惊心了。这个都城三百年来基本上没怎么变过，人们还是看到同样多的小路，狭窄而弯曲，弥漫着肮脏而污秽的气味，马车的相撞不断造成交通阻塞……总的来说，巴黎远远不是什么美丽的地方。

因此，他开始设想一座有城墙的城市的规划，像当时的巴黎一样，宽阔的大道通向城门到达城镇。城门应该是自由出入而不设防的，数量适当并恰当地修饰。通往城门的大道应该尽量宽阔，城外应该有小型的广场，道路从这里呈放射状（en patte d'oie）发散开去。城门应该采用凯旋门的

89

形式，而不是当时的那种可怜的收税关卡——大概 30 年后，在洛吉耶这一设想的启发下，勒杜的设计就取代了它们。

对于城墙内部的实际规划，洛吉耶用树林来描述（p.128）：

> 人们必须把城镇看作一片树林。城市里的街道就是树林里的路，需要用同样的方式开辟出来。公园之美的本质，在于道路、宽度和相互关系的多样性。

事实上，似乎他脑子里想的是勒诺特设计的那种巨大的景观公园（Jeannel，1985）。接下去，洛吉耶说：

> 但仅仅这些还是不够的：还需要一位勒诺特来规划，需要他运用品味和智慧，才能让人们同时看到秩序和变化、对称和多样性的并存；这边道路的布置是星形，那边是放射形，这边的是羽毛状，另外一边是风车状，到处都是平行的道路和不同形式的交叉口设计。

在他看来，多样性是本质，因为：

> 设计中越是多样、越是充满丰富性和对比，甚至杂乱无章，公园的美就有趣和美妙……每一个对美敏感、需要创造性和设计的事物，都是想象力、天才的火花和激情的训练场。和绘画的构图一样，花坛的排布和植物的布置中充满了画意。

当然，那些没有天赋的人也可以设计带有整齐街道的城市，但是乏味的精确性和冷冰冰的规则让人们怀念巴黎城市中的无序。在过分规则的城市中，巨大的平行的道路综合交错、垂直相交：

> 人们看到的仅仅是无聊的重复，所有的街区都差不多，很容易迷失方向。公园只是相互隔离的整齐的广场，道路之间只有编号不同，这只会让人疲倦和无聊。

90　因此：

> 总之，要避免过多的规则和对称性，因为一旦人们住的时间长了，就会感到麻木。不管是谁，如果不能不断改变，都不能让我们满意。

因此，对于洛吉耶来说，规划城市的艺术包括把城市分隔成若干漂亮而且种类各异的细节。在城市里漫步，同样的东西只能出现一次，这样每一个街角都能发现新的、独特的、出人意料的东西。在特定的秩序分布，也许会给人带来某种迷惑感。每一样东西都应该保证基本的对齐，当然，城市的形态、建筑的形式会有某种重复性。但是这种重复同时带有一种不规则性和杂乱的感觉，就像所有伟大城市一样。

在洛吉耶看来，巴黎具备了类似的城市规划的理想条件：一条大河分开了平原和一座山丘，覆盖着浓密的森林，河流分而又合，形成了各式各样的小岛。

他建议，如果邀请一位艺术家来按照自己的意愿来规划这块场地："多么愉快的想法，多么地道的技巧，多么多样的表达，多么丰富的灵感，多么富有现象力的联系、富有神性的对比，多么热情（fire）大胆，多棒的设计！"

至于如何实现这一设计，洛吉耶觉得既然不那么重要的城市已经有了不那么重要的设计，那这个设计对于巴黎来说就太合适不过了，只要有这个愿望，假以时日，就一定能够实现。

卡特勒梅尔

卡特勒梅尔·德昆西（Quatremère de Quincy，1755—1849）对建筑学的主要贡献体现在他1823 年出版的著作《美术中的自然、目标和模仿手段》一书，还有 1788 年出版的《方法论百科全书》（Encyclopaedie Methodique）中他所撰写的条目（1832 年以单行本的形式重印）。

事实上，在百科全书中有关他的条目、特别是他关于"类型"（type）的文章已经引起了之后的理论家的注意，特别是那些自称为"理性主义者"的注意，例如阿尔多·罗西。

卡特勒梅尔认为，类型是一个含意丰富的词，可以用来指模型、字模、印记、模具、浮雕或浅浮雕中的图形。因此他希望能够把类型具体化。他指出：

> 类型这个词展现给我们的，是一个用于复制或者完全模仿的东西，而不是某种可以遵守或者效仿的元素或想法。因此，人们从来不会说（或至少不应该说）一座雕塑或者完成的绘画作品可以作为一个类型（type），因为它不能被复制 [能复制的情况，卡特勒梅尔认为应称为模型（model）]。但是，当大师思想的某个片断、某张草图，或者某种模糊的描述引起了一位艺术家的作品的灵感，我们可以说是类型给了他这样或那样的想法、这种或那种母题、这样的或那样的动机。

因此，

91

> 在实际操作技巧中，模型是艺术家的应该原样重复的一个东西，而类型则不同，每一位艺术家在做出自己的作品也许互不相同。

而且：

> 模型中所有的细节都很确定，可是类型中则或多或少是模糊的。

因此，卡特勒梅尔认为，对于模型的纯粹模仿只是一个感性的行为。我们从中没有得到原作的精神，也没有获得有助于我们战胜无知和偏见的益处。而在他看来，这就是他那个时代建筑学的现状。

接下来，他继续澄清他所说的类型的意义：

> 人们还把类型这个词用于他们在建筑中运用的某些一般性的形式和特征。这种运用和当下的理论的出发点和精神非常切合。此外，如果你愿意，还可以用在很多机械艺术

（mechanical arts）的例子中。没有人会忽略那些家具、器皿、座椅、布料等在物尽其用的时候也有必要的类型。这些东西确实没有模型，但是却有适合我们使用的类型。尽管工业的求异精神试图从中进行革新，甚至不惜和常识相悖，例如宁可不要一个圆形的花瓶而要一个多边形的。可谁能否认，人的后背的形式不就应该是椅子靠背的类型么？而圆形不就是发型的唯一合理的类型？

建筑中同样如此，他说，有很多的建筑实例：

> 没人能够否认，它们的产生是从基本的类型而获得了稳定的有特色的形式。这可以从本百科全书中与坟墓相关的词条"金字塔"（pyramid）和"冢"（tumulus）中得到验证。

人们忍不住要想，尽管他说了这么多，卡特勒梅尔还是没有把"类型"这个概念说清楚。如果他以及后来者如果能够承认借鉴了柏拉图的理想形式的概念，就会把事情说得清楚多了。

理念形式：柏拉图

柏拉图关于理念形式的想法是在他的《理想国》（第 35 书）中展开的，其中，苏格拉底照旧在与一群朋友谈话。他说，我们会认为，当一位工匠在制作桌子、椅子或者床的时候，他的脑子里是有这样或那样的理念形式存在的。

92　　　对苏格拉底而言，问题在于这个理想的形式存在于哪里。因为无论是谁，想要理解理念的桌子、椅子或床，也应该要不仅仅知道它们的形式，还得知道任何手工制品的形式，而且还要知道"一切的动物、植物，包括他自己在内，大地、天空、众神、天体乃至地狱里的一切事物"的形式。

只有一种工匠能知道所有这些形式，那就是上帝。人要想创造制造所有这些东西的幻觉，就只能通过拿一面镜子，向四面八方反射，这样"你就可以很快制造出太阳、星星和地球，一会儿制造了你自己，以及其余的生物和器具、植物等等刚才说到的东西"。

他的听众当然要反对说，这样他只是制造了这些事物的现象，可并没制造它们的本质。

苏格拉底当然早有准备。显然，画家创造了床的幻象，别人不能睡在这床上，但是作为一张画，已经足够逼真。

但是正像画家的床没有木匠的床那么真实一样，木匠的床也没有床的"理念形式"真实。木匠制造的是，"并不是我们认为真正是床的那个型，是造了一张床。"

从某种意义上来说，每一个工匠的床都在某个方面像"那个"理念的床，但他们绝对不是。

这把苏格拉底引向了最终的结论：

> 那我们就有三种床，一种在自然界，我想我们会说这是神造的。一种是木匠做的。一种是画家画的。那么，画家、造床的木匠、神这三位就是这三种床的作者。

而且，对于所有的生物以及人造物，都只能有一个理念："神创造了唯一的本质的床……不是两个，也不可能有两种存在。"

后来的理论家，例如卡特勒梅尔——以及 A·罗西——赋予"类型"非常重要的意义，但正如我们在前面卡特勒梅尔的论述中看到的，他们的类型概念与柏拉图的理念形式相比，非常模糊。

部雷和勒杜

很多建筑师都想实现洛日耶和卡特勒梅尔提出的理论观点。这其中就包括克洛德 - 尼古拉·勒杜（Claude-Nicolas Ledoux，1736—1806）和艾蒂安 - 路易·部雷（Étienne-Louis Boullée，1728—1799）。他们都设计出了非常纯粹的几何形体的建筑，实际上，勒杜还建成了不少建筑，包括 40 多座巴黎新城墙（约 1782）的城关，正是这些城关引发了法国大革命（图 5.2），以及为吉马尔夫人（Mme Guimard）及其他人设计的大量私人宅邸。

相比之下，部雷建成的作品较少，但是他的一些方案比勒杜的更为宏伟。其中包括巨大的国王图书馆，在法国大革命后，改为国家图书馆或伟大民族图书馆。

他比其他任何人都坚持运用纯粹的几何形体。例如，在他的《建筑：论艺术》一书中，就赞美了球体的好处。在谈到为什么规则形体要比不规则形体更优越时，他说（p.474）： 94

> 这是因为它在形式上十分简单，它们的平面规则并有重复性……我们辨别规则体块是靠其规则性和对称性所体现出的有序性，而有序就会清晰。
>
> 由此可见，在人们发现规则感之前，是无法对体块的形状产生清晰思路的．
>
> 当我发现规则体块的形状是由其规则、对称和丰富性所决定的时候，我就开始意识到这些属性的组合构成了比例。
>
> 这里所谓体块的比例，我指的是其规则、对称和丰富所产生的效果。规则使其具有美丽的形状；对称带来秩序和比例；丰富则赋予它在视觉上有变化多样的平面。因此，这些特征的组合及其所带来的种种协调，让体块在整体上和谐优美。
>
> 例如，球形就包含了这些所有的特性。它表面所有的点都距离中心等距。这一独特的优势让我们可以在任何层面凝视它，不会因为光学的效果而改变它的无与伦比的美完美无缺地展示给我们的感官。

因此，部雷认为球体是完美的形体。它汇集了完美的对称、完美的规则性和最大可能的多样性，是所有形体中最高级的，同时又是最简单的。

事实上，当部雷把球体的完美运用到 1784 年的牛顿纪念堂（图 5.3）时，这产生了某种意义。部雷对于纪念堂的评价是献给牛顿本人的：

> 崇高的精神！天才而深刻！神圣的存在！请接受我拙劣才能的敬意！啊！

接下来，部雷说他把这个项目看作是牛顿和他自己的发现融合到了一起。因此，为了牛顿神圣的精神，他在坟墓的底部设计了一盏墓灯以照亮整个空间，在这个过程中，他自己也变得崇高化了。 95

可以说，按照部雷在剖面中所画的人形的尺度放大的话，这个球体直径有 120 米。上半部穿了一些孔，让光线像夜空中的繁星一样排布——就像早期的天象仪一样——中心是层层的球体，太阳、地球、月亮和其他行星用相互联系的旋转圆环上的蜡烛来表现。部雷把牛顿的石棺放在底

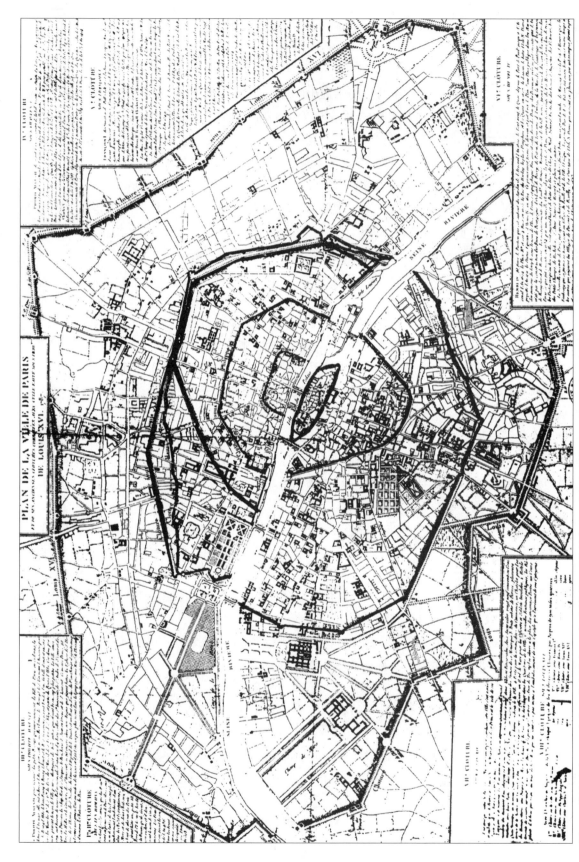

图 5.2 塔迪厄（Tardieu）版巴黎地图（1787），图中所显示的是中世纪残留的城墙，以及公元 8 世纪路易十六所加建的城墙，包括勒杜设计的 40 座城关（法国国家图书馆：Cartes Ge C3694，图片来源：Rice, 1976）

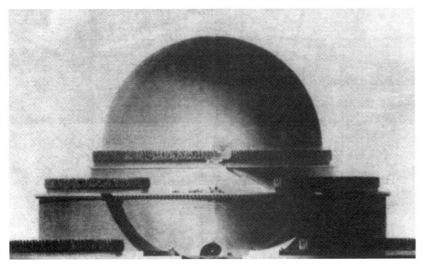

图 5.3　部雷（1784）：艾萨克·牛顿爵士纪念堂（图片来源：Rosenau，1976）

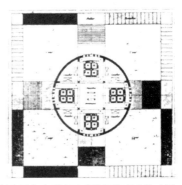

图 5.4　勒杜（年代不详），农业管理员之家，莫佩尔蒂[1] 表现了纯粹的理性主义的几何如何创造了完全剥离了感性的狭窄建筑（图片来源：Avril，1987）

层的阶梯状的金字塔上，可以容 10 人左右站立。因此，与其说球形与纪念堂的功能抵触，不如说球型本身是功能。

不过，这种说法对勒杜就不适用了，《护林员的房子》中也包含了一个同样完美的球形，半径 9 米左右，竖向和横向都分成三段，四面都有台阶通向二层，也只有这一层可以居住（图 5.4）！

勒杜为巴黎设计的一些城关也差不多在几何上同样纯粹（Ledoux，1804）。例如，在现存的 4 座城关中，拉维莱特城关是一个四面带有门廊的标准正方形建筑支撑的圆柱体，门廊是希腊多立克柱式：一个纯粹几何形体和希腊柱式的完美结合，简直像洛日耶的忠实信徒的手笔（图 5.5）！

在 18 世纪的所有法国理性主义设计中，对后世理论家影响最大的是部雷设计的巴黎国王图书馆（1785）（图 5.6）。场地位于黎塞留大道上，部雷需要在两栋现存建筑中间的庭院上加一个屋顶。

他这样描述这栋建筑（Bouliée，1785）：

---

1. Pierre-Lonis Morau de Mawpertuis，1698—1759 年，法国数学家、物理学家、哲学家。

图 5.5　勒杜（1776），拉维莱特城关。纯粹的理性主义几何结合希腊多立克柱式，形成了这个城墙过关关卡
（图片来源：作者自摄）

图 5.6　部雷（1785），法国国王图书馆，后被改为伟大民族图书馆（图片来源：Perouse，1969）

我被拉斐尔《雅典学园》（收藏在梵蒂冈博物馆）中崇高的概念所深深触动，我想实现它。毫无疑问，我所取得的成就都归功于它……

限定条件是两栋现有建筑，部雷发现，想要适应这个条件同时设计一座高贵而宏伟的建筑极其困难。

他的解决方案是，在图书馆的墙，或者说两边建筑的墙上设置平台，平台上排满图书馆员能够到高度的书架。这样当国王来到图书馆找一本书的时候，他们就可以沿着平台跑过去很快找到书了。

在这些平台上方，是遮挡旁边建筑的柱廊，再上面是巨大的半圆形筒拱，带有嵌版装饰。因此，部雷的设计和同时代的很多人一样，代表了一种极为精彩的纯粹几何的融合：简单的方形空间上面覆盖着半圆柱体，在需要建筑学表达的地方使用希腊柱式。

经验主义者

艾迪生、伯克、艾利森

不管经验主义哲学有什么优点或不足，它不但在美学理论上，也在 18 世纪英国的建筑实践中产生了深刻的影响。第一次将哲学引进美学理论是受到从 J·艾迪生[1] 开始的一系列作者，他为当时每天一版的《旁观者》（Spectator）期刊撰写了一系列文章——《想象的愉悦》——在 1713 年的 6 月 21 日和 7 月 3 日间连载。

艾迪生的讨论从视觉开始，他认为这是所有感觉当中最完美的。通过对洛克的清晰描述，他为我们揭示出两种类型的愉悦：第一种是当我们看这些物体的时候直接能获得的愉悦，他称之为初级想象愉悦；第二种是当这些直接带来愉悦的物体不在的时候，仍然会持续地愉悦感受。当我们想到它们的时候，就会感到愉悦，这种沉思的乐趣，他称之为次级想象愉悦。

为了合适的享受这些次要的愉悦，我们必须知道怎样闲适，粗俗的人不理解。他们都太忙碌于其他事情,大概是为了艰难度日！艾迪生很清楚的预示了戴维斯（W. H. Davies）[2] 的多愁善感（年代不详）：

> 如果这种生活充满关爱将会怎样，
> 是否我们没有时间承受和凝视?

对此，艾迪生有详尽一点的解释：

> 我们应当加上这个观点，相对于借助于思考的理解来说，想象的愉悦对我们的健康来说更加有益，因为思考伴随着大脑的剧烈的体力劳动。

---

1. Joseph Addison，1672—1719 年，英国散文家、诗人、剧作家和政治家。——译者注
2. 英国诗人，作家。

假如我们认真思考一下，我们会发现有三种事物会引起我们产生想象的愉悦。艾迪生称之为宏伟的事物、新奇的事物和美的事物。

对他来说，宏伟绝不仅仅是一个单一物体的尺度或体量的问题，而是指丰富的和宽广的视野，就像我们在开敞的乡村、广阔的沙漠、巨大的山体、岩石累积成的高峰、悬崖以及辽阔的水面中看到的那样。根据艾迪生的观点，想象力喜欢被这些巨大到不能理解的事物满足和震撼。这就是自然的惊人创造对我们的作用。

至于新奇的事物同样使我们感到愉悦，因为"它使我们的心灵充满愉悦的惊奇，满足了好奇心，且获得了一种前所未有的观念"。因此，新奇性转移我们的注意力，更新思想，避免无聊和厌腻。就像艾迪生说的：

> 新奇性产生了多样性，思想每一刻都在寻求新的事物，注意力不会在任何特定的事物上停驻太久而浪费精力。

这就是为什么我们在春天的时候喜欢田野和草地，当所有的事物都是青翠的，新鲜的和绿色的。也是为什么我们觉得水这么具有吸引力，因为它处在不断的运动中，如此等等。

至于美，又是另外一回事。美直接作用于心灵，让秘密的满足和自我陶醉在内心弥漫。对艾迪生来说，美存在于观者的眼中，不存在美的普遍标准。美是自然本身以及我们通过体验学习到的一种功能。最美的人（大概指女人）、鸟儿、动物或者其他的都是相应类别美的可识别的和可观察的标准。我们对于宏伟、新奇和美的欣赏，最终都来源于"造物者"的塑造我们灵魂的方式。我们在宏伟、新奇的事物中得到快乐，它们激励我们对知识的渴求。至于美，它使我们快乐的理由相当简单，就像其他所有活着的生物一样，它激励我们种类的繁衍。

根据艾迪生的观点，与自然本身相比，艺术是次一等级的追求。他说：

> 我曾见过的最美的景观是被一个人画在一个黑屋子的墙上，屋子对面的一边是一条可航行的运河，另一边是一个公园。这是一个普通的光学实验。这儿你可能会发现带着强烈的和合适的颜色水的波浪和起伏，伴随着这样一个画面：一条船从一个尽端进入，渐渐地航行通过整个墙面。

显然他是在描述一台针孔照相机，鉴于他对非常之物的喜好，谁能怀疑艾迪生会对电影、电视或者其他移动影像产生兴趣？

可是令人惊讶的是，从他的思想对未来景观园林的影响来看，艾迪生更喜欢较规则的法国的或者意大利的园林，而不是不规则的英国园林，尽管他认为欧洲大陆园林那种精密的修剪工作有点过头了。

艾迪生提出了一个古怪的观点，将使大多数在他指出的方向上探索的人感到迷惑。他认为，丑陋和痛苦本质上是彻底令人讨厌的。但当我们在绘画、雕塑甚至戏剧中间接地看到它们的时候，能带给我们极大的愉悦，即使是次级的愉悦。绘画仅仅呈现"更加良好和精确的艺术品"，也许就可以令人愉悦，但是如果它们能够包含真正自然的壮丽和原始，就能带给我们更多的愉悦。

因此在艾迪生的论文中，某种趣味的种子已经被播下，它将迷住从18世纪的剩余部分直到19

世纪的几代悠闲的英国绅士：我们在建筑、景观和其他形式的艺术当中发现的最令人满足和愉悦的是什么。

希普尔（W.J. Hipple）的详尽讨论（1957）在哲学家、画家和美学家的美学的研究中寻觅到许多复杂的线索，包括哈奇生（Francis Hutcheson，1694—1746）、休谟、贺加斯（William Hogarth，1697—1764）、杰勒德（Gerrard）、布尔肯（Burkem）、凯姆斯勋爵（Lord Kames）、雷诺兹（Sir Joshua Reynolds）等。显然这里没有必要重复希普尔的杰出观点，但是其中的一些对后来的以及再后来的人都至关重要。这场辩论有时相当猛烈，各种观点都极具可读性。

例如，E·伯克（Edmund Burke，1729—1797）在 1757 年出版了《关于崇高与美的观念的根源的哲学探讨》（A Philosophical Enquiry into the Origin of our Ideas of the Sublime and the Beautiful）。他对艾迪生的三个种类的建议做了更加清晰的区别，例如，不平常或者新奇与其他两种是不同种类的，因为其他两种情况下事物的吸引力依赖于其他特性。它们是和我们的激情有关，其中的一部分来源于我们的自我保护的本能。他说：

> 任何能够激起疼痛的和危险感的东西，或者说是不好的感觉，或者是与坏的事物相近的，或者在效果上与恐怖的归为一类，这是使人产生崇高感的一个来源，也就是说，它能产生很多我们大脑能感觉到的最强烈的感情。

从另外一方面，美具有引起对某一个人的性感觉的功能。这与比例无关，也与适用性无关——毕竟，猪鼻子也挺适用的——而是关于某些身体特质"通过交感作用于人的心灵"。

从伯克的观点来看，这些产生美的特质包括细小、光滑、渐变、精美、从灰暗到鲜艳的丰富色彩（引自 Hipple，1957）。

可能有人会期待伯克会通过联系洛克、休谟和其他一些人的思想，简单地解释这些特征。但是他却没有这样做。联想对他来说，是一个陷阱和错觉：正如他所说，"只有在寻找事物的自然属性失败的时候，我们才会通过联想的方式去寻找我们激情产生的原因。"

换句话说，他开始从神经系统的生理学角度去寻找一个更深入的解释，并得到了一个奇妙的解释方式。他说，那只不过是神经的拉紧和放松！疼痛和恐惧在神经中产生一种不自然的张力，相反地，假如神经作机械的拉伸，也会诱发疼痛和恐惧的感受。既然这听起来就像是受刑，那疼痛和恐惧也肯定是相当真实的！相反地，你可能会想到，伯克式的美能够放松神经，使观看者软弱无力。因此，我们需要做的就是维持我们的神经在"一个适合的秩序"里，既不太紧，也不太放松。为了达到这样的状态，他说，"它们必须被振动，以便在适当的程度上工作"，于是就产生了轻微运动的愉悦感！

与所有这些都不同的，艾利森（Archibald Alison，1790，1815）则采取了一种严格的经验主义路线，直接吸收洛克和休谟的联想心理学，尽管艾利森认为他是在直接引用柏拉图！他的《论品味的本质和规律》（Essays on the Nature and Principles of Taste）论文首次发表于 1790 年，希普尔认为论文"展示了英国美学中少见的一种原创性、复杂性和逻辑连贯性。"

艾利森从两个方面批评了他的前辈们：第一是，他们当中的艺术家相信我们的情感是被原始的自然法则所决定，所以我们的感觉一定会与美的或者崇高的感知相适应。第二是，他们当中的哲学家试图把品味减少到一些更加普遍的我们心理构造的法则（Hipple，1957）。

根据艾利森的看法，这两种观点都有错误，他们都试图仅仅用思想的方式去简单化的理解品味的感觉，而实际上它们是极其复杂的。

艾利森分析了这种复杂性，总结出品味感"只有在感知一系列寻常的情感时有想象的参与"才能感受到。正是这种想象的寻常性，掺和某种特定的情感，区别于其他普通的、每一个想象仅仅和下一个想象产生连贯的思考。

100

当一个客体能够产生一系列相互连贯的思想时，艾利森称其为如画式（Picturesque），它的效果或许就是：

> ……当我们感觉到自然风景的不管是美或者崇高——春天的早上艳丽的光泽，或者是夏天夜晚的柔和光辉，寒冬风暴的野蛮的权威或者是带着暴风雨的海洋的壮丽——我们对我们脑海中的不同图像是有意识的，非常不同于这些物体呈现在我们眼前的样子。满意的或者庄严的思想自发地在我们脑海中产生，我们的内心充满感情，我们眼前的物体似乎不能提供充分的理由；从不对快乐感到厌倦，当回忆我们的注意力时，我们不能追踪到这些思想的过程以及相互之间的关联，这些思想从我们的想象中迅速消逝了。

换句话说，第一眼望去，客体产生出的情感和它本身没有明显的关联。但是这些情感依赖于观察者，因为"关切、悲哀或事情关己"的思想状态都能够削弱我们的审美反应。

艾利森说，这些对于评判力来说是过重的负担。"思想在这种负荷之下，不是自由地跟随创作的意象，在能够引起兴奋之前，就被束缚在片刻的和孤立的部分上……因此，在这些情况下，不管是美的或者崇高的都失去了……"因此，根据观察者的心理状态，他会对同一事物产生不同的审美反应，而不同人个性的差异也理所当然会产生不同的感觉。

然而，问题在于，物质性的客体是如何产生美学的感受，尽管构成客体的材料本身不具备有引起任何情感的能力？艾利森相信材料本身的特质"要么从自然，从经验，要么从意外事件"，成为具有产生情感能力特质的符号。鉴于在其他很多地方关于符号的众多研究（1977，1981b，1987），我有充分的理由同意。让我们也同意艾利森的下列说法：

> ……毋庸置疑的是，美的和崇高的事物不能归因于它们的物质属性，而是应该归于它们的象征属性；相应的，物质的属性本身并非崇高或者美本身，而应该被看作是崇高和美的表达或象征，正如我们大自然的构成方式适合于产生令人满意的或者有趣的感应一样。

例如，他发现，雷声会令人产生崇高的情感，但当一辆运货马车发出相同的轰隆声时，就失去了这种情感的意味。人们会疑惑我们对一架超音速飞机发出的声音会作出什么样的反应？

美也可以被还原到同样的简单原则，把对比例、线甚至实用的考虑都纳入进来，这种原则就是联想。例如，关于比例，"常见的比例通常就被认为是最适合的，因此也被认为是最美的。"

101

艾利森花了大约50页的篇幅在他的第二篇论文中来论述建筑中的比例。例如，他发现，房间的比例依赖于三种标准：符合承重的要求、符合房间的情感个性以及符合未来使用的需要。他说，前两种表达"组成了永恒美，第三种则构成了房间的偶然美。在任何一座美的建筑中都要同时满足承重和个性要求，在（仅仅是）实用的公寓里则要同时满足承重和功能的要求。"因此，他总结道：

> 一座公寓中的比例所能展示的最完美的美，是当三种表现达到统一时才能实现；或者
> 是同样的尺度之间的关系既可以带来充裕感，同时能够既保存了个性，又暗示了其用途。

赫西（Hussey，1927）相信，艾利森"彻底地否认有事物内在可以引起观者情感的客观性的品质。任何事物都可能是美的，假如它带来了愉悦，也因此是美的感受。"

赫西因此继续揭示出："艾利森理论中的正确性不可否认。他的理论之所以渐渐被遗弃，不是因为有什么错误，而是由于它对任何一种美的标准的毁灭性效果。根据这种观点，品味将无高下之分。"

其他一些人也同样反这种观念联想论的规则，因为它看起来否认了绝对美的观念。假如没有任何绝对美的事物，那么也不会有美学的普遍准则。

希普尔对这种指控为艾利森做了辩护，因为，他一度曾注意到哲学的批评是必要的，所以艺术家可以判断他的工作是不是"适合他那个时代的喜好，或者是人类意识的普遍原则"。在另一处他又指出："最大限度表达了实用的形式是最普遍也最永恒的美。"这当然会引起美学的核心问题，那就是是否存在美的绝对标准。

理性主义者总是假设这种标准是可能存在的，但是经验主义传统的伟大价值在于，它宣称这种标准是不必要的。

吉尔平和普赖斯

艾利森的心理学也许会受到质疑，伯克的生理学更会被质疑，但是它们仍然都对设计理论作出了贡献。他们的直接继承者——也是经验主义的美学家——的贡献就更大了。他们包括吉尔平（Willam Gilpin）、普赖斯（Sir Uvedale Price，1747—1829）、雷普顿（Humphrey Repton，1752—1818）和佩恩 – 奈特（Richard Payne-Knight）。

吉尔平是一个牧师，他周游列国，去研究景观以及它在图纸、绘画以及印刷品中的再现方式。他也写了很多关于这个问题的文章（1748，1768，1794，1808）。似乎对吉尔平来说（对其他许多人也一样），某些主题特别适合在这些不同的媒介中再现，另外一些主题则不是这样的。他把那些适合的称为如画式的，这个术语非常恰当。这个词的词源还不能确定，18 世纪的学者对这个词的用法各异。例如，在希普尔那里就有"pittoresque, picturesque, pikturesk"等用法，他指出这些都来源于 17 世纪的荷兰名词：风景如画（shildeachtig）。

102

最重要的是，吉尔平将它定义为一种新的美学态度中的核心概念，当然，他的最初定义适合于绘画表现，它是清晰和简洁的。它来源于 1748 年《和斯托的谈话》（Dialogue at Stowe）以及后来的一篇论文《如画式的美》（Picturesque Beauty）（1762），吉尔平区分了一个客观物体的美和一幅画的美（如画式）：

> 粗糙感（roughness）是美的和如画之间最本质的不同，因为它是使物体在画面中和
> 谐的独特品质。我用了通用的术语粗糙（roughness），但更恰当地说，粗糙只与物体的

图 5.7 W·吉尔平：（a）"美丽的"但是无趣的柔软曲线景观；（b）带有粗糙轮廓的："如画式"景观（图片来源：Gilpin，1762）

表面相关：当我们试图描述它们的时候，我们使用粗犷（ruggedness）这个词语（图 5.7a 和 5.7b）。

现在在这两种语境下，我们也许会用肌理（texture）这个术语。吉尔平通过下面的例子说明他的观点，画家总是更加偏好废墟而不是完美的建筑，偏好一条过度延伸的小道而不是一个完成的花园，偏好一个苍老的面孔而不是一个年轻人的光滑的脸庞，偏好一个运动中的人的体形而非一个静止的人，偏爱一匹拉火车的马而不是一匹优美的阿拉伯的骏马（Hipple，1957）。S·史密斯（Sidney Smith）更加简洁地定义了它："牧师的马是美的，助祭的马是如画式的。"

相对于光滑的和优雅的肌理，画家更偏爱粗糙和蓬松，这其中的理由很明显。考虑到油画由单独的笔触组成，其媒介本身决定了粗糙的事物更加易于表现。在粗糙物体上绘画，对光、阴影、体块、颜色等的处理上需要精湛的技巧。

103

沿着这个思路，吉尔平却总结出，虽然艺术的媒介自然会影响绘画种类，但却有一个限度，即可以定义值得我们思考的自然本身的属性。一旦这些属性被定义，个人的品味可以通过对自然的直接思考变得日益精炼，从而不失真地转换到艺术中去。当一个人的品味按照这种方式发展的时候，艺术工作本身将变得越来越无趣（Gilpin，On Picturesque Travel，1782）。

在《论风景如画式》（An Essay on the Picturesque）的论文中（1794），普赖斯采取了与吉尔平相反的观点。在这篇以及后来的文章中，他赞美了为了提高真实的景观设计而研究绘画来的优点。他指出，不是要景观设计师为了这样的目的去学习画画，在真实的景观设计中肤浅地复制它们，尽管这常常发生。他更赞成景观建筑师应该学习绘画中的构成的原则、组群的原则、和谐、尺度、光和影的效果等。

他相信，形成用于评判形式和色彩的标准十分重要。它们可能来源于自然风景以及各种已知的人造花园的模式，再加上对绘画的研究。但是景观艺术——实际上是景观设计的艺术——太新了，单独地研究它是绝不会够的。由于是新的，所以它没有真正的历史，到目前为止，还没有一个经受住了足够长时间的考验被认为是最好的例子。当然也还没有某个卓越的天才被认为是普遍意义的最好的景观园艺师，到目前为止。

相比起来，绘画具有悠久的和杰出的历史，有许多已知的天才画家。更为重要的是，在绘画中优秀的标准已经被确立，判断的标准也被建立起来了。这些可以被功利地学习，然后通过类比的方法转译到景观的设计当中。正如普赖斯所说（1794）：

> 没有必要去模仿一条沙砾小路，或者追寻一条羊肠小道或者马车留下的凹痕，尽管我们可能从它们当中得到非常有用的暗示；如果没有水码头或者蓟草在某个人家的门前，也可以用再生的植物来作为画家的前景装饰。

普赖斯吸收了伯克的基本观点、注意力吸引及其他一切。但是在普赖斯的文章中也有对休谟的联想心理学的认同。他相信美的和如画式的区别是基于它们引起的与人类感觉的联想。例如，美，依赖于："那些能够高度表现生命中的年轻、健康和活力的东西，不管在动物还是植物。其首要特性是光滑而柔软的表面、充实和起伏的外轮廓、各部分间之间的均衡以及清晰而新鲜的色彩。"

104

当然与此相反的，"与如画式联系在一起的则是年老和衰退，粗糙、突然的不规律变化，以及最重要的是不均衡。"

普赖斯把哥特大教堂以及老磨坊、粗糙的橡树以及蓬松的山羊、衰老的拉货车的马以及流浪的吉普赛人归为如画式的。它们都表现出粗糙的表面肌理，这是很重要的，因为正如他指出的，对粗糙的感知依赖于视觉和触觉的融合。

为了更进一步的区分美的和如画式的不同，普赖斯引入了一个新的类别：丑陋。他说，丑陋

> ……并非来自从任何突变；而是出于对形式的欲望，那种不成形的、笨重的外观，也许没有一个词语能够准确表达；一种既绝不会被错认为是美的品质（如果消极的东西也可以叫作品质的话），也不会装饰它，更不会与崇高和如画式有任何的关联。

再一次的，它依赖于与考察中其他物种的标准的联系——抑或是这种联系的缺失。丑陋本身

是令人不悦的，而当畸形的概念再附加上去的时候，它就变成了丑恶。

对建筑，普赖斯有许多观点。例如，一个乡间的房子会与周围的风景产生关联，而不是其他的建筑，因此它就应该是如画式的。废墟，特别是曾经属于美景的废墟，是最符合风景如画式的建筑。但是我们不能设计和建造一个废墟来给活着的人来居住。

实际上，人们应该牢记他们的感官需求，因此，人们在建造房屋时，开窗朝向最好的景观，并在可能的地方通过树木框出窗景，以此来建造风景如画式的建筑。后来的作家们、实践者例如沃伊齐[1]，发展了一种来源于在场地中的日常行走体验的方法，使主要的房间面向最好的景观，然后"改变"窗户的方向，正像普赖斯暗示的那样，形成一个取景框。假如这样做，那么这个房子在平面上就一定是不规则的，窗户也将是不规则的，屋顶和烟囱也是。这就是如画式设计的核心思想。

当然，如果追求目标的是崇高，那方式就不一样了。普赖斯相信，可以通过与自然中崇高的形式进行视觉的类比来达到崇高。他说："艺术的效应从来没有达到自然界的效应；因而，建筑的最好诠释就是与自然进行类比——岩石的形式和特征……"大概他会赞成高迪的米拉公寓（1906—1910），在今天的巴塞罗那被称之为"采石场"。

很明显建筑不能像画画那样直接来源于自然。建筑是有功能性的，这些蜿蜒的线条，对美学家和画家如贺加斯来说是众多自然形式中美的，但是往往不能和功能相适应。建筑中的美包含了直线、（直）角以及对称。

普赖斯将相当多的篇幅贡献给了画家在他们的景观和历史场景中所描绘的建筑的使用。他认为，某些画家已经发展了一些可以直接被转译到建筑中的原则。他特别赞扬了荷兰和佛兰德的大师们绘画中的乡村风景。但即使这些也不能直接转译到建筑中来。很可能有些时候，地主会为了改善家里的景观以达到如画式的效果，拆掉一些房子把他的村庄变为半废墟。这种时候，这位绅士就应该考虑一下人道主义的原则，放弃他的审美享受而是去承担一些社会的责任。

佩恩 – 奈特

普赖斯自己当然是一个悠闲的绅士，就此而言，他的同时代的对手理查德·佩恩 – 奈特也是一样。奈特的《审美原则的探究》（Analytical Enquiry into the Principles of Taste，1806）可能是所有经验主义美学研究中最复杂的一个。现在人们提到奈特时往往不屑一顾，把他看作一个挑剔的集邮者——专门收藏钱币奖章；作为一个失败的古文物研究者，他犯的最大的错误就是将在埃尔金（Elgin）发现的大理石仅仅当作哈德良时代的复制品；作为一个色情文学作家，他最臭名昭著的作品就是《男性生殖神崇拜二论》（1786）。（参见 1865 年版，伦敦，自费印刷！）

但是他的《审美原则的探究》对这些不同的罪行进行了足够的补偿。它分为三个主要的部分：第一个是对感知的研究，或正如他所说，感觉（Sensation）。然后一部分是关于联想，而最后一部分毫无疑问的，是关于各种激情（Passions）。

根据奈特的观点，品味是关于感受的。要说所有人共有的一种感受，那是相当普遍性的话题。但是每一代人都会摒弃他们父辈的价值观，因此不可能存在任何形式的普遍准则。

奈特从相对简单的地方开始讨论感觉：味觉和嗅觉。然后他再考虑触觉，视觉和听觉，之所

---

1. Charles Francis Annesley Voysey，1857—1941 年，英国建筑师，设计师。——译者注

以最后发展这些是因为，正如他所说：

> 从味觉这个词更普遍的意义上来说，目的是用来区分仅仅由感觉得来的大概区分和正确判断，这种判断造物主植入人的大脑，并且可以通过练习、研究以及沉思不断提高。

从某种程度上来说，奈特对感觉的分析与伯克一脉相承，但却避免了后者幼稚的心理学。用味觉和嗅觉开始，奈特得出了这样的结论，感觉是对感觉器官的刺激。生物的一般生存过程是维持器官在一个相当的刺激水平，我们周边的独特印象可能会加强或者消除这种刺激。这种印象给我们的不仅仅是感觉——对我们感官的简单刺激——而且导致了我们的心中产生了真正的感觉。

奈特相当反对"美就是光滑"（Smoothness）的观点。他指出，这种观点把仅仅是感觉上的移情和一种更加普遍的原则混淆在一起了。

触觉的愉悦确实来自皮肤当中的传感器，视觉的愉悦也依赖于眼睛当中的传感器。这种刺激是光线和颜色本身具有的功能，我们通过这些刺激之间的关键联系以及空间中的距离和大小的关系来学习它。最终：

> 可见的美存在于和谐当中，但精彩而冲突的光、影和颜色的组合混合（而不是混乱）、分解（而不是剪断）成为混乱的一团：我们要找的并非是直或曲、弯曲或螺旋、长或短、微小或伟大的物体；而是存在于这些呈现在我们眼前的错综复杂的部分以及各种不同的颜色和表面。

106

这些当然是那些在画中看起来好看的事物的特征，像吉尔平以及普赖斯一样，奈特称它们为如画式的。假如我们把注意力集中到这类东西上，我们能从任何对象中分离出使我们眼球愉悦的特质，并把他们和其他的可能会引起其他感觉不适的特质分离开来。因此，在现实生活中令人生厌的东西——例如伦勃朗的作品中的生肉——在画中可能是吸引人的。

就联想而言，奈特建议采取它的最简单的形式，这大概只是一个改善的感知的问题。我们通过风景中光线和颜色的变化来推断距离的远近。对奈特也是一样，这种改善的感知的原则延伸到如此微妙和复杂的技巧就像品酒一样。事实上，品酒可能在其他领域里被当作是学习审美的范例。

甚至新手都能辨别白酒和红酒，很可能更喜欢甜酒的更胜于干酒。事实上，新手在第一次品尝最好的酒时，可能会不喜欢，这种趣味是要学的。只能通过系统的品尝才能学会，学习怎样在独特的视觉顺序里使用感觉——瓶子的形状、酒的颜色、标签、听觉——流行的软木塞、倒酒时发出的声音、杯子的叮当声；再次回到视觉——更详细地从酒的颜色、深度和分类来评估，尤其是它边缘的浓度是它年份的最好暗示，嗅觉——评估酒香，嘴的触觉，察觉重量和敏感程度；味觉——通过滚动它在舌尖的不同味觉细胞周围，沿着舌头的上边缘，背面然后侧面的顺序，来察觉甜味、酸味、苦味和咸味（M.Broadbent，1973）。通过所有这些学习，我们就一定能形成与我们之前的品酒体验的关联，辨别出葡萄酒，它来自什么地方、生产商、它的年份等。毫不奇怪，如此复杂的事情当然要学了才能会。

接下来佩恩－奈特说，一旦我们建立起了这种关联，"就需要这些相互关联的特性与现实产生关系，要不然这样的组合就看起来不自然、不连贯或者荒谬。"

像雷普顿一样，奈特认为房子周围必须有规整的花园环绕，尽管如果房子是一座废墟，那么其中的路径也该看起来像荒废的。他的自宅，莱德伯里附近的唐顿城堡（Downton Castle）是一种混杂风格的：内部是希腊式的，外部是哥特式的。在他的文章中，奈特也试图消解折中主义的风格观念；对他来说，只存在一条普遍的准则：建筑应该与用途和所处的环境相调和。

因此，阿格里真托山上的古希腊神庙展现出至高无上的美，而一个在英国园林中里的折中主义复制品建筑将会令人非常不满，以至于"模仿得越像，就和环境越不协调"。模仿的错误，事实上在于，他们：

> ……机械地复制一些作品，甚至其中的缺点，而不是学习采用这些艺术家最初进行创作的原则；因此他们忽视这些当地的，临时的或者偶然的环境，他们的适当或不适当、协调或不协调都建立在这个基础上：艺术中的原则就是艺术家出于对所有这些环境的一个正当和恰当的想法……

因此，对风格的真正评判取决于伟大的画家的训练有素的视觉，对奈特来说，最伟大的画家当属 C·洛朗（Claude Lorraine，1600—1682），他的风景画，同普桑（Nicolas Poussin，1594—1665）的作品一道，成为如画式建筑和景观风格的最好代表。

奈特其实无意为艺术设定普遍的法则，他多次谴责了任何形式的教条或者是制定这种教条的努力：

> ……在关于欣赏和批评的所有问题中，普遍的准则就像政府以及政治中的所有普遍理论一样，既是不可靠的，也毫无用处，这已经被（先前的）经验所证明。

奈特修订了一些独特的体系案例和它的制定者：

> ……如果没有加入一些感情、情绪或者喜好，善本身只不过是一个冷冰冰的美德；哲学家和神学家努力地使它们服从于理性的支配，或者把它们沉浸于对信仰的更好阐释，其结果不过是在表达一些温和、诱人且带有一点点肮脏和自私的情感；这些情感当中只有酸的和血腥的获得了额外的力量，并从征服行为中自然激起的自豪和信心。监察官加图[1]，圣贝尔纳（saint Bernard）以及宗教改革家加尔文（Jean Calvin，1509—1564）对爱的甜蜜、快乐的诱惑以及财富的真实都感到麻木，马拉（Marat）和罗伯斯庇尔（Robespierre）这两个家伙也是这样，都为了抽象的原则和观点牺牲了人性中一切自然的慷慨和美好；这种行为让他们的思想变得狭隘，心灵变得坚硬，让他们被所有这些凶暴的、血腥的激情左右，并最终引起党派的暴力。

有些事物太微妙，它们完全依赖于情绪，不能用逻辑来指导。除了用感觉之外，没有办法判断美的优劣，可在感觉的不同模式和各种起因之间做出区分是可能的。但是它们绝不是普遍适用的，

---

1. Marcus Porcius Cato，公元前 234—前 149 年，罗马政治家、演说家。——译者注

它们依赖于个人的心理状态和不同的文化背景，习俗引起了差异。任何试图使它们规范化的尝试都是徒劳的。正如奈特所说：

> 文学的全部历史告诉我们，无论何时何地，批评越系统化，批评家数量越多，创作的力量和品味的纯净性就越衰退。

因此，我们必须用我们的判断力来代替死规则，这种判断力"经常被用来表示在那些不能用数学证明的问题中做出恰到好处的决定的能力"。

108

在希普尔看来，奈特对联想推理的分析太过简单而不能逻辑地运用——他没能区分出证据确凿和可能性——但是他在寻找一种本质上不同于数学分析的艺术性的可能。

奈特对激情的分析很大程度上是基于文学和戏剧的；他总结出文学绝不是道德改良的工具，而是一种审美的对象。最后奈特重申了艾迪生对新奇性的诉求：

> 变化和多样……对任何享乐都是必要的，不管是感觉的还是理智的；这是一条有力的原则，所有的变化，除了一些太暴力的、会产生疼痛（刺激）的以外，都是受欢迎的；超过任何统一的和不变带来的享受。

但是，变化的效果是有限度的。在普通的模仿艺术范围之内，新奇会带来审美上的不断进步，但是一旦在新奇的驱动下，艺术超越了模仿的范围而进入创造，就会开始出现过分的方式。对新奇口味的过度喜悦会导致美学和道德上的恶——毕竟，萨德[1]就是不断在追求新的愉悦。这种追求会明显减少了一个人的感觉能力，因此，正如奈特所说：

> 道德的目的是为了限制和抑制所有不规律的感情和情绪；使生活的准则服从于抽象推理的支配，以及抽象规则的一致性。

然而，终极的目标却是幸福，然后：

> 因此，幸福的来源和准则是新奇、获得新想法；新的思维程序的形成以及情感的更新和延伸……首要的是在多样的以及不同的对象中想象力的无限力量，以及我们追求的与现实无关的满足感，或者可能的持续存在。鉴于我们现在对事物的无力和不充分的了解，一种抽象的完美状态将是一种最不幸的状态……

雷普顿

18 世纪的英格兰确实是基于经验主义哲学的新美学理论产生和生长的摇篮。除了理论化之外，很多的发展是通过真实的设计实践来达到的。

这儿当然有伟大的景观花园，例如斯托庄园（Stowe，始建于 1734）、劳斯翰花园（Rousham，

---

1. Marquis de Sade，1740—1824 年，法国色情文学作家。——译者注

图 5.8　H·霍尔和其他人的斯陶尔黑德花园（始建于 1748 年），威尔特郡（图片来源：作者自摄）

约 1739 年）以及斯陶尔黑德花园（Stourhead，始建于 1741 年）（图 5.8）。事实上对许多人来说，包括我自己在内，斯陶尔黑德花园用 R·班纳姆（Reyner Banham，1922—1988）的话说就是"完全意义上的权威杰作"（Banham，1962）。由于这是一本关于城市设计的书，这儿不是讨论它的地方。简单地说就是，一个 Y 字形的被林木茂盛的景观环绕的人工湖，在这里面古典的庙宇——有点像克劳德的方式——岩石洞穴以及其他一些特征沿着一条清晰界定的沿着湖的路线被聚在一起。它的主人，H·霍尔（Henry Hoare）把他自己的生活和维吉尔的《埃涅阿斯记》中特洛伊勇士的痛苦做了一个类比，因此最初设计中的每一个建筑都代表了一个《埃涅阿斯记》中的事件，也隐喻了霍尔自己的生活经历。要想更完整地理解这个花园，就得知道他们的含义。此外还要有必要的知识，让一个人沿着湖行进的过程中能够看出，真实景观中的三维场景和克劳德·洛朗画中的场景是相似的。

斯陶尔黑德花园是把经验主义哲学转化成景观学理论的最好的实际案例。对于少数的凡人来说，一个世纪的美学思考被雷普顿在他的《景观庭园的速写和基本知识》（Sketches and Hints for Landscape Gardening，1794）以及许多其他著作（由 Loudon 编辑出版，1840）中简化成了一系列用于景观设计的实际方法。

雷普顿的《速写和基本知识》以及劳登的补充——包括摘自 37 本雷普顿的令人赞叹的红皮书的内容，在这些书是他用来给潜在的赞助人展示设计方案的——为其他的景观园艺师提供了一种可供借鉴的实用手册。但是从长远来看，雷普顿希望人们记住他的写作，而不是"设计实施时的那种片面的、有缺点的状态"。我想，许多建筑师－理论家也会有类似的希望吧！

与许多同时代的人不同，雷普顿的研究没有什么深刻的形而上学探讨，因而也就没有许多理论。他更加关注实际的应用，因此他的文章包含了不计其数的清单：在景观和建筑设计中达到如画式效果的各种规则。雷普顿的《景观庭园中愉悦的来源》（Sources of Pleasure for Landscape Gardening，Loudon，1840）包括例如，局部和整体的协调；实用，就是符合用途的需要；便利；秩序；均衡——这些很明显来源于维特鲁威以来的伟大的建筑理论传统；如画式的效果——存在于光影、组群的形式、轮廓、颜色、构图的均衡、粗糙和腐朽的偶然形成的好效果、时间感对材料产生的效应、错综复杂（就是"通过部分的和不确定的隐藏激发起好奇心来处置对象"）、朴素、多样、非凡、对比、连续性、历史的或者个人的观念的整合、壮丽、得体（意思是到了展示拥有者财富的程度）、动态（水流、植物、动物）、由于季节变换或一天之内的时间变化而引起的改变。

他说，这其中的前三项，实用，便利和舒适，对如画式的美是绝没有好处的。它们包含了优雅居住的所需的一切因素，但是最关键的是，没有盈利能力。事实上，雷普顿从原则上反对任何景观既可以是装饰又可以盈利的观念；申斯通[1]的观赏农场（ferme-ornée）不合雷普顿的口味。便利所指的是，使用砾石铺路以来防止园主的鞋弄湿，东南朝向以获得最舒适的气候等。实用则是和这些仅仅通过联想来获得的美相关联的。他说，假如一个房子建在暴露的位置，可能会伤害到眼睛，因为它使人不由自主想起令人不快的雨水和寒冷（Hipple，1957）。

因此，自然，雷普顿提出了在建筑的尺度上实现目标的规则。他列出的清单包括如下四种考虑：

1. 朝向；
2. 周围地平的高低；
3. 关于便利的考虑，例如水的供应，办公空间（18 世纪意义上的），道路和城镇的可达性；
4. 从房子往外看到的景观。

他说，在这些当中，只有最后一个有一些真正的美学内涵。其他三个仅仅是关于便利和使用的问题。

至于房子应该采取的形式，首先他陈述了在他的时代可能的选择：

> 建筑的两种品质可能的区分，仅仅是称为哥特式或者老式的，以及希腊式的或者现代式。

在两者当中，他更提倡哥特式，同时也对其应用给出了很多注意事项：

> ……通常必须遵从时下对哥特风格的偏好；毕竟，把一个房子造得像一个城堡或者修道院，和把房子造得像古希腊庙宇的门廊是一样荒唐的……古希腊建筑崇拜和哥特建筑崇拜之间观点之不同如此巨大，艺术家必须根据业主的个人意愿取其一；如果他能够避免两种风格混合在同一个建筑中，那将是令人高兴的；既然没什么人有足够的欣赏水平来区分两个之中哪个对哪个错。

事实上，雷普顿声称已经发现了希腊建筑主要是由水平线条构成，而哥特建筑由竖向线条构成的基本事实。他说，正是这种不同导致了混合风格的不协调。他说，它们之间的区别依赖于通过联想获得的视觉习惯。他在哪种类型的哥特建筑应该被使用上也有自己的观点：它应该是伊丽莎白女王的哥特式而不是城堡或者修道院中的哥特式。

雷普顿选择哥特式是出于相当实际的原因，那就是在未被破坏的建筑当中——他同意普赖斯关于这个的观点——风景如画式的效果只能通过不规则来达到，他知道的最不规则的建筑当然是

---

1. William Shenstone，1714—1763 年，英国 18 世纪诗人、鉴赏家。——译者注

哥特式的。他提出了达到如画式不规则性的四种规则：

111 所有哥特式大厦的如画式效果都依赖的伟大原则是，外轮廓是不规则的：首先，屋顶有是塔楼和小尖塔，或者烟囱；其次，在表面或者立面的外轮廓里，通过突出和凹进；然后，在开口的外轮廓里，通过不同形式和高度的窗来打断水平线条；最后，在基座的轮廓里，通过把建筑置于不同的水平高度上。

至于环绕房子的景观，雷普顿区分了三种距离：庭园、公园和森林。庭园紧密地环绕在房子周围，应该是相当规则的，或者它应该由几个庭园组成，其中最规则的庭园与房子关联最密切；在此之外，是用更加自然的方式来设计的公园；再外面，是处于原始状态的森林。他说：

……在森林的景观中，我们应该仿照萨尔瓦多（Salvator）和里丁格（Ridinger）的速写；在公园的景观中，我们可以实现克劳德和普桑式的景观；但是，在花园的景观中，我们则喜欢对华托[1]式的丰富的装饰、混合的优雅：自然被用艺术不夸张的修饰，人工的建筑装饰和雕塑被自然植物软化。

至于公园中的道路和通道应该怎样设计，雷普顿自然也有自己的见解。当然，他同时也涉及景观，像洛吉耶一样，也会运用在景观和城市设计之间的相关类比。他说：

步道或者车道的弯曲程度……取决于它的宽度；这样，你沿着一条狭窄的线性道路看过去，你不会看见下一个转弯；但是在同样的曲线中，假如道路更宽，我们会自然地想到打断它以使这条曲线更加直接……

雷普顿对道路和通道应该怎样交接也有自己的见解：

两条互相分离的道路，让它们沿着不同的方向偏离总是令人满意的……而不是让它们重新聚在一起……

然后：

当两条步行道交汇在一起的时候，直角相交通常会比锐角相交、留下一个尖点更好一些。

因此，当他的观念有意地服务于景观设计的目的时，它们也能够被同等地运用于被建筑限定的街道的设计。

在总体策略方面，雷普顿认为呈现出实用的外观已经足够，而不应该去追求某种虚幻的功能

---

1. Jean-Antoine Watteau，1684—1721 年，法国画家。——译者注

主义。正如他说的"最完美的景观园林就是如此明智而审慎地模仿自然，以至于艺术的介入不能被察觉到。"在其他地方，雷普顿详尽地阐释了达到这种效果的方式。他说：

> 景观园林的完美存在于下面的四种必备的准则：首先，它必须展现每一个场所自然的美，隐藏自然的缺点。其次，它应该通过仔细地界定或隐藏边界，来表达出场地范围的外观和自由。第三，它应该刻意地隐藏所有艺术的介入……使所有的设计都成为仅仅是自然的呈现；最后，所有只和便利、舒适相关的物体，假如不能够作为装饰或者成为整体景观的一个恰当部分，都应该被去除或隐藏……

112

由于雷普顿那么在乎美学效果，他根本反对那种认为景观设计和建筑应该屈从于绘画的观念。他以简单幽默的方式说明他的观点，"假如这种原则可以成立的话，那下面这些就也应该成立"：

> 例如，在我们的市场中，货摊上将要售卖的家禽、鱼或者水果为什么要修剪整齐，为什么不复制施奈德（Schnyders）和鲁本斯（Rubens）的如画式的混乱？我们的厨房应该按照小特尼尔斯（Teniers，1610—1690）和奥斯塔德（Adriaen von Ostade，1610—1685）的方式设计，马厩仿照伍弗曼斯（Woovermanns），我们甚至应该学习像华托和祖卡雷利[1]那样跳舞……

对雷普顿来说，在任何情况下，景观和绘画之间都有本质的不同。画家的视点是固定的，但是造园师的却是游离的；在绘画中，视野被限制，例如，没有办法在绘画中表现下山时感受到的风景；画面中的光线也被固定在某一个瞬间——想想莫奈的海斯塔克山（Haystacks）的不同版本、鲁昂大教堂等——但是在一个真实的场景中，光线是随着一天时间的变化而变化的，每一部分都会依次被照亮。画也有一个边框和前景，但是边框和前景在真实的场景中是很少出现的。

因此，雷普顿建议，画家和景观建筑师最好能够一起工作——前者构思出一个平面，后者将它实施。画家看到事物本身，景观设计师则看到他认为事物能成为的样子。

雷普顿的如画式建筑在许多方面都和普赖斯的接近，对他来说，独特的联想是产生美的愉悦的主要来源。事实上，他用下列条款确立了最动人的关于联想的叙述：

> 联想是最令人印象深刻的快乐的来源，不论是被一场当地的事故激发，一些公众人物曾在这里展示过他的某一片段；或者是通过遗留下来的古物，作为一座修道院或者城堡的废墟；但是更特别的是通过对熟知的事物的个人依恋：一个最爱的座椅、树、道路或者一个可在此追忆往事而受到青睐的地点……这样的偏爱应该被尊重和支持，因为真实的体验常常伴随着深沉的情感，因而也应该成为其守护者。

雷普顿当然是一位园艺师，大多数建立在英国的 18 世纪和 19 世纪早期的如画式理论都是涉及自然景观的或是人造景观。正如我们看到的，经常提到的并被讨论的建筑往往是景观中的建

---

1. Francesco Zuccarelli，1702—1788 年，意大利洛可可画家。——译者注

113 筑。不过，许多理论是可以被转移到城市的语境中的，就像20世纪40年代后期到50年代发表在《建筑评论》上的许多关于城镇景观的文章中那样。事实上，这些文章主要的作者，I·奈恩（Ian Nairn）和 G·卡伦[1] 都出版了源自这些理论的书籍（Nairn，1955，1957；Cullen，1959）。

正如克劳德的画可以通过分析来为景观设计提供原则一样，有些画也能够用于城市设计，例如卡纳莱托[2] 的作品。

但是这些伟大景观地产的拥有者愿意花更多时间待在这些景观中，而不是城市中。他们可能只会在合适的季节去伦敦或者巴斯，在位于乔治王朝时期的方形的、圆形的或者新月形的广场中的有大阳台的房子里度过一段时光。因此，直到19世纪末期，建筑师如 C·西特才开始将注意力转向关于城市设计的如画式原则的发展。我们将在第6章和第9章讨论他们的工作。

---

1. Gordon Cullen，1914—1994年，英国建筑师和城镇景观运动倡导者。——译者注
2. Canaletto，1697—1768年，意大利风景画家。——译者注

第 6 章　后续的规划理论和实践

公共卫生法案

　　迄今为止，我们一直在关注在为国王、王子、贵族或者至少非常富有的地主所做的设计中理性主义和经验主义的"纯粹"表达。但是这些新兴的工业城市中，所谓的"工人阶级"不得不尽量将就着住在那些由工厂主、私人投机者等人为他们建造的可怕房屋里（Tarn，1973）。

　　虽然有关于起初工人阶级反抗的传闻，但是上层阶级却只对他们自己的福利盈亏感兴趣，可以想见，霍乱和其他的城市疾病开始此起彼伏。由于不同阶级面对霍乱都同样身处险境——艾伯特王子在 1861 年就死于这种疾病——因此毫不奇怪，一些勇敢的人，其中最有名的是查德威克[1]，需要做他们所能做的来改善大多数穷人的居住卫生状况。

　　1842 年，作为皇家济贫法改革委员会秘书的查德威克负责了一篇关于工人阶级生活状况的报道，它比其他文件更加有效带来了 1848 年和其后几年的公共卫生法案。它们当中影响最广泛的是 1875 年的法案。

　　这些法案持续规定了城市居住条件的最低标准，最终产生了我们现在知道的居住法规。假如规划的模式将要改变——当然它们也需要改变，那么一个议会法案很明显会是最有效的保证这些必要的改变能够发生的手段（图 6.1）。

　　1848 年的法案要求当地政府形成和执行一些规则，处理卫生设施和排水系统的条款，以足够的标准在所有新建的房屋中实行。同时也授权当地政府修建供水系统、排水沟和下水道。但是授权无论如何与要求不同，所以其中多项在那时，由于成本过高而遭到反对。

　　1875 年的法案是一个关于此类居区的更加具体的法案。除了被授权建设足够的卫生设施，当地政府也被要求制定诸如新建街道的等级、宽度和建造以及它们的排水系统等的法规。

　　其中一个关键的部分，第 157 条，以地方法规的形式规定：

　　1.考虑新建街道等级、宽度和建造以及关于它们的污水排放的条款；

　　2.注意墙体、基础、屋顶和烟囱的结构，以确保房屋的稳定，避免火灾以及出于对人们健康的考虑；

　　3.注意足够的建筑空间，以确保空气的循环流通，考虑建筑通风；

　　4.注意建筑的排水系统，从与建筑相连的水冲式坐便器、撒土厕所、户外厕所、火炉的灰坑以及化粪池，到建筑的不适合人们居住的地方，都禁止用于居住。

　　这个法案建议，车行道应该宽 36 英尺，其他的街道宽度不小于 24 英尺；每户住所的前面都应该有一个不小于 24 英尺的开放空间，一个不小于 150 平方英尺的后院等。

　　有趣的是，很多这些要求中都与中世纪的锡耶纳的各种公约差不多。就像那些法规的影响在今天的锡耶纳中还能够识别出一样，英国政府规定的效果也可以在英国的城市中发现！穆特修斯（Mutthesius，1982）曾经做过一个特别优秀的关于不同时代的英国联排住宅的调查。

1.　Edwin Chadwick，1800—1890 年，英国医师、社会改革家，终身从事英国的卫生改革工作。——译者注

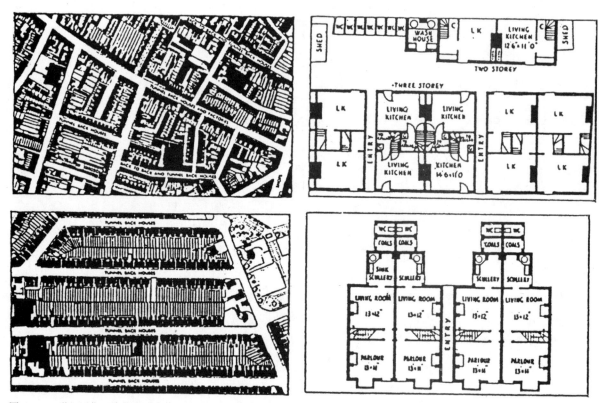

图 6.1　19 世纪居住环境的成功改善，伯明翰，根据地方法规所做的规划（图片来源：Hiorns，1956）

城市工薪阶层骇人的生活条件开始受到小说家的关注，像狄更斯（Charles Dickens）在《雾都孤儿》（1838）、《荒凉山庄》（1853）和《艰难时世》（1854）中描述的一样；还有政治理论家如恩格斯在《工人阶级的状况》（1845）以及卡尔·马克思在《共产党宣言》（1848）中描述的，更不用说莫里斯（William Morris）的《乌有乡消息》（1891）。不过这些几乎都在查德威克等人在伦敦为济贫委员会所做的报告（1842）之后。显然，有必要做点什么。在民众看来，需要做大量的改革。这种改变在被多方面的攻击之后终于实现，艾伯特王子亲自委任 H·罗伯茨（Henry Roberts）去设计供人们居住的房屋模型，并将在 1851 年的世博会（Tarn，1973）上展出，现在已经在克莱芬公园重建。

事实上雷普顿和查德威克有着重要的共同点，虽然表面上看起来他们相距甚远。显然，雷普顿的思考和设计都是为了一部分富有的文化精英，为他们提供大量的感观愉悦。查德威克关心的不是愉悦，而是为城市贫民提供必要的阳光、新鲜空气以及卫生状况等。但是他们都不同程度地关注物质环境对人们的心智和情感的影响！

奥斯曼的林荫大道

当然，查德威克的方法基于他那时能获得的最好的理论知识——关于公共卫生、预防性药品等等。奥斯曼（Baron Georges-Eugène Haussmann，1809—1891）对巴黎的改造（约 1855—1869）没有这样的理论基础，用拿破仑三世（Louis Napoleon）的话说，是一个针对高度实际的问题的直接务实的解决方法——针对的是 1848 年大革命之后如何建设巴黎，以保证愤怒的暴民不再在街上建立路

图 6.2　奥斯曼：巴黎的林荫大道
（图片来源：作者自摄）

障或者从背后向警察局扔东西。

　　萨尔曼（Saalman，1971）的研究试图弱化奥斯曼规划的这个侧面，关注于奥斯曼强大的组织技能，同时也指出，在奥斯曼规划背后，从"视觉和功能上"关注巴黎伟大的纪念性建筑的意图是很明显的：国民议会大厦、证券交易所、马德莱娜教堂、先贤祠，巴黎圣母院、扩建的城市饭店、凯旋门、加尼耶的新歌剧院，圣日耳曼区的老修道院等。由于巴黎新火车站在很外围的地方，则需要在这些建筑之间以及它们与城市之间建立起更加便利的交通联系。正如萨尔曼指出的，在巴洛克时期已经有人做过这样的规划。他援引雷恩在伦敦 1666 年的大火之后做的重建规划，他可能也引用了西克斯图斯五世为罗马做的规划。毕竟，西克斯图斯出于相似的原因把这些城市中主要的纪念性建筑连起来，以提高这些建筑之间朝圣者的交通联系。

　　因此，奥斯曼的林荫大道（图 6.2）的设计绝不是为了追求自身的形式美，它们的确提供了朝向主要纪念物的远景视图，纪念物前面或周围的各种圆形广场也提高了它们之间的交通速度。但是，它们也为拿破仑三世的部队提供了尽可能长的视线。至于这些树，看起来好像使林荫大道人性化，但正是这些树与这些如此宽的大道一起，使路障设置变得困难。

　　贝内沃罗（Benevolo，1960）将奥斯曼的规划描述为新保守主义，甚至有点新法西斯主义——那些由于林荫大道穿过了他们的房屋而无家可归的人一定也有这样的观点。但是，他也说，林荫大道的规划成为大多数欧洲城市在发展或是在 19 世纪 70 年代重新发展时采取的准则。他列举了其中的大约 20 个案例，包括塞尔达[1]从 1859 年开始的巴塞罗那扩建、弗尔斯特（Förster，1799—1863）摧毁中世纪城墙的维也纳环城道路规划（1858—1872），甚至包括在殖民地的例子，如比勒陀利亚（Pretoria，1855）和西贡（Saigon，1865）。它们当中最大的林荫道，毫无疑问当数布宜诺斯艾利斯的朱利奥第五大道。

1.　Ildefonso Cerdá，1815—1876 年，西班牙加泰罗尼亚建筑师。——译者注

西特基于艺术原则的规划

当然，像任何有影响力的思想一样，奥斯曼的林荫大道很快就有了反对者。这些人觉得整个规划都太宏伟、太规则、太具有纪念性。最有影响力的是 C·西特[1]，他的《基于艺术准则的城市规划》（City Planning According to Artistic Principles，1889）主要是对规划中无规则性的诉求。从某种意义上说，他正在使如画式的建筑师，如雷普顿和纳什（John Nash，1752—1835）自发实现的规划变得正规化。正如如画式理论家试图通过分析风景画提取出一定的原则，用于景观的设计一样，西特试图通过分析历史性的案例，特别是中世纪的意大利城市（图6.3）提取出一定的原则用于集市、街道以及公共广场的设计。就像西特在关于当时规划的文章中所述：

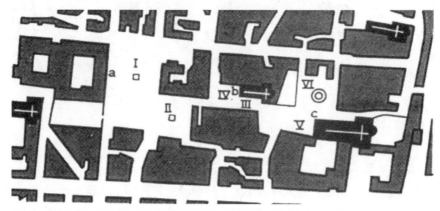

图6.3　C·西特（1889）：卢卡的城市平面图（图片来源：Collins，1986）

……人们会发现这些伴随着技术进步的城市的人们的普遍的满足感。这些技术涉及交通、对建筑场地的有效利用、特别是卫生条件的改善。与此形成对比的是，现代城市规划的在艺术性上缺陷总是受到人们的谴责，甚至是轻蔑和嘲笑。这是相当合理的。事实是，我们在技术上取得了很多成就，但在艺术上却几乎没有。现代宏伟的纪念性的建筑常面对着尴尬的公共广场和很糟糕划分的地块。

那么，就应该研究大量令人喜爱的古老广场和城市布局方式，发掘出它们美的基础，以便从对这些基础的适当理解中寻找丰富的规律，遵循这些准则将会取得相似的极好的效果……当前的工作既不是城市规划的历史，也不是一个论辩，而是为专家提供研究材料和理论推导。

118

事实上，西特对弗尔斯特的维也纳规划表示出有保留的敬重，同时指出他自己的详细改进会使其更加艺术化。但是总的来说，他对作为奥斯曼式规划的基础的林荫大道的方式表示出强烈的反感。正如他所说：

忧郁的城市居住着忍受部分想象，部分真实的疾病的人……一种对无拘无束的自然的渴望，怀旧……这种不安……将……被治愈……只有通过看见绿色植物，通过心爱的自

---

1. Camillo Sitte，1843—1903年，奥匈德国建筑师和规划师。——译者注

然母亲的呈现……然而，仅仅看见绿色植物的建议本身就是足够的，哪怕只是一棵越过院墙的树。

一棵树的母题……在现代城市规划中几乎完全被忽视了。

与这样的一棵单独的树的母题正好相反的是林荫道……（以及在）现代的几何形的城市规划中所有的树都沉闷地沿街排布……环形的异常宽阔的林荫道和大街在两侧连续种满了树……这些可怜的树经常生病……根部腐烂……因为它们的树叶永远被灰尘所覆盖……因为在街道的一侧，它们永远都处在城镇中高大房屋的阴影中。

根据西特的测算，像维也纳、科隆或巴黎这样的城市，林荫步道或者林荫大道所包含的树可以形成一整片森林。在他看来，这些树木布置成两三个公园将会好得多——"这对于健康、消遣、平静以及城市居民寻找的空气和树荫，都是更有效的。"

西特把如画式当作一种城市舞台布景，然后归纳了它的特质（109）：

……更强烈的建筑突出，更多的打断建筑的连续线条，之字形的和弯曲的街道，不规则的街道宽度，不同高度的房屋，楼梯，凉廊，阳台，山形墙……

继而他得出结论：这样的以及"其他构成舞台建筑的如画式的东西，在现代城市中总是好的"。 对西特来说，其中最重要的是那些通常产生于室内并因此而最终转化为室外的因素。正如他所说："这些室内建筑元素（楼梯、走廊等等）在室外的使用是古代和中世纪的设计中非常根本的组成部分。"但是，还有一些很有视觉吸引力的特征不能被转化到新建筑中，这些特征包括：

……那些魅力来源于它们的未完成状态或是废墟特征的大量风景如画式细节……破碎的、甚至是肮脏的，带有颜色明亮的笔触感或不同的石头纹理。（这些）在绘画中可能是有效的（但是）现实情况却完全不同。

如画式的破败或许看起来吸引人，但是在现实生活中，我们需要享受现代的卫生设备、舒适以及交通系统。

这些新的需求必须满足，同时还要尽可能使城市壮丽如画。当然，对于西特来说，根本的问题是，那些新需求是否能与真正的如画式的愉悦和无规律相协调。他说：

为了发挥早期绘画大师的影响，我们的调色板上必定有他们使用的颜色。各种各样的曲线，扭曲的街道以及不规则将不得不人为地包含在规划中，这是矫揉造作的淳朴、带有目的性的无目的。但是历经数世纪的历史的偶然是否能被创造并且像新事物一样（ex novo）在规划中加以构建？人们是否能够真诚地享受这些预制的纯真，这样一种有意的自然？

他回答道：

当然不能……自发的快乐在任何文化的层面上都会被拒绝，文化层面的工作是在图板上理智地构思规划，而不是一天天地随机的建造。这一系列的事件也不能颠倒，因此，在很大程度上，我们提到的大多数如画式的美将会不可避免地消失在当代的规划中。现代的生活方式和现代的建筑技术不再允许对老的城镇风景进行忠实模仿。要想避免陷入贫瘠的想象，我们就不能忽视这个事实。

那么，我们能做什么呢？从华盛顿以来的许多美国城市规划所采用的方格网系统、巴黎的林荫大道规划，或维也纳规划，都没能展示西特认为合适的艺术处理。当然，奥斯曼的林荫大道在穿越巴黎时并未足够考虑被穿越的区域。换句话说，这些西特如此喜欢的意外的结合被简单包装上了 19 世纪的立面。显然在奥斯曼的规划精神中，不允许发生如画式的效果。在弗尔斯特的维也纳环城道路规划中也是一样。它遵循了 13 世纪城墙的位置。1529 年击败土耳其人的宰比恩胜利（Zabian Siege）之后，开始修建堡垒和护城河。依据意大利的最先进的防御工事技术，护城河带有大约 600 步宽的开敞地带。假如现存的中世纪街道和至少部分老的防御工事曾被允许在不同时期以西特所喜欢的建筑关联的方式发挥作用的话，这些防御工事本身则包围了真正如画式的老维也纳（现在的第一区）以及本该被改善而不是破坏的如画式自然。

120 但是所有这些都被一扫而空，以建立一条 57 米宽的公路，连接起一系列的纪念性建筑，从鲍曼（Baumann）设计的位于东北边的政府建筑到位于西北边的汉森（Theophil von Hansen，1813—1891）设计的证券交易所，还有在森佩尔（Gottfried Semper，1803—1879）未完成的霍夫堡皇宫周围宏伟的不连贯的开放空间。尽管不可能重新开始，西特还是觉得这个圆环至少可以通过更广泛使用城市空间的而部分恢复。他展示了如此多种类的空间是如何与方格网的规划相适应的。同时，他大致上也认可森佩尔在环城大道上设计的这个介于他的艺术博物馆和自然历史博物馆之间的地点。西特觉得应该沿着环形大道多建造一些相似的空间：在汉森的枢密大法官法院（今国会大厦）前，在施密特（Friedrich Schmidt，1825—1891）设计的市政厅和森佩尔的市剧院之间，弗尔斯特设计的大学和还愿教堂前，这样就打断了圆环的连续形式，形成了一系列相互连贯的城市空间。

就像人们可能会想到的，西特的城市空间将会展示那种规律性，事实上是拘泥形式，这些在他看来都可以自觉地设计出来。还愿教堂是偏离中心的，与一个 Y 形连接相对，但是他却设计了一个对称的城市空间，一个简单的矩形，其远端的角呈八字形展开。这种与维也纳规划的不规则关系将被与街道隔绝的建筑所化解。市政厅和市剧院，拥有不同的建筑风格——分别是哥特和巴洛克复兴——沿相同的轴线对称，因此他简单地用一排建筑（带有开放的轴线）将它们分开，以形成角部开放、围绕市政厅的另一个矩形城市空间。

J·戈代

C·西特虽然喜欢北部意大利如画式的山地城镇，但是却感觉到，由于它们的形式是数个世纪发展的结果，它们不可能也不应该被某个时期的某个设计者模仿。

西特观点得到了一个非常意想不到的人的支持：巴黎美院的院长 J·戈代（Julien Gaudet）。在他的《建筑的要素与理论》（Elément et Théories d'Architecture，1902）中，对巴黎美院的课程和方法有经典的描述，他惊人地说："我崇尚如画式，（当）一个陌生人到达一座城镇时，最吸引他的当然是如画式。""但是"，他说的和西特一样："我们不能创造出如画式。它只能被最伟大的艺术家——时间——所创造。"例如，在巴黎，"法院大厦包含了 7 个世纪的工作和印记，因此谁胆敢自以为是地认为他能够在一天之内完成这样的事情？"

天才的艺术家能够创造出一个（规则的）协和广场，但是没人能够创造出一个不规则的圣马可广场，一个佛罗伦萨的市政广场或者锡耶纳的坎波广场。

因此，戈代说：

> 你想要如画式风格吗？那就不要去有意寻找它。这是获得如画式的唯一方法。为了完成过去的几个世纪的那些伟大建筑物，并不认为它们和最初的过时风格有任何关联。在司法宫的建造中并没有采用 8 世纪的方式，结果却是得到如画式的。在巴黎圣母院以及诸多教堂中，你会发现一种 7—15 世纪的风格的延续，巴黎圣母院是如画式的……一味泥古（archaeological anachronism）反而会扼杀如画风格。

121

那么，什么是如画式呢？简而言之，对戈代来说，就是多样性，这是建筑师能够和必须保证的。对戈代来说，多样性就是"区分规划的建筑上的印记和道德上的印记的同一性"这种特性。

然而规则性也并非放之四海而皆准。正如戈代所说：

> 规则性只有在当它被迅速的扫视时才是合乎情理的，就像在旺多姆广场中一样。人们能够轻易地在那儿感知到构图；事实上，人们是在纪念物之中。这里没有超过眼睛可以环顾的范围，但是在里昂，举例来说，贝勒库广场的广大让人们无法欣赏整体的对称性——否则就是缺乏艺术价值——没有理由把这些无用的规则性限制强加在这些建筑上。

当然，建筑本身具有内在的美：

> ……我们称赞这些历史遗迹的美，但对其目的尚不知晓。但是美绝不是一种平庸的品质。在追求美的过程中，我们没有权利去对美的特性做以抽象。一个宫殿的壮丽形式用于监狱是荒谬的，用在学校或工厂上也不合适。

至于城市设计，戈代把交通规划视为重要的挑战之一。事实上，他认为过去公路法规的缺失是如画式发展的关键因素。考虑到一个持续发展的城是以"机会和时间的巧合……没有事先考虑交通的需要的规划，会造成重建和改造的繁重劳动。无论这种需求将是幼稚的无谓争辩，但是这常常给予艺术家许多有理由的悲叹和时不时的抗议"。

但是随着时间的改变，我们也在前进。道路规划完全是基于实用的基础上，但是也有时这种规划做出了让步：

> 我们最好可以改变或者调整野蛮的道路设计，以此来保存一些珍贵的作为装饰的纪念物……这样的考量（很少见）；菲利贝尔·德洛尔姆（Philibert de I'Orme，约 1510—1570 年）

在巴黎的几乎所有的作品都因成直线的道路规划而被毁坏了。道路的规划在相当长时间内被认为是必需的，并且要摧毁所有的障碍。宏伟的克鲁尼教堂就仅仅因为一条道路要延长 200 米而被摧毁（1798）。

因此，戈代坚持认为："关于道路的工作能够也必须是艺术性的。"

考虑到戈代作为巴黎美院院长的身份，就会毫不奇怪他会对古典建筑有自己的看法。正如他说的（p.83）：

122

> 所谓古典主义，就是无休止的艺术斗争中始终保持有效、始终得到普遍赞誉的东西。而它的遗产，是在追踪组合和形式的无限多样的同时，那些永恒不变的准则：理性、逻辑和方法。

城市美化运动

同时代的人很少有遵从西特和戈代的原则，事实上，下一个有特点的城市规划形式——美国的城市美化运动——几乎在原则上是完全相反的。虽然思想来源自奥斯曼的巴黎改造计划及其继承者，城市美化运动本身似乎开始于在芝加哥举办的 1893 年哥伦比亚世博会。

在 19 世纪作为商业中心城市的发展的芝加哥，1871 年的灾难性大火过后，进步建筑师们集中精力发展对其商业成功至关重要的办公和福利住房的耐火构造。

因此历史学家如吉迪恩（Giedion，1941）视其为巨大的倒退。D·H·伯纳姆（Daniel Hudson Burnham，1846—1912）和 J·W·鲁特（John Wellborn Root，1850—1891）应该对这些先锋性的建筑负责，正如 1888 年的（Rand McNally）建筑和 F·L·奥姆斯特德（Frederick Law Olmsted，1822—1903）其他人应该对一个展览会的设计负责一样。这样的设计远没有进一步的提高，而是像重复生产巴洛克建筑。然而展览会本身被这些相同的商人们赞助，他们的成功已经展示了他们的商业技巧，现在想要花钱买到文化上的尊重。他们希望芝加哥不仅是美国的商业中心，也要成为文化中心。

奥姆斯特德负责总体布局，伯纳姆负责挑选建筑师、雕塑家、画家或者介于几种身份之间的人，这些人将用三维的方式来实现赞助商们的抱负。亨特（Hunt），圣 - 高登斯（Saint-Gaudens）、麦金（McKim）、米利特（Millet）等人和伯纳姆一起，在整个博览会期间，通过运用相同的建筑语言和统一的檐口线条找到了某种达到建筑统一性的方法。特别是麦金和圣 - 高登斯曾在欧洲的旅途中为法国古典主义建筑的壮丽所震撼；他们在自己的建筑中也开始寻求古典建筑的榜样，像 T·杰斐逊（Thomas Jefferson，1743—1826）一样，他们相信这样的形式"已经得到几千年的认可"。正如范布伦特（Hugo van Brunt）所说，他们想要"一种统一的和纪念性的风格—— 一种来源于并表现历史中最高度文明的风格"，而不是当下的"中世纪的或任何其他考古学式（原文如此）或者如画式艺术的浪漫主义风格"。

伯纳姆本人用如下的方式描述了他的关于统一的观念：

> 有两种建筑的美，第一种是建筑单体的美；第二种是许多建筑的有秩序的和适合的组

织的美；所有这些建筑之间的关系是最重要的。

这次博览会被以一种古典方式设计，很自然地鼓励了所有那些（在美国的或者其他地方）一直找寻城市规划伟大方法的复兴的人们。佩恩的费城规划（1681），杰斐逊的弗吉尼亚大学规划（1814—1818），朗方（L'Enfant）的华盛顿规划等等就是例证。因此，毫不奇怪 19 世纪 90 年代，当大量的美国州政府决定他们将建立新的州府时，这些博览会的建筑师应该会发现他们的委托多得忙不过来了。

123

伯纳姆、麦金、圣 – 高登斯和奥姆斯特德被要求（1901）复兴朗方做的伟大的华盛顿规划。他们旅行到欧洲去学习那些以奥斯曼的方式被重新规划的城市，然后回去准备他们的方案。在这之后，大多数的美国城市，包括马萨诸塞州波士顿；堪萨斯城；密苏里州圣路易斯等被一种相似的方式"美化"。但是伯纳姆最关注的还是芝加哥。1897 年时，他就已经告诉过商人联合会"让芝加哥变得更有吸引力的时机已经到来"，但是他的建议在接下来的大约 10 年内没有起到任何作用。直到 1906 年，芝加哥的商会才委托他做一个为城市发展的综合规划。

伯纳姆和合作者们所关注的范围远远超越了城市和周围地区的限制，他们不仅关注建筑，也关注铁路、道路、公园，运动场、森林和沙滩。同时，他们当然想使他们为 1893 年世博会所做的设计中所贯彻的建筑哲学成为永恒。伯纳姆希望使他的建筑之间的关系戏剧化，市政厅周围用较低的建筑环绕，向中间逐步升高，这样市政厅的穹顶又会在外围的更高的建筑中占据主导地位。

不幸的是，正像滕纳德（Tunnard）和普什卡雷（Pushkarew）（1963）暗示的那样，伯纳姆的市政中心的古典纪念性——他的城市美化的核心——迅速让步于为了城市效率而产生的肮脏环境。他的独创性的交通系统也没能应付如果不是数以万计也是数以千计的人流的需求。这些为交通系统服务的道路和高速公路迅速开始主导建成芝加哥的现实。然而伯纳姆的芝加哥规划是到目前为止所有尝试过的城市规划中最完整和彻底的。伯纳姆的实践方法与后来的由苏格兰生态学家先驱格迪斯（Patrick Geddes，1854—1932）形成的方法有许多相似之处。格迪斯把所有规划过程都归结为"调查、分析和规划"（1949）。

城市美化运动当然会在英国有它的衍生物，在时间上从兰彻斯特和里卡德斯事务所（Lanchester and Rickards）所设计的加的夫市政厅和法院（1897—1906）以及 V·哈里斯（Vincent Harris，1879—1971）在 20 世纪 30 年代为韦伯（Barry Webber）设计的南安普顿市政中心所做的加建（1929—1939）。最主要的当然是，这些是大量市民荣耀的表达。特金（Teggin）和泰勒（Taylor）设计的朴次茅斯市政办公楼（1973）可能是具有这样思考的最后一个作品。其中，一个 L 形的古铜色玻璃幕墙上面，反射了 W·希尔（William Hill）在 1886—1890 年间设计的白色的石头市政厅的形象。

霍华德的田园城市

城市规划传统中的下一个伟大阶段是田园城市运动。由于显而易见的原因，这一运动没能够对已有城市的内部规划产生任何效果。他们的确试图通过把人口转移到这些在城市外围的原始乡村建立起来的新的和更小的城镇中来缓解这些城市的压力。当然这种独特操作方法的主要代表人物就是霍华德（Ebenezer Howard），他的思想最早被出版在《明日，一条通向真正改革的和平道路》

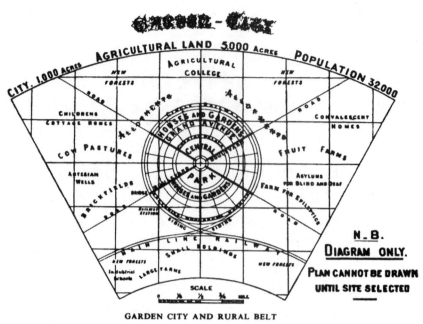

图 6.4　霍华德（1902）：田园城市规划（图片来源：Howard，1902）

（Tomorrow: A Peaceful Path to Real Reform，1898）。在 4 年后，改名《明日的田园城市》（Garden Cities of Tomorrow）重新出版。看起来霍华德主要关注的是如何制止乡村的人口流向城市，他呈现了另外一种有吸引力的选择——乡村，它们都各自有吸引力和相应的缺点（图6.4）。例如，他把城市特征归结为隔绝自然，并且归纳了许多缺点，例如人群的隔离、上班距离远、高租金和高物价、超时的工作、失业大军、大雾和干旱、昂贵的排水系统、污秽的空气、阴郁的天空、贫民窟和豪华的大酒店；但同时也伴随着相应的优点：社交机会、娱乐场所、高工资、就业机会多，灯光如昼的街道和壮丽的大厦。乡村当然也有它的优点：自然的美、树林、森林和草场、新鲜空气、低租金、充足的水源、明亮的阳光，但是这些也有相伴的缺点：缺乏社交、工作不足、土地闲置、长时间劳作、低工资、缺少排水系统、缺乏娱乐活动、没有公德心、对改革的需要、拥挤的住所和荒芜的村落。

当然，他的田园城市将会整合两者的优点，而且避免两者的缺点。同时他也谨慎地指出，任何实际的规划都将不得不根据特定场地的形式调整。霍华德的概念规划非常严格地基于中央公园的观念，城市的主要功能以 5 英亩的花园为圆心呈同心圆组织在一起。事实上，主要的组成元素都将被分离。第一个围绕中央公园的圆环由公共建筑组成：市政厅、音乐和演讲大厅、剧院、图书馆、博物馆、画廊和医院。这些被一圈绿地环绕，六条放射形的主要大道从中穿过，绿地又被水晶宫——一个宽敞的玻璃连拱廊——所环绕。拱廊"在下雨天是人们最喜爱的地方之一"，由于知道"明亮的庇护近在咫尺"，人们会更多地尝试使用这个公园。它满足了多样的需求：

工厂的产品在这里陈设出售，可供顾客尽情精心挑选。水晶宫的容量比购货活动所需的空间要大得多。它的绝大部分是作为冬季花园——整个水晶宫构成一个最有魅力的永久性展览会，它的环形布局使它能接近每一个城市居民——最远的居民也在 600 码以内。

　　在此之外的下一圈，融合了一座罗马式的广场和一个 20 世纪的游乐宫的功能，就像古希腊广场中所有的功能都整合在一个建筑中一样。它是一个宽广的住宅圆环，其中的"每所住宅都有宽敞的用地"，这与霍华德的一般格局是一致的。

　　……大多数住宅或者以同心圆方式面向各条大街（环路都称为大街）或者是面向林荫大道和向城市中心汇聚的道路。

　　城内有 5500 块住宅建筑用地，其平均面积为 130 英尺 × 20 英尺，供大约 3 万人居住，在城市周围的农业用地上还有大约 2000 人。

　　这些住宅各不相同，有些住宅合用花园和厨房，"一般都沿着街道线或者适当退后街道线。"市政当局在实际的设计中"鼓励独具匠心充分反映个人的兴趣和爱好"，同时严格规定"必要的卫生标准"。

　　主要的居住环带被一条大概 420 英尺宽的宏伟大街所环绕，形成了一条"带形绿地"—— 一个环形的公园，把城市的主要部分分为两条中央环带。这条大街本身也被六条放射形的大道分为六个部分，被公立学校以及它们周边的游戏场和花园占据，同时沿着这条大街的其他地方将被留作教堂，"可供各种宗教信仰的居民建设各种派别的教堂。"这条大街本身将被内部的和外部的同心圆的道路围绕，房屋按新月形布置，因此保证了"增加了临街线的长度"。

　　在城市的外围有"工厂、仓库、牛奶房、市场、煤场、木材场等"，它们都靠近围绕城市的环形铁路，这些铁路环绕整个城市，能够使货物进行分流，在任何一个地点装载或者卸载。除了这些，还有更多的用途——都是农业的——包括"大农场、小农户、自留地、牛奶场等单位"，之间的比例则根据城市整体盈利最大化的原则分配；因此，

　　……实践也许会证明粮食适于大面积种植，例如由一位农业资本家统管，或者由一个合作机构统管；而蔬菜、水果、花卉的种植，则要求较细致认真的管理……可能最好由个人或者小团体来经营……

　　霍华德相信，相对于大都市或者未受损坏的乡村来说，在他的田园城市中生活方式将会有许多优点。同时，霍华德意识到某些功能——例如他提到的剧院、画廊、图书馆、大学等——在他仅有 32000 人的城市中，无法像在合适的大都市中那样运行。因此他假定了一个中心城市——在规划上与他的田园城市很像，但是拥有 58000 人口——用一条基于高速运输系统的铁路与田园城市连接起来。因此，在霍华德的田园城市中的每一个人都能够在几分钟之内利用这些中心城市的设施。

　　当然，霍华德自己发起了两个田园城市的建设，莱奇沃思和韦林，作为他的田园城市生活的典范，同时他的思想被其他人吸收和传播，例如 P·格迪斯爵士，正如 J·雅各布斯说的（1962）：

　　……把田园城市的概念不是作为一个应对一个大城市必然会面对的人口增长问题的偶然解决方式，而是一种更加宏伟的和更加包容的区域规划形式的出发点。在区域规划下，田园城市将被合理地分配到一个大的区域，与当地的自然资源相吻合，在农业和林地之

126

间取得平衡，形成一个从长远考虑的合理的（她可能说的是"生态"）整体。

这种观点后来影响了芒福德（Lewis Mumford）、斯坦（Clarence Stein，1883—1975）、H·赖特（Henry Wright）和鲍尔（Catherine Bauer），一个鲍尔称之为疏散主义者（Decentrists）的团体。他们满腔热情地支持霍华德的观点，即城市密度应该减小，它们的人口应该被分散到更小的城市，同时在详细规划上，他们相信街道天生就是"坏的"——"房屋应该避免面向它，并且面向内院，朝向被遮蔽的绿地。"芒福德相信大城市是"特大都市，暴政城市（Tyrranopolis），死城，畸形的，专横的，犹如行尸走肉。"

斯坦的邻里单元

通过分析他发现的一个位于长岛郊区的名叫森林山公园中好的居住模式——包括花园和社区的参与——佩里[1]提出了邻里单元的概念。邻里单元关注的是社区中心，一个可供辩论、讨论，以及在社区性的政治议题上合作的地方。对佩里来说至关重要的是，这些每天都会使用的公共设施：商店，学校，运动场等，应该在每户人家的步行距离之内，这就决定了一个邻里单元的总体尺度。同时，拥挤的交通应该被限制在外面那些绕过邻里单元的干线道路。佩里因此估测了一个邻里单元的最适宜规模应该是大约 5000 人；既不会小到不能满足大多数人的日常需求，也不会大到破坏了社区感。但是，根据佩里的观点，邻里本身不应是一个封闭的单元，事实上，在他的设想中应与其他邻里或者城市的其他部分有着频繁的相互作用。

H·赖特为纽约州的住房和区域规划委员会分析了城市增长中的问题（1920—1926）。他指出，持续的都市扩张，尤其是纽约和布法罗，将加剧已经存在的大量问题，同时 H·赖特、斯坦以及其他人发展的新型的都市增长方式将使增加的人口以一种更加人性的方式得到安置。

赖特和斯坦展示了多种实现佩里观念的方式——方格网状街道的（森尼赛德花园，1926），流转的农业土地（拉德本，1928）和甚至坡地上（漆咸村，1930）。从中发展了两种特征：将穿过式的交通从邻里单元内部的道路和街道分离出来，邻里单元中的公园可能是环绕城镇的绿带，就像许多英国的城镇那样，或者是每一个街区都拥有的一片绿地。后者的最好案例当然是新泽西州的雷德朋，在其中，特别考虑了由奥姆斯特德在纽约中央公园中开创的"人车分流"的各种方式（图6.5a 和 b）。斯坦（1957）总结了拉德本规划的主要元素：

1. 用超级街区代替狭窄的、矩形的街区；
2. 为某种特定功能（而不是为所有的功能）规划和修建特殊的道路；
3. 人行和车行的完全分离；
4. 房屋的朝向：起居室和卧室朝向花园和公园，辅助用房朝向通道；
5. 公园作为邻里单元的核心。

因此，他们为车行设置了尽端路来到达每一个住户前面，留下了后面的手指状的没有车行的土地来供孩子们安全地玩耍——连续的带状公园采取了奥姆斯特德的做法。他们也将邻里单元的通道与主要的交通干线分离，利用设置在公园中的学校以及游泳池作为邻里活动的中心。但是房

---

1. Clarence Perry，1872—1944 年，美国规划师、社会学家和教育家。——译者注

128

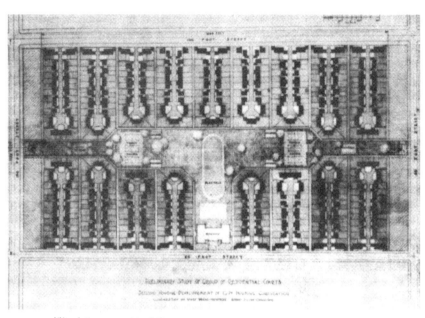

图 6.5 （a）埃默里克和其他理论家（1928）关于住区的理论研究

图 6.5 （b）住区理论在新泽西州拉德本的应用（图片来源：Stein，1957）

屋则是郊区的传统式样，这从某种程度上说是对拉德本的"革命性"主张的一种妥协，但是20世纪30年代的大萧条使它没能够发展成为一个充分发展的绿带城市。

不管是霍华德自己还是他的疏散理论的追随者都没有期望他的观念能对城市本身有太多影响，但是他们提倡的这种疏散的方式的确广泛地发生了，在第二次世界大战后的一些城市如斯蒂夫尼奇（1946）、克劳利、赫默尔亨普斯特德和哈洛（均在1947）、巴西尔登（1949）等。

在更大的尺度上，城乡规划协会是有影响力的，这从英国的新城规划中往往采取了疏散理论就可以看出来。

勒·柯布西耶：光辉城市

乍看起来，疏散主义规划最强烈的反对者就是勒·柯布西耶，他运用大量的玻璃和混凝土的塔楼街区、板式公寓等等。但正如J·雅各布斯（Jane Jacobs，1916—2006）指出的（1961），他也试图把"反城市的规划融进这个罪恶堡垒"，他通过把城市变为一个公园，在公园中的建筑，即使是在很中心的地区，也只占据5%的土地。在它周围的居住区，高档住宅——每一户都有阳台——将占据大约15%的土地，剩下的土地将作为开放的绿色庭院。尽管看上去是180°地反对霍华德的小城市的田园城市观念，勒·柯布西耶的想象却是从霍华德的理想发展而来。正如勒·柯布西耶所述：

> 田园城市是一个幻影。自然在这些侵入的道路和房屋之间消解，承诺的隔离成为一个拥挤的处置方式……解决的方法将在垂直的田园城市中找到……

像霍华德一样，勒·柯布西耶用一种带偏见的方式来描述城市，某种程度上夸大了其最大的缺点。

勒·柯布西耶论街道

例如，他关于"街道"的见解（1925b，1929）：

> 迄今为止对街道的比较好的定义，是常常被或宽或窄的人行道的边界限定……房屋的墙体从边界上直接立起来，当我们置身其中观察天空时，天际线呈现出一种奇异的、锯齿状的山墙、阁楼或者镀锌烟囱的剪影。在这个过山车的最底部躺着街道，沉浸在外部的昏暗的光线中。天空是一个遥远的奢望，高高在上（图6.6）。

因此，对勒·柯布西耶来说：

> 街道不过是一条沟槽，一条深的裂缝，一条狭窄的通道。尽管我们已经适应了它有超过一千年的时间，我们

图6.6 巴塞罗那：唐人街，历史中心
（图片来源：作者自摄）

的内心总是被这些围合墙体的紧窄感所压抑。

不只是这些：

> 街道总是挤满了人；人们必须注意其他人的步伐。近些年来，它又充斥着快速的交通工具：我们在两个路缘石之间走得每一步都面临着死亡的威胁。但是我们已经被训练来面对随时被粉碎的危险。

在如此描述了他感知到的街道的邪恶后，勒·柯布西耶提出，城市应该没有传统的街道：

> 我很乐意勾勒一下"街道"的前景，就像它将在最新的城市中呈现出来的样子。因此，我想请我的读者们设想一下他们走在这个新的城市当中的感受，以便使他们开始适应它的优点。

接下来是他的所有写作中最抒情的描述，以此来说服世界范围内的建筑师和规划师采取他的粗暴的模式：

> 空气是如此纯净，几乎没有噪声。在这儿，你不会发现建筑的存在？穿过这些迷人的散布的枝杈的阻隔，望向天空，宽广的水晶般的高楼高耸入云，超越了世界上任何山峰的高度，这些透明的棱锥看上去飘浮在空中，没有和大地锚固在一起——在夏日的阳光中闪烁，在灰色的冬日天空中隐约可见，在夜幕降临时如魔法般的闪闪发光——这些就是巨大的办公楼。

在这些高楼下面是巨大的地下车站（以此可以确定它们之间的间距）。由于这个城市的密度是现存城市的 3—4 倍，将要穿过的距离……（还有由此引发的疲劳度）就将是原来的四分之一到三分之一。由于商业中心的修建只占据了 5%—10% 的表面面积，这就是为什么你会发现自己置身于宽阔的公园中，远离繁忙喧嚣的高速公路。

勒·柯布西耶的当代城市设想——300 万人口的城市以草图和模型的方式第一次在 1922 年 11 月的秋季沙龙展上展出。与霍华德建议的那种城市中布置花园的方式不同的是，这是一个建在花园中的城市，基于四条基本的准则：使中心摆脱拥挤的交通，提高整体的密度，增加交通的方式，增大树木的种植范围。

三年后，在《新精神》第 28 期（后收入《城市规划》，1924），他说，他的目标"并不是超越现状，而是建立一个理论上严密的公式（着重号为作者所加），以形成现代城市规划的基本原则。"他说，这只是一个粗略的解决方案。他的设计没有文字说明，仅仅展示了一个相当抽象的关于城市应该是什么样的观念。

他这种思考的抽象性在《新精神》上的不同文章中都有所体现，包括《驴行之道与人行之道》（1922）（第 17 期），《秩序》（1922）（第 18 期）。人们可能会觉得这些是与几何秩序有关的，事实上，第一篇文章是对直线的致敬。他说：

130

> 人类沿直线行走是因为他有一个目标：他知道该往哪里走；一旦决定了前往何处，他就径直地走过去。
>
> 驴子曲折而行，思想散漫，心不在焉，它曲折而行以躲避巨石，或便于攀登，或得以庇荫；它采取一种阻力最小的路线。

很明显，柯布式的人会不管坡度的大小，劈开石头直接往上爬，同时躲开影子，以此来照亮他的体力上的劳动！

假如第一篇文章是对直线的致敬，那么第二篇就是对直角的致敬：

> 地球引力法则似乎解决了各种力量的相互冲突，维持了宇宙之平衡；借此我们获得垂直线。地平线给了我们水平线，牢不可变的水平线。

不管那是什么！

> 直角如同维持世界平衡的力量之精髓。直角只有一个，其他的角度却无穷之多。因而，直角超越于其他的角度；它既独特，而又恒定不变。为了工作，人们需要常数。没有常数，人们便不能向前发展。可以讲，直角是人类行动所需的必要而充分之工具，因为它可以使我们绝对精确地确定空间。

131　　勒·柯布西耶首先在《新精神》上发表他关于城市规划的观念，然后扩充整理成文集，包括《城市规划》（1925）、《建筑和城市的现状》（1930）、《光辉城市》（1935）和《城市规划问题》（1946）。这些文章包含了一系列的主题：关于城市作为一个由（独立式）建筑矗立在其中的公园，关于一个正交（他称之为笛卡儿坐标）网格作为城市规划的基础，关于一个围绕着交通换乘站设计的城市。这些都与中心用快速交通联系起来，正如勒·柯布西耶说的（1925）："城市，一旦驾驭了速度，就驾驭了成功。"

毫不奇怪，考虑到他的关于直角的观点，勒·柯布西耶的城市是严格的笛卡儿式的。城市在一个严格的方格网系统中被描画——尽管，像华盛顿，也有主要的对角线——方格网中的每一个区域大约 400 码见方，围绕着中心区域。这些反映了另一个他那时关注的事物：城市设计的必要性是为了让交通更快的运转。

正如他说的，"所有的汽车都是为了速度而被建造。然而，根据一份公报的图表，在道路的实际运行状态下……现代城市中汽车能够行驶的时速是 16 公里 / 小时！……道路不再是一种牲畜的轨迹，而是一部运输的机器，一套通行的设备。"

因此，必须设计出新的街道形式，以使交通能够以一定的速度自由地穿行，或者，至少以每小时 60 英里的速度。因此，勒·柯布西耶的规划中包含了纵横交错的高架路，每一条都有差不多 120 英尺宽。

城市的中心是一个火车站加一个飞机场，或者至少顶上有一个可供出租飞机降落的平台——飞行路线就从办公塔楼之间穿过。当然也会有一个大的，在中心的高速公路交叉口（图 6.7 和图 6.8）。

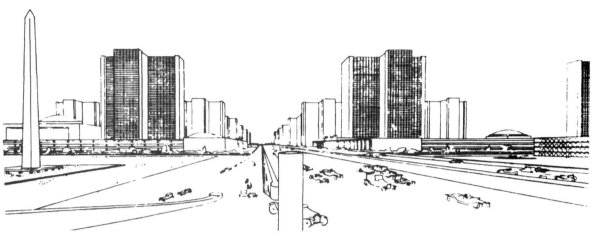

图 6.7　勒·柯布西耶（1924）；带有交通换乘系统的光辉城市中心（图片来源：Le Corbusier，1929）

图 6.8 （a）北京，中国，20 世纪 60 年代

图 6.8 （b）朴次茅斯，英国（20 世纪 70 年代）：勒·柯布西耶的观点在现实中实现的两个案例
（图片来源：作者自摄）

中心将被一个公园环绕，大约 2400 米 × 1500 米，其中包含了 24 幢 60 层楼高的摩天大楼，间距大约 250 米。这些将作为办公楼使用，介于它们之间的是两三层的台阶式的建筑，包括餐厅、咖啡厅、奢侈品商店等。这儿也会有剧院，音乐厅和其他城市设施，更不用说地面的露天停车场以及多层的停车库。

在市中心的一边将是巨大的公共建筑，如市政厅、博物馆和其他公共设施，除了这些，还有一个如画式的英式花园！仓库，工业区以及堆货场将被建在高速公路下面，城市相应地被一个服 *132* 务区域环绕，森林和绿地。在此之外就是巨大的带有花园的住宅区带。

十字形平面的中央商务区的摩天楼——由于它们的严格的正交几何，柯布也称之为笛卡儿式的——60 层楼或者更高。在它们之间有平台相连，其中设有咖啡厅、剧院、大会堂等。

勒·柯布西耶相当清楚他的 40 层楼高的钢和玻璃的塔楼不适合用于家庭生活。他建议了两种正好处于市中心附近的居住方式：平台式的或者公寓大楼。

这些平台是由六层楼高的公寓组成，穿过这些绿地，呈带状分布，在这些之外就是他的公寓大楼：他熟悉的公寓形式的住宅社区（immeubles-villas），带着中空的阳台，像洞穴一样嵌入大楼的立面。

勒·柯布西耶的高密度住宅以两层楼的公寓单元组成，每一公寓都有一个两层高的阳台，与两层高的起居室在侧面相接，另外还有一个小的阳台在背后，厨房和餐厅上层是浴室和卧室，非 *133* 常像典型的巴黎艺术家的工作室（图 6.9）。所有的布置都是为了使日常生活向阳光、新鲜的空气和绿地开敞，这在狭窄的中世纪街道、甚至是更宽的 19 世纪的街道中都无法实现。因为阳光只能在一天的某个时间渗透进来，而且这些房屋面对面缺乏私密性。

但是勒·柯布西耶的板式公寓在绿地中间距很大，再加上树木掩映，可以为每个人在开敞的阳台锻炼提供足够的隐私，就像 P·温特（Paul Winter）在《新精神》上强烈推荐的那样，人们就像在峭壁的洞穴般的开口处，避开了（遥远的）邻居窥视的眼光。

图 6.9　勒·柯布西耶（1924）：每套公寓都有一个私密的提供户外活动的阳台，并向"阳光、空气和绿地"敞开（图片来源：Le Corbusier，1929）

　　勒·柯布西耶的退台式的低层住宅也由各种不同的两层公寓组成，6—12 层不等。他们将漫步穿过笛卡儿式的开敞绿地、U 形的庭院和连接起来的街区。他特别对快速交通、慢速交通和步行线路之间的分离做了充分的考虑。

　　勒·柯布西耶的规划和透视图俘获了全世界的建筑师和规划师的想象力。特别是在 20 世纪 60 年代，当他们当中很多人能够规划他们自己的城市——或者是其中的一个部分——看起来很像勒·柯布西耶规划的远景，高速公路穿梭在他们的摩天大楼之间。

勒·柯布西耶论纽约

　　勒·柯布西耶比其他任何理论家都更有说服力地告诉全世界：纽约为 20 世纪的城市提供了原型。考虑到柯布西耶对这些所做的所有思考，就会毫不奇怪当他第一次到达那儿的时候——在他 52 岁的时候——带着一定的先入之见。这个城市很可能对他施加了影响。正如他在描述他 1937 年旅程的书中《当大教堂变成了白色》（Quand les Cathedrales etaint Blanche）所说（1946a, p.34）：

　　　　……当我的船停靠在阔伦廷 Quarantine，我看见一个奇异的，几乎神秘的城市在薄雾中升起。

　　然后（p.39）他回忆道："城市暴力的轮廓……就像病人的病床脚部的体温表一样……"（图 6.10）。

图 6.10　纽约：在 20 世纪 30 年代时的天际线，一组摩天楼沿着华尔街，在它们之间是一个中等规模的城镇和一个"峡谷"（图片来源：Korn，1953）

134

但当他的船靠近的时候，所有这些就绝不是它看起来的样子（p.34）：

> ……幻影转变成了一幅残忍和野蛮的图像……但是这种残忍和野蛮使我感到不适，正因为这种力量，伟大的事业开始了。

对于世界上所有的城市来说（p.34)，只有纽约使"现代的城市、快乐的城市、光辉城市的产生"成为可能。

一走进曼哈顿的街区，正如他说的（p.55）：

> 人们看见峡谷升起，深深的和暴力的裂痕，从来没有见过这样的街道。也不是丑陋！我甚至会说：这是一种非常强烈的建筑感——就像在鲁昂和土伦的狭窄的街道中体验到的一样——这里那种加冕的壮丽感和精心计算的激发勇气的密集感。

因此，对勒·柯布西耶来说，纽约代表了一种开始，但是似乎还远远不够。就像《纽约论坛报》对他的到来的报道（引自 p.51）：

135 发现美国的摩天楼太小

> 摩天楼不够大
> 勒·柯布西耶乍一看，说道
> 他认为应该更巨大，间距更远。

换句话说，他想让它们成为那些他已经画出来的那样。事实上，他希望纽约能够按照他的300万人口的居住城市（1922）或者光辉城市（1935）等观点重建。

对他来说，纽约是一座垂直的城市，但还不够垂直（p.36）。但（p.44）一个合适的规划仍然"能够使纽约成为当代最卓越的城市"，因为（p.42）：

> 这是人类第一次将他们所有的力量和劳动投射到天空——整个城市沉浸在天空自由的空气中……已经如此完美，还需要有什么承诺！统一在一个……方格网的街道规划中，办公室叠在办公室上，水晶般清晰。它是崇高的和残暴的，没有什么更好的了。除了清楚地看、想、构思、重建这个城市，再没有什么可做。

但是，对他来说，城市的基础却是好的。正如他所说（p.47）：

> 在长向布置了9条平行的大道；横向差不多200条与这些大道垂直的互相平行的街道……所有这些都有一个清晰的欧式几何逻辑。

既然是这样的布局，你当然能够能清楚地查明你所处的位置以及你的目的地，准确的知道你从北到南将要穿越多少条街道，从东到西将要穿越多少条林荫大道等。

与浪漫主义的城市比起来，他说（p.49）：

　　某人播种了这种愚蠢的观念。他是一个智慧的和敏锐的维也纳人，C·西特，他相当简单却造成了严重的问题。在意大利的发现之旅中……他被一件艺术品说服，如此恰到好处地协调了房屋和房屋之间、宫殿和教堂之间的关系，每一个城市的每一块石头（赋予了它）都是一种活生生的和微妙的塑性特征、一种品质的奇观。

　　西特喜欢这样的城市，把它们与 19 世纪笛卡儿式的城市对比，然后得出了他的结论："混乱是美的，诚实是基础……弯曲是美的……（因此）……大城市应该是扭曲的。"

　　纽约已经有了勒·柯布西耶的基本的笛卡儿式平面，还有他喜欢的摩天楼。

　　事实上，勒·柯布西耶被许多它们的特征震撼：它们的电梯的纯粹效率，以及它们的自动门。就像许多欧洲人做的，他也对美国式的给水排水系统充满敬意，更不用说这些专家设计团队，他们的仔细配合保证了每一个建筑都将拥有一个"完美无瑕的生活"。最重要的是，勒·柯布西耶相信电梯将使城市的形式发生革命性的变化。

　　当他从 820 英尺高的 W·K·哈里森（Wallace K.Harrison，1895—1981）位于洛克菲勒中心的办公室望出去的时候，他也被这样的空间体验所震撼，感受到的开阔的视野，越过整个城市以及自由的感觉。事实上，勒·柯布西耶喜欢高度，正如他说的，引用他书的标题（p.68）："当大教堂是白色的，没有人会认为那样的高度会是一种精神堕落的标志。"

　　美国式的摩天楼还不是完美的。对他来说，它们显然应该采取他在 1931 年曾描述过的笛卡儿式：1000 英尺高，或者至少 60 层楼所需的 720 英尺的高度。它们应该是钢框架的、隔声的并带有美国式的"非凡的完美"服务实施：电气照明、精确调节温湿度的空调以及"体现效率"的电梯。

　　与美国式的摩天楼必须遵守分区规划法规进行一定的退界不同，勒·柯布西耶的笛卡儿式的摩天楼将是从顶部到底部完全"铅垂"的；它将是一个"发光体"——他指的大概是晚上。

　　整体的形式根据太阳的运行路径来决定，北向没有办公室。风的阻力也需要考虑，同时详细的平面依据等级划分适合的位置，用以布置电梯、走廊或者办公室。办公室内将取消阻止光线进入的墙，房间的进深也应该和窗的高度相适应。

　　他的草图中的摩天楼是十字形的。在后来的版本中，例如在巴黎瓦赞规划（1925）中，那些侧翼本身也是十字形的，形式的凹进凸出是用以保证尽可能大的外窗面积。结构当然也该是钢框架的，"编织的骨架就像空中的金银的手工艺品一样"，也不会有任何外部的填充墙体。侧翼末端用薄的石材覆盖，侧面则用玻璃。事实上，如勒·柯布西耶所说，这些立面将由"玻璃幕墙，即玻璃的表皮"制作而成。

　　一方面，勒·柯布西耶被白天纽约的摩天楼所震撼，另一方面，他更着迷于纽约夜晚的景色。像他说的那样（p.90）：

　　夜晚是黑的，空气是干燥的和冷的。整个城市被点亮了。假如你从没见过它，你就不会知道甚至是想象它会是什么样的。你必须让它从你身边拂过……夜空被装扮了。这是现实中的天河：你正置身其中。每一扇窗，每一个人都是天空中的一盏灯。同时，布置在摩天楼上的上千盏灯建立了一个远景。它更多地在你的心里形成，而不是在漆黑的夜

136

空中，被无数的灯火刺穿。星星也是它的一部分——真正的星星——在遥远的地方静静地闪烁。

光彩壮丽，闪烁，希望，证据，充满信念的行动等。感觉开始发挥作用，心脏出现反应，逐渐增强的，快速的，强烈的。

勒·柯布西耶实际上是从斯威尼（J.J.Sweeney）的公寓的屋顶观看纽约的夜景的，公寓大概有 16 层高，介于东河和中央公园之间。

因此，使勒·柯布西耶也使其他人感到震撼的是：曼哈顿的天际线、摩天楼本身（尽管他有所保留）、它们之间峡谷般的街道（尽管他又有所保留）、从摩天楼向下一直进入城市看到的景观，最重要的是，夜空中的城市景观。

137　　　作为一个整体来看，这些呈现了一种 20 世纪的独特体验。从没有、也不可能有城市看起来会像 20 世纪 30 年代的纽约一样。

第 7 章　城市现实

J·雅各布斯

对勒·柯布西耶而言，在华尔街的摩天楼和市中心区的曼哈顿摩天楼之间的那种小规模开发都过于平庸、太普通，不能引起任何兴趣。但是对现在的许多人来说，它们代表了一种使生活在曼哈顿有意义的东西。这是由于在它们的林林总总之中，包含了小印度、格林尼治村、乌克兰东村、SoHo（休斯敦街南部）、小意大利、唐人街和其他种族聚集区，尽管总体上规模都很小，但在特征上都是极度多样的。除了这些以种族群体而命名的地区之外，那儿也有作家习惯聚集的地区（格林尼治村）、新晋的艺术家聚集的场所（SoHo），以及那些展示他们作品的画廊。事实上，这些博加德斯等人设计的铸铁建筑，由于它们极好的开放阁楼空间，已经被证明是相当好用的。接着，这里的地价上涨得过高，下一代的艺术家开始占据下东岸地区，他们称之为特里贝克区（TriBeCa，运河街下部的三角形地带）。

不过，J·雅各布斯让格林尼治村引起了全世界的注意，她将其称为一种理想的城市生活环境。在她的《美国大城市的死与生》书中，她描述了她所住的哈得孙街离河不远的地方的许多特征。这本书在 1961 年第一次出版，在当时激怒了这些致力于按照勒·柯布西耶光辉城市的观点设计、规划和建造美好新世界的人们。

事实上，对 J·雅各布斯来说，格林尼治村里面的街道和广场正是构成真实的城市肌理的精髓。正如她所说（p.39）："当你想到一个城市时，你脑中出现的是什么？是街道。如果一个城市的街道看上去很有意思，那这个城市也会显得有意思，如果一个城市的街道看上去很单调乏味，那么这个城市也会非常单调乏味。"

与郊区或者小城镇的街道不同，城市的街道是充满了人和生气的。也许他们当中许多人都是陌生人，可事实上正是他们赋予了街道应有的活力。当然，陌生人也可能是有威胁的，因此，一个真实城市街道的基石就是，即使身处陌生人当中，也让人们感到安全。

没有人会在华尔街的峡谷般的高楼中或是市中心区的曼哈顿感到安全，也没有人会在柯布式的板式街区或者塔楼之间感到安全。通常情况下，这些地方不得不被保护起来，要不然它们就很有可能是不安全的，对这些不得不去到那里的人来说。在一个令 J·雅各布斯满意的真实的城市街道中，这种警务是相当多余的，因为，在她看来：

> 公共安全——人行道和街道的安宁……不是主要由警察来维持的，尽管这是警察的责
> 任。它主要是由一个互相关联的，非正式的网络来维持的，这是一个有着自觉的抑止手
> 段和标准的网络，由人们自行产生，也由其强制执行。

这种控制不能通过简单的降低建筑密度来实现，不管是在郊区的房产还是在绿地中的高层板式住宅。它们最少需要一定密度的人、建筑和功能。一条很好用的街道很可能也是安全的街道。

在描写街道时，雅各布斯运用了从许多地方的许多街道（特别是波士顿北端的街道，以及，

理所当然的还有格林尼治村的街道）得来的个人体验。但是，正如她指出的，曼哈顿的上城区也有她寻求的特质。这些包括一些宽阔的林荫大道，像列克星敦大街和麦迪逊大街。这些大街连同它们的商店和美术馆，为一个有活力的——也因此是安全的——街道提供了必需的生命力。第五大道也有这种生气，由于它穿过曼哈顿的中城区，而那儿有一些世界上最好的商店。但是，对上城区来说，由于它经过中央公园，已经不再安全，公园大道本身也不够安全。因为这里主要是住宅区，已经不再是安全的生活所必需的混合功能。

接下来，雅各布斯分析了赋予这些街道活力的要素，她提出了三个主要条件：

首先，一条街道要想安全，在公共空间和私人空间之间、在一个属于个别人家或者一家人的、个人的商店或者无论什么的区域和属于所有人的区域之间，都必须要界线分明。O·纽曼在他的《防卫性空间》（Defensible Space）（1972）中阐述了这样的观点，从那时开始，A·科尔曼在她的《乌托邦城市的审判》（1985）中针对这个观点带来了更多的统计证据。

其次，这些场所必须要有一些眼睛盯着街道，J·雅各布斯称这些人为"街道的天然居住者"。假如沿街排列的建筑总是朝向公共空间、被规划成凹凹凸凸、带有凸窗、台阶、踏步等等，那他们的注视会变得方便。所有这些都会让"居住者"更加容易的观察街道的上上下下，因此维持了他们的不断的巡视。

第三，街道，特别是人行道上必须总有行人。街道实际上必须使人们乐意从一个地方去到另一个地方，沿街的地方必须有足够的吸引力以使人们在那儿逗留。一条空荡的街道几乎不能提供什么，但是有些热爱它们的人们会觉得，仅仅凝望如流的车水马龙街道就会变得有趣，虽说不是非常好玩。我们就会很容易享受这种被人看的感觉，假如能使他们更容易的这样做，那么"街道的居住者"就会花大量的时间这样做。

这样，街道就将获得和保持有趣的、生动的和安全的声誉。人们将会乐意去到那儿，享受这种看人和被人看的感觉。街道就将呈现属于自己的生活。

缺乏这种基本条件的街道都有可能被当作是不安全的、充满敌意的甚至是相当危险的。根据J·雅各布斯的观点，对于这样的一条街道，人们会用各种方式来应对。他们也许就不来了，而对这些不得不使用它的人来说，街道因此变得冷冰冰。不管无辜与否，它们都会遇到由此引发的各种问题。其次，这些人可能会把街道看作好像是一个野生动物园，充满了野生动物，人们离开自己的车而去冒险。第三，年轻的居民尤其可能会形成帮派，监视"他们的"独有的"地盘"或者领地，并且防卫那些不受欢迎的入侵者。事实上，伯恩斯坦（Leonard Bernstein）的《西区故事》（1956）——将场景设定在曼哈顿上城的西区——在《喷气机》和《鲨鱼》部分描述了这样的行为。

但是，用这种方式来监视他们"地盘"的城市群体绝不是仅有青年人的街帮。例如，雅各布斯描述了那些用栅栏或围墙封闭起来的领地，有钱一点的中产阶级有警卫保护，失去活力。她也提到了那些排外的公寓街段——其中的一些位于上城西区——在那里，富裕的纽约人同样由他们的警卫提供保护。

雅各布斯将这种隔离——不管是哪种选择了他们"地盘"的"街帮"——看作是贫瘠的，并且对适宜的城市生活是有破坏性的。雅各布斯喜欢看见人们处在她的自然的街道中，"在繁忙的街道的拐角处闲逛，或在一些糖果店和酒吧里消磨时光，或坐在门廊边喝可乐。"她也喜欢有这些行为发生的地方，糖果店、酒吧、酒店、餐厅，正是它们为这些行为的发生做了准备。

这些行为与居住行为混在一起，对那些除了规划物质环境、还要规划将要住在那里的人的生活的规划者来说，太过混乱。因此，规划者为他们规划了会议室、工艺室、美术室、游戏间、带室外长凳的步行购物中心，以及这些整齐的球状的路灯，而这些使所有地方的城市规划陷入千篇一律。

雅各布斯强烈反对这些，并且发现这些都无法替代她所认为的自然的街道。不仅仅是因为其规划方式是根据规划者的意图来安排人们个人的空闲时间，他们规划的这些房间附带的名字：会议室、工艺室等等也暗示了人们的空闲时间必须按照规划、受监督行事。

这当然是被雅各布斯诅咒的，因为根据她的观点，城市生活的基础——明显不同于其他的生活方式——就是人们必须根据自己的意愿自由的想去哪儿去哪儿，没有任何外部的干涉和限制。

人们一定要有多样化的选择，这种雅各布斯心中的多样性是由这些设施提供的：杂货店、陶瓷学校、电影院、糖果店、艺术花店、表演场所、移民俱乐部、五金店、饭店，等等。每一条自然的街道都需要这些，同时，每一街道也应该有它独特的设施：非洲雕塑美术馆、一个戏剧学校、罗马尼亚的茶室或者其他这样的新奇事物。拥有这些事物的街道就会变得独特，人们会为了这些独特的事物去那儿。

雅各布斯指出，华尔街——勒·柯布西耶是那么喜欢的——完全缺乏这样的事物。在当时，1950 年代后期，她写过，每天有大约 40 万人乘车到这个商务区，以及大量的、无法统计的人来拜访他们的办公室。按照人们每天需要的设施和服务来看的话，这条极其富裕的街道却是极其贫乏的。人们可能不一定要找到戏剧学校或甚至是一个茶室，但是，在华尔街像酒吧或饭店这类的基本设施是极其缺乏的。事实上，在某一时期，这些设施是相当丰富的。那儿有食品商店、五金店等等，忙碌的人们可能在午饭时间来这些地方做一些简单的购物。但是这些都由于经济压力、地租上涨、缺少居住人口等原因而被迫搬出来了。

141

城市选择多样性的需求只能通过大量的居住人口来维持，在像华尔街那样的地区，没有空间来满足这样一个人口的需要。尽管作为一个旅游景点，它可能会有一些活力。游人不仅在工作日，也在晚上或者周末来到这里，游人需要便利设施，一旦游人的需求获得了满足，工作的人群就能享受到这些设施。

因此，对雅各布斯来说，城市生活的本质存在于丰富的多样性。任何人在任何时刻都可以有大量的选择来决定做什么。这种多样性可能通过街道本身的形式来产生。事实上，人们可以通过四个基本的原则来设计它。他们是（ p.166 ）：

1. 地区以及其尽可能多的内部区域的主要功能必须要多于一个，最好是多于两个：生活、工作、购物、饮食等。它们在种类上应该多样化，不同种类的人在不同的时间，以及不同工作时间安排的人都能去同一个地方，同样的一条街道满足不同的使用要求，相同的设施可以在不同的时间以不同的方式使用。

2. 大多数的街段必须要短，对于这点雅各布斯做出了具体的解释。她发现 900 英尺长的某些曼哈顿大道的区段之间的距离太长了，她更愿意它与一些短的街道相交，这样就能更容易地穿行于东西向的街道之间，并提供了许多转角空间。

3. 不同时期的建筑共存在一种她称为"紧密的"混合里，应包括适当比例的老建筑，因此在经济效用方面可各不相同。

4. 人流的密度必须要达到足够高的程度，其中包括那些本身就住在那儿、工作在那儿、并充当"主人"的核心成员。

雅各布斯十分清楚以上四点是她讨论主题的核心所在，也是她的书的重点所在，因此她继续分别进行了阐述。

她号召混合使用，因此也坚决反对关于分区的观点，这种分区是众多后柯布时代的规划的基础。进行分区是有一定的原因的，工厂——比如炼钢厂——在尺度上是巨大的、有噪音的、污染环境的、产生大量的交通压力等。但是在电气化时代，许多都可以变得更小，工厂可能是一个小巧、卫生、安静、整洁的地方，以至于以上的争论都变得毫无意义。不断的集约化明显使得越来越多的人"下楼就是商店"的生活——像中世纪的时候一样——成为可能。

至于小的街段，雅各布斯提出了一些更明确清晰的观点。曼哈顿的南北向大道的特点由下城区向上城区逐渐转变。例如，位于中央公园西面和阿姆斯特丹区、哥伦布大道和中央公园西面之间相距 800 英尺。如果一个人，比如说，在位于哥伦布大道和中央公园西面的西 88 街上，为了去 87 街上同样的位置，就必须沿着 88 街走到一条主要的大道，然后向南，经过一个 200 英尺长的街区，再转到 87 街到达他的目的地，在这个过程中他总共走了 1000 英尺。

然而在洛克菲勒中心的中级道路，每条大道之间的距离是相同的，洛克菲勒广场却将等量的步行距离减小到 400、300 甚至是 200 英尺。在雅各布斯所生活的格林尼治村，每两条大街之间都会有两条南北向的道路，以提供多种路线的选择并减少步行距离，同时还可以增加可作小店的街角的数量。

至于有历史的建筑，它们当然是城市的本质，以罗西（1966）描述的那种方式（p.00）铭记了城市的记忆。总体的形式和细节为城市的发展提供了一个标尺，再加上修建时间的不同，产生了这些建筑内在的多样性。但最重要的是，正如雅各布斯指出的那样，它们扮演了至关重要的经济角色。很明显，拆除重建的成本太高，并且这些开销将传递给建筑的使用者。只有两种企业可以负担得起新建筑的使用：拥有高额利润的或者有大量补贴的。

因此，这些连锁商店、连锁餐厅以及银行将会入驻这些街区，而那些邻近的酒吧、特色餐厅以及特色商店将被迫离开。大型超市可能会进驻，还有连锁书店、唱片店以及鞋店等，但是那些特色书店、唱片店、鞋店、私人美术馆、艺术家工作室等都会被迫离开，因为这些企业不是高盈利性的。

管弦乐团、歌剧院——很明显她是指林肯中心——或者是一个艺术博物馆在高额补贴的前提下可能会搬进来，但是这些设施的使用者需要相当数量的辅助设施：美术馆、工作室、艺术品材料的供应商、乐器、专业的书籍和唱片。也就是说一座新的，被补贴的建筑周边如果没有老的、较便宜的建筑环绕的话，它是很难发挥它的最大功效的。

那些提供专项服务的商店绝不是关心追求最多的利润。它们都如它们的顾客一般，热衷于储存商品；事实上，这也就是为什么它们总能吸引到顾客的原因。他们会乐意谈论这些事情、讨论它们、交换意见、寻求建议，这些耗时的活动将不可能使这些提供专项服务的商店在市场中有较强的竞争力。这些商店总是不会有太高盈利，因此它们需要低租金的商铺。

至于人口聚集，正如雅各布斯指出的，拥挤与稠密之间，是有细微却关键的差别的。原因在于，只有在一个地区有足够数量的适当种类的建筑后，这种可观的稠密才能在不会有任何人感到拥挤的前提下达到。

当然这也取决于所处的区位。比方在城郊，以每英亩 6 个住宅的密度建造房屋都是完全可能的。每户都有一个宽阔的花园，但是这样的花园以及这种密度在城市中是很难达到的。除了地价因素外，排除这种密度的因素是，从它们的本身来说这种密度已经不是城市了。

当然城郊也可以建造到，比如说，每英亩 10 个住宅的密度，但是当达到每英亩 20 个住宅时，城市的价值就开始显现。在每英亩 6 个住宅的情况下，每户人家都彼此认识，即使他们可能不交往也至少知道谁是谁。但是当达到每英亩 20 个住宅时，相当近的邻居可能都是陌生的，一旦这种疏远的感觉在心中确立，他们也会接纳从城里来的真正的陌生人。

对雅各布斯来说，维持城市活力所需的密度应至少是每英亩 100 住宅单元，这是一个能够产生各种各样的居住形式的密度。例如，在格林尼治村，密度达到了每英亩 125—200 个住宅单元甚至更多。它们是由各种不同的居住形式混合形成的；包括单个家庭（联排）的住宅、多层住宅、出租公寓、公寓房间、"带电梯公寓"等等。在街道之间的 60%—70% 的土地都被建筑覆盖，剩下的用于开放的场地或者庭院。这样的用地比率的确很高，但是也有它的优势，对雅各布斯来说，这样就会迫使人们走出他们的住所，走到街道上，同时保证了中庭和后院的私密性。

但是，在这种高密度的基础上，房屋不得不紧凑的布置在一起——特别是假如有宽阔的开敞空间在它们之间—— 一定的形式统一性就会悄悄产生。对雅各布斯来说，建筑形式的统一性不可避免地预示了社会的一致性。

143

C・亚历山大

正如 C・亚历山大所说（1965），他在写作题为《城市并非树形》的极其优雅的著作时参考了简・雅各布斯的理论。他觉得雅各布斯是一位非常好的批评家，但她对于建筑的设想不太让人满意，事实上就是"一种格林尼治村与意大利的山地小城的混合物。"然而他同意，在他所谓的"自然城市"如锡耶纳、利物浦、京都、曼哈顿与"人工城市"如莱维敦、昌迪加尔以及新英格兰城之间，存在着有巨大的差别。不过，他喜欢某些英国的想法，这不仅仅是那些 G・卡伦以及其他人在《建筑评论》杂志（1959）上描述为反暴力（anti-Outrage）的，还包括在由 L・戴维斯（Llewelyn Davies）与威克斯（Weekes）在萨克福马的拉什布鲁克（1955—1964）所实现的乡村住宅。虽然没用"巨构"这个名词，但他也探讨了"巨构"的概念，就像班纳姆在他的同名书中讨论的那样（1981）。

但是，在 20 世纪 60 年代这段时间里，亚历山大认为与其去寻找一种好的可供参考的形式，不如去寻找潜在的规律。而也就是在那时，他认为这些规律只能通过一些更为抽象的关系很好地表达出来，而不是图像（就像 G・卡伦所做的）或者文字（就像雅各布斯所做的）甚或是建造实例（就像 L・戴维斯和威克斯所做的）。这样他标题中的"树"就不是指那种"绿色……有叶子"的东西，而是一种由集合论发展而来的抽象的思维模式。

正如他所说："集合是一些我们出于某些原因认为属于一个整体的要素的集中。"由此我们可以想到人、草叶、车、砖……房子、花园等等的集合。集合中的要素能够合成整体是因为它们能够一起发挥作用或者以某种亚历山大称为"系统"的方式相互协作。为此他举了一个例子：

> 在伯克利，赫斯特大街和欧几里得大街的转角处有一家药店，在药店外有一个红绿灯。
> 在药店的入口处有一个展示当天的报纸的报刊栏。在红灯的时候，等待过街的人闲散地
> 站在路灯旁；由于他们没有什么事做，他们就站在那儿看展示在报刊栏上的报纸。他们

当中的一些人只看了大标题，其他一些人事实上会在等待的时候买一份报纸。

144 对于亚历山大来说，所有这些都是一个系统，因为：

> 这种影响使得报刊亭与红绿灯互相依存；报刊栏，上面的报纸，从人们口袋里流入硬币槽的货币，在路灯旁一边等待一边读报的人，红绿灯，使得指示灯变化的电流脉冲以及人们所站的人行道共同组成了一个相互协作的系统。

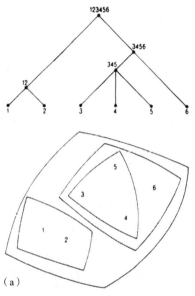

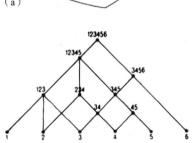

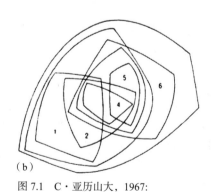

图 7.1　C·亚历山大，1967：
（a）"树"显示了分离的元素
（b）"半网格"显示了重叠的元素（图片来源：Alexander，1967）

在这个系统中，报刊栏、红绿灯和人行道是系统中的固定不变的部分，可以说是设计的产物；但是那儿的人、他们的钱、报纸和驱动信号灯的脉冲都是设计者所不能控制的。

因此，他一开始就有两种分类：他的系统中的不变的部分和可变的部分。每一个部分当然都可以被编号。人可能是 [12345]，他们的钱 [678910] 等等。人也可以被分为：男人 [123] 和女人 [456]，也可以按照等级来划分：1 表示单个男人 [123] 代表所有男人；4 表示一个女人，[456] 代表所有女人等。因此站在那个街角的人的所有集合可以用 [123456] 来表示。

亚历山大称这样的结构为一个树形，正如我在另一篇文章（1973）中讨论过的那样，他分别在平面（如 Venn 图解）和剖面图中以图表的方式展示，是一种由上到下逐渐分支的模式（图 7.1a 与和图 7.1b）。

这就是他的树，对此他这样描述：

> 当且仅当一个集合里的任何两个子集要么是一个包含另一个，要么是毫不相关的，这个集合才能形成一个树形。

我们能够大体上根据生物属性来把人分为男人和女人，并因此形成完全不相关的子集。

但是也可以依据其他方式来对人进行分类：像老师与学生、大学生与非大学生等。他们中的每一个都可以从属于许多不同的子集。亚历山大也在平面和剖面上描绘了这些复杂的关系，他的剖面在这种情况下是半网格形的。正如他所说：

> 当且仅当两个重叠的集合属于这个集合，并且它们共有的元素也都属于这个集合时，这个集合才能形成半网格形的。

因此，男人可能是 [123]，女人就是 [456]，大学生可能是 [145]，非大学生就是 [236] 等。

　　当然，总的来说树形结构导致了严格的划分，但是半网格包含了许多复杂的重叠，合并和融合。正如亚历山大描述的："一个基于 20 种要素的树形结构可以包含最多 20 个中的 19 个子集，而一个基于相同的 20 种元素的半网格却可以包含超过 1 000 000 个不同的子集。"

　　因此很明显，一个按照工作、居住和服务区来进行分区的城市形成了一种亚历山大意义上的树形结构，同时雅各布斯描述的那种住宅，商店等等的混合模式形成了他的半网格形的结构。

　　以这样的方式定义后，亚历山大继续以树形或者半网格形的方式对大量的城市进行分析，包括阿伯克龙比（Patrick Abercrombie，1879—1957）的大伦敦规划，丹下健三（Kenzo Tange）的东京，索莱里（Paolo Soleri，1919—2013）的梅萨市，勒·柯布西耶的昌迪加尔，L·科斯塔（Lúcio Costa，1902—1998）的巴西利亚等，这些都被希尔伯赛默（Ludwig Karl Hilberseimer，1885—1967）在《城市的本质》（1964）中当作最极端的树形规划模式的范例。在他的文章的第二部分，亚历山大继续说道，当一个城市是由规划者经过周密的规划的，那么它就一定是树形的结构；而自然的城市经过时间的发展，是最合适的包含复杂性的容器，一种与我们的复杂的社会关系一致的半网格形的形式。

N·泰勒

　　在他为伦敦郊区所写的《城市中的村落》（1973）中，N·泰勒（Nicholas Taylor，1927—）做了与雅各布斯在曼哈顿街区中所做的相同的事情。他追溯了英国城镇的历史，以及一直到包括高层住区在内的英国住宅的历史。正如他所说，他在为工党争取选票的时候学到了许多住宅的知识，在此基础上，他和妻子在伦敦东南部的郊区利镇建立了自己的房屋。正如他所说（p.79）：

> 通过常识和个人的观察，我越来越确信这种类型的住宅不仅仅可以让我与我的家庭满足，还可以推广到一个更广泛的层面适用于不同年龄与收入的人群。这些无名的小房子是被一些维多利亚时期的投机商所建造的，可谓是精巧设计的奇迹，而这不是由个人的艺术偏好而是由普通的家庭历经数世纪的发展演变而来的，这些普通家庭在人类学的角度来看确实是很复杂的。

　　泰勒继续指出，那些越来越多的为人们建造高层住宅的建筑师却选择住在这种传统的住宅里，或者是莱昂斯（Eric Lyons）的升级版本。他们在处理"对他们自己家什么是好的"和"对别人家什么是好的"的时候是割裂的。

　　泰勒高度赞扬了那种前门直接向公共街道开放并通过门槛与两三步台阶来限定私密空间的住宅。他同样也指出传统后院的优点："后院可以毫不费劲的容纳下婴儿车、儿童玩具、家庭主妇的晾衣绳、狗的小屋，这一切都可以处于厨房的紧密监控之下。"他也赞扬了一个小的前院在促进个性化表达上的重要性，"在这里通过玫瑰、石头和小矮人来进行半公共性的展示"，还有后院"半私密的沙坑、灌木和凉棚"。

　　这些在高层公寓之间是不可能的，楼群间的公共空间，它们普通的入口大厅以及每层的楼梯间都是无用的。它们无法为个性化的表达提供机会，甚至不能在夏天提供非正式的室外活动。在泰勒看来，这些东西才会产生自由，"从表面上看是私家花园里盛开的花朵，从心理上却根植于家庭生活的发展"。

泰勒所谓的街道，当然会激励邻里间的责任与所有权意识，而这也是简·雅各布斯在她的格林尼治村的街道中发现的。但是泰勒的邻居更加的安静。他们并不热衷于"那不勒斯郊区的嘈杂的温室"，雅各布斯——甚至她的汉普斯蒂德的居民——同样持有这样的浪漫主义情感：他热爱静谧的人际关系。

对于泰勒来说，最重要的元素就是和睦的邻里关系，这种关系只有当每一个家庭都有认同感时才能很好地保持，而这种认同感是通过对房屋和它所站立的那一小点土地产生的"我的，都是我的"的感觉获得的。他可以以主人的身份站在这块土地上，向其他人点头致意，或者向那些同样在行使所有权的邻居。他认识他们中的所有人，但相较于一般的点头之交，他会对亲密的朋友提供更多庇护。

当然，泰勒的住宅是在汽车刚发明的时代（1886）修建的。他指出的，像他居住的那种街道应该为居民的汽车提供停靠的地方，事实上就是房屋的前门外边。正如前院和住宅外观一样，汽车同样有助于主人个性化的表达以及自我认同感的建立。但是把车停在街道上容易受到天气或者蓄意破坏者的威胁，并不是说蓄意破坏的现象在泰勒所居住的伦敦的大街上不是什么问题。但是正如他指出（p.104），在低密度的汉普斯特德花园郊区，既然可以建造独立或者半独立住宅，1911年左右汽车开始变得流行以后，那也可以加建车库。

在面对建造高密度的住宅同时停放汽车的问题时，泰勒倡导 R·麦考密克（Richard McCormack）为伦敦的自治市默顿建造的位于波拉德希尔的庭院住宅模式。在这个案例中车库被设置在做短暂停留的街道外围。

马奇和特拉斯

麦考密克在波拉德希尔的设计中采纳了剑桥大学"土地利用与建筑形式研究所"（今马丁中心）的研究成果，这并非是巧合。由于麦考密克曾是剑桥大学的一名学生，马丁中心进行过各种研究，马奇和特拉斯对有效的土地使用的本质进行研究。1968 年，马奇和特拉斯出版的《若干建筑形式的土地使用绩效》（The Land Use Performance of Selected Arrays of Built Forms）。他们源自勒·柯布西耶的基本前提：住宅应该这样布置，即便是在最严酷的冬至日，每一间起居室都应该保证最低两小时的日照时间（在没有云的情况下）。

勒·柯布西耶、格罗皮乌斯和其他一些人就此还展开过争论，在相同太阳高度角的情况下，现代主义运动的散布于绿地中的板式住宅要比 2 层、3 层或者退台的住宅形式的土地使用效率高。

借助于这些先驱未曾使用过的计算机，马奇和特拉斯得以对大范围的建筑形式的阳光透入标准展开测试：不同高度的退台式的住宅、点式住宅、板式住宅、T 形的、X 形的以及其他种类的塔楼，包括所有可能的建筑形式，能够最有效的利用土地的模式是四层的带庭院的住宅（图 7.2）。

考虑到他们当时正在剑桥工作，就会毫不奇怪马奇和特拉斯会注意到院子——或者牛津的四方院——的社会优越性，但是他们的关于光线的分析是完全客观的，并且至今仍然是应用于城市形态的最重要的一部分研究。可是不寻常的是，除了麦考密克之外，直到最近，也很少有建筑师抓住了马奇和特拉斯的研究为城市形态提供的机会。

特别是考虑到"城市设计之父"勒·柯布西耶在 1955 年设计雅尔乌别墅时，相当直观地得出了关于土地利用的相似的结论。

勒·柯布西耶设计的两个房子都是在一个混凝土的半层高平台上的 L 形的——很明显转角的地方是一个庭院。平台下方是车库，房屋本身是由组合砌体建造的，在这个案例中，砖砌筑成微弯的拱顶，勒·柯布西耶将这种形式误认为是加泰罗尼亚式的。

这些房屋本身代表了大师自 20 世纪 20 年代就开始所持立场的彻底转变。它们的薄的墙，厚的拱顶，小的窗户构造以及优越的蓄热能力，防止太阳的辐射，允许阳光在需要的时候渗透进来，这是对他的新建筑五点（1927）的高度自我反驳。

这些都是建筑层面的问题，但是在雅尔乌别墅中，勒·柯布西耶很明显想尝试反驳他在 20 世纪 20 年代的规划理念。在这里，点式的和板式的塔楼都被抛弃了，高速公路也是一样，代之以一个人体尺度的环境。房屋本身不到三层，矗立在半层高的基座上。而且汽车被停放在它们应该在的地方，即平台下面，从而使人体尺度在地面上获得主导地位。

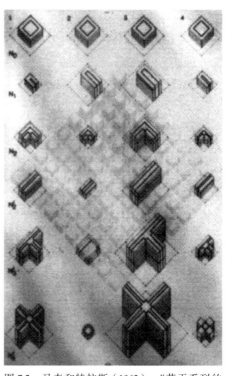

图 7.2　马奇和特拉斯（1962）："若干系列的建筑形式"，揭示出庭院式的房屋能够最有效的利用土地（图片来源：March and Trace，1962）

P·考恩

马奇和特拉斯处理的是建筑之间的空间，但是建筑内部的空间显然与此相关。这些小型的乔治时期的广场几乎达到其最佳状态，四层的房子围绕着庭院，令人惊奇的是，围绕广场的这些房子内部设计也相当独特。因为它们是为在伦敦、巴斯的或是其他地方方便参加社交季[1]而建造的，所以有供家庭用的房间面向广场一侧，供仆人居住的小房间在其后或上面的阁楼。

这种不同功能房间的混合意味着，即使在现在，这些在城市中的乔治时期的房屋可以被用作许多用途：大家庭居住的住宅、大使馆、领事馆等，它们可以被划分为公寓，或只做一小点改动变为学校（伦敦贝德福德广场的 AA 建筑学院就拥有三个这样的院子）、疗养院、办公楼、特别是出版社等等。

这种灵活性主要来源于最初为仆人建立的房间。P·考恩（Peter Cowan）的研究指出（1964），这些房间的尺度非常重要。他首先在医院的设计中测量了房间的尺度，发现大约有 30% 的房间面积在 150 平方英尺（13 平方米）左右。他在其他的建筑类型上也发现了这样的结果，然后他提出了一个不同的问题。

考恩策划了一个大范围的活动，像他说的一样，以"个人的五官感受开始，并上升到一个大的群体活动，像跳舞或者交谈"。然后他将这些活动分别安排在面积从 4 平方英尺（0.370 平方米）到 10000 平方英尺（920 平方米）的房间中，以测试每个房间可能包含的活动类型的数量。

他认为，最小的房间可以包含 10 种类型的活动，随着面积的增大，活动的数量也会增加。事实上，

148

1.　The Season，伦敦在 17、18 世纪便开始有社交季，到 19 世纪到到高峰。——译者注

刚开始的时候增长的相当迅速，但当面积增加到 200 平方英尺（18.5 平方米）时，这种增长的趋势突然就变得平缓。再往上，房间面积上的增加与可以容纳的活动类型的数量几乎没有关系。

由于乔治时期的建筑包含许多差不多这么大的房间，也由于这些房屋窗户的间距可以使大的房间被划分成更多小的房间或者更小的尺度，这些乔治时期的建筑能够很好地适应许多用途就不奇怪了。

J·雅各布斯、N·泰勒、马奇和特拉斯、P·考恩，还有勒·柯布西耶本人，都在为现代建筑运动的点式或者板式住宅模式寻找理由。O·纽曼（Oscar Newman）和 A·科尔曼（Alice Coleman）则对这样的居住模式持有相同的批判态度，他们在为某种相当不同的居住模式寻找支撑。

O·纽曼

O·纽曼认为（1973），J·雅各布斯关于城市性的观点代表了一种没有经过证实的假说。他指出（p.112），一个项目中商业和社会机构的出现并不一定会导致那种雅各布斯认为一定会发生的所有权的监视。相反，他说，纽约市住房委员会发现，越是邻近商业街区的住宅项目犯罪率越高。作为一宗在芝加哥南部发生的抢劫案的受害者，我能证实，尽管州际街道从那种观点上看处于不断的监视中，我还是被认为是敌对的肤色格格不入的陌生人。

与雅各布斯不同，纽曼通过统计分析来支撑他的观点。例如，他发现了项目的尺度及建筑的高度与平均每千人当中的犯罪数目的关联，总结在表格 7.1 中。

建筑规模与高度和每千人犯罪率之间的关系		表 7.1
项目规模	建筑高度 6 层及以下	6 层以上
1000 户以下	47	51
1000 户以上	45	67

他发现内廊式的住宅尤为危险，走廊两侧都连接着公寓，因此，没有人能够从外面看到他们。他同时也发现（p.112）介于居住街坊之间的空间的犯罪率要比与之接壤的公共街道的犯罪率高。后者听起来像是 J·雅各布斯所说的那种没人觉得需要对街坊之间的空间负责的街道。事实上，他们制造了一种无人地带，在纽曼看来，如果有人觉得要负责的话，即使说不上可用也可以变得更加安全一些。

正是在此基础上，纽曼发展了他的防卫性空间的观念，这是一种被当地居民控制的空间，居民会辨认出任何潜在的罪犯，并将其当作入侵者。因此，正如纽曼说的（p.3）：

> 防卫性空间是一种大范围的机构（真实的或者象征性的障碍物，强烈定义的区域以及更有利的监控）的代理形式，这与受当地居民控制的居住环境是结合在一起的。

因此：

防卫性的空间是一种生活居住环境，能被居民用来提高他们的生活质量，同时为他们的家庭、邻居和朋友提供安全保障。

因此，在纽曼看来，应该有一种空间类型的层级关系，从最公共的空间——街道，到最私密的空间——住宅的内部。在这两个极端之间将是半公共的空间，很明显是为居住在那里的人或者以合法目的拜访那里的人所保留的，尽管半私密的空间开向公共通道，但显然它是从属于某一户住宅的。

因此，为了获得这些不同的空间等级，需要新的项目设计和改造老的项目（图 7.3）。在众多不同的案例中，纽曼分析的目标是（p.167）：

1. 增强租户对场地的监控；

2. 通过场地和路径的清楚区分减少公共区域的面积；因此创造出不同的空间等级：公共空间、半公共空间、私密空间以及路径；

3. 增强居民的归属感；

4. 提高公共住宅区的声誉，使居民更好地体会到与周边环境的延续性；

5. 减少项目中居民的代际间的矛盾；

6. 以可控和有益的方式增强项目中半公共场地的利用，鼓励和扩大这些居民觉得需要负责的区域。 *150*

有些人，例如 B·希利尔（1973），觉得这是一个相当邪恶的阴谋，为社会操纵者提供一系列的工具来控制城市大众。希利尔说，这是一个基于 K·洛伦茨（Konrad Lorenz，1952）、R·阿德里（Robert Ardrey，1967，1969）和 D·莫里斯（Desmond Morris，1967，1969）描述的关于"领域感"的相当危险的错误观念。希利尔认为，与这些人种学者的观点相反：人从本性来说不是一种好斗的生物，只专注于定义和防卫他自己的领地，或者，退一步说，私人的财产。

希利尔认为，考古学的和人类学的证据可以为我们所用："人类的社会学观点已经得到公认，他之所以是一个人，是因为他是社会性的。"社会不是一种约束人类自然行为的机制："我们所有的基本的文化事实——语言、生产机制、最重要的是城市——都证实了这种解释。"

图 7.3 布朗斯维尔住宅，纽约，有一个很容易从公寓窗户观察到的三角形的"缓冲区"，用于玩耍、坐着休息以及停车（图片来源：Newman，1972）

像这些人种学者做的那样，从海鸥的行为中寻求证据，由此认为人类是一种具有侵略性的、领域感很强的动物，当然是错误的。但是像希利尔那样从特罗布里恩群岛人的行为那里寻找证据，认为人类本质上是一种合作性的社会动物，可能同样是错误的。或者至少，人应该是所生存环境允许的自然发展的结果。由于特罗布里恩群岛人没有建立城市，我们只能推测他们在这方面可能会如何表现！

正如我们在第一章中看到的那样，穆斯林城市的整体观念就是要使每一个房屋都有清晰的、明确定义的私人领地，即使伊斯兰教也需要对它的追随者有强烈的社会责任感。没人能够忽视这种上百年的，事实上是上千年的文化多样性（在某些地区是根本性的），然后说，由于第一个人看起来是高度社会化的，所以之后的所有人都应该也是高度社会化的，当然，你也可以相信他们本该成为那样！

尽管希利尔对纽曼的统计数据的修订对揭示住宅的物质形式有一些帮助，但是居住在那里的人的社会地位却完全是另外一回事。因为，这些缺乏足够教育的、地位低下的、贫穷的、没有工作的、绝望的人，相比于那些不管住在什么地方、拥有某些特权因而能够购买到隐私与保护的富人们当然更有可能犯罪！

A·科尔曼

A·科尔曼的《乌托邦城市的审判》（1985）建立在 O·纽曼的工作的基础之上。她和她在伦敦皇家学院的同事进一步扩展了纽曼及其团队所做的统计工作。他们测试了不同类型的住宅中发生的各种反社会行为的频率：从独户住宅划分成的小型公寓到为特定目的而建的房屋、低层的公寓街区、特别是高层的公寓街区，纽曼和他的团队发现是如此的疏远。

151 | 不同居住类型与不适当行为发生比例相关性 | | 表 7.2

	独户住宅（1800）	改造型公寓（200）	为特定目的而建造的公寓（4099）
乱丢杂物	19.8	37.0	86.1
脏、垃圾腐烂	4.0	16.5	45.7
涂鸦	1.2	0.5	76.2
破坏公物	1.9	2.5	38.8
随地小便	0.0	0.0	22.9
随地大便	0.1	0.0	7.5

科尔曼的团队描绘了这些在不少于 4099 个公寓楼里发生的这些行为，在它们当中包括 106520 个单独的寓所，因此大概总共居住着 25 万居民。他们同样描绘了发生在大约 4172 个单独家庭中的相同范围内的行为。

行为本身以对社会的危害程度由轻到重排序，从或多或少的随意扔垃圾、任意涂鸦、故意的破坏行为、入托小孩的数量、在建筑入口走廊或者电梯随地小便甚至大便等。

例如，在一项研究中，他们比较了这些事情在独户住宅，房屋转变成的公寓以及为特定目的建造的公寓中的发生率，结果如表 7.2 所示。

除了一个明显的异常外（看起来好像是由一匹马的存在以及它的粪便引起的），随着人们从独户住宅搬到由房屋转变成的公寓，再搬到为特定目的而建造的公寓楼，科尔曼调查的反社会行为有一个明显的上升趋势。

然后，她比纽曼更加详细地分析了这些看起来与反社会的行为具有最强烈关联的高层公寓的特征。她发现，对于 15 幢公寓楼来说，其中包括 4099 户住户，反社会的行为模式看起来是与这些建筑的设计相关的，以百分比的形式如表格 7.3 所示（资料来源：combirined from Coleman's Tables 7 & 9）。

不同设计变量的相对影响	表 7.3
与尺度有关的变量	
公用同一入口的住户数量	57.7
同一住宅楼中的住户数量	46.7
住宅楼的楼数	41.1
每户的楼层数 也就是说：公寓还是跃层	13.8
与交通流线有关的变量	
不同住宅楼之间的天桥数	32.6
相互连接的电梯、楼梯数	26.7
相互连接的出口数	22.4
走道类型（单廊还是双廊）	20.6
地面或布局特征	
空间组织：公共、半私密、模糊等	31.2
从街道进入场地的入口数量	24.6
地块里面的楼栋数	18.3
游戏场数量	7.1
入口特征	
类型：公用或每户独用	9.8
入口：从街道、内院或其他	8.5
在桩和 / 或车库之间	6.6

在每一个案例中，与数量有关的信息：住户的数量、公寓楼的数量、每幢公寓的层数、与之相连的人行道的数量、逃生线路的数量等等，看起来总是越多越坏的。甚至与小孩数量相关的结果看起来都是让人沮丧的，像科尔曼说的一样，设有大的学校、较为公共的操场等等的多层式布局意味着孩子们愿意花更多的时间待在一起，而不是和成年人包括他们的父母待在一起，因此，他们学习什么是好的行为的机会就更少。

科尔曼像纽曼一样，也有自己的削减反社会行为的策略。她同样建议应用新的设计或者是重新改进已经存在的设计。它们包括：对住宅而言，对花园、栅栏以及大门的规定；停车空间以及制作个人标志的规定。对于公寓而言，她建议了许多原则；首要的是，取消人行天桥以使每一幢

152

楼之间有清晰的区分，从而让每一幢楼的居民都有明显的自治权；减少通道以及逃生线路的数量，也因减少陌生公寓楼的数量；提高入口和街景的品质以使公共入口面向街道，而不是内部的庭院。

但是，与纽曼不同的是，她预见并回应了她的批评者。她发现，尺度本身、建筑的年龄、密度本身都不是问题，事实上，在某些情况下，她提倡增加而不是降低密度。但是她确实发现许多反社会的行为与孩子们的密度是有关的。

首先，她坚持认为，贫穷、失业或者某些问题家庭集中的街区与反社会的行为是不相关的。事实上，她指出，不管这些问题在 20 世纪 80 年代有多糟糕，其实它们在 20 世纪 30 年代的时候更加糟糕。但当时大多数的人就住在 J·雅各布斯所描述的具有众多优点的街道上的房子里。除此以外，科尔曼发现，令人惊讶的是，这些商店、供人消遣的地方以及娱乐场所等的出现远远没有产生有益的效果，如果它们位于居住区内部的话可能会带来反社会的行为。

尽管科尔曼曾预想过别人可能会说什么，还是有其他人批判她。例如，B·安森（Brian Anson，1986）义无反顾地为那些破坏"文明标准"的人辩护。他把燃油弹、涂鸦艺人、肆意破坏者看作和强盗、强奸犯以及儿童猥亵犯一样的罪犯。但是他认为，他们的抗议可能恰恰是社会所需要的，科尔曼或者其他人所说的都没能解释，"1981 年的暴乱以及毒品泛滥所证实的社会性的疾病，这些已经远远不是建筑所能解决的了，也不是由于在那些失业严重地区人们的沮丧情绪（最终反映在对环境的漠视上）"。根据他的观点，这些都是由于绝望引起的，不是对建成环境的质量的失望，而是对失业所带来的贫穷的绝望。

一旦缺少金钱，曾经关心家事的母亲就会变成"一个对家事毫不在意的懒散的人"，紧接着就是"这里的街道，然后是邻居，甚至是整个城市。但是这些小孩（这些新的，见多识广的一代）就可能将这种绝望转化成愤怒，到最后就开始扔燃油弹。"他理所当然会被打上了罪犯的标签。

像在他之前的希利尔一样，安森将这种拆除天桥的措施以及其他科尔曼的建议视为仅仅是对穷人或者弱势群体实施的一系列骗局。根据他的观点，街头涂鸦是有理由的，甚至扔燃油弹也不是没理由的。

153

正如他所说，"在贝尔法斯特，他们向这种随意涂鸦的人开枪射击"，但是，"我们真正应当做的是花些时间去看看他写的到底是什么。"以这样的方式或许我们才能开始理解我们时代的真实的城市的本质。

第三部分
从理论到实践

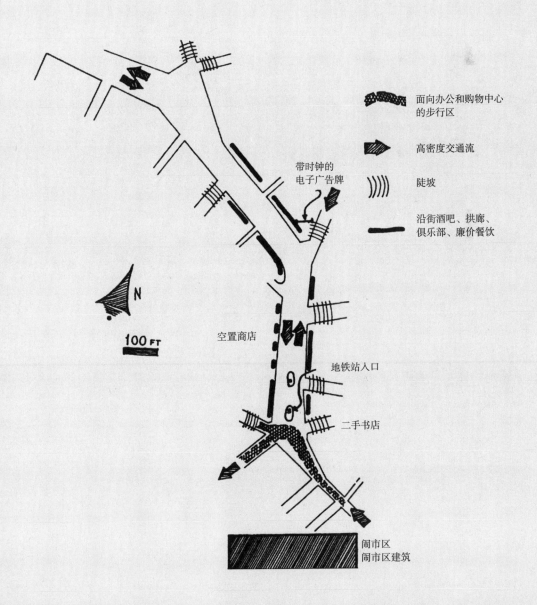

面向办公和购物中心
的步行区

高密度交通流

陡坡

沿街酒吧、拱廊、
俱乐部、廉价餐饮

带时钟的
电子广告牌

N

100 FT

空置商店

地铁站入口

二手书店

闹市区
闹市区建筑

第 8 章　新理性主义者

倾向派（一）

新理性主义倾向派[1]，最早出现于 20 世纪五六十年代，意大利的《卡萨贝拉》（Casabella）杂志。当时杂志编辑 E·罗杰斯（Ernesto Rogers，1909—1969）聚集了一批年轻的建筑理论家，有 V·格雷戈蒂（Vittorio Gregotti，1927—），M·赞努索（Mario Zenuso），最突出的是 A·罗西（Aldo Rossi，1931—1997），等等，开始探索建筑的本源，并发展形成各自的哲学思想。罗西与后来倾向派重要的根据地，威尼斯建筑大学历史研究所建立了个人的联系，这个研究所自 1968 年起由 M·塔夫里担任所长，他的同事包括 C·艾莫尼诺[2]，罗西与艾莫尼诺曾合作共事。

倾向派第一次受到国际的关注是在 1973 年米兰三年展的理性建筑展。展览组织者包括 E·邦凡蒂（Ezio Bonfanti，1837—1973）、R·博尼卡尔齐（Rossaldo Bonicalzi）、M·斯科拉里（Massimo Scolari，1943—）、D·维塔莱（Daniele Vitale）以及 A·罗西。展出内容除了他们自己的设计作品，还包括 20 世纪 30 年代以来理性主义者的先驱，和意大利以外其他国家理性主义者的设计作品，如来自卢森堡的克里尔兄弟，以及个性鲜明的纽约五人组。

这些新理性主义者凭借法国 18 世纪的理性主义者的思想理论，如洛吉耶、勒杜，尤其是部雷的作品原型，创造了一种纯粹抽象和几何的建筑语言。大部分的倾向派学者自称为马克思主义者，其中很大一部分按照 C·詹克斯（Charles Jenks，1939—）的观点描述为兰博基尼式的马克思主义者（Lamborghini Marxist）。一些学者则坚持提倡公社生活，使他们成为共产主义者。

当然我们能理解为何这批在法西斯独裁的 20 世纪三四十年代进入壮年期的学者坚持他们的政治倾向与"左倾"甚远，这种现象在意大利乃至拉丁世界都普遍存在。但其他的一些地方仍然将马克思主义作为"反法西斯"的简称。

罗西自身对于政治的反抗，并不是完全针对倾向派的"马克思主义者"，而是对于产生此背景的无休止的政治辩论。对于兰博基尼式马克思主义者，建筑本身几乎没什么值得讨论和设计的，除非它能够决定怎样掌控世界。

M·塔夫里

倾向派可以理解为只反对这种相当资产阶级化的马克思主义，更全面，然而也许不完全清晰的解释可以在 M·塔夫里大量的著作中找到，包括《建筑的意识形态批判》（Per una critica dell'ideologia architettonica，1969），以后收录在《设计与乌托邦》（Progetto e Utopia，1973）一书中，其英文译本改名为《意识形态与乌托邦》[3]。洛朗（Llorens，1981）对塔夫里书

---

1. Tendenza，一般按照音译为"弹弹撒学派"，此处按照原意译为"倾向派"。——译者注
2. Carlo Aymonino，1926 年—，文中作者误写成 Carlo Aymonimo。——译者注
3. Ideology and Utopia，1976。也称《建筑与乌托邦》（Architecture and Utopia）。——译者注

中的文章进行了考古式的发掘，尽管译文晦涩，但重点在于它向大部分英语读者介绍了倾向派的立场。

源于柏拉图的《理想国》（Republic）关于乌托邦的描述已具有相当长的历史，尽管一些人将柏拉图的描绘理解为极权主义，之后的乌托邦（1543）则更关注文学价值，自此乌托邦开始拥有许多不同的版本（Choay，1965；Tod and Wheeler，1978）。

这一立场在塔夫里的另一篇论文《客厅的建筑学》（L'architecture dans le boudoir，1974）得到最好的解释，他在文中提出，大型跨国公司能够凭借它们的规模及力量无视各地的城市规划。哪一座城市能够抵御这些跨国公司所带来的大量利润诱惑，它们所承诺的大量的就业岗位，这些就业人员所具有的购买力，一切诸如此类的利益关系？怎么会有城市拒绝这些跨国公司在一些已有其他建筑的区域进行建造的要求？

对于塔夫里而言，跨国集团的存在使得具有社会责任感的规划成为不可能。同时在早前的时代，建筑师以及空想家们已经构想过乌托邦，但资本主义摧毁了这一概念。如果他们甚至不能构想乌托邦，那也就失去了实现这类理想的希望。在掌控世间人事的资本主义的状况下，他们也不再能构想如何理想。因而塔夫里得出以下论述：

> 一种旨在对劳动力进行资本重新分配的建筑类型的出现，它影响了对建造过程中技师角色的理解，即作为经济动态下的一个负责的合伙人以及与生产循环直接关联的组织者。

许多马克思主义规划师认为，相比塔夫里的言论，卡斯特利斯（Manuel Castells，1942—）著于1972年的《城市问题》（The Urban Question）一书与规划中的实际问题更为相关。所以在深入研究塔夫里之前，我们应当关注倾向派思想出现的理论背景。

意识形态

马克思主义

如同马克思和恩格斯，理性主义者视大工业城市为彻底的异化。

城市类型将人与自然剥离，工厂里的所有一切似乎都与机器的节奏契合，人被降格为一种仅仅为操作机器而存在的"手"的状态。机器是高效生产的主角，而"手"则被配置在机器周边，在空间范畴上，似乎人仅仅是依附于机器而存在的。除了噪声外，人在工厂空间里的分布方式，没有任何形式的社会性交流。

精确运转的机器刺激着作为"手"的工人麻木机械地工作着，他们或按动按钮，或拉动操作杆，以及其他类型的操作。最恶劣的是这些工人从没有见过任何最终的产品，因而也无法获得一种个人的成就感。所以工厂中的工人以不同的方式受到剥削，从人权上，从产品制作流程上，这一切都深深地剥削了他们。

因而，新理性主义者构想了一种理想化的中世纪回归。在这个想象中，手工艺者在自己的作坊内工作，愉快地制造产品，享受向顾客售卖产品的乐趣，在街区内有着繁忙的社交生活，依靠店铺过着实实在在的生活。

159

图 8.1　G·多雷（1872）：城市街道
（图片来源：Doré，1872）

新理性主义者认同马克思的观点，即历史中永远存在着两个阶级——剥削阶级和被剥削阶级，不同于乡土建筑，那些称得上建筑的都是为表现政治、社会、经济、宗教抑或是其他精英们的权力而设计的。但是马克思逝世时（1883），他已否定了这一最初的二元阶级划分法。

F·恩格斯

塔夫里和其他新理性主义者在城市问题上引用了马克思的同伴恩格斯（Frederick Engels，1820—1895）的观点。譬如，1845年恩格斯描写了伦敦及其他一些大城市。他赞叹道："大规模的集中……巨大的船坞……成千的船只……许多的房屋。"

但对恩格斯而言，这些大城市的付出又过于巨大：

> 只有在大街上挤了几天，费力地穿过人群……才会开始觉察到……伦敦人为了创造充满他们的城市的一切文明奇迹，不得不牺牲人类优良本性……被压制着，为的是让这些力量中的一小部分获得充分的发展……在这种拥挤的街头包含着某种丑恶的违反人性的东西。

> 每日，人们熙来攘往，他们有相同的品质，有相同的能力，对快乐有相同的追求。

> 他们从彼此身旁匆匆走过，好像他们之间毫无相同之处，好像他们彼此毫不相干，只在一点上建立了一种默契……行人必须在人行道上靠右边走。

实际上：

> 人们为了个人利益而导致了彼此之间的隔阂。这一现象愈加严重，则个体的聚集愈加强烈……个体的孤立，狭隘的自我救赎……厚着脸皮……诚如……这伟大城市中的人群。

对于W·本雅明（Walter Benjamin，1892—1940）（1955）而言，上述描述的魅力在于"一种老牌的态度与一种不可动摇的批判性的完整相交"。恩格斯发现城市中这个群体令人苦恼，因为他本人来自一个依然落后的德国，他从来不会面对随大流的诱惑。本雅明将这个观点与C·波德莱尔（Charles Baudelaire，1821—1867）相对比，这一对比，在塔夫里看来非常说明问题。

在恩格斯撰写《英国工人阶级状况》（The Condition of the Working Class in England，1845）的同时，他也和马克思开始撰写《德意志意识形态》（The German Ideology）一书。他们描绘了一个所有人和谐共处的完美的共产主义社会。没有人有特权，并且最重要的是没有分工制。他们解释为：

> ……当分工一出现之后，任何人都有自己一定的特殊的活动范围，这个范围是强加于他的，他不能超出这个范围：他是一个猎人、渔夫或牧人，或者是一个批判的批判者，只要他不想失去生活资料，他就始终应该是这样的人。而在共产主义社会里，任何人都

没有特殊的活动范围，而是都可以在任何部门内发展。社会调节着整个生产，因而使我有可能随自己的兴趣今天干这事，明天干那事。上午打猎，下午捕鱼，傍晚从事畜牧，晚饭后从事批判。这样，我就不会老是一个猎人、渔夫、牧人或批判者。

一切都很美好，早上打猎，下午捕鱼。但假设要是哪天没有人喂养牲畜怎么办？马克思和恩格斯进而解释道：

> 在共产主义社会，艺术家这一次要的职业消失了……举例说明，对于某些特定的艺术，需要培养独立的画家或雕塑家，但这一称号……表达了……分工的存在。在共产主义社会，没有画家这一职业，只有在诸多活动中从事绘画的人。

当然，建筑师、规划师、哲学家抑或是政治思想家也不复存在，就如马克思和恩格斯自己。

也不会存在城市的概念。马克思和恩格斯继续在他们的著作《共产党宣言》（Communist Manifesto，1848）中写道，"把农业和工业结合起来，促使城乡对立逐步消失，在全国形成一种更加均衡的人口分布。"

因此，任何一个忠实《共产党宣言》的共产主义者都不可能是任何形式的都市主义者。

就如我们在第 1 章节读到的，至少在早期，马克思和恩格斯是一致的，即最早期的城市正是建立在他们所哀叹的城镇与乡村之间的差异之上的，在于规整的灌溉下的食物生产，更具体地说，就是劳动分工。他们把这看作是工业革命特有之恶，这当然是非常错误的。其实它正是早在 8000 年前人类文明开始成长的根基！因为早期城市手工业的专门化就是第一次劳动分工的产物。

在马克思的理想公社里，人们互助合作、和谐地在一起，但没有人，当然不包括马克思本人，能将他的想象与我们——包括他自己——对一些东西的喜好相协调，譬如书，它只能在高度专业化的劳动分工下——大多以机器为基础——进行批量生产，这些劳动分工就包括了作者、编辑、印刷商、发行商以及零售商等。这个悖论，当然构成了新理性主义诸多争论的基础，如人类应该是怎样的？我们的社会该如何构成？又应该如何规划城市以构建那样的社会？等等。

C · 波德莱尔

波德莱尔关于城市的视角十分独特。他在一篇论文《现代生活中的画家》（The Painter of Modern Life，1863）中表述了这些观点。文中他描写了浪荡子（flâneurs）的形象，而被沙尔韦（Charvet）翻译（1972）为花花公子（Dandy）。

> 人海之中是他的领土，就如天空之于飞鸟，就如河水之于游鱼。他的热情与信仰融入了人群中。对于一个真正的浪子，一个热情的观测者，在人群中建立他的据点成为他所有乐趣的最大根源，变幻的、喧闹的、飞驰的以及无限的。背井离乡然后四处为家；去游历世界，成为世界的中心，而后消失……观察者是一个王子，无论在何地都享受他的孤独。

对于恩格斯则完全相反，浪荡子被认为是：

图8.2　马奈（1862）：杜勒里花园音乐会。波德莱尔的浪荡子所欣赏的"现代生活"场景
（图片来源：伦敦国家美术馆）

……宇宙万物的热爱者，进入人群就如同投身巨大的蓄电池……他……也许……比作一面反射整个人海的巨大镜子……一个被赋予意志的万花筒……每个人的行动都代表了一种生活方式，以它自身的多样性……所有要素中涌动的优美构成了生活。

雷夫（Reff）指出（1983）波德莱尔所描写的浪荡子在巴黎的奥斯曼林荫大道（图8.2）自由逛荡。

塔夫里憎恶浪荡子，他认为浪荡子出现于巴黎的拱廊、门市商店、展览馆以及其他场合是为了在空间和视觉上寻求存在感，并且这使得无产阶级大众在被洗脑后可以认识到其在体制中的位置。

……在原本的意义上城市意识形态是一种长期的生产性单元，相应的，它也是一种在生产 – 分配 – 消费循环中的协调手段。

163 G·西美尔

塔夫里对G·西美尔（Georg Simmel，1858—1918）尤为不满，西美尔在论文《大都会与精神生活》（The Metropolitan and Mental Life，1903）中将都市人与他所谓的小镇居民进行对比。

西美尔的都市人不断追求刺激，然而小镇居民则更喜欢"规律的和习惯化的过程"。伴随季节变换，后者过着有节奏的生活，是一种日常的需求。相比都市人，小镇居民的"生活节奏更缓慢，更规律，也更平淡"。

相反都市人为各种截止日期忙碌。他对于来自各方面的不断出现的挑战及任命乐此不疲，这表现了他严苛的时间观念，而这也是其生活的关键。如果他需要商品或者服务，他不会只是在口头念叨。他会想要去拿到他所要，付款然后很快就转向其他东西。他活跃于货币经济。他试图保持他低调的交际网络，控制着人数或是交往范围，因为他实在是无法处理所有这些。

在西美尔的小镇生活中则相反："自卫本能……要求建立严格的界限……"人与人之间互相了解，每个人的生活也都能被关照到。没人拥有任何私人生活，任何形式的不寻常的怪异行为都被认为是对集体的威胁。没人能独立发展。

新的想法无法被接受。所有的一切都必须遵循确立依旧的方式："……古代与中世纪的小城镇设置了障碍，阻止个人的行动与关系向外发展……阻止个体的独立以和与众不同的色彩，如果现代人在这样的障碍下生活，会觉得完全无法呼吸。"

即使现在，无论何时让都市人待在小镇里，他们也还是会感到窒息，因为："……圈子越小……人们就会越发关注功成名就、行为举止以及个体态度。"

西美尔观点的独到之处在于他认为都市和小镇的生活都是可行的，且都是人们生活所必要的。小镇生活温和，简单，没有压力，相对的漫长，而都市生活造就了"更强大的觉悟以及智力优势"。城市中人与物的高度集合在最大限度上刺激了神经系统。有史以来，都市人的成就已经达到了人类的顶点。

都市生活允许个人享有不同类型及不同程度的自由，这是他在别处所无法得到的。因而都市人较之于"狭隘与偏见的小镇居民"，在"精神及高级感官"上是自由的。换句话说，大都市是真正"自由的场所"（locale of freedom）。

在英语世界成长的我们在 J·奥斯汀（Jane Austin，1775—1817）、A·特罗洛普（Anthony Trollope，1815—1882）、T·哈代（Thomas Hardy，1840—1928）以及其他作家的熏陶下，自然而然认为英国的乡村及城镇从根本上优于高速运行的城市。而城市在小说中的形象，以 C·狄更斯（Charles Dickens，1812—1870）为例，则被描绘为充满邪恶的下水道。

这类文学作品告诉我们，比起城市生活来，乡村生活更丰富、更有意义、更诚实也更愉快。但是，西美尔指出乡村生活同时也存在异端，譬如那里思想保守、人们追求自我保护，乐于去打听他人的琐事，对别人的行为品头论足，进而损害他人，竭力排挤异见者。乡村生活里的巨大障碍不仅仅针对人的行为，而更现实地针对人的思想，它来自操纵小镇居民日常生活的思想狭隘及自私欲望。

真正的都市人如波德莱尔描写的浪荡子，对这些所有的限制感到窒息。他怀念随心所欲的自由，没有限制，没有流言蜚语。他享受迷失在人群中的状态，这种感觉只可能在西美尔所描写的都市生活中找到。

然而塔夫里相当反对西美尔的观点，却对波德莱尔的浪荡子不吝溢美之词，赞其描写的美好小镇生活。

但就如之前的马克思一样，塔夫里犯了一个基本的错误，他认为都市人首先产生于大工业城市。无疑，加泰土丘、杰里科、巴比伦以及孟菲斯都有过浪荡子；雅典、罗马、佛罗伦萨以及威尼斯也都有，这可从当时的文献中得以知晓。确实，波德莱尔自己也把恺撒（Caesar）、卡利娜（Carlina）、阿尔西比亚德斯（Alcibiades，前 450—前 404）以及夏多布里昂（François-René de Chateaubriand，1768—1848）作为极好的例子。

建筑与乌托邦

倾向派所面对的哲学、政治以及社会学背景，就是塔夫里所要全部面对的。但我不认为他们有什么关联。

据我对倾向派的了解，塔夫里主张遵循启蒙运动哲学家的思想，建筑师应在建筑形式上表现社会的意识形态。因此他们应当先把构想及发展社会性质的乌托邦作为他们的任务，然后再寻找合适的三维空间建造方法。

但是启蒙运动建筑师却并不关注于设计可建造的形式。部雷、勒杜、勒奎（Jean-Jacques Lequeu，1757—1825）以及其他建筑师的"巨型建筑幻想"，作为"一种新的建筑创造方法实验模型，它们并不是无法实现的建筑之梦"。然而当资本主义兴起时情况开始变糟，建筑师仅仅成为资产阶级的工具。建筑师设计一栋又一栋建筑，甚至一座又一座城市。他们被蛊惑，甚至并非受迫，像无产阶级一样接受自己的社会地位，成为工业机器的一个零件。正如塔夫里所述：

> 这些资本主义创造的工作将身份识别从建筑中剥离出来，也就是说它被从理论预想中剥离出来。

塔夫里讨论的关键在于，其对建筑设计问题讨论虽然并不清晰但却能唤起他人对于与主题无关的联想。其中大部分内容被随机收录在第5章"建筑与乌托邦"中，以形成一个合理的内在逻辑。它众多的步骤包括：

1. 关注社会现实并鼓励发展真正的价值观，是包括建筑师在内的艺术家们的首要任务，这里的真实的价值观指的是马克思主义（第4章）。

2. 不言而喻，资本主义是邪恶的制度。因此所有艺术家的任务就是推动真理，即无产阶级的价值观，同时尽其所能去消灭资本主义价值观（Tafuri，1974，L'Architecture dans la boudoir）。

3. 资本主义城市的结构是客观的。它的"结构类似为榨取剩余价值的机器……（它）再现了工业生产进行方式的现实"（P.81，同时见5，P.107）。

4. 如西美尔所言，它的结果代表了一种漠不关心的态度；一种模糊的区分度，具体可以描述"事件在一种平淡乏味态度下发展；没有人应该享有优先他人的权利"（P.86）。

5. 一些资产阶级艺术家试图运用震撼战术的方式对这一暗淡的状态进行反驳，并证明了他们本身就如资产阶级一样是反自然的。塔夫里列举了从皮拉内西（Giovanni Battista Piranesi，1720—1778）到毕加索（Picasso，1881—1973）和达达派（P.90）。

6. 包括蒙德里安（Mondrian）这些艺术家，风格派抽象画派作家以及如塔特林（Vladimir Tatlin，1885—1953）那样的构成主义者，他们在创作中通过理想化的纯净形式或是机械的形式来调和人与机械价值观之间的关系（P.92）。

图8.3　G·里特韦尔（Gerritt Rietveld，1924）：施罗德住宅，乌得勒支。建筑简化为风格派的几何抽象体（图片来源：作者自摄）

7. 资产阶级接受这一观点因为他们希望弱化资本与劳动力之间的矛盾，以化解一些艺术中对立的看法。在这一前提下，达达派的混沌和当前城市的混乱成为一个可以将构成主义和风格派的规则进行叠加的基础（P.95）。

8. 这一特殊的融合由包豪斯所实现，它"完成了从先锋派的贡献中择优汰劣的历史任务，并以现实生产力的需求予以检验"（P.98）。

9. 艺术与设计，包括建筑在内，失去了社会批判的抱负，抛弃了在启蒙运动时期确立的创造乌托邦的责任。他们完全接受了资本主义制度的现实，接受了资本主义创造的机械论的城市，并欣然同意了尽最大努力为它服务。

所以，应该怎样做呢？不可思议的是，塔夫里抛开了 A·罗西的论据，把它看作纯粹的诗意理论并加以高度赞颂，认为罗西已经实现了：

图 8.4　勒·柯布西耶（1924）：巴黎的罗什住宅。作为"居住的机器"，建筑简化为船体的形式（图片来源：作者自摄）

　　……在引导下几乎是自发地去发现当今建筑的力量：即见证纯粹建筑的回归，去创造建筑而不是乌托邦；最好的结果就是抛弃所有的无用。

所以塔夫里欣赏那些追求平淡以及旧时纯粹的建筑师，他们试图给建筑穿上某种意识形态外衣。他似乎在寻找一种与 R·巴特（Roland Barthes，1915—1980）称作《写作的零度》对等的一种建筑学；简单客观不包含任何作者个人主观表达的建筑学。如何能解释这种显而易见的矛盾？

我相信这一答案蕴含在马克思关于异化，或者说是具体化的概念中。这是一种独特的异化关系，其中有属性的人、关系以及行动都被视为如机器般的存在，不是以任何人类的形式，而是根据物质世界的法则（Bottomore，1983）。换句话说，他将人视为抽象概念，要提供住所单元，等等。

这正是塔夫里作为一个空想主义者，尤其是一个屡遭挫败的空想主义者的所做所为。因为空想社会主义者是了不起的物化者。他们设想完美，体现在只能由完美的、具体的人来构建起来的具体社会。而那些完美、具体的人，当然需要完美、具体的建筑。

塔夫里自身没有向建筑师及规划师提出关于乌托邦的建设性意见。但他赞赏那些追求"平静保守"的纯净建筑的人。他们包括了塔夫里在威尼斯的同事如罗西和艾莫尼诺，来自卢森堡的克里尔兄弟，以及最重要的纽约五人组：埃森曼（Peter Eisenmann，1932—）、格雷夫斯（Michael Graves，1934—2015）、格瓦思米（Charles Gwathmey，1938—）、海杜克（John Hejduk，1929—2000）和迈耶（Richard Meier，1924—）。

1973 年他们的作品展，拉开了倾向派的序幕，但在我们讨论展示内容之前，我们需要回到一部将倾向派凝聚在一起的重要著作上：A·罗西的《城市建筑学》（L'Architettura della Città，1966）。

166

A·罗西

塔夫里相信，在资本主义条件下，人们不可能通过建筑进行意识形态的表述。建筑就纯粹的几何形来看，不得不沦为极端的无价值状态。A·罗西早就在他最初的建筑作品中用这些方法进行尝试，譬如他1965年设计的规模不大，位于塞格拉特（Segrate）的反法西斯游击队纪念碑，虽然这座纪念碑本身只是部分实现了罗西想努力完成的一个整体的市政广场（图8.5）。

纪念碑的几何构成非常简单，有许多圆柱支撑起一个剖面为等腰三角形的山墙。它的后端由两片封闭且平行的凝土墙支撑，在片墙之间有一段楼梯通往上部，山墙后面是一个观景平台。毫无疑问，这是一个毫无功能的崇高建筑。

在设计纪念碑的同时，罗西也在着手写他的第一本著作《城市建筑学》。该书于1966年在意大利出版，其英文译本直到1982年才得以出版。

在这本书中，罗西凝练了他在意大利杂志《卡萨贝拉》中研究多年的主题。他将这本书分为四个部分（p.27）：在第一部分他确立了他的主题，思考了他将描述说明的问题，这些问题自然而然引导他进行卡特勒梅尔·德昆西和柏拉图意义上的类型学研究。在第二部分他将城市的结构看作一个整体，同时包含了不同的元素；在第三部分他关注城市中的建筑和场所，关注城市所留有印记的实际的场所；在第四部分他所关注的是城市活力的问题，并继而讨论人们关注的政治选择。

罗西在全书中以他独特的角度进行建筑研究，并参考其他的外部学科如社会学和其他科学等。虽然他的方法论是运用历史上的例子作为研究基础，但他没有涉及建筑历史（p.22）。所以罗西本人说他研究城市的事实以及构成城市的拥有自身特质及发展过程的客观实体。英文译者将意大利单词"事实"（fatti）称为建筑体，然而丢失了其隐含的诸多意义，如事实、行为、行动……成就等。

图8.5　A·罗西（1965）：塞格拉特反法西斯游击队纪念碑（图片来源：A+U，1976/5）

罗西以构成城市的要素及其组成邻里的方法为着眼点。他研究了霍华德的田园城市以及勒·柯布西耶的光辉城市等。 *167*

对于罗西而言，建筑是某种思想的物质表现，因而建筑的任务在于解释这些思想并将其转变为建成实体。所以罗西在开篇时写道：

> 城市作为本书的主要话题，可以理解为建筑。在这里，建筑指的不仅仅是城市的景象，或是不同建筑的大集合，而是以建造来理解建筑，注重城市建造发展的历时性。

无须赘述，在罗西看来，"建造"这个词并不是在强调城市建筑的形态结构，而是它们需要遵循的基本原理，这是一种完完全全的理性主义视角。

如罗西所说：

> 当第一批人建造了他们的房子来改善生活环境，抵御外在气候影响时，建造就包含了审美意向。建筑开始成为城市的印记，深深根植于文明社会的基础之上，并成为一个永恒、普遍、必不可少的人造物。

因此罗西关注怎样通过理念思考进行建筑建造，以及怎样以建筑的秩序构成城市。

罗西将构成城市的元素描述为不同的建筑类型。同卡特勒梅尔·德昆西一样，罗西的类型代表了所有特殊建筑类型背后所保持的一致性及不变性。

他希望通过选择不同的建筑来定义类型：住宅、教堂、学校等，以此表现已建成的建筑体通过特殊的建筑体以及揭示所有具有特殊类型的建筑最本质的基本结构的分析方法。他希望以此能找到类型研究的关键。以此罗西将与城市有关的"建筑类型学的研究"视作"本书的基本前提"。 *168*

理论上罗西不得不考证所有已建的建筑类型，因为它们在长久的发展过程中完全相同，所以作为一个历史学家是应该做到这些。但只有单独分析每个个体，才能确定他进入了类型研究的关键。当然建筑师应该像植物学家一样，在建立植物的类型之前考察每一种他们所能找到的植物。

在建立他的基本类型后，罗西希望通过对类型的独特定义来确立每一种类型构成的规则，而一旦确立了不同类型的构成规则后，罗西希望进一步了解建筑类型是如何构成组团，最终形成一个复杂的整体——城市。

就城市的全生命历程看来，它所包含的由建筑构成的整体、建筑的"事实"必然经历持续的变化。每座建筑会被设计、建造，然后使用一阵，但之后，它也许就被拆除。但城市本身在经历了所有这些变化后将继续存在，这一特殊城市的概念将建立在我们的记忆之上（图 8.6）。

我们的记忆将建立在纪念性建筑的呈现上；特殊的建筑"事实"由于它自身质量的脆弱不得不面对时间的摧残。罗西认为，城市的纪念性建筑比起它那微不足道的物理存在、氛围以及视觉表现更有意义。纪念性建筑在某种意义上是城市记忆的核心，赋予城市以意义。

所谓的功能城市将纪念性建筑视为个人主义和虚伪的表现。他们希望看到纪念性建筑的倒塌，被空洞平庸的建筑取而代之，以推广他们所谓特别的功能主义方案。但罗西将纪念性建筑作为保 *169* 留城市这一概念的关键。

因此，罗西的目的在于运用类型的理念来揭示城市多样性的基本连续性。它将个别"事实"

图 8.6　阿尔勒：古罗马圆形剧场。这是 1686 年的一幅蚀刻画，显示了圆形剧场作为中世纪村庄的人造场所（图片来源：Rossi，1966）

拓展到了城市的整体领域，而不是简单地将城市看成是个体的集合。

建筑类型首先是在其平面，在建筑内部空间的相互关系中得以揭示。但建筑与建筑间的城市空间也具有类型。以城市尺度的角度阅读平面就能清楚地看出不同的城市类型。

罗西引用列维 – 施特劳斯（Claude Lévi-Strauss，1908—2009）的"空间具有它自身的价值，就如声音及香料有它们独特的感觉"作为引证。罗西将这类简单的空间称为场所，"场所赋予特定的建筑体以存在感。"

但是场所本身绝非简单的形态环境。场所包含了物质实体以及历史。没有人会在特殊的时间，在一个特殊的场所进行建造，除非他们有特殊的理由。

然而从这个意义上，建筑与城市建筑体间还有许多不同：

> ……当建筑能够包含一个时代的公民以及政治的方方面面，建筑成为构成城市建筑体的重要因素，此时它必然具有高度的理性、复杂以及可传播性。换句话说，当它能成为一种风格。

显然我们能识别"哥特风格城市、巴洛克风格城市、新古典主义风格城市等的某一特别空间或时间的环境，通过那些细微的差别"。

因此，风格成为决定城市形式的主要特征。罗西认为，风格是一种思考方式：

> ……这一方法否认了当前许多人的观点，认为预设功能可为建筑体提供必要的方向，以及形式被赋予了特定的功能。实际上，具体化的形式脱离了功能；他们呈现了城市的自身。

罗西指出，许多城市中伟大的历史建筑，以及那些从古代保存至今的纪念性建筑，大多被用于与最初完全不同的功能。他以尼姆的圆形竞技场为例，原本它是为罗马的血腥竞技活动而建造的，之后变为一座中世纪的小城市。而现在它可以用于任何功能，从斗牛到冰上表演，抑或是歌剧表演。在这样一座建筑中，显而易见的，功能追随了形式。

同时罗西声称他的目标是以建筑自身来进行分析，摈除了任何来自社会、政治、经济方面的压力，他的马克思主义观点自然而然地使他进入作为城市建筑体发展的重要部分的经济学范畴的研究。他分析了阿尔布瓦克斯（Halbwachs，1909）关于促使巴黎发展的推力研究后得出结论，工业发展破坏了巴黎之前特有的均衡物质以及政治环境。

中世纪手艺人住在店铺中，现在情况则不同。在罗西看到变化的第一眼时：

> ……可以察觉中世纪城市基本结构的破坏，其根本在于将本在同一座建筑中的居住与
> 工作场所明确分离。

在工业革命期间，大量的工人进驻工厂，因此罗西认为第二次决定性的变化开始了，"随着工业化的推进，居住与工作被明确分割，破坏了传统社区的关系"（图 8.7）。毫无疑问第三阶段的变化更加强烈，根据罗西的描述，"随着私人交通工具的发展"，尤其是汽车的出现。

但罗西质问："如果城市建筑体的建筑就是城市的建设的话，那么，怎么能在这个建设中没有政治这个具有决定意义的要素呢？"城市按照某一确定的政治决策发展。"当城市具体化为实体时，城市实现它自身的想法。"当然这一具体化完全依赖于政治决策。所以，虽然城市建筑体"建筑单体"能以纯粹的建筑学的角度进行研究，但是将一座这样类型的建筑落于城市的某处则无法做到。这是政治决策的力量。

罗西将城市视为延续性的集合，它允许嵌入简单几何体量的大尺度体量。这些嵌入物应当遵循历史先例中的类型：中央街区、院落、线性街区等。罗西视这些类型为植入城市的带有非连续性内涵的外来物，这一非连续性来源于城市的现有肌理与这些外来物的矛盾。

图 8.7　普雷斯顿：一座工业革命时期的城市，带有围绕棉纺织厂的相互挨着的工人住宅群（图片来源：Hiorns，1956）

图 8.8　部雷的国王图书馆，1785；1789 年大革命后称为大国民图书馆（图片来源：Pérouse de Montclos，1969）

所以对于罗西，建筑理论的作用在于检视这些建筑法则，使建造成为可能的规则。最简单的建筑法则就是通过一系列给定的要素求得某种实际形式。罗西用 18 世纪的新古典主义中发现对于这种法则最简单的证明以及它的运用。以部雷的伟大国家图书馆（图 8.8）为例（1967）：

> ……从一开始部雷就将他的图书馆视为伟大人物以及过去文化精神传承的物理场所，这些伟人以及他们的作品构成了图书馆。我们必须注意这些，因为这个项目保存了最初的资料作品和书，它们将项目的构成材料组织起来……在这一国家宫殿，构成建筑的材料会由特定的规律构成（Moneo）。

在建筑意义上，图书馆这种建筑类型需要包括某些特定的特征：集中采光、书的可取性，以及清晰的编排等。作为一个建筑体，它可以由这些已经确立的类型构成。它将形成一种特定的形式，这一形式能够从结构上以及技术上进行分析。在所有之后，它可以在三维空间内被看作一个建筑体。

在人类发展的过程中，建筑的类型法则开始发展起来，罗西说，（它与工业革命的关系）在新古典主义时代我们见证了许多新建筑类型的发展：博物馆、银行、办公楼等，全都是"为历史的公民视野服务"。从起源的角度来看，这些建筑的类型与它们的原始类型不同，如神庙，如斗兽场，从这一层面来看，它们是对古典秩序的曲解以及误用。

新的类型需要新的秩序，包括全新的规模、尺度，与周边合理的新关系。这是因为秩序本身就会与"基本的构造事实"保持密切的关系。新古典主义解决了这个问题，如莫奈奥（Rafael Moneo，1937—）在关于罗西作品的著作中提到："合乎逻辑的建筑形式，以及合理表现的形式，是建筑体最显著的特征，是一种完全不同的风格特征。"

所以在他建立的类型学的基础上，罗西寻找到了实现三维的建筑体的答案。对他来说，答案蕴含在新古典主义建筑中，或者更特殊的，在启蒙运动的理性主义建筑中，在新世界的探索中，"历史作为过去的集体记忆，被注入建筑客体中，使建筑更加明确其本质。"

罗西认为，启蒙运动的理性主义学派，是历史上第一批从建筑本身创造自主法则的先锋。只

172

有他们创造了被观念独到的罗西认可的法则，并造就了建筑内多样要素的异化，即城市中的建筑体。

卡纳莱托挑选了大量帕拉第奥设计的威尼斯风格建筑，然后重新将它们安置在他认为这些建筑应在的位置，他将这一过程称之为客观化。他将帕拉第奥的元素、建筑加以拼贴和叠置，这种方法与帕拉第奥原本的建筑非常不同。在帕拉第奥的设计中，这些建筑被放置在威尼斯和威尼托（Veneto）的文脉之中加以考虑。

但是问题仍然是怎样建立一种类型，使人能在三维中认识建筑体。答案不仅仅在罗西对部雷纯粹几何体量建筑的热情之上，同时也在罗西自己的建筑中，至少在罗西早期的建筑作品中，如塞格拉特（Segrate）的纪念碑（1965），米兰的加拉拉泰塞公寓（Gallaratese）（1969—1973），布罗尼（Broni）的学校（1969—1970），摩德纳（Modena）公墓（1971）以及法尼亚诺 – 奥洛纳小学（1972），它们全部可看作是由简单几何形式的构成：正圆、正方形、正三角形，且所有项目都在三维上被塑造为正方体、正圆柱体以及正三棱体。

艾莫尼诺

在罗西将类型学的思想重焕生机的同时，卡特勒梅尔认为，C·艾莫尼诺也找到了有说服力的案例（1973）。他分析了 1929 年法兰克福和 1930 年布鲁塞尔 CIAM 会议上的社会住宅，对于那些在法兰克福、柏林及其他地方的已经建成的案例，进行了彻底的类型学研究（图 8.9）。1973 年，他的研究成果《合理居住：1929—1930 年 CIAM 会议文献》（L'Abitazione Razionale:Atti dei Congressi CIAM 1929—1930）出版成书。

艾莫尼诺重新整理出版了吉迪恩（Giedion）、E·迈（Ernst May，1886—1970）、格罗皮乌斯（Gropius）、勒·柯布西耶、布尔乔亚（Victor Bourgeois，1897—1962）在 1929 年 CIAM 会议上的论文，以及吉迪恩、伯姆（Dominikus Böhm，1880—1955）和考夫曼（Richard Kaufmann，1887—1958）、格罗皮乌斯、勒·柯布西耶、诺伊特拉（Richard Josef Neutra，1892—1970）、蒂格（Tiege）在 1930 年 CIAM 会议上的论文。不仅如此，他还展示了近百个住宅项目的户型平面，这些住宅案例不仅来自欧洲城市，如巴塞尔、鹿特丹、乌得勒支、德绍、法兰克福、策勒、都灵、罗兹、布鲁塞尔、卡尔斯鲁厄、汉堡、威斯巴登、苏黎世、斯图加特、米兰，此外，还包括莫斯科以及其他一些美国城市的特殊案例。

他的关注点主要集中在最小居住面积问题（Existenzminium dwelling）上，这是欧洲，特别是德国 1920 年代社会住宅的标志。在法兰克福，这些住宅表现出一种特殊的活力，也正是这样，1924 年在法兰克福，E·迈提出了"城市建筑师"（City Architect）的概念（Miller-Lane，1968；Rodriguez-Lores and Uhlig，1971；Bullock，1978）。

1924—1934 年间，《新法兰克福》（Das Neue Frankfurt）杂志持续关注和宣传这些项目作品。杂志的主编是 E·迈和维歇特（Wichert）。根据 E·迈的观点，人们应该居住在单独的家庭住宅中；这些住宅都应该包括一个室外花园；城市应该被这些住宅区环绕；每个组团以从 10—20000 人不等的住户加以区分；城市中心区的每个组团由开放绿地系统分离。

伯姆和考夫曼，这两位 E·迈早期的同事，针对法兰克福的低层住宅，特别是个人别墅的发展提出了不同的观点。在 1929—1930 年法兰克福 CIAM 会议上，他们反对格罗皮乌斯试图强行将高层住宅思想作为 CIAM 的指导准则。

174

法兰克福现代建筑

法兰克福现代建筑

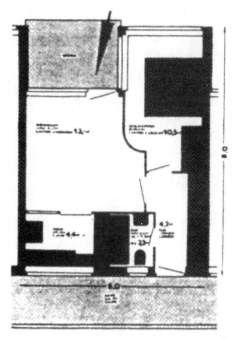
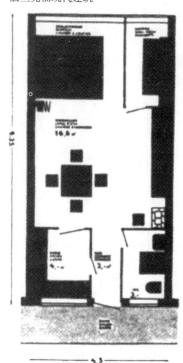

法兰克福现代建筑

法兰克福现代建筑

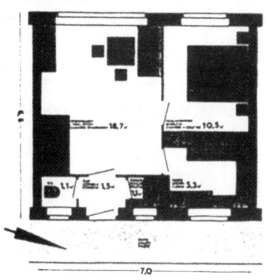
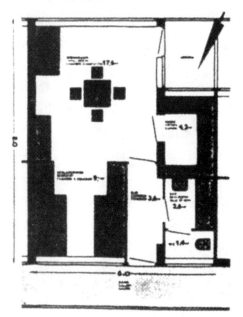

173 图 8.9 合理的法兰克福公寓类型（图片来源：Carlo Aymonino，1973）

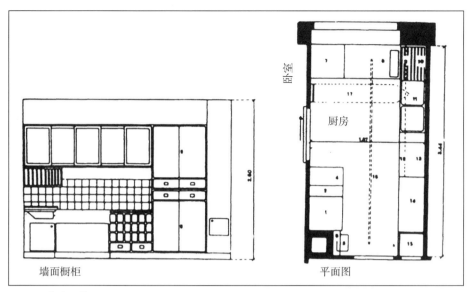

图 8.10　符合人体工程学的法兰克福厨房（图片来源：Schütte-Lihotsky，1927）

E・迈和他的同事在法兰克福周边区域设计了至少 18 栋住宅，如威斯特豪森（Westhausen）、普劳恩海因（Praunhein）、勒默施塔特（Romerstadt）等。在这些住宅设计中，他们进行了一系列设计实验，研究住宅平面（layout）、朝向、外形、日照、房间尺度、建造方法和预制装配等。

他们的工作包括大尺度的实验性住宅，如汇合 900 间住宅的混凝土建筑。同时在法兰克福从事设计实践的也有 G・许特 – 李霍斯基（Grette Schütte-Lihotsky，1897—2000），他设计了法兰克福厨房（Frankfurt Küche，1927）（图 8.10）项目。C・弗雷德里克（Christine Frederick，1883—1970）将泰勒（F.W.Taylor）分析砖的砌造方式的方法应用到家务工程（Household Engineering）上。而后，许特 – 李霍斯基则将其原理充分应用到厨房设计中。所以在普劳恩海因住宅中，最小的厨房尺寸不超过 1.87 米 ×3.44 米，但是所有设施都经过精心的预制准备，包括金属板和各种食物贮藏柜。

厨房看起来是分隔出来的一套完整系统，其他房间也可以用类似的功能分区方法，所以在艾莫尼诺的研究中，引用了不少关于法兰克福的建筑案例。

他也列举了维也纳、柏林、苏联、法兰克福和布鲁塞尔在历史上的住宅平面，如线性住宅，庭院式住宅等。还有最新式的住宅平面，如莱奇沃思、鹿特丹、阿姆斯特丹、芬兰的阿波、苏黎世、米兰、法国的勒普莱西罗班松、法兰克福、华沙、巴黎、布达佩斯、布鲁塞尔、阿姆斯特丹、柏林和卡尔斯鲁厄等的案例。其中大多数是成排的行式建筑，并遵循了那个时候 CIAM 所推崇的"阳光、空气和绿地"的设计原则。

艾莫尼诺所著的《合理居住》一书所提到的类型学研究，正是罗西在私人住宅方面所倡导的。在城市设计领域，至今能与之相比的只有 R・克里尔的《城市空间》（Urban Space，1975）。不过在我们得出这些结论之前，有必要研究倾向派在 1973 年米兰三年展上对此的解释。

倾向派（二）

塔夫里、罗西及其他一大批学者以《卡萨贝拉》（Casabella）杂志作为理论研究的前沿阵地，这是倾向派新理性主义思想产生的历史背景。他们的研究范围涵盖理论和实践，不仅仅通过探索性的设计来提炼思想，同时通过赢得设计竞赛获得实践机会。

都市元素

与罗西设计的塞格雷特纪念碑非常相似的是他在斯坎迪奇设计的市政厅（1968），同样采用了简单的几何形体，由完整的半球形和各种直角体块组合而成，形成对称且有十字交叉与中心轴线的形体。罗西设计的穆吉奥市政厅（1972）形体上由一个中心被剪切的圆锥体和两翼构成，其两侧分别包含了三个开敞的院落同时彼此通过中心轴线形成对角线关系。另外，罗西设计的位于瓦雷泽的法尼亚诺–奥洛纳小学，由矩形的建筑形体围绕着位于右侧的圆锥顶圆柱形大厅，这种轴线感同时因为烟囱和开敞的绿廊得到了强化。

1967—1970年间罗西与艾莫尼诺合作完成了位于米兰郊外的加拉拉泰塞公寓项目。艾莫尼诺的设计完全体现了城市复杂性的一面，住宅建筑由三组体块联系在一起，平面呈弓形，围合着圆形剧场。而罗西仅设计了一幢建筑，其位于艾莫尼诺的中央体块后侧，且与之平行。

艾莫尼诺的住宅借鉴了他在《合理居住》（Vivienda Razionale，1973）中的研究成果，使用了紧凑化的设计。他为不同的家庭设计不同面积类型的公寓，其剖面设计里巧妙地在建筑两侧隔层布置阳台。考虑到电梯机房，顶层采用复式结构并且配有开敞的屋顶花园。

所有设计元素配合室外旋转楼梯，使建筑屋顶轮廓线更具有连贯性，同时在立面上采用了近似勒·柯布西耶的玻璃砖墙以及穿孔混凝土阳台栏板，这也从整体上呼应了这种连贯性。艾莫尼诺的设计图纸思路来源于勒·柯布西耶的马赛公寓和昌迪加尔法院，同时他也认同色彩在建筑中的作用，为了减弱墙体表面深红棕色的影响，艾莫尼诺设计中使用了橙色的窗框、黄色的人行桥、蓝色的走廊以及橙黄相间的柯布式色彩的"地下室"。

罗西设计的加拉拉泰塞二号住宅于1974年竣工，本书在后面将有更详细的解读。

克里尔兄弟（一）

20世纪70年代早期，在前文讨论之外的其他区域的学者主要精力集中在城市空间的理性主义研究领域中。这其中最有表性的，是卢森堡的克里尔兄弟，L·克里尔和R·克里尔。

他们最初的设计思想并非理性主义，R·克里尔早期的设计作品，如森玛住宅（Siemer House，1968—1970），整体外墙为白色并采用了复杂的几何形体，而非当时新理性主义者的处理手法。设计中有趣的几何分析方法融入了对人的考虑，克里尔在这一住宅设计中引入了比例系统，人可以通过30°倾斜的巨大屋顶上缓慢下坡。理性主义者认为这个设计中的窗户略显繁杂，而塔形的玻璃楼梯又带有装饰艺术风格的倾向（Architecture and Urbanism，1977：06）。

1970年后，R·克里尔在斯图加特及其周边地区的一系列实践从城市思想中受到启发，他把建筑理解为是插入街道和广场的竖立物，同时与文脉巧妙融合在一起。如果说马蹄形奥地利广场还主要受陶特的柏林布里茨住宅区的影响，克里尔设计的莱恩费尔登商业街则反映出他对自己研究成果的全部信心。巨构建筑被植入毫无秩序的乡村，形成1200米长的集会大厅和U字形广场，沿途有商业街、面向绿地的集市和教堂。艺术长廊是一个多层次的立体换乘系统，它包括地铁站、停车场、公交站点，而地上层则是商店、办公室和住宅等功能，最后所有的元素由拱形的玻璃长廊联系成统一的整体（图 8.11）。

从文化性上看，克里尔的莱恩费尔登商业街表达了对特定城市类型的研究。设计通过平面图展现了丰富的元素，包括广场、商业街、后院空间、艺术长廊和集市等。依据同样的设计思路，可以想象他如何将这种设计手法运用在其他城市空间的设计中。

L·克里尔早期的设计作品在内容和形式上都与理性主义相距甚远。他坦言自己在学生时代十分崇拜勒·柯布西耶，并参与卢森堡大规划设计，这使得"阿尔及尔规划更像一种胆怯的行为"（L.Krier，1985a）。他甚至幻想过用巨大的网格覆盖全国，使卢森堡的每个居住区顶上都有悬挂于 100 米高的照明设备（1985b 和 1985c）（A&D Sept.85 Washinton A&D Dec.85）。

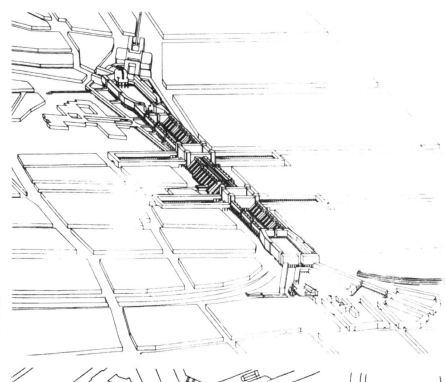

图 8.11　R·克里尔（1971）：斯图加特莱恩费尔登商业街设计，带状的郊区购物中心，开放广场，交通换乘等（图片来源：Bonfanti 等，1973）

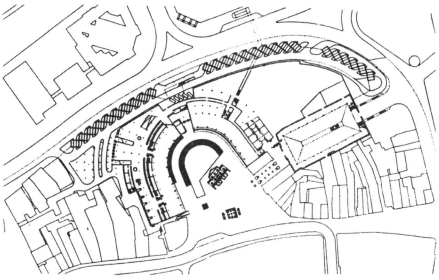

图 8.12　斯特林（1971）设计的德比文化中心，带有 U 形的玻璃拱廊以及成 45° 倾斜的重建的德比会议厅立面（图片来源：Bonfanti 等，1973）

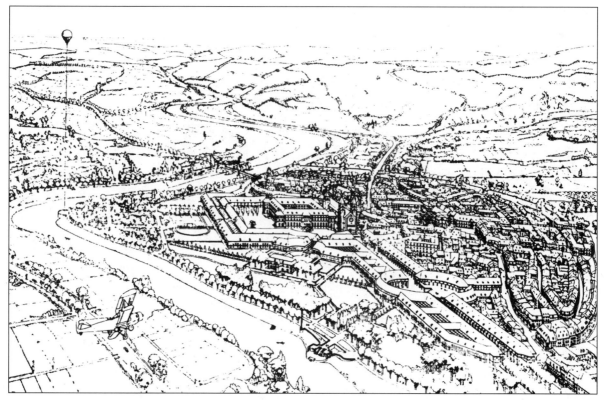

图 8.13　L·克里尔（1970）的埃希特纳赫：文法学校的扩建，有顶盖的拱廊，轴线大道等（图片来源：Bonfanti 等，1973）

178　　　与其他刚毕业的学生不同，在 L·克里尔早期职业生涯的设计方案中表现出他对技术的关注，他曾参与比勒费尔德大学设计（1968），并与 J·斯特林合作设计过高技项目，如慕尼黑西门子公司总部（1969）、朗科恩（Runcorn）住宅（1969—1970）等。同时他还协助斯特林完成了德比的文化中心（1971）城市设计方案，采用了高技的手法，玻璃拱廊以 U 形带有着新古典主义立面的会议厅围绕，拱廊内侧的落地玻璃与地面逐渐放缓成 45° 夹角，而拱廊的立面同样成 45° 倾斜，被安置围绕在 U 形广场内（图 8.12）。

　　　克里尔在埃希特纳赫（1970）的设计方案再次表现出了对高技的青睐。总体规划包括从巴洛克时期的修道院及其扩建到文科中学（Lycée Classique）的周边地带，克里尔通过标志性建筑从三面围合文科中学，建筑之间的缺口由拱廊连接（图 8.13）。他还以草图勾画出具有乡土性的走廊和修道院门廊，所形成的轴线不断向东南延伸成为柱廊式的街道，另外在街道中段布置了一个圆形广场，轴线向更远处延伸形成奥斯曼式的林荫大道。

　　　整个设计冲破了中世纪埃希特纳赫的城市边界，同时被景观河道隔离，轴线对应的是俄罗斯最为重要的构成主义者 I·列昂尼多夫（Ivan Leonidov，1902—1959）的纪念碑。在 1971—1972 年间，克里尔曾经想为柏林的列维舍姆大街设计两座 I·列昂尼多夫风格的塔楼。

倾向派展览

　　　在关注这类建筑作品时，罗西和他的同事们认为新理性主义成熟期的开始与 1973 年米兰三年展有着非常重要的内在关联，因此有必要回溯这届展览。

图 8.14　奥德（1927）：斯图加特魏森霍夫住宅区的住宅（图片来源：作者自摄）

有关展览的大部分信息，在 1973 年由邦凡蒂、伯尼卡兹、罗西、斯科拉里、维塔勒出版的《理性建筑》（Architectura Razionale）一书中有更为详细的介绍。展览作品可以划分成很多主题。其中便有被新理性主义者视为先驱的一系列作品，即在 20 世纪 20 年代倡导白色墙面国际风格的建筑师的作品，包括卢斯在维也纳的戈尔德曼和萨拉契商店（Goldmann and Salasch Shop）、奥德（Jacobus Johannes Pieter Oud，1890—1963）在荷兰胡克的地景设计，以及斯图加特的魏森霍夫建筑展（图 8.14）。此外，还有密斯在魏森霍夫设计的板式住宅、柏林亚历山大广场的玻璃板式建筑，以及 H·施密特（Hans Schmidt）在巴塞尔的住宅。

展览回顾了卡萨贝拉杂志有着竞争关系的多莫斯（Domus）杂志，J·里克沃特（1974）认为，施密特是文化领域中新出现的英雄，是存在极少主义（Existenzminimum）的奠基人，是艾莫尼诺"从图书馆中诸多令人厌恶的概念中发掘出的智慧"！

另外还有构成主义的设计作品，如 H·迈耶（Hannes Meyer，1889—1954）在巴塞尔的彼得学校（Peterschule），以及列昂尼多夫的重工业人民委员会大楼、金茨堡（Moisei Ginzburg，1892—1946）设计的莫斯科纳考姆芬集合住宅（Narkomfin collective housing），以及萨莫纳（Giuseppe Samonà，1898—1983）之后在结构主义设计竞赛上的罗马下议院入口设计。

20 世纪 30 年代理性主义者的设计作品，如在意大利国际式中有代表性的班菲（Gian Luigi Banfi，1910—1945）、贝尔焦约索（Lodovico Barbiano di Belgiojoso，1909—2004）、佩雷苏蒂（Enrico Peresutti，1908—1975），以及罗杰斯（Ernesto Rogers，1909—1969）在莱尼亚诺（Legnano）的 C·伊洛特拉皮克（Colonia Elioterapic），和泰拉尼（Giuseppe Terragni，1904—1943）在科莫（Como）的"新公社"（Novocomum，1928) 以及法西斯宫（Casa del Fascio，1936)。

勒·柯布西耶在此次三年展中的作品是拉土雷特修道院，这是一座粗野主义的建筑作品，而这是否对当时的理性主义有影响？结果不得而知。另外还有一些建筑略带粗野主义痕迹，如翁格尔斯（Matthias Ungers，1926—2007）在科隆的尼贝尔（Niebl）住宅，以及 M·比尔（Max Bill，1908—1994）在乌尔姆的造型学院（Hochschule für Gestaltung）。而由 L·马丁爵士（Sir Leslie Martin，1908—2000）事务所设计的剑桥冈维尔和凯恩斯学院的哈维院则通过四幅摄影照片和两

图8.15　L·马丁和科林·圣约翰·威尔逊、P·霍奇金森设计的剑桥冈维尔和凯恩斯学院的哈维院,带有"墙板式柱子",罗西称之为"septa"
（图片来源：作者自摄，平面图由马丁提供，1983）

张平面图得以展示（图8.15）。

　　展览中的建筑作品部分构成了倾向派形成时的文脉背景，而这些设计作品与当时大量的折中建筑形式表现出很大的差异，这也使得倾向派把这些建筑作品视为是他们的先驱。里多尔菲（Mario Ridolfi, 1904—1984）在罗马的INA住宅，外露的梁柱结构形成方格网状的建筑立面，而在其上有脊形屋顶覆盖；菲吉尼（Luigi Figini, 1903—1984）和波利尼（Gino Pollini, 1903—1991）在米兰哈拉尔街（Via Harrar）设计的平屋顶住宅与其有很大相似之处。另外还有加尔代拉（Ignazio Gardella, 1905—1999）在威尼斯扎泰勒岛设计的乡土大厦（Vernaculer Palazzo）住宅以及BBPR在米兰设计的哥特式的维拉斯卡塔楼（Torre Velasca）。

　　除了倾向派号称的一系列建筑先驱者及其作品，同样骇人的还有一系列都市先驱者。其中包括T·加尼耶（Tony Garnier, 1869—1948）的"工业城市"，勒·柯布西耶的可供300万人居住的城市，以及B·陶特（Bruno Taut, 1880—1938）的柏林布里茨住宅区（Britz），皮亚琴蒂尼（Marcello Piacentini, 1881—1960）设计的EUR以及墨索里尼（Benito Mussolini, 1883—1945）时代的第三罗马帝国。

　　相比之下，这些项目就平淡许多，希尔伯赛默（Ludwig Karl Hilberseimer, 1885—1967）的理论上探讨的板式住宅（图8.16）、博托尼（Piero Bottoni, 1903—1973）的QT8，以及设计米兰绿地（Verde）项目的阿尔比尼（Franco Albini, 1905—1977）、加尔代拉、帕加诺（Giuseppe Pagano, 1896—1945）和其他人的作品。此外还有更夸张的建成的项目，如哈雷新城以及东柏林的卡尔·马克思林荫大道（1952），项目由J·凯泽（Joseph Kaiser）和他的团队共同完成（Schultz and Gräbner, 1987），它基于A·施佩尔（Albert Speer, 1905—1981）为希特勒设计的带有强烈纪念性的柏林城市轴线。

　　在卡尔·马克思林荫大道上并排布置了六幢16层的新古典式样建筑，但所这些建筑形式都是极端苍白、机械、枯燥和毫无人情味的：大片的矩形板式住宅，机械化地精心排列所构成的城市

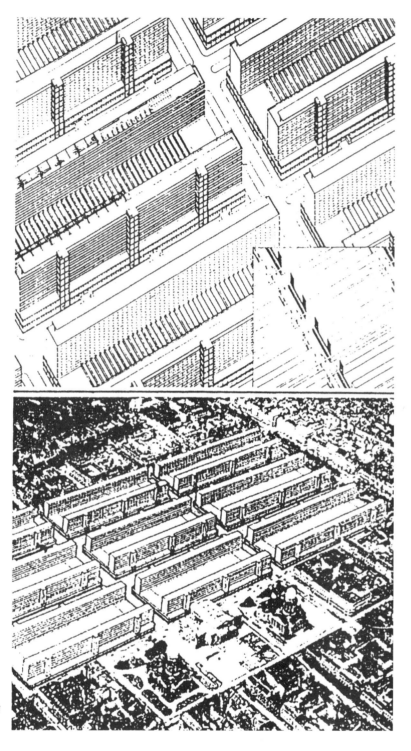

图 8.16　L·希尔伯赛默（1964）理论上的
成熟布局（图片来源：Bonfanti 等，1973）

180

肌理显现出的却是建筑师的漫不经心。如果塔夫里需要找寻 20 世纪城市将人转向机械化的生活方式，这将是绝佳的案例。但是这些项目都不属于资本主义建筑，它们都是在马克思主义政治体系下由马克思主义建筑师设计完成的。

里克沃特认为，博托尼的 QT8 受勒·柯布西耶影响，但结果却并不成功。关于希尔伯赛默，里克沃特这样说：

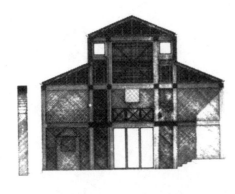

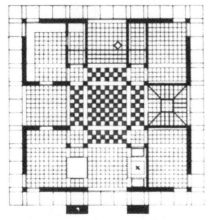

图 8.17 莱因哈德和赖希林（1973）设计的托尼尼住宅，卢加诺。平面图和剖面图（图片来源：Bonfanti 等，1973）

这种影响源自密斯，他造就了芝加哥建筑风格，但是在所有尺度中都使用了 100 为模数，这令人无法接受，使得所有建筑失去了人情味，成为一种丑陋的构成。而所有这些作品成为我们钦佩的反抗希尔伯赛默式的调和物，如东柏林的哈雷新城（Halle-Neustadt-collective）。

正是因为有这些不尽如人意的建筑，倾向派展示了他们自己的作品，其中包括赖希林（Reichlin）和莱因哈德（Reinhatdt）的 L·康风格的建筑，托尼尼别墅（Villa Tonini）（有四块场地围绕一块中心广场组成，其上覆盖有金字塔形屋顶）（图 8.17），罗西的法尼亚诺 - 奥洛纳小学（图 8.18）。还有他在赛格拉特和加拉拉泰塞的设计项目（图 8.19），艾莫尼诺的加拉拉泰塞的规划以及他在帕尔马做的帕格尼尼剧院的修复和周边住宅设计，格拉西（Giorgio Grassi，1935—）在米兰的阿比亚蒂格拉索（Abbiategrasso）城堡设计（图 8.20）。还有一些其他人的作品，如施内布利（Schnebli）、蒙泰罗（Monteiro）、吉塞尔（Gisel）、比索尼（Bisogni）等。

还有一些不完全属于倾向派，却也具有某些相似性的建筑作品，例如 L·莱奥（Ludwig Leo，1924—2012）的柏林水泵站、相田武文（Takefumi Aida，1937—）的横扫千军之家（Annihilation House）、L·克里尔的埃希特纳赫规划设计、斯特林和克里尔的德比规划，R·克里尔为莱恩费尔登的商业街项目以及在柏林的森玛别墅，萨韦德（Sawede）设计的柏林选候大街的住宅项目，纳塔利尼（Afolfo Natalini，1941—）与超级工作室（Superstudio）为纽约设计的项目以及萨莫纳的晚期构成主义作品罗马众议院大楼等。

图 8.18 A·罗西（1972）设计的法尼亚诺 - 奥洛纳小学（瓦雷泽）（图片来源：Bonfanti 等，1973）

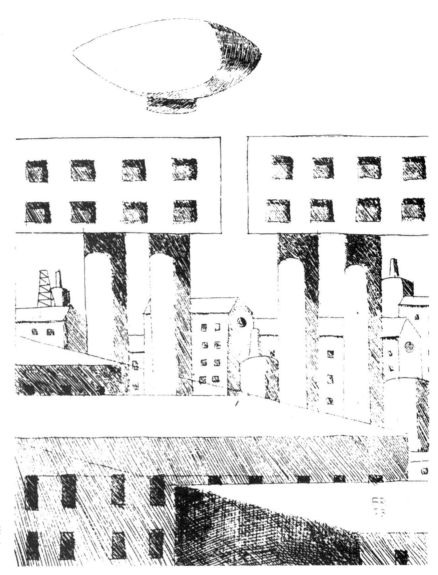

图 8.19　A·罗西（1967—1969）:
为米兰加拉拉泰塞公寓所画的 "类
型" 住宅建筑的概念性草图（图片
来源：Bonfanti 等，1973）

得到倾向派的认可，并与其保持密切关系的是纽约五人组，虽然那时候他们的作品都是白色墙面的国际式风格，如同勒·柯布西耶在 20 世纪 20 年代设计的别墅。倾向派展览中展示了纽约五人组每个成员的一件作品：埃森曼的一号住宅、格瓦思米的钢铁住宅、格雷夫斯的海森曼住宅、海杜克的伯恩斯坦住宅和迈耶的萨尔兹曼住宅。

可以肯定的是，尽管倾向派具有马克思主义倾向，但美国的建筑师作品对他们而言同样非常重要，展览中也展示了 C·罗（Colin Rowe，1920—1999）有关马克思主义与现代运动的关系的文章。

展览的作品还包括邦凡蒂位于历史中心区的建筑剖面，皮亚琴蒂尼的罗马规划，以及格但斯克、东柏林、博洛尼亚等各种马克思主义的城市重建项目。此外还有来自佩斯卡拉、罗马、那不勒斯和柏林的学生作品，翁格尔斯曾经是格勒纳尔（Grönahl）和罗特（Rothe）的导师，罗西曾经是罗泽（Roze）、坎托尼（Cantoni）、塞雷娜（Serena）和博斯哈德（Bosshard）在苏黎世的导师。罗西也曾经是博尼卡尔齐、布拉吉耶里（Braghieri）、斯科拉里等在米兰的导师。

183

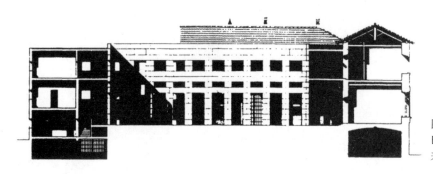

图 8.20　G·格拉西（1973）：米兰阿巴拉特格拉索城堡的修复设计（图片来源：Bonfanti 等，1973）

倾向派给予了来自资本主义社会的纽约五人组非常大的关注，这使得他们自己也感到不得不重新评价他们的马克思主义观。在他们编著的书尾，引用了两幅异于马克思主义的作品照片，一幅是恩（Karl Ehn）设计的维也纳的卡尔·马克思大院住宅，另一张是 1946 年绘制的，约凡（Boris Mihailovich Iofan，1891—1976）、许科（Schuko）、戈里夫列赫（Gel'freich，1885—1967）设计的莫斯科苏维埃宫竞赛获奖方案（1931—1936）。

A · 科洪

A·科洪（Alan Colquhoun）在分析了 1975 年伦敦设计三年展后，进一步阐释了理性主义者设计实践中的几种趋势。现代主义运动者渴求清除一切，以全新的方式开始。理性主义者与他不同，承认城市现状并将其作为可以介入的对象。认为至少有两种可以形成介入的方式，首先是简单"插入"，将新建筑植入任何已有的城市肌理之中。

另一种则更加自成一体，类似学校或校园复杂建筑群体，自身可以包含多种几何形式，通过对称、叠加、交错的手法混合形成城市肌理。这种混合是一种"有机"形式，科洪这样解释：

> 几乎所有的规划方案，都将城市视为一个持续的混合过程，大尺度的简单几何形体元素在植入城市后，成为这些历史城市的类型；集中式的围合形成了内院空间……线性的空间建立起点到点的联系……

同时，更重要的是：

> 植入城市的元素如同有机体中的外部组织，在新老对比、肌理与结构、图底关系、文脉与意义几方面，加剧了不连续性。

而正是因为有这些矛盾性的存在，使历史城市成为至关重要的文脉"赋予了新结构以意义"。

冲突的加剧可以表现在，诸如新的结构系统与已有的城市网格形成交错并带有不协调的夹角关系，有时它们甚至是两种完全不同的系统，"错误"地放置在一起形成互相抵触的关系。

显然艾莫尼诺在加拉拉泰塞公寓规划中找寻的就是这种夹角关系和"错误"放置形成的冲突，尽管该项目所处的米兰这一区域并没有明显的文脉特征，但却可以包容这种新的形式关系的存在。

184

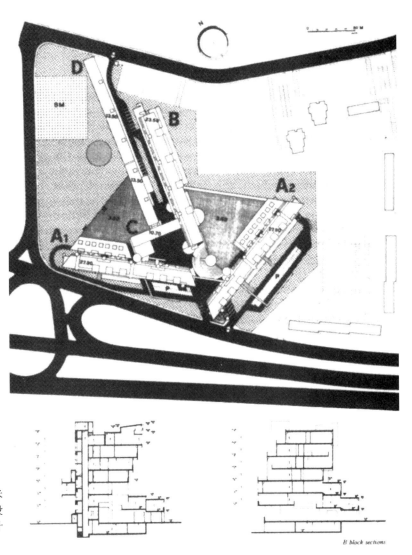

图 8.21　C·艾莫尼诺（1967—1969）：米兰加拉拉泰塞公寓的总平面，艾莫尼诺设计的地块为 A1、A2、B 和 C，罗西设计的地块为 D（图片来源：Nicolin，1974）

B block sections

　　科洪认为设计者在"有机"形式设计过程中较少关注已有的城市关系，而更加注重新元素的创造以形成"可以自我包容，自给自足的动态系统以及统一性"。他认为 L·克里尔的多个项目在很大程度传达了这种设计意图，在卢森堡的埃希特纳赫规划（1970），大尺度的轴线被统一的立面联系起来，而由 R·克里尔设计的莱恩费尔登项目中应用新古典规划语言形成的矩形广场和扇形空间也没有迎合周边的空间形式。

　　作为"插入"设计手法，科洪认为这是一种对城市损伤较小的方法。他认为：

　　　　尽管这些特点鲜明的形式与场地发生冲突，但同时又允许原本靠经验形成的不规则城市去适应这些形体，或者说是去相互发生关联。

　　科洪认为"插入"的手法源自巴洛克或者新古典规划思想，如西克斯图斯五世时期的罗马规划，或者勒诺特的巴黎规划，在这些城市中，大街、广场和教堂"并非以一种激进的方式去转变，而是像标点符号一样，匿名插入中世纪的遗存中"。"插入"的手法遵从已有的现状，同时获取并叠加新的城市印迹，使得城市在时间和空间层面都得以延续。

185

图 8.22　艾莫尼诺设计的地块 A2 和剧场（图片来源：作者自摄）

罗西

加拉拉泰塞公寓

罗西设计的加拉拉泰塞公寓在倾向派建筑展中以一系列手绘的方式展示（图 8.19，图 8.23 和图 8.24）。其中一幅版画形象地表现了罗西如何处理两个体量的衔接关系：四层高的圆柱承托起两个巨大的体量，并在连接处形成一道间隔，白色的两层建筑部分延展形成水平向居住空间，正方形窗作为立面划分。而另一侧的空隙则说明两侧的间隔关系，一边是两层高的圆柱，一边是相同高度的墙体列柱。它们承托的两层居住空间同样以正方形窗作为划分面朝向入口一侧。

罗西设计的加拉拉泰塞公寓在 1974 年建成，建筑形体的坚实感和纯白色的运用十分类似于勒·柯布西耶的 20 世纪 20 年代的设计作品，区别在于勒·柯布西耶在当时不可能建成如此大规模的建筑！加拉拉泰塞公寓再现了罗西的住宅类型，这是他众多设计草图中为数不多能得到实现的建成作品，建筑诠释了罗西对建筑本质的理解（Conforti，1981）。

这座建筑的形体可理解成两片规则的长条形板式建筑在"中断"处，即扩张缝交会处。扩张缝的一侧为三层住宅，到另一侧变为两层。在两层住宅的一边贯穿始终的是侧向的连廊，同时正方形窗使之成为一道敞廊空间。整体建筑由地下室部分承托起来，这部分空间与住宅部分形成水平的"墙板式柱子"，如同 L·马丁在哈维院的设计手法。

巨大的长条形体遇到"中断"形成的这种"墙板式柱子"，在另一侧由 4 根巨大的圆柱承托起来。罗西通过加拉拉泰塞公寓项目展现了新理性主义的范型，其说服力绝不亚于 18 世纪 50 年代洛吉耶的原朴小屋对理性主义的影响。

图 8.23　左侧为罗西设计的地块 D，右侧为艾莫尼诺设计的地块

在项目完成伊始，入住者就表示对这样的建筑感到"惊奇而又难以理解"（Nicolin，1977）。虽然尼科林认为它是"社区生活的象征"，但最终却遭到关闭，使用者很难认同"租住人在这样的居住空间中可以形成特定的社会关系"。

他们更愿意接受"在更大范围形成与工作相关的社会关系"。因此，他们认为罗西设计的走廊空间太过宽敞，而地下室与居住空间形成的"墙板式柱子"部分则不浪费空间；住宅部分显得过于紧凑而饰面又少有处理。正因为这些原因，居住者逐渐搬离，加拉拉泰塞公寓最终由米兰政府接手，所有公寓被保留作为社会住宅使用（图 8.24）。

图 8.24　罗西设计的地块 D 显示了建筑破败和受风雨侵蚀的状态（图片来源：作者自摄）

187

摩德纳公墓

罗西的理性主义代表作，无疑是位于摩德纳的圣卡塔尔多墓园（1976）（Moneo，1976，Johnson，1982）。在 1971 年的设计竞赛中，罗西赢得了由科斯塔（Costa）在 18 世纪设计的摩德纳墓园的扩建项目（图 8.25）。与众多意大利公墓相同，科斯塔设计的墓园有着巨大的长条形内院空间，即一条自东至西的通道。新古典式样的厚重砖石骨灰瓮分列两侧，五层高的壁龛，每处空间都足够宽敞以容纳棺材、花坛和悼念逝者的长明灯等。在内院中心，与传统墓园一样，是一片墓碑的海洋。

罗西在科斯塔设计的公墓内院西侧重新建立了轴线关系，与原有墓园在短边上相平行，犹太人公墓和中央服务区成组顺着轴线对称布置，形成新的轴线，而大尺度的院落与原有科斯塔设计的公墓规模相当。

罗西以规划重新联系起了新老墓园，同时在视觉上设置了一条线性轴线，由此区分东西两侧的内院空间。在两层高的"墙板式柱子"之上是一层高的壁龛，这种手法与加拉拉泰塞公寓项目十分相似。罗西还设计了和加拉拉泰塞公寓一样的正方形窗，并涂刷上浅粉红色，它与浅蓝色的金属坡屋顶在剖面上形成等边关系。

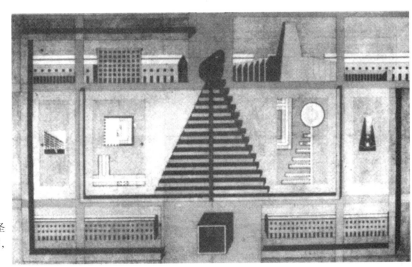

图 8.25　A·罗西（1976）：摩德纳的圣卡塔尔多公墓总平面（图片来源：A+U，1976 年第 5 期；Moschini，1979）

图 8.26　摩德纳公墓：死亡之屋
（图片来源：作者自摄）

图 8.27　摩德纳公墓：墓园的脊
柱中轴和骨灰存放所
（图片来源：作者自摄）

与科斯塔设计的公墓一样，罗西的设计由三层壁龛环绕围合，与中央轴线空间类似，外墙通高直达上部两层的正方窗，尺度相同的正方窗关系同时延伸至下部底层空间。

188　　　罗西意欲通过摩德纳公墓传达他的类型概念。他常说（1976）："墓园从建筑的角度考虑，是作为逝者的栖所"（图 8.26）。因此，"住宅与墓园建筑的类型并没有本质的区别。坟墓的类型、墓园结构的类型与住宅的类型互有交集，如线性的走廊、中央空间以及对土壤和石材的应用。"

不仅如此，很多的住宅与墓地在类型上也十分相似，如埃及的马斯塔巴（mastaba），没有走廊，只用简单的实墙围合，与门或是开敞空间都没有任何联系。对于逝者而言这些都不重要，因为空间的遮挡对他们其实都不是障碍。

罗西对墓园周边围合的处理，是用理想化、抽象的几何形式来再现科斯塔时期意大利传统的公墓类型。对罗西而言，骨灰瓮墙以及成排的壁龛其实是为存储而存在的最基本类型，因为这样的环境可以引发人的忧郁和沉思，而恰恰储存又是这里最需要的功能（图 8.27，图 8.28）。

图 8.28　摩德纳公墓：骨灰存放处室内
（图片来源：作者自摄）

　　墓园庭院的建筑形成互相关联，沿中央轴线形成对称的空间结构，并在场地南北分别联系起一个庞大的红色立方体和一个红色圆锥体空间。在对称的轴线之间共有 14 道平行分隔，越靠近锥体部分的分隔越收越窄，这种渐变的形体总体组成三角形，通过轴线对称的一侧同样如此。

　　罗西解释说，"长条形元素，在高度上会显矮，而反之越短的元素则显得高……这种形状类似于骨骼结构中脊柱的关系。"最后一条平行线向东西不断延伸，随后向北折延伸直到三角形的顶点平行处停止，总体上形成一个巨大的 U 形广场。

　　14 道平行空间作为存放骨灰的走廊，罗西并没有像科斯塔一样，在周边走廊上采用双侧储藏方式，而是单侧布置，这样当壁龛打开在南北向与走廊空间交叉并营造出另一种围合感。

　　壁龛的存放数量完全由三角形系统以及每一处的高度尺寸决定，罗西认为"只要在剖面上是合理的，这种建筑的空间关系就可以不断地被复制。"

　　对于这种层叠逐渐抬高的空间几何关系在透视中会造成一种视差，罗西认为"如果能理解并比作迷宫，建筑形式的创造就成为距离和比例的问题。"由此，视觉上的错觉，可以在时间和空间角度实现罗西所期望的无时间界限的空间旅行。

　　中央轴线向北延伸形成一座连桥，它既给下层的壁龛提供遮蔽，同时这条走廊直接联系了罗西设计的锥体空间。这个锥体空间作为公共墓区，体现了"烟气聚集"的效果，形式类似罗西在法尼亚诺 – 奥洛纳小学项目中放大版的烟囱造型，特别用来"悼念在战争中逝去的生命"。罗西说，如有人走到这里的地面层：

　　　　从入口步入，经过铺盖公共墓区的一系列台阶向下……这里是属于逝者的空间，往生者从这里穿越世俗逐渐消散，来到这里的人可能来自精神病所、医院或是监狱，是绝望而被遗忘的生命。在这种阴郁氛围里城市以这样一座纪念碑超越所有的一切。

　　此外，罗西设计的立方体空间，被他称之为圣所，是特别为逝者提供的住所，他是这样表述的：

189

……外观为一所房屋，但没有楼面和屋顶。窗户也只是实墙面上的空洞，更没有窗框和玻璃：这里是逝者的居所，用建筑的方式看，就如同是一座未完成或是被遗弃的逝者的房子……四面的墙体有一面是全实的，其他三面有 1 米 ×1 米的窗洞，同时与底层的入口保持对齐……圣所作为一种集体的纪念空间，可以是葬礼、市民或宗教仪式的场所，圣所属于全社会共有。

在立方体空间内部，是钢结构的平台和联系各层的楼梯，形式上与罗西在的里雅斯特（Trieste）设计的学生公寓十分相似。这里联系的是一个个壁龛。

关于这座房子对逝者的意义，莫内奥这样解读"作为逝者的住所并不需要能抵御严寒，而是为生者从精神上能感受他们的存在"，使之成为新理性主义建筑的精髓所在。罗西在《蓝色天空》（The Blue of the sky，1976）一文中这样表述，逝者并不需要屋顶来遮蔽风雨，也不需要窗户来抵御严寒，因为所有一切空间都是开敞的。

逝者因为没有感官，也不再惧怕炎热、寒冷和其他生理上的刺激。这使得逝者作为建筑师的服务对象，使他可以有机会选择绝对纯粹、抽象和完美的几何体。这恰恰是理性主义所刻意渲染的意境，尽管在极端情况有时会觉得这样的房子并不合适实际使用。

克里尔兄弟（二）

与倾向派展览同时期的是克里尔兄弟在伦敦的设计实践（1973—1974），其中最重要的有 R·克里尔的塔桥住宅（Tower Bridge Housing）（R.Krier，1973）和 L·克里尔的皇家铸币厂广场（Royal Mint Square）（L.Krier，1974）。

190

塔桥住宅的规模不大，但对克里尔之后的设计实践产生重要的影响。柏林的设计项目受此启发，城市广场布置在矩形的地块中央，并通过街道与东、南、西、北与街区贯通。住宅功能被分布在中央围合的街区周围，类似于莱恩费尔登项目的策略近乎已成为克里尔的立面类型。

L·克里尔的皇家铸币厂广场则完全不同，场地由周边的住宅所围合，广场位于地块对角线的中央区域，同时街道沿对角线与广场各个转角连通。细节设计（参见《理性的：建筑：合理的》）运用了高技的建造方式，三层高的柱廊（圆柱）像连续墙一般支撑起了上层的预置装配建筑。

R·克里尔

城市空间

R·克里尔的莱恩费尔登和他的塔桥住宅都是之前城市类型学研究中的成功案例。

192

他的《城市空间的理论与实践》（Stadtraum in Theorie und Praxis，1975）一书以《城市空间》（Stadtraum）为名在 1979 年翻译成英文。书中有大量的分析实例——仅平面就有 350 个例子，研究重点包括欧洲许多城市的重要城市空间。

克里尔尽可能开放地将城市空间定义为"组成城市建筑和场地间的所有类型空间"。这些空间包含单体建筑里围合的庭院空间，如罗马的纳沃那广场，以及开阔的开放空间，如昌迪加尔，包含的空间是由景观提供的"群山"而不是任何建筑群！

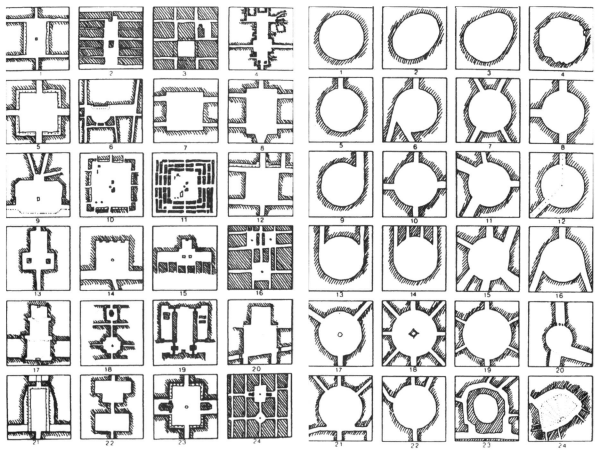

图 8.29　R·克里尔（1975）：广场的城市空间　　图 8.30　圆形城市广场（图片来源：Krier，1975）
（图片来源：Krier，1975）

　　所以不足为奇，克里尔的分析尤其受到勒·柯布西耶的启发。这一思想深刻影响了 20 世纪的城市规划。

　　克里尔出于谦逊地暗示，他的类型学分析里，一些空间类型可能出现在不合适的位置上，爱钻研的读者可能会注意到这一点。他将此归因于自己"没有耐心达到完美的极致"，而寄希望于有献身精神的专业人士，能一起完成一部完美权威的城市空间百科全书。他将此描述为庞大的工作，但他的工作也相当杰出，足以引起我们的关注，特别是关于"城市空间"的概念。

　　克里尔认为城市必须由街道、广场和其他开放空间的城市空间组成。确切地说，各种形式的城市空间，基本上是方形、圆形或三角形。城市由纯粹的或各种结合的元素组织而成。克里尔的分析是针对欧洲的城市空间，其形式可能是纯粹的或混杂的，但总体可分为三种形式：方形、圆形或三角形（图 8.29—图 8.31）。每种广场为单一的形式或组合式。每种形式可能被扭转、分解、添加到其他形式上，贯穿、叠加或转向（图 8.32）。

　　每种形式都可以成为规则的精确几何形，或不规则形，与场地或其他因素协调。它们可以由周边街道上的墙、拱廊、柱廊围合而成，或者可以与环境相融合。

　　当然，城市街道和广场实际上是由建筑立面限定。而且立面可以从实体的承重墙和各种形式开口产生很多形式：窗户、门、拱廊、柱廊和完全光滑的立面。而且，这些立面有各种剖面处理，从绝对垂直到坡屋顶或平屋顶，到退台式剖面，不同坡度的退台、斜、架空、扶壁支撑等剖面

193

194

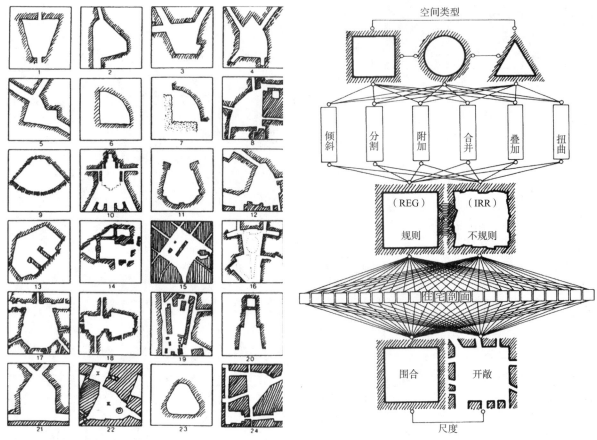

图 8.31　三角形城市广场（图片来源：Krier，1975）　　　图 8.32　城市广场的类型（图片来源：Krier，1975）

形式（图 8.33，图 8.34）。

类型的调查非常彻底，克里尔的城市空间平面、立面和剖面分析，在类型方面比其他任何人的贡献都大。可以说，他甚至将门把手也作为一种类型，而城市却是这些类型的总和。

城市的实体形式是由街道和开放空间，以及围合它们的立面和剖面之间的关系决定的。克里尔展示了大量的可能性，包括欧洲伟大的历史遗迹：庞贝的广场、圣马可广场、巴斯的圆形广场和皇家新月广场（the Circus and the Crescent）。

克里尔在斯图加特证明了他的类型学可被广泛应用，特别是莱恩费尔登的大型项目（P.176）。

L·克里尔

卢森堡

1973 年，克里尔在理性主义的路上走得更远，他起草了一份呼吁书，呼吁卢森堡的市民重新恢复他们的城市。他在《建筑设计》（1/1979）中说道：

> 如果有一天鞋匠决定做香蕉形的鞋子，如果木工开始做雪橇形的桌子，如果菜贩把卵石当作苹果卖给你，我想将会有一场革命……但是 20 年以来，建筑师向你推销鱼缸、飞

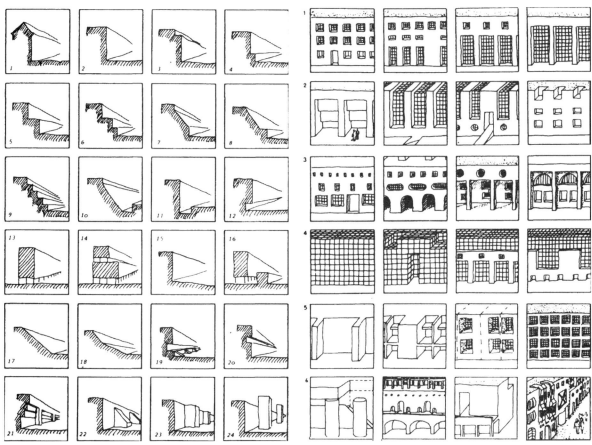

图 8.33　截面的类型（图片来源：Krier，1975）　　　　图 8.34　立面的类型（图片来源：Krier，1975）

机和罐头形的住宅和宫殿，并且试图说服你认同这些建筑问题。城市、住宅、宫殿、街道和广场最终会被分解，但这种解答超越了非专业人士的理解。

但在"过去 20 年对欧洲城市和景观犯下罪"后，是时候创造奇迹，实现城市和城市的公共广场了："只能以基于地域和欧洲传统的街道、广场，以及熟悉的维度和特征的街区（quartiers）形式建立。"　*196*

最大的破坏力量，他认为，是城市分区制将区域划分为不同的功能区：睡眠、工作和消费。维持城市的社会、经济和文化健康的唯一方法，将是复兴街区。在一个 33 公顷的区域，里面将包含所有的城市功能（图 8.35）。他认为这是"根据人体尺度制定的合适规模。人们可以在不到 10 分钟内横跨的区域"。这样一个区域可以很舒适的容纳"1 万—1.5 万人，包括工作和文化功能在内"。关键在于每个区域可以在功能和文化上自成系统。因此，他将卢森堡划分为 23 个这样规模的街区。　*197*

克里尔不再迷恋高技术，原因在于建造的工业化"并没有带来任何真正的技术进步，或减少建造的成本，也没有缩短建造的时间"。它也没有改善工人的条件，相反，它摧毁了"古代完美的工匠文化"，所以，他提议："一种新的建筑文化必须基于一种高度发展的、专业的手工和材料的文化。"

也就是说，克里尔正向"小就是美"的自给自足的社区概念靠近，邻里形成有赖于在需要的地方添加新街道和广场，也有赖于现存的纪念性建筑物或者建造新的建筑物以形成城市纪念物。　*198*

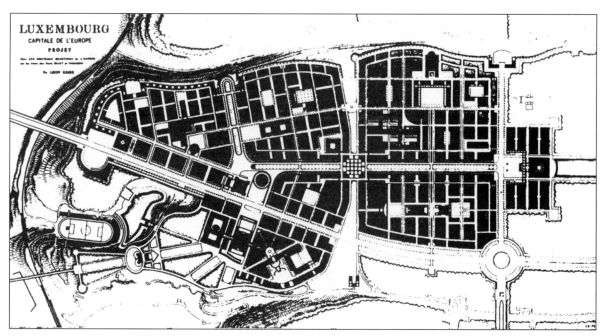

图 8.35　L·克里尔设计的欧洲之都卢森堡（1973—1978）：新街区规划（图片来源：*Architectural Design*，1979 年第 1 卷第 49 期）

他最激进的转变，可以欧洲议会的行政塔楼为例：采用幕墙和雪茄形的平面。克里尔提议使用石材饰面、分离的窗户以及人字形的屋顶——它是 P·约翰逊的 AT&T 大楼的原形（图 8.36）。

　　还有阿斯普隆德（Erik Gunnar Asplund，1885—1940）式的新议会大楼；方形基座上一个圆柱形且有穹顶的图书馆，金字形的大酒店—— 也是克里尔众多设计中的第一个有顶盖的广场，他说"这是最壮观的元素…… 一个巨大的木屋顶（65 米 ×65 米）—— 30 米高——将覆盖社区中心的大平台。"屋顶实际上由 L 形的建筑所支撑，围合广场的四个角，巨大的石平台在其中作为中间支撑（图 8.37）。克里尔的图表明了他对建造工艺日益增长的兴趣，对真正实用的石材制品如何结合木材交接等的关注。

图 8.36　卢森堡：克里尔设计的议会新大楼，左面是原有的办公楼，克里尔在顶部添加了一个山花（图片来源：*Architectural Design*，1979 年第 1 卷第 49 期）

拉维莱特公园

克里尔在卢森堡规划过程中的许多想法在巴黎拉维莱特公园（L.Krier，1976）的宏伟计划中重现，他规划了两个街区的结构。初看他的场地平面，有一条 2500 米长由西南走向东北的轴线，和两条 1000 米左右的交叉轴线。这一种伟大的结构（une folie de grandeur），成为理性主义狂热的巅峰（图 8.38）。

克里尔的长轴是乌尔克运河（Canal Ourcq），倾斜的交叉轴线是圣德尼运河（Canal St.Denis）。它们交汇于拉维莱特内湾。克里尔自己的轴线，与乌尔克运河相垂直，连接他的两个街区（图 8.39）。北面的大片土地已经被建设中的巨大屠宰场改造项目所占据，并取代了中央市场，南面的区域包括一个由巴尔塔

图 8.37　卢森堡：克里尔设计的第一座有顶盖的广场（图片来源：*Architectural Design*，1979 年第 1 卷第 49 期）

（Victor Baltard，1805—1874）设计的巨大的用铸铁建造的牲畜市场。

克里尔规划的街区期望在巴黎城中形成一座新城："工业、娱乐、居住，所有的城市活动在足够大的区域里聚集，汽车作为一种交通方式不再必要，至多是一种奢侈享受。"

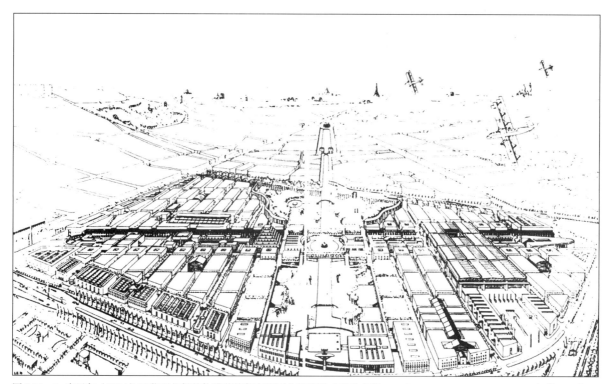

图 8.38　L·克里尔（1976）巴黎西北部的拉维莱特都市街区全景透视（图片来源：*Architecture d'Aujourd'hui*，1976 年第 187 期；*Lotus international*，1976 年第 13 期；*Archives d'Architecture Moderne*，1976 年第 9 期；*Architectural Design* 1979 年第 3 卷第 47 期；A+U，1977 年第 11 期；*Architectural Design* 1976 年第 7/8 期合刊；Delevoy 等，1978）

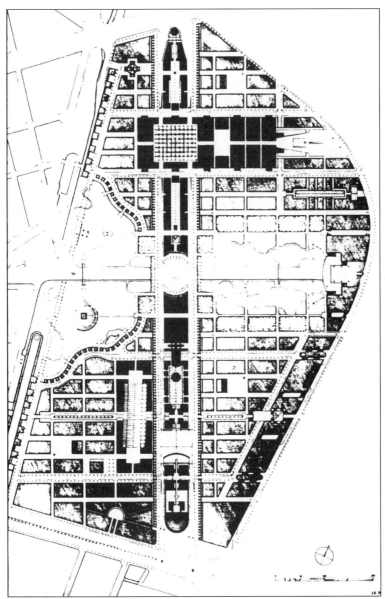

图 8.39　拉维莱特总平面（图片来源：*Architectural Design*，1977 年　第 3 期。Delevoy 等，1978）

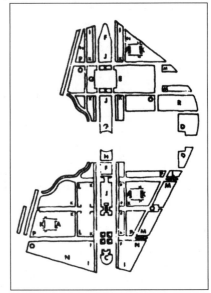

A 区域中心	J 集市
（俱乐部、休息室）	K 商业
B 市政厅	L 手工业者
C 图书馆	M 工业
D 博物馆	N 办公
E 会议中心和展览馆	O 学校
F 酒店	P 苗圃
G 公共浴场	Q 人民之家
H 娱乐场	R 医院
I 百货商店	

图 8.40　沿主轴线的拉维莱特的城市功能（图片来源：*Architectural Design*，1977 年第 3 期）

　　他规划了不同等级的街道系统，包括南北向的林荫大道、大街、街道和通道，根据它们的可达性形成公共和私密空间。林荫大道的北端是一家酒店和街道市场，接着穿过建设中的屠宰场，随后是会议中心、展览馆，通过开放空间继续前行，来到有顶盖的广场。南面是另一座街道市场、公共浴场、赌场、另一家酒店、一座围合的市场，最南端是市政厅和文化中心（图 8.40）。

　　林荫大道两侧是南北向的长带，布置了百货公司、办公楼、学校、更多的办公楼、酒店和百货公司。老城堡市场，缩减了规模，让给手工艺人使用，其他地方，如东侧边缘的路边是办公楼、商店、医院、博物馆和工业。

　　克里尔的林荫大道几乎排满了两层的柱廊，柱廊有马丁 / 罗西式的"墙板式柱子"，其上面的许多建筑有纯净的形式，如同加拉拉泰塞公寓一般（图 8.41）。在它们当中，他会尽力使一种类型具体化，如大酒店、文化中心、市政厅等。例如，他的大酒店，会规划成环绕巨大的开放中庭的塔庙——有点 J·波特曼的形式！

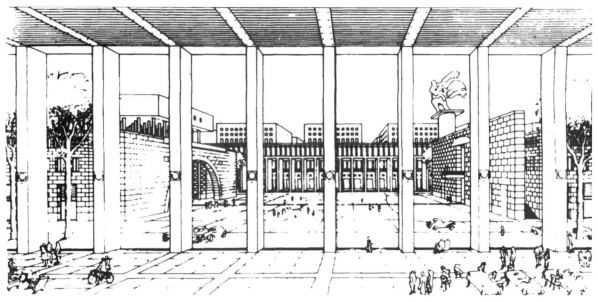

图 8.41　拉维莱特：主广场（图片来源：*Architectural Design*，1973 年第 3 期，Delevoy 等，1978）

在林荫大道中点，克里尔规划了一个中央广场，东西向对着公共花园开放。花园东面相当规整，而西面对着的圣德尼运河，形状自由，并朝向林荫大道。

广场由塔楼，甚至可以说是巨大的柱子状建筑所限定。广场是克里尔设计的有顶盖广场的线性版，这些建筑架起了一个连续的屋顶，组成了绵延的屏障。和有顶盖的广场一样，屋顶的桁架结构暴露在外，同时巨柱本身包含了艺术家工作室，下面有两层的居住空间。工作室被抬升，以使雕刻家能把一块石头拖上来，进行雕刻，然后放在他的巨柱和下一个巨柱间的人行道上销售，并受连续屋顶所遮蔽。实际上克里尔将整个屏障视作佛罗伦萨的兰齐敞廊（Loggia dei Lanzi），它将布满雕塑（图 8.42）。

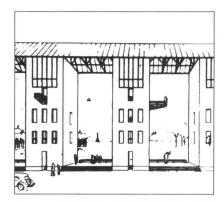

图 8.42　拉维莱特：艺术家工作室，建筑作为柱子（图片来源：*Architectural Design*，1973 年第 3 期，Delevoy 等，1978）

圣康坦昂伊夫林

克里尔在 1977—1979 年为圣康坦昂伊夫林（St Quentin en Yuellines）设计的学校，显示他与之前规划思想的背离，尽管它仍然有一条中轴线，一系列相连接的场所以及两座门楼、图书馆、集会大厅、公共广场和两家餐厅，这些都以对称的方式布置。其他空间包括一所幼儿园、一所小学、娱乐休闲建筑及其辅助空间，以更为自由的方式排布在私密的开放空间周围（图 8.43，图 8.44）。正如克里尔所说，把它作为一座有一系列元素的城镇来设计，可以用许多方法组织。设计的许多变体都有图书馆的轴向组群——一个八边形的塔楼——集合大厅、古典的神庙和餐馆；两座细长的建筑跨过轴线，更像"T"形的手臂，但有一个巨大的山花加以联系，跨过轴线，像一个坚固的终点（图 8.45）。这个跨过建筑物长轴的巨大山花构思十分类似麦金、米德和怀特（McKim, Mead and White）（1887）设计的瓦罗大楼（Walow House），文丘里在费城为他母亲建造的母亲住

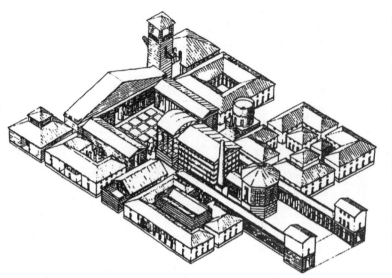

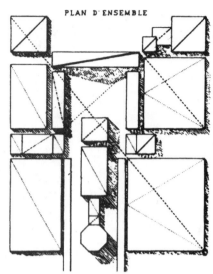

图 8.43　L·克里尔（1976—1979）：圣康坦昂伊夫林学校透视图（图片来源：AMM，1980 年第 19 期）

图 8.44　学校，圣康坦昂伊夫林，平面图（图片来源：AMM，19，1980）

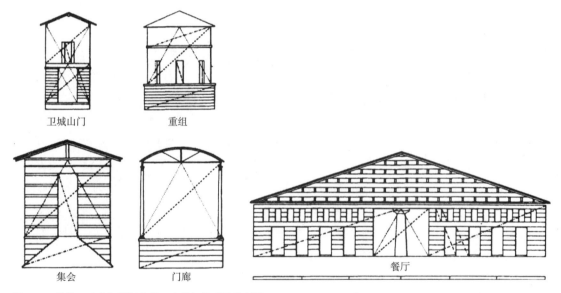

图 8.45　学校，圣康坦昂伊夫林，建筑细部（图片来源：AMM，19，1980）

宅（1961）和一个著名的后继者，由琼斯和柯克兰（Jones and Kirkland）（1987）设计的米西索加市政厅。

　　克里尔在圣康坦昂伊夫林的其他建筑在形式上或多或少都是古典风格；它们中的一些由开敞的柱廊联系。有许多种排列组合方式，有着低矮的金字塔形屋顶的小方形建筑，U 形，C 形甚至一系列 L 形围合庭院，以及与之相适应的坡屋顶。

　　在其他变体中，他为一块假想的场地设计了一所学校，一侧以柔和的曲线脱离中轴线，以使各种形式的方块建筑，并非平行，而是互相以锐角朝向形成抵触的关系，这样既没有了沿轴线排列的呆板，同时引入了更多自由的形式。

理性的，建筑，合理的

1978 年一本名为《理性的：建筑：合理的》论文和图片集出版，德勒瓦（Delevoy）在引言中说，他试图提出一种建筑理论（AMM，1978）。自 20 世纪 30 年代以来就迫切感觉到缺乏这样一种理论，需要一种新形式的实践去填补像巴西利亚这样的城市规划（1960）所造成的缺口。

德勒瓦的理论，同样延续了类型的概念，他引用了所有借鉴这一概念的意大利、英国和美国学者，读者可从德昆西的原始定义开始理解阅读（见第 5 章）。德勒瓦也借助洛吉耶提出的关于建筑本质的最初原则，基于原朴小屋和勒诺特设计的花园，以及城市该如何规划的模型。

同时，罗西、克里尔兄弟等许多人回归德昆西的观点以形成他们建筑类型的理论。A·维德勒（Anthony Vidler）在其文献中，采用了完全不同的方法。他需找能涵盖所有建筑的类型，而不仅仅是特定的建筑类型，他认为从 18 世纪中叶开始，两种类型用来"使建筑的生成变得合理化"。

其中之一是洛吉耶的："原朴小屋模型，这是所有建筑形式的基础。"奇怪的是，维德勒使用了模型一词而不是类型，而德昆西、罗西等其他人在对待这些用词的过程中显得非常谨慎！在这点上，对维德勒来说，用模型一词是基于小屋的原始乡村性。自然本身表达了一种基本的秩序，但自然也描述了另一种秩序；完美几何形的理想化，按照牛顿的理论，这是物理学的基本原理。

维德勒的第二种类型学，不是从自然而来，而是从工业革命而来。这意味着建筑被机器产品的世界所同化。这个案例中的基本隐喻——显然不是类型或模型——不是原朴小屋，而是蒸汽机。

建筑被视为机器，在它最极端的形式里，作为制约难以驾驭的人而使用的一种机器。监狱、医院和济贫所，显然是这类例子，尽管它们早在工业革命之前很长一段时间已经出现！

维德勒认为，第二种类型学的发展可以分为若干阶段，例如，到 19 世纪末，建筑由预制构件组成，作为工厂生产的产品，它们的工业化本源可以由建筑本身展示。20 世纪早期，勒·柯布西耶极力主张住宅变成居住的机器。随着城市的扩张，它们变成更大规模和更高效的机器，更高效是因为泰勒的工作效率研究方法（见第 8 章）用在他们的设计上。城市作为机器，迫使人们过着更整洁，更有益的生活！

然而，对维德勒而言，第二种类型学自身包含了自我毁灭的种子。他说，这正是为什么需要第三种理性主义的类型学。

维德勒的前两种类型学来自建筑之外的模型或隐喻——从自然和工业革命。但他的第三种类型学是从建筑自身得出的。而且，它来自各种尺度，从单独的柱子，到住宅，甚至城市作为整体。它将城市整体放在历史连续性中，实际的类型来源于对城市的分析，展示于实体结构，城市现象，包括建筑和建筑之间的空间，就像它们从过去幸存下来。这样它引发了三层含义，维德勒给出了以下解释：

他说：

1. 第一层含义是"继承过去存在形式的归类方式"；他可能指的是过去赋予它们的含义；

2. 第二层含义来自"特定的碎片及其边界"；可能是因

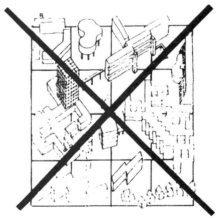

图 8.46　L·克里尔（1978）：不能形成城市空间的建筑（图片来源：Delevoy 等，1978）

为我们分析的例子和其他事物相互分离；

3.第三层含义是"在新的文脉中重新组织碎片"。人们在新的关系中并置这些碎片。

202 　　维德勒将第三种类型学视作否定所有"社会乌托邦和日益增加的实证主义"的概念，反对近两百年来建筑被理解和发展的方式，这使得所有对功能甚至社会风俗的考量都被排除在外。

如果人们以卡特梅勒尔的观念去看类型，那么他们必然会由社会准则的去判断吗？类型显然围绕人们的使用方式以及使用中的潜质演变形成，那么是否包含老的以及新的使用方式？以"房屋"为例，如果人们将房屋按照罗西的审视方式作为一种类型回溯历史，甚至回溯到史前时期，就会发现，如同阿什克拉夫特（Ashcraft）和赛弗林（Scheflin）（1976）做的，同样的房间尺寸可以在巴比伦、埃及、希腊、罗马的中世纪和其他时期的住宅中找到，但不包括19世纪晚期。他们说这种尺寸是中世纪的，但19世纪的工人住房当然建造标准更低，因为艾莫尼诺勤勉地精确记录了最小存在住房！

关键在于，如房间尺寸这样简单的东西在社会和其他生活方面，对住在里面的人有深远影响。不可能"所有对功能、社会风俗的考量"都被排除。

在丰富的历史层面里，类型学的力量不容小觑。艾莫尼诺对住宅的分析不可能局限于此范围。他选取了最节省的住宅设计模式，20世纪20年代的最小住房，并试图从中提取住宅类型。但他如果回到巴比伦时期——如阿什克拉夫特和赛弗林（1976）做的——那么他可能会很好地建立住宅类型的本质，它与社会和心理的关系，在许多世纪的建筑作品里都有所体现，可能在其建筑形式中，也可能在人类生活状况中，它们都是关于人类生活的类型。

这样一种类型概念被清晰地应用于所有建筑形式中：教堂、学校、剧院等。就像艾莫尼诺做的那样，理性主义者关注类型，无意中面对人类生存状况与建筑之间的三个基本问题。

所以不管他们的意图如何，理性主义者无法按维德勒所提议的方式对待城市："城市摒弃了任何特定时期的社会内容，只准许讨论它自身的形式。"不管怎样，这样做的初衷又是什么？

当然这种理性主义者的攻击针对"对（形式和）功能的——对应的解读"，尤其针对实证主义的观念，它认为对功能的一对一的分析将导致形式对功能的完美适应。对此，人们很难认同，至少在建筑上如此，但人们同意罗西的观点——来自过去的形式并没有"失去原有的和实际的社会意义"。它们本已包含的意义可能是它们新意义的关键。但理性主义者想要使用的形式，如建立在18世纪启蒙运动的原型，都有其内涵。部雷的图书馆原先是为一位国王设计的，之后变成了伟大国家的图书馆，勒杜的纯粹形式设计的城关被用于征税，从而引发了法国大革命，等等。

R·佩雷兹·达阿尔塞

A·科洪描述的"插入"、"有机体"，试图置于城市中，可能取代已经存在那里的建筑。新理 *203* 性主义可用于填补自给自足式的街区中的空白空间，这成为现代建筑运动的独立分支。

在这些中，R·佩雷兹·达阿尔塞（Rodrigo Pérez d'Arce）提出一个更为巧妙的应用。如同L·克里尔和其他新理性主义者一样，他担心在充满街道和广场的城市里，柯布式的建筑将摧毁任何形式的存在感，变成像巴西利亚和昌迪加尔那样的柯布式城市中遍及一切的虚空，更不要提L·康在达卡的设计。R·佩雷兹·达阿尔塞的这些担忧，在设计这后面两座城市的再城市化时达到了合乎逻辑的结果。

这些是他对城市转变大型项目的一部分思考。他认为城镇扩张、修复、更新的方式大体上可以分为三种基本类型（1978a）：

1. 依赖扩张的城市增长——以并入城镇的新地区的城市化为特征；

2. 依赖更新的城市增长——发生于新的城市元素取代了已经存在的元素，包括拆除和重建；

3. 依赖增加转换的增长—— 一个原有的核心靠新部分逐渐累积添加的过程转换。

他认为这些思想虽然往往被忽视，但在历史过程中得到显示，如罗马的神庙、凯旋门、圆形剧场。同时，也在许多历史环境得以显示，如戴克里先的在斯帕拉托和印加库斯科的皇宫、圣母大教堂、西特的维也纳方案。

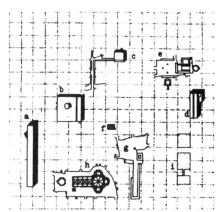

在分析对昌迪加尔行政区域和 L·康的达卡的设计方案前，他分析了 L·克里尔在亚眠、埃希特纳赫和拉维莱特的方案，斯特林在杜塞尔多夫和柏林的方案，以及房地产市场的转变等。

在昌迪加尔的案例中，他认为主要的元素：议会大厦、高等法院、行政大楼太过孤立，至多形成了一个非常松散的组团。

受诺利[1]的罗马规划启发，他指出，如果城市的总体肌理被移除，只留下纪念性建筑，城市秩序就不可能形成。所以他提议："如果昌迪加尔纪念性建筑的中心以与（历史上的）戴克里先宫差不多的方式再城市化，并将这种行动纳入与勒·柯布西耶的布局相关的再城市化规划，一个令人惊讶的富有成效的成果将会实现。"（图 8.47—图 8.49）

204

图 8.47　佩雷兹·达阿尔塞：勒·柯布西耶的昌迪加尔邦首府建筑群与其他在佛罗伦萨的大型都市空间的比较（图片来源：Lotus，1978 年第 19 期；*Architectural Design*，1978 年第 49 期）

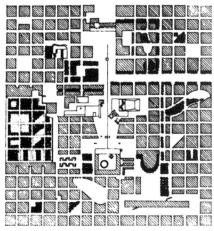

图 8.48　佩雷兹·达阿尔塞：勒·柯布西耶的都市化的昌迪加尔邦首府建筑群（图片来源：*Lotus*，1978 年 第 19 期；*Architectural Design*，1978 年第 49 期）

图 8.49　佩雷兹·达阿尔塞：沿大道布置的勒·柯布西耶的邦首府行政大楼（图片来源：*Lotus*，1978 年第 19 期；*Architectural Design*，1978 年第 49 期）

---

1. Giambattista Nolli，1701—1756 年，意大利建筑师、测量家、印刷专家。——译者注

R·佩雷兹·达阿尔塞将他的新街道按照 50 米的网格布置，以适应城市空间与勒·柯布西耶纪念性的建筑关系，这其中包括一条直通行政大楼的林荫大道。

如他所说（1978b）："纪念性建筑和肌理是互相依存的元素……在城市构成中……在逆转分析解构的过程中，我们精心设计了一个体系……可以应用于（但不只应用于）昌迪加尔和达卡……"他将其视为许多城市因雅典宪章导致的无效空间再城市化的模式。

博菲尔

虽然罗西、R·克里尔还有其他建筑师已经为私人设计了一些理性主义建筑，但他们几乎没有多少机会涉猎大规模的项目，就像 L·克里尔为拉维莱特做的设计那样。理性主义者们在城市规模范围内的实践已有先例，像在巴塞罗那的博菲尔（Ricardo Bofill，1939—）建筑师事务所（Taller de Aequitectura）所做的一系列大规模项目——大部分在法国。

起先，博菲尔尝试过复杂的几何系统，就像 1953 年设计的雷乌斯的 B·高迪宅（Barrio Gaudi），1969 年设计的卡尔佩红墙住宅（Murulla Roja at Calpe，1973b)（图 8.50）和位于巴塞罗那工业郊区圣胡斯托（San Justo d'Esvern）的瓦尔登公寓（Walden）。瓦尔登公寓建筑形式适用于西班牙建筑业的预制装配——如同大多数其他国家那样——这也意味着毫无出路的极不经济。

在法国并非这样，夸涅（Fançois Coignet，1814—1888）和其他人发展了预制装配系统，并继续在应用。这种系统应用整个房间高度的混凝土大板，虽然它会产生渗漏，但是在法国已有的经济条件下，能做得非常出色。

当博菲尔建筑师事务所第一次尝试打入法国市场时，所设计的塞日蓬图瓦斯小教堂（La Petite Cathédrale for Cergy Pontoise，1974—1978) 就未能成功，这是一个位于巴黎中央市场区，包括办公、居住等多功能的大型哥特风格的购物中心，一系列围绕公寓的巴洛克式的城市空间（图 8.51）。当 J·希拉克（Jacques Chirac）要求拆除中央市场区以能显示他作为巴黎市长的权威时，这个项目实际上已经是第四轮方案。然而法国的预制装配体系与博菲尔的建筑终于可以形成完美的设计结合，

图 8.50　博菲尔建筑师事务所（1973）：卡尔佩的红墙住宅（图片来源：作者自摄）

图 8.51　博菲尔建筑师事务所（1974—1975）：巴黎的中央市场方案（图片来源：*Architectural Design*，1980 年第 9/10 期合刊）

一系列项目得以实现，例如巴黎西部圣康坦昂伊夫林的项目湖畔拱廊住宅区（Les Arcade du Lac）和高架拱门住宅区（Le Viaduc）（图 8.52）。

　　湖畔拱廊住宅区有一条中轴线，两边是四层建筑同时配有带庭院的住宅，含有巴斯式样的圆形广场（图 8.53）。而高架拱门住宅区是一排伸入人工湖中的建筑，采用了舍农索城堡（Chenonceaux）的形制（图 8.54）。

　　所有这些都是用德勒（Dreux system）体系建造的，博菲尔建筑师事务所将其加以人性化的应用，如在主轴线上设计连续的拱廊，在栏杆上策略性的采用古典山花的元素，在立面的交接处使用浮雕式的线脚，与表面精加工的面板的颜色与材质形成对比等。

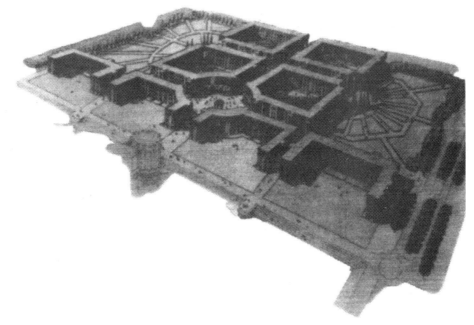

图 8.52　博菲尔建筑师事务所（1974—1975）：圣康坦昂伊夫林的湖畔拱廊（图片来源：建筑工作室提供）

图 8.53　湖畔拱廊的主轴（1974）（图片来源：作者自摄）

图 8.54　湖畔拱廊的高架拱门（1974）
（图片来源：作者自摄）

我在别处曾经讨论过（1981a），大多数人倾向于罗马风式而非古典式，未感意外的是，博菲尔建筑师事务所在对加泰罗尼亚遗产的关注上也是如此。

他们在圣康坦昂伊夫林建成的另一个项目参照了帕拉第奥形式的住宅，与湖畔拱廊区和高架拱门区一样采用相同的轴线，只不过人工湖位于远端。

湖畔拱廊区有很多值得—提的优点。这个四层高的庭院可以联想到伦敦广场、剑桥法院、牛津校园[1]等。正如马丁和马奇在 1972 年阐述的那样，四层楼的院子是最经济的，便于阳光照射到每一间房间。同样，它也兼具很多社会方面的好处：易于到达，易于区分公共空间——街道和广场、庭院中的半私密空间以及街区中完全私密的空间。另外，整个湖畔拱廊区建在地下有停车空间的平台上，这就意味着一个根本问题得到解决：如何将汽车就近容纳入人们居住的地方，同时不至于破坏或打破原有的城市空间尺度。

湖畔拱廊区同样有很多缺点：其中有一些保留了博菲尔建筑师事务所特有的手法。这些应该是适于市中心的方案，但是却位于远离城市中心新城郊区，甚至离新城的中心也有 2 公里的距离。这里没有商店，没有酒吧，没有餐馆，没有城市生活所需要的任何服务设施，除了有一所学校由于 L·克里尔的设计，使得它建造在附近。虽然这种情况的出现无疑是决策者的失误，但某一程度上博菲尔建筑师事务所也应对于内部规划负相应的责任。

当然在规划时总会有这样的问题——在一个独立的小尺度房间里，不得不封死以适应钢筋混凝土大板系统的组成部分。说句不好听的话，系统单元过大，本质上，只能允许微小的调整——以厘米计——这是在内部规划时就应该考虑的。

当系统本身的不协调和几何形布局混合在一起的时候，以湖畔拱廊的环形广场为例，不足为奇，有些公寓的内部舒适性还需提升。

公共空间和私密空间的分隔非常严格，按照 O·纽曼的要求，人们可以直接从地下车库上到自己的公寓，这意味着几乎没有人——除了访客——会使用公共街道，这样的街道会有潜在的危险以及德·希里科（Giorgio de Chirico，1888—1978）式的空旷。当然如果在环形广场里提供一些公共服务设施这些问题都可以化解，例如街角商店，酒吧等。

不论这个项目有多少缺陷，但不可否认，湖畔拱廊区是一项有价值的实验，可以说对博菲尔建筑师事务所在马恩河谷（Marne la Vallée），在巴黎东部新城莱塞帕塞斯 – 德阿布拉哈（Les

---

1.　古老大学方形挺远的建筑布局。——译者注

Espaces d'Abraxas）(1979）设计的大规模项目阿布拉哈宫
住宅区提供了借鉴。阿布拉哈宫住宅区有一条中轴线，将
三幢尺度巨大的建筑组合在一起，其中靠外部的两幢建筑
高 18 层。中间有 10 层楼高的凯旋门式的阿布拉哈宫住宅
和剧院住宅（Le Theatre）（图 8.55—图 8.57）。阿布拉哈
宫住宅区是一个围绕 U 形庭院的建筑，有 40 个开间宽，
带有 14 间侧翼。平面采用双面内廊式，但是并没有隐蔽
的走廊，在两个同心 U 形组团中高敞的大空间里设置连桥
和楼梯间，完全具有皮拉内西式的比例关系。

　　正如沙利文所赞赏的那样，在立面上，阿布拉哈宫住
宅被分割成三段式——基座、中段和顶部：5 层高的基座
部分，12 层高的中段和 3 层高的檐部。中段是大量 11 层
高带有凹槽的古典柱身，有柱础和柱头（图 8.56）。

　　侧翼的尽端更为复杂，壁柱替代了柱子，以支撑正统
式样的檐部和山花，就像湖畔拱廊一样，整个建筑采用了
山花的形式，上面有窗洞，栏杆上饰有线脚。

　　这不是古典建筑，而只是使用古典元素进行拼贴，进
而更清楚地表明这其实是一个预制混凝土大板工程。

　　这有两个明确的目的，第一，建筑在其他地方有可能
是光秃秃的墙面，不必设计不亲和的立面、比例、错综
复杂以及趣味。第二，这意味着大板之间的节点可以成
为建筑的组成系统，它不仅仅是作为一个结构节点存在。
由于这个节点被建筑师隐藏，它们也不会受天气影响，
即建筑受到的磨损和风化将会在建筑形式所控的范围内。
节点将得到强调，而不是像那些退化的条纹和装饰，使得
如此多的混凝土建筑变得单调而又令人沮丧。

　　剧院住宅更富戏剧色彩。外部节点比阿布拉哈宫住宅
区在内部和外部使用的种类更加多样化。但是内部的曲线
却又是另一回事了，从地面延伸到檐部的柱子使用的材料
是玻璃，而不是混凝土。它们一起支撑了一个巨大的双层
檐部。

　　柱子为每一套公寓提供了凸窗这也造成了内部平面的
一些问题。

　　剧院住宅——远不止半圆——围合了一个通向湖畔拱廊区的下沉式中心平台，正如其所说：
一座凯旋门，形式上如此古典，在拱墩和拱顶都布置公寓。

　　由于阿布拉哈宫住宅区靠近马恩市的中心，距离地铁站仅隔着一个有多层停车场的大型购物
中心，所以具有一些都市生活的感觉，即使它有多种可能发展成那种 A·科尔曼不可接受的城市
生活。

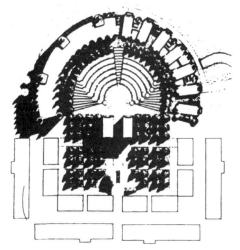

图 8.55　马恩河谷住宅区：阿布拉哈宫住宅区总
平面（1979—1983），剧院住宅和大拱门（1979—
1983）（图片来源：Norberg-Schulz，1985，in
Bofill，1985）

图 8.56　阿布拉哈宫住宅（图片来源：作者自摄）

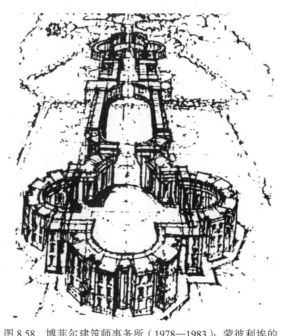

图 8.57　剧院住宅区（图片来源：作者自摄）

图 8.58　博菲尔建筑师事务所（1978—1983）：蒙彼利埃的
安提戈涅住宅区透视图（图片来源：Norberg-Schulz，1985）

　　显然，当博菲尔建筑师事务所开始设计在蒙彼利埃的安提戈涅住宅区（Antigone）（1979—1983）时（图 8.58），他们从之前的项目中总结了很多经验，这是博菲尔建筑师事务所做的最大的古典项目。比莱塞帕塞斯－德阿布拉哈的规模要小，但是比湖畔拱廊区更复杂。这里再一次应用中央轴线伴随一系列巴洛克式的空间，两侧各设有一个巨大的半圆形广场，奥克广场（La Place d'Occitanie）是一座细长的广场，以半圆形作为终结，半圆形广场的狭窄空间与任何一边都保持对称。三个半圆形空间相互连接形成三角形的广场，之后的一系列项目采用了跟湖畔拱廊庭院一样的处理方式。

　　209　　至少在外立面上，细部更趋古典，布满山花和上部两层呈 45° 角突出的大檐口，可以遮阳（图 8.59）。

　　安提戈涅住宅区靠近蒙彼利埃的中心，是一个真正的都市化社区，有完善的学校、医疗、文化和社会设施。这里的住宅类型使社会阶层得以混合，也有小商店和其他服务设施。避免湖畔拱廊区那种德·希里科式的空旷。

　　巴洛克式的莱塞谢勒住宅区（1979—1983）规模稍小一些，但是同样是都市化的空间，也同样为巴洛克式，如同为巴黎市中心设计的蒙帕纳斯（Montparnasse）方案（图 8.60，图 8.61a 和图 8.61b），以及在塞日蓬图瓦斯的垂直圆形剧场（L'Amphithéâtre Vert）方案。

图 8.59　安提戈涅住宅区（图片来源：作者自摄）

图 8.60　博菲尔建筑师事务所（1979）：
巴黎 14 区巴洛克式莱塞谢勒住宅区
（图片来源：Norberg-Schulz，1985）

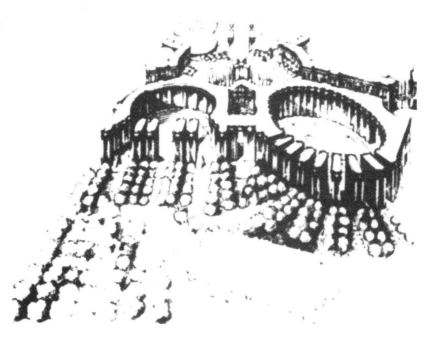

图 8.61　巴洛克的莱塞谢勒住宅区
（图片来源：作者自摄）

（a）

（b）

　　巴洛克式的莱塞谢勒住宅围绕三个城市空间，一个大的圆形广场，住宅占了其中一半，一个椭圆形，周围几乎全是住宅和一座 D 形的剧场。立面上再次出现了排列整齐的高柱。（图 8.61a，图 8.61b）一些预制的柱子高度达四层，比湖畔拱廊的柱式稍小一些，在混凝土板之间开着带有三角楣形的窗，窗之间有壁柱和预制混凝土阳台，柱子依然是整齐排列的。

210

　　圆形剧场的规模较小，最高达到三层楼。它由两个相联系的广场所组成，每一个广场都被住房完全包围。一个直径相当于广场大小的巨大半圆形将它们连接在一起。

　　正如我们可能看到的，20 世纪 70 年代后期博菲尔开始拥抱的古典主义被其他学者投入了更大的热情，这其中不仅有新理性主义者，还有新经验主义者。

第 9 章　新经验主义者

雷文托斯、福格拉、诺格斯和尤特里罗

西班牙村

　　一些 C·西特的追随者,特别是巴塞罗那建筑师雷文托斯(Ramón Reventos)和福格拉(Fransesc Folguera)、画家诺格斯(Xavier Nogues)和郁特里洛[1]证明,由经验产生的一系列建筑和风景如画的场景是可以实现的。他们联合设计了西班牙村 (Pueblo Español),一座为 1929 年巴塞罗那世博会而建造的西班牙式村庄。他们也许不知道,西班牙村对于大多数建筑师和规划者来说,最熟悉的形象是在一张拍摄巴塞罗那德国馆(密斯为 1929 年世博会所设计)的照片背景中(图 9.1)。在照片中可以看到映衬着天空的罗马风塔楼和雉堞墙体。但是,在墙后是整个西班牙村,从东到西,主广场(Plaza Mayor)、阿拉贡广场(Plaza Aragonesa)、喷泉广场(Plaza de la Fuente)和罗马风修道院,照片中的塔楼只是修道院的一部分。

　　迷宫般带有台阶、拱券、拱廊和转角的街道将广场连接起来。它们集合在一起,提供了各种城市景观,这令西特、戈代和其他人赞叹不已(图 9.2)。因为城市本身之间形成的空间,是内置的拼贴,准确的图形化的组合——不是豪华的——而是来源于西班牙各个地方测量出来的地域性的细部。这些细部集合起来,或多或少成为住宅、商店、宫殿、教堂和其他建筑物的组成部分。

　　从西班牙村的南面进入,通过一道复制圣维森特 – 德阿维拉(San Vincente de Avilla)的城门,直接对着的就是一座小型的卡斯蒂利亚式法庭建筑(Castillian Court),街道往东、西

图 9.1　1929 年巴塞罗那世博会:密斯·凡·德·罗设计的德国馆,背景为西班牙村
(图片来源:Johnson,1947)

1.　Miguel Utrillo,法国画家,1883—1955 年——译者注

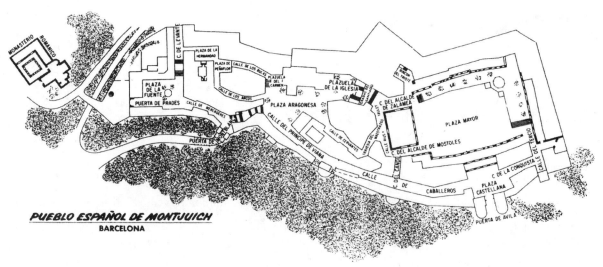

图 9.2　诺格斯、雷文托斯和福格拉（1939）：西班牙村平面（图片来源：Voltes，1971）

两个方向延伸，大部分的建筑位于西部。顶端是一个对市民广场敞开的拱形游廊，游廊的柱子是原始比例的两倍。这个市民广场是一个来自巴尔德罗夫雷斯、阿拉贡、瓜达拉哈拉、布尔戈斯、索里亚、韦斯卡等地方元素的大集合。这些来自不同地方的元素可能会体现在一栋房子里；所以会出现二号房子那样的哥特式拱门，根据卡斯瓦斯的修道院复制，顶着瓜达拉哈拉地区式样的阳台。

　　阿拉贡广场位于西端，沿塞万提斯大街，就像人们可能会在阿拉贡看到的一样，它形成了一个完整的集会广场。这个广场由一个教堂作为主导，它有一个内在的历史关系，从穆迪扎尔建筑风格到加泰罗尼亚哥特式甚至之后的巴洛克式，更别说 1777 年的日晷！

　　阿拉贡广场西部的布拉斯大街（Calle de las Bulas）和阿克斯大街（Calle de Los Arcos）之间是一段典型的安达卢西亚式样（伊斯兰西班牙式迷宫般的平面）。西边的最远端，事实上已经超出了墙外，有一个集合了加泰罗尼亚罗马风各种细部的修道院，如巴塞罗那蒙特惠奇山上的圣塞巴斯蒂安修道院（Sant Sebastià de Montmajor）、赫罗纳的圣母修道院、源自巴塞罗那的塔拉德尔（Taradell）的钟楼；内部、外部和拱券来源于蒙特惠奇山，壁画和回廊源自巴塞罗那的巴尔赫的圣贝尼托（San Benet del Barges）。

　　在整个西班牙村，街巷和陈设也充满了这种复制品，包括喷泉、水井、阳台、台阶、栏杆、路灯等（图 9.3）。每一样东西都可以被追溯到特定的模式或者是来源于西班牙不同地方的拼贴。

　　是什么让这一切组合在一起呢？当 1929 年 C·甘地[1] 谈到参观者时，他非常清楚这一点：

　　　　他们将看到几个世纪以来一直尊崇的一切，自然发展的……普遍性的城市创新，已经适应我们的习惯、气候和土壤，并获得该环境中的自然特质，特别是每一个西班牙地区的情感。

　　这是怎么回事呢？

---

1. Carreras Candi，1862—1937 年，西班牙加泰罗尼亚历史学家、地理学家。——译者注

这是因为，感谢上帝，在西班牙村什么都不是无中生有。在这里的一切建筑仍然存在于我们这个半岛上的某个地方，从那里复制并运到巴塞罗那博览会，精确地复制，并选用了最为需要的模式。

西班牙村也有不和谐的元素——哥特式拱门的旁边是一个圆形的拱门——这些也可能完全按照原样复制，或者被完全去掉。这种不协调发生在以巴尔德罗夫雷斯为原型的市政厅上，但在这个主广场的复制品中，底楼全部是圆拱门，而上部楼层却是哥特式的！

正如 C·甘地所说的那样：

精确的复制是比运用想象实现艺术理想更需要下苦功的工作……整个项目得到认真执行并完美地再现，在这种情况下，它们本身就是真实的。

图 9.3　西班牙村的典型街道（图片来源：作者自摄）

同时代的另一位评论家，巴斯戈达（Bassegoda，1929），比戈代更进一步发现：

那些街道和斜坡仍然是我们古老的西班牙城镇的样子。传统上，人们稍加学习和努力就克服了这种困难。……扭曲的形式，或多或少都有些麻烦（坡度），斜得过度时，人们建造踏步。

画家和摄影家，当然会被这样的城镇，这样一种风景如画式的街道所吸引，"在西班牙村的每一个转角都有这样的效果。"

更重要的是，他们至今仍然存在。虽然密斯的展览馆在博览会结束后被拆除，但之后，在1985—1986年又被认真地加以重建。西班牙村保留了它原来的形式及功能，几十年不变。西班牙民俗和工艺品被保留至今：金属制品、陶瓷、玻璃、马赛克、家具、吹制玻璃、软木制品、贝壳制品、印刷品、印刷和编织品、玩具、蕾丝制品和各种小玩意、大衣和套装的盔甲、五金制品，以及那些唱片、食品、饮料、音乐和舞蹈，都辉煌地再现了乡土特质。

自1929年以来，世博会的展馆让门外汉们看得非常高兴，因为在他们的视野中，建筑是简单的几何抽象体。

假设雷文托斯和福格拉和他们的同事采取了这种视野而不是在历史建筑上润色；还可以假设他们没有将主广场、阿拉贡广场、喷泉广场和修道院沿弯曲的轴线由东到西分布，而是像理性主义者会做的那样沿着直线的线性的轴线分布。

或者受埃瑞的启示，假设拿一座建筑作为例子，有可能将源于巴尔德罗夫雷斯的市政厅（Casa Consistorial）加以重组，主要建筑沿轴线布置并加以简化——重复的住宅沿街道和主要的城市空间线性分布，它们当然会达到一定的统一。

214

当然，最终他们有可能不得不在蒙特惠奇山开辟一块大平台，因为等高线是对称的宿敌！

相反，他们选择了另外的做法，巴斯戈达说，为了对地形做出回应，街道顺应等高线，从而使它们弯曲，最后会有陡坡甚至是阶梯形成。

这种适应的过程，由其特质而提供了基本的，甚至是根本的不规则性，但只有这些本身又是不够的。设计师不得不做出具体的决定，例如哪些房屋应该组合在一起，在何处组合，教堂如何在广场上布置等等。有时候，这些来自现实的决定，例如在阿拉贡广场和塞万提斯大街（Calle de Cervantes）上如画式的组团，都是已经存在数百年，并被完整地重现。

当然，仍然有比这些更重要的东西！有些人很清楚要对不同的类型作出判断，以及如何在位置给定的建筑形式上做拼贴：人们沿着一条弯曲的街道行走看到远处，或在拱门中瞥见远景，在这些过程中，人们瞥见了钟楼，钟楼从视线中消失，然后再瞥见的时候它就成为一个明确的城市标志。这当然也是如画式构图的组成部分。

C·威廉姆斯－埃利斯

波特梅里恩

西班牙村清楚地表明，如果整体非常复杂，在具备技术和艺术灵敏度下，是有可能从很多地方搜集建筑片段并把它们组合起来成为一个连贯的整体设计。当然这种做法也会产生一些问题，例如，C·威廉姆斯－埃利斯[1]从1925年起到1978年去世为止在波特梅里恩设计的一座幻想的村庄里有所揭示。

1924年，他和妻子合写了一本名为《建筑的愉悦》（Pleasure of Architecture，1924）的书，正如他们所说：

> ……他们旨在争取对建筑尚无兴趣也不了解的民众支持建筑、规划、景观美化、色彩的运用以及一般意义上的设计，通过一种欢快、轻歌剧的方式，这样一来，一般的游客……可能会受到诱导，从而对这些给予我们如此强烈持久的快乐的东西产生一种真正知性的兴趣。

他们认为，作为独立建筑师，撇开别的不谈，这本身就是"一座优美的建筑，不仅展现了时代性……同时表达了人的个性和矛盾性。我们认为除了立面，还有房子的平面，现实的或者荒诞的，甚至街道或公园的布局，都是人性化的表达。"

在20世纪20年代后期，威廉姆斯－埃利斯思考并尝试建造一个自己所希望的建筑。于是，他开始寻找场地，与此同时，他绘制草图、平面和模型。终于，在意大利北部度假时他找到了灵感。威廉姆斯－埃利斯发现自己"不断地在心中想象一些小山城的元素：钟楼、各种类型的广场和喷泉……思考如何让它们适应其他环境"。以上这些都是在菲诺港（Portofino）期间想到的，如他所言：

---

1. Clough Williams-Ellis，1883—1978年，英国出生的威尔士建筑师。——译者注

　　……在秋天满月的一个夜晚，我们发现自己在海边，摸索着走下多级陡峭的台阶，经过一扇大门敞开的教堂，从那里传来了美妙的音乐，看到了烛光和一队修女。不久，我们来到了一个围合的小港口，整装待发的船舶停靠在码头上，光影映射在平静的水面，依稀可见堆砌在一起的多彩的房屋和码头边一个依旧在营业的小咖啡馆。

次日清晨：

　　……我们在灿烂的阳光中醒来，钟声响起，人们开始一天的活动，渔船起锚了，新鲜的面包和美味的咖啡香味弥漫，以一栋形式简单、色彩鲜艳、天然而未雕饰的南方建筑为背景……一个关于人工装饰和精巧利用场地的近乎完美的例子。

　　最终，在 1925 年，威廉姆斯 – 埃利斯的一位已故的叔父赠送给他位于北威尔士波特马多克附近的一处房产，多依德拉斯城堡（Deudraeth Castle）。威廉姆斯 – 埃利斯将它更名为波特梅里恩，并试探性地将临海的"白色大厦"转换成无牌经营的酒店。很快，在各方条件和食品几近完备，威廉姆斯 – 埃利斯就迎来了像 A·贝内特[1] 和萧伯纳[2] 这样一些尊贵的客人。

　　第一个夏季结束后，成果使威廉姆斯 – 埃利斯相信，"试探性的，一步一步的工作模式"将使他的梦想一点点成为现实。

　　他认为，制造焦点是很重要的，例如，在陡峭悬崖的边缘建造一个瞭望台，在小教堂的最高点巴特里山岩上建造主钟楼。一旦这些竖立起来"那就只剩在众多可能性中选择和确定比例关系、建筑个性、材料、细节和颜色的问题了"（图 9.4，图 9.5）。

图 9.4　C·威廉姆斯 – 埃利斯（1926—1978）：波特梅里恩（图片来源：作者自摄）

1.　Arnold Bennet，1867—1931 年，英国作家。——译者注
2.　George Bernard Shaw，1856—1950 年，爱尔兰剧作家。——译者注

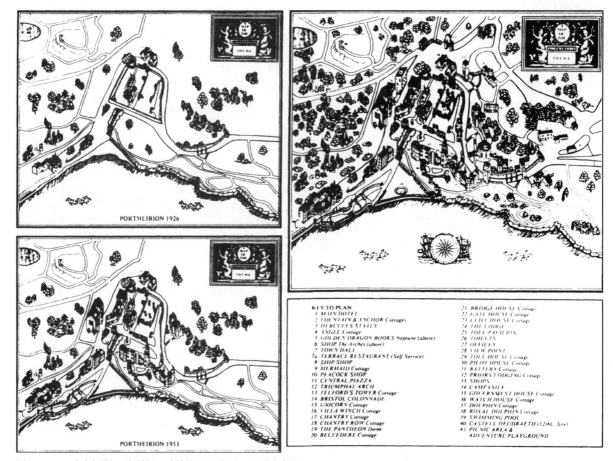

图 9.5　C·威廉姆斯－埃利斯：波特梅里恩总平面（图片来源：Williams-Ellis，1982）

他说，在某种程度上，他建造了"倒塌建筑之家"，其中一座是来自詹姆士一世时期的埃莫大厦（Emral Hall）的宴会厅，他从拍卖行买来了天花、花饰铅条窗、橡木额枋、檐口，非常多的各种东西。

这些成为市政厅的核心部分，并开始用这种方式拼凑旧建筑物中的元素：他从布里斯托尔柱廊购买了很多残片——R·N·肖（Richard Norman Shaw，1831—1912）为伟人祠（Pantheon）立面设计的一座巨大的文艺复兴－哥特式壁炉，一个来自阿莫斯院（Amos Court）的 18 世纪柱廊竖立在他设计的广场上，怀亚特（James Wyatt，1746—1813）设计的胡顿大厦（Hooton Hall）的柱廊用在凉亭（Gloriette）的设计上，凉亭按照美泉宫命名。哥特式楼阁面对来自弗林特郡的尼奎斯大厦（Nerquis Hall）。更不用提各式各样的塑像、纹章、大门、格栅和其他建筑元素了。

正如他所说，有时候创造力让他的状态变得更好：

> 因此，建筑中可能会突然出现这样一些非实用的类型，例如钟楼、圆顶、拱门、门关、观景楼、喷泉、雕像或任何其他东西，而随着时间的推移，"倒塌建筑之家"中我的那些建筑元素，由远及近，所散发出的震撼感是不可抵御的。

当人们爬上山顶，他们会发现除了有这些元素以外，这里有多种多样的地域性农庄围绕着城镇，或者说是乡村。威廉姆斯－埃利斯视波特梅里恩为一个建筑社区，它们说着不同的方言，带有不

同的口音。坦率地说,其中一些确实很虚假;像纸一样薄的外墙贴在建筑物立面上,支柱完全暴露, *217*
毫不掩饰假立面的存在。

威廉姆斯 – 埃利斯以愉悦的心情对 F·L·赖特的到访写了一份报道:

> 可以理解的是,他对我山上的房子表示赞同……但波特梅里恩是另一回事! 我怎么敢
> 让它松散? ……让我深深惊讶的是,他似乎瞬间就看到了我那些刻意而为的幽默,算计
> 好的天真、视觉陷阱、着意形成的虚假透视、异端的建构、非正统的颜色的混合,和所
> 有其他类似的地方。

让他更开心的是,像英国建筑协会里的纯粹主义者——霍尔福德爵士(William Graham
Holford,1907—1975)、M· 弗 里(Maxwell Fry,1899—1987)、R· 马 修(Robert Matthew,
1906—1975),惯于推行抽象的建筑和预制体系,也会选择波特梅里恩作为他们的休息地。很明显,
就像戈代一样,他们喜欢风景如画式的美,但却无法在自己的作品中展现出来。

然而,人们可以根据某些理由争辩,波特梅里恩是未经深思熟虑而又肤浅的。既不是因为那
些虚假的建筑——他们就像一块平地一样一览无余,也不是因
为从原则上看,舞台布景式建筑引发的道德问题(这个问题似
乎已经困扰现代主义者很久了)。对我来说,波特梅里恩的失
败是因为它所用的参照物(图 9.6)。

其原因在很大程度上是由于威廉姆斯 – 埃利斯将建筑的
残片和新建的乡土建筑的混合。对于每一座倒塌的建筑而言,
它们都有各自的比例,新建筑亦然。例如,凉亭的前面有一
座精致的小尺度的爱奥尼门廊,它背后是特尔福德(Telford)
设计的塔楼——尺度夸张的鸽舍和一座本土的巴西利卡式立
面的小屋。每个建筑自身都产生了比例和形式的冲突,同样,
不论从哪个透视角度看,这种冲突也体现在了这三座建筑之
间的关系上。

面对具有同样问题的西班牙村,雷文托斯和福格拉把源自
桑圭萨(Sangüesa)拱廊中拱的尺寸放大了两倍。

当然,这对威廉姆斯 – 埃利斯来说,在波特梅里恩用以上
的方式将他搜集的这些残片重新拼凑使得从每个角度看,都与
相邻的建筑有很好的透视关系是不可能做到的。

图 9.6　波特梅里恩:凉亭和特尔福德设计
的塔楼(图片来源:作者自摄)

但具有讽刺意味的是,西班牙村由一个团队在很短的时间内设计出来,实际上被证实比波特
梅里恩,更加具有连续性。后者设计建造超过 50 年,且一直在"生长和变化"的项目。总而言之,
上述二者对于西特和高德特关于风景如画式只能随时间推移而呈现的争论提供了一个伪证。

G·卡伦

G·卡伦在 1945 年第二次世界大战结束后发展了"城镇景观"的理念,那时他在《建筑评

论》担任助理编辑。卡伦那些配有精美插图的关于该主题的文章收集整理后汇集在《城镇景观》（Townscape，1961）一书中，之后以《简明城镇景观设计》（The Concise Townscape，1971）的书名再版。他说，就像存在某种建筑的艺术，也存在某种关系的艺术，其中所有创造环境的元素，*218* 建筑物、树木、自然、水、交通、广告等交织在一起，并以这种方式产生戏剧化的效果。这是科学研究或被技术占据半边大脑的人所无法实现的，虽然卡伦承认需要人口学家，社会学家，工程师，交通专家等。他们工作的成果根据卡伦的说辞：

> ……一座城镇可以用几种模式且依然运作成功。这里我们又发现了科学的解决方案的弹性，并且正是这种弹性的操作使得与之关联的艺术性成为可能，其目的……简单来说就是控制在一定的偏差内。

这种控制，根据卡伦《城镇景观》的理论，会是一种视觉景观："因为环境几乎完全是通过视觉才能被捕捉理解的。"他继续说道：

> ……视觉不仅仅是有用的，同时它唤起我们的记忆和体验，这些我们内在的情感回应有着刺激心灵的力量。正是这种"意外收获"……

我们讨论的"意外收获"，卡伦说，可以用三种方式去欣赏。以下就是这些方式：

1. 当有连续的视觉刺激时，除了有即刻呈现的景色，也会同时产生新鲜不同的景色。长直的道路或开放式的广场仅能给我们第一种感受，这是由于愉悦和乐趣是由"戏剧化"的并置对比产生的。

2. 场所，尤其是在一个特定的场所——街道或广场——在里面及其周围有着同样的强烈感受，而在其外围的其他地方，我们可能认为在"他处"。

219 3. 内容是一个关于建筑风格、尺度、材料和布局的问题。卡伦讨论了色彩、纹理、风格、特征、个性以及独特性的问题。

考虑到历史城镇混杂的性质时，卡伦说：

> ……我们的思想深处存在这样一种感觉，假若我们能重新开始，我们可能会摆脱这种混杂，让一切都变得崭新、精致而又完美。我们将创造一个有序的场景，笔直的大道、高度适宜和风格优雅的建筑。如果能随心所欲，我们可能会做的是……创建对称性、均衡、完美和统一。毕竟，这是现在流行的城镇规划的目标。

他用派对打了一个比方，开始遇到陌生人，我们都会遵守礼节，有礼貌地交谈，而在这种程式化的交谈中，没有人会表现个性。他说，只是在展示风度，人们应该如此表现，当然这也很无趣。但当夜晚来临，人们放松下来，彼此熟悉。某人是一位和善的智者，另一位则生机勃勃；每一个人都是他人的陪衬。人们尽情地享受，因为他们各有不用，但同时这种差异在某种公认的界限内。自然，按卡伦的看法，规划更应该像他后来提到的派对，而不是之前那种生硬而又一本正经的陌生人。

卡伦的寓意非常清楚，也通过极富吸引力的草图表现他所提到的"连续景观"的例子，他定义"场所"的方式，他的寓意用如下方式出色地呈现出来：独立地块、围合、焦点、区域、户外房间、此时此地和彼时彼处，封闭的远景、偏斜、凸出与凹入、起伏，甚至是强化、拥有感和优势感等。他也考虑环境：大都市、城市、田园的、乡村、工业的等；他还考虑实际上我们用来"阅读"环境的所有的细节以及手法。它们包括亲密、得体、率直、缠绕、怀旧、显露、幻觉、隐喻、动物形象、关系、尺度、变形、书写、广告等凡此种种。他关注所谓的"功能"传统的乐事：在铁的和其他的桥梁、栏杆、栅栏和台阶上，材质构造、刻字、灯箱、鹅卵石等，之后他广泛分析了各种各样的环境，用他那动人的草图告诉人们可以如何改善环境。

所有这些，如同卡伦在他的《简明城镇景观设计》（1971）中所说的，是"一种肤浅的市民风格的护柱和卵石……步行街区域……保护的崛起"。但这些，对卡伦而言只不过是肤浅的，并没有理解他要做的到底是什么。从实际上来说，他的简单说辞很容易蒙蔽人们，无法深刻理解他想要说什么。所以不足为奇，与他相比，理性主义者看起来更缜密。

然而，在卡伦的《城镇景观》的第一版至第二版的出版期间，他已被铝业生产商——阿坎工业委任进行各种规划研究，诸如线性电路城镇，以及一座称之为阿坎的城镇，作为新理念的平台。其中，《扫描仪》（The Scanner，1966）是一本24页的小册子，具体涉及城镇的肌理：道路、小径及建筑物。里面有三十多幅插图，两页的图表和3000多字的工作案例说明，其中包括了9项规划和6个城镇景观比较，卡伦的这本小册子比起C·西特75000字的说明和115个规划更接近问题的核心。《扫描仪》这本书本身就是两页的图表，第一页图表主要考虑人的因素，第二页主要考虑物质因素：

> 人的因素……是指那些幸福或忧伤、满足或绝望的状态，源自人与人之间的相互关系。 *222*
> 物质因素……是指城市环境的真实形态、城市环境布局、人们涌入的"模型"。

卡伦将其视为一对相互联系的链：一种人类活动的集合链（Integration Chain）和物质环境的空间链，其间发生了各种活动（图9.7—图9.9）。

图9.7　G·卡伦（1966）：活动与空间（图片来源：Cullen, G., *The Scanner*, 1966）

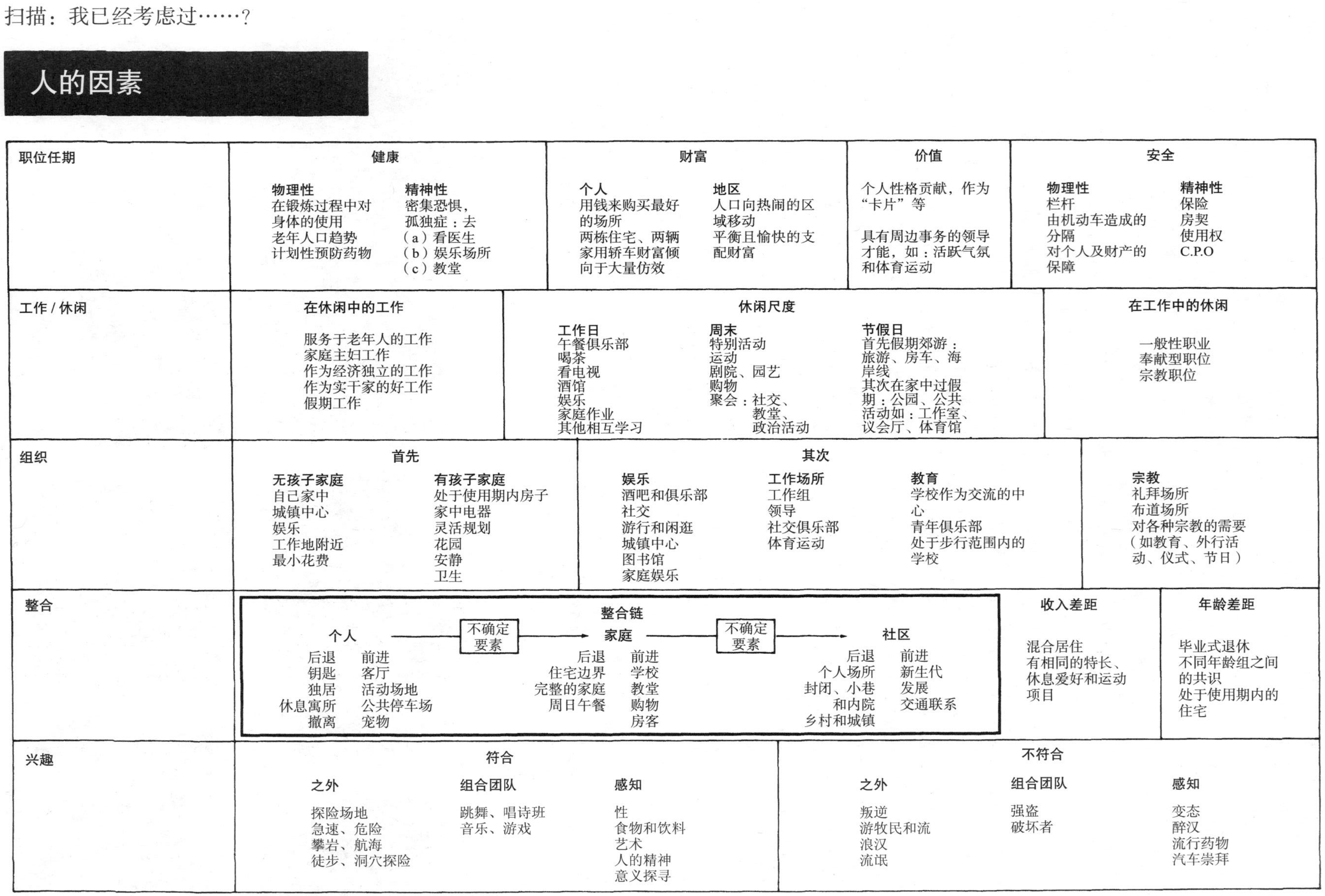

扫描：我已经考虑过……？

人的因素

健康

职位任期
- 物理性：在眼镜过程中对身体的使用 老年人口猪身 计划性预防药物
- 精神性：密集恐惧、孤独症：去（a）看医生（b）娱乐场所（c）教堂

工作/休闲
- 在休闲中的工作：服务于老年人的工作 家庭主妇工作 作为经济独立的好工作 作为妇女干家的好工作 假期工作

组织（首先）
- 无孩子家庭：自己家中 独居 城镇中心 娱乐 工作地附近 最小花费
- 有孩子家庭：处于老年期 处子使用期内房子 家中电器 灵活规划 花园 安静 卫生

财富

- 个人：用钱来购买最好的场所 两栋住宅，两辆家用新车财富倾向于大量防效
- 地区：人口向热闹的区坡移动 平衡且愉快的支配财富

休闲尺度
- 工作日：午餐俱乐部 喝茶 看电视 酒馆 娱乐 家庭作业 其他相互学习
- 周末：特别活动 运动 剧院 园艺 购物 聚会：社交、教堂政治活动
- 节假日：首先假期郊游 旅游游、房车、海岸线 其次在家中过假期 活动如：公共会议厅、工作室、体育馆

组织（其次）
- 工作场所：工作组 领导 社交俱乐部 体育运动
- 娱乐和俱乐部：酒吧和俱乐部 社交 游行和闲逛 城镇中心 图书馆 家庭娱乐
- 教育：学校作为交流中的青年俱乐部 处于步行范围内的学校

价值

- 个人性格贡献，作为"卡片"等
- 具有周边业务才能领导气氛，如：活跃富和体育运动

安全

- 物理性：栏杆 由机动车造成的分隔 对个人及财产的保障
- 精神性：保险 房契 使用权 C.P.O
- 在工作中的休闲：一般性职业 奉献型职位宗教教义
- 宗教：礼拜场所 布道场所 对各种宗教的需要（如教育、外行活动、仪式、节日）

整合

整合链：不确定要素 — 家庭 — 不确定要素

个人：前进 ←→ 后退 住宅边界 完整的家庭 周末日午餐

社区：前进 新生代发展 交通联系 ←→ 后退 个人场所 封闭、小巷和内院 乡村城镇

收入差距
- 混合居住：有相同的特长，休闲爱好和运动项目

年龄差距
- 毕业式退休 不同年龄组的共享 处于使用期内的住宅

感知：性 食物和饮料 艺术 人的精神 意义探寻

兴趣

符合
- 个人：前进 客户 活动场地 公共停车场 宠物 ←→ 后退 钥匙室 独居 休息寓所
- 组合团队：跳舞、唱诗班 音乐、游戏

之外：探险场地 急速、危险 攀岩、航海 徒步、洞穴探险 / 叛逆 游牧民和流浪汉 流浪

感知：变态 醉汉 流行药物 汽车崇拜

不符合
- 组合团队：强盗 破坏者

图9.8 G·卡伦（1966）：人的因素（资料来源：Cullen, G., *The Scanner*, 1966）

扫描：我已经考虑过……？

物质因素

社区

尺度	构成	场地	地域	成长
临界尺度的选择基于：时间周期（如，每周周转频度）设施建设 交通承载力	平衡与不平衡：年龄 职业 财富	选址的艺术性 集水区 优势和依赖 交流	地域特征 季节更替	预计增长 构成成变化 自我约束社区

形态

密度			交通		已有形态	
低 和平、宁静、空间、随机健康、土地使用率较低以现金支付的住宅、有限的交通分隔	**中** 私密度和空间，与可能的理想使用，土地取得合作，可行组织的公共交通，工业化建筑，优化的工业建筑，平衡分隔	**高** 空间需求最大化，合理的土地凝聚，有效交通的视觉聚集，公共建筑、竖向交通，政府建筑，分隔	**交通型人** 摩托车，交通问题：净空，可能的问题：气味，景观，停车	**人到交通** 锻炼 和平的信念 环境 通勤 联系或分隔的消除	**形成趋势** 围绕设计权和色彩 设计艺术 波普艺术 版式和手法	**有法律控制** 日间照明 道路宽度 视线角度 消防通道	**工业化建筑** 起重机回转 单位重量选址 厂房选址 生产流程

景观

类别		气候	自然	农业生产
可耕用地 工业用地 公园用地 绿带	野生自然 国家公园 高地 海岸线、河口	优势风 当地气候 人工气候 人口迁移	野生生物 自然保留 生态 空气污染 工业排污	新的农耕图案 农场 清净工业 自动化 能源和服务网

光学

空间链

内部	外部（建成）	外部（自然）	光线	视角	视觉次序
不确定要素 一个房间 连续多个房间 联系方式：楼梯、坡道	内院 街道 广场 正式的花园	不确定要素 街道 公园和湖泊 水平线和海 全景	立体主义 几何 侧影 材质 颜色 人工照明 勘探照明	有效透视 对空间的区分和组织 干扰和切除 全球可视化	运动视觉 发展 连续与分隔 尺度的变化

场所身份

气氛	对象	自然	同性质的	组合
城市 城镇市场 郊区 邻里 乡村风气 地方风气	建筑特征 历史鉴定 活力 重要位置	层 天空 水 树和植被	一致性 礼貌 层次结构 闭合	村托 尺度 风格 惊喜 罪恶

图 9.9　G·卡伦（1966）：物质因素（资料来源：Cullen, G., *The Scanner*, 1966）

集合链是基于他所谓的"状态"（Tenure），诸如健康、财富、身价和安全这类状况；基于工作/休闲及它们之间的相互关系，基于家庭以外个人在各种层面上的社会参与，其皆来自场景的某种激情（Zests），来自小组或团队关系，或是"那里的"。他把这些激情看作是相似的，或是不同的。因此集合链有不同层面的作用，从个人，到家庭，再到社区。人们可以在各个层面选择进入或退出，所以在某个极端，个体会退出去寻求独处，而在另外的层面他可以选择参加社区的团体活动。

卡伦所谓的物质因素空间链，从字面上看，是由有一定规模、构成和某种地理位置的社区所建立起来的；它具有特定的密度模式，交通系统等；并且建立在一个特定的气候所存在的景观中，一种大自然、农业和工业的模式。卡伦将空间链视为——但愿如此——由场所的识别性所驱动，而这种识别性则是基于场地与各种复杂因素的移情。对于卡伦来说，空间链主要是一种视觉物质，其中光线、透视以及连续景象都发挥各自的作用，如集合链作用在三个层面：内部、建成环境的外在和自然的外在。

关联在卡伦的两个"链"中的个体，同时也在他所谓的"迷宫因素"（maze factor）中相互关联，他所用的这个术语可能需要加以说明，正如卡伦所说：

> 目的是要表明，复杂性和选择的愉悦度尽管都包含在一个连贯的框架内，但是也允许个体选择自己的路径。我们认为，从社会和视觉的角度，个体主动性的程度有利于人们对其环境的认同。

同卡伦一样，设计师可以把这个（或自己的）《扫描仪》作为一个设计问题的地图。它甚至可以被用作检查表，设计师可以问自己"我有没有考虑这个……"或"这里有没有规定……"。这样，就可以迫使他从环境中注意到这些专属于某个场所的东西。

当然，人们可以对此加以辩驳，或提出任何其他图示。我当然希望看到卡伦的空间链得以拓展，不仅包括视觉因素，还有其他感官因素，更不用提人体与物质环境之间的物理关系——人体测量学和人体工程学。我也不知道作为建造房屋的特制墙板（高度正好为房屋的高度），作为房屋建筑必要的给定模式是否仅用到这个世纪结束。但在我看来，卡伦的两个相互关联链的概念，一个是人类的活动链和另一个是其发生的物理空间链，是一个令人钦佩的理论。我也同样钦佩他认为一个特定场所的环境应该可以为如何设计这个特定场所提供线索。

但任何这种方案的考证显然都不得不在结果中寻找。卡伦在《扫描仪》中提到了两个作品的案例：一个是假想的 2500 人的都市村庄和一个朗达河谷的巴勒都市更新计划。这个都市村庄的设计场地是假想的，投标的主要部分是卡伦所绘制的极富吸引力的图式，展现了各种空间的视觉链（Optic Chain），以及人们参与他们的集合链。自然，朗达河谷的案例让卡伦更多地对现存环境、河谷的生活的状态进行分析，之后他将朗达河谷环境改善之前的照片，和他勾画设计完之后的城镇景观加以对比。这里，他并没有试图展现他所提出的发生在视觉链中的人类活动集合链。

这两个方案都很有趣，但他们都不及卡伦为玛丽库特设计的方案那样全面或实际。玛丽库特是一座靠近阿伯丁的新都市村庄，这个项目的甲方是 C·萨尔韦森地产有限公司，D·戈斯林（David Gosling）是规划顾问，K·布朗（Kenneth Browne）为合作设计顾问。正如我们所看到的，卡伦十

223

分明了任何设计研究都应当从合理的科学调查开始，玛丽库特研究就是这种调查的范例。考虑了地理位置、土地所有权、地形、景观、现有的开发、服务设施、地质以及地基（图 9.10）。D·戈斯林的团队在此基础上提出了项目的整体形式、流线、人口 / 就业 / 密度、开放空间和娱乐、社区设施、景观，主要排水以及分期建设计划，正是在这个框架内，卡伦展现了他的概念（图 9.11）。他根据栖息的房子，一个城镇景观规划，通向中心之路，设计了四个街区的详细方案：东园、凯勒院（Kaleyards）、万茨（The Wynds）和伯恩赛德（Burnside）。

　　D·戈斯林以草图确定了房屋的总体风格，从当地乡土建筑中提炼了房屋的尺度、形式和材料，设定整体的导则。对此卡伦描述道："该计划的主要目的是试图将大众住房转换为个性化感受，产生认同感和归属感。"在他们看来，关键的问题是"人们住在房子里，但房子住哪里？"

　　这个场地本身自然而然地形成了一座圆形剧场，其自身呈 U 形将公园加以围合，并向西侧敞开，主要住宅区对着公园。对于都市村庄来说，这种关系会即刻建立起一种"此地"的感觉，而对其外围就有 "彼地"的感觉。由 U 形开放空间所形成的东西轴线被南北向的轴线拦腰截断。高街（the High Street）布置了中央市场和商店，而其他地方有着各种标志或识别点：如教堂的尖顶，靠近路尽端视野的一棵树，一根旗杆，在某个全是白色建筑的街道上出现一幢红色房子等。这些将被安置在这个网络中，这样"人们就能明白其在总体的文脉中"。村庄的边缘也会用树带界定，人们穿越这道屏障时，会有从野外到内部的感觉。为应对气候 *224*

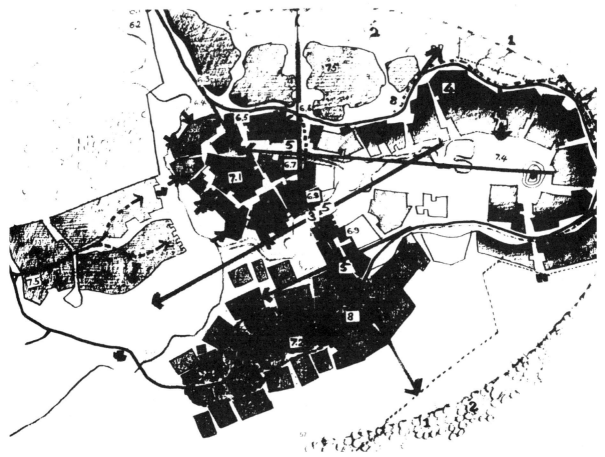

图 9.10　戈斯林、卡伦和多纳休（1974）：玛丽库特新镇：总平面及其分析（图片来源：Gosling 等，1974）

图 9.11　玛丽库特：市镇中心透视图
（图片来源：Gosling 等，1974）

的影响，用墙围起来的房子组团也会受到保护，里面的风都是轻柔的，"那里的阳光都是有益于花草生长的。"

比起其他任何方案，玛丽库特项目所展现的绝非仅仅是时间的产物，其显示了对于特定情况的回应所产生的如画式的效果，有着自己的外形、氛围和具有地方特点的场地、向外部的景色、向内部的景色和其他视觉提示。总之，这个项目代表了设计师回应场所的愿望，而非将贫瘠的几何图案强加于项目上。

确实，玛丽库特项目提出了一些可以应用到其他场所的原则，这些原则可以使场所获得认同感，其包括：

1. 适合场地的开发；

2. 提供一个核心，要求有权威感、合适的尺度以及事件性；

3. 提供差别化的住宅区，各自都拥有特质和个性；

4. 通过分阶段开发避免虚大而无形的扩张，从而每个阶段都能拥有可识别的边界；

5. 鼓励个性场所的意义，以网络状布局地标，每个地标都可以作为某些特定功能或区域的聚集点，有助于帮助人们定位；

6. 利用现有的地形地貌，精心种植，激发戏剧效果，从而产生令人难忘的情景；

7. 以精心规划的围合提供某种地方感和场所感（我在此处）；

8. 引导人们从一个封闭的体验到另一个高潮，其结果是这种戏剧化的展开效果本身就能长留于记忆中。

如同玛丽库特项目团队所说的，这些策略不需要任何额外的开支；他们可以通过简单的重组或元素的重新归并加以实现，任何的开发项目在任何情况下都可以实现。

玛丽库特项目从来都没有变成现实，但多数情况下，根据环境所提供的线索，卡伦的规则依然能得到广泛的应用。假如是最缺乏潜质的场地，比方说，完全平坦的，有着最温和气候的场地，人们仍然能够想到其中心——有着可以识别的地标——周围有房屋围绕，每个住房都有各自的识别性。即使在最温和的气候条件下仍然有一些有关屋顶形式、墙体的密集、尺寸、开窗的大小和形状的建议。而对于风景如画的断言，它还是可以传递一些关于视觉、气候，如何利用弯曲的街道、不规则的场地、柱廊和拱廊等的优秀理念。

K·林奇

最早从经验出发，对城市环境进行分析的人之一便是 K·林奇（Kevin Lynch，1918—1984），他在 1960 年出版《城市意象》一书。在麻省理工学院城市与区域研究中心，林奇一直与 G·凯派什（George Kepes）共同工作，凯派什曾就"移动的感知能力"编辑了一系列的书籍（1965—1966）。

首先，林奇关注的是环境的意象，正如他所说："每一个人都会与自己生活的城市的某一部分联系密切，对城市的印象必然沉浸在记忆中，意味深长。"他同时又说道："城市中移动的元素，尤其是人类及其活动，与静止的物质元素是同等重要的。"

他指出，当我们感知城市时，"几乎每个感官都在运作"，林奇主要关注（美国）城市的视觉品质，主要方式是"研究城市市民心目中的城市意象"。具体说来，他找寻的是城市景观的清晰度和可读性，"容易认知的城市各部分……被整理成一个连贯的模式。"在他的书中，他说道：

> 诸如对色彩、形状、动态或是光线变化的视觉感受，听觉、嗅觉、触觉……

下述过半数的主题表达了他们对某座山的意象（大致呈降序的排列）

　　一座鲜明的山
　　狭窄的石砌的街道
　　州议会大厦
　　路易斯堡广场和花园
　　树木
　　漂亮的老房子
　　红砖
　　凹入的门廊

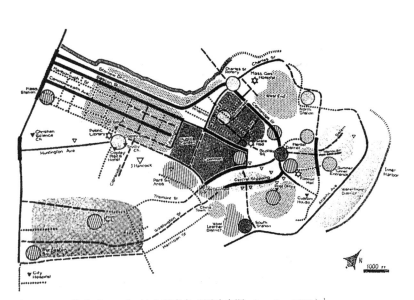

图 9.12　K·林奇（1960）：波士顿意象（图片来源：Lynch，1960）[1]

还有其他经常提到的：
　　砖砌的人行道
　　鹅卵石街道
　　河岸的景观

1　原书只有图题，无插图，此为译者所补。——译者注

　　　　　一块居住区

　　　　　肮脏和垃圾

　　　　　社会阶层的差异

　　　　　后部街角的商店

　　　　　封闭、弯曲的街道

　　　　　围栏和雕塑，路易斯堡广场

　　　　　各种各样的屋顶

　　　　　查尔斯街上的招牌

　　　　　州议会的金色穹顶

　　　　　紫色的窗户

　　　　　形成对比的一些公寓住宅

　　还有其他至少三个人曾经提到的：

　　　　　停放的轿车

　　　　　凸窗

　　　　　铁花装饰

　　　　　拥挤的住宅

　　　　　古老的街灯

　　　　　一种"欧洲"风味

　　　　　查尔斯河

　　　　　能望见马萨诸塞综合医院

　　　　　在"后部"玩耍的孩童

　　　　　黑色的百叶窗

　　　　　查尔斯街上的古玩商店

　　　　　三四层的住宅

227　　　运动感、重力感或是电磁场。

　　换句话说，他对城市的解读与我在《建筑中的设计》（Design in Architecture，G.Broadbent，1973）中对建筑的解读很相似。

　　林奇关注的是我们如何在城市里找到自身的位置，我们如何找到附近的路等。他建议，这在一个规整的、方格网布局的城市更容易做到，"如果了解曼哈顿的组织结构……你一定能够从中获取大量的信息和惊喜。"

　　而对于不规则的城市："……一旦迷失方向，随之而来的焦虑和恐惧说明它与我们的健康的联系是多么紧密。"对于林奇来说，的确"'迷失'在我们的词汇里……也暗示着更大的灾难"。

　　为了知道我们在城市内部的哪里，我们必须为每个部分建立一个可运作的意象，这些意象包括：一，身份——我们承认它在全市范围内的"独特性或者唯一性"；二，我们能够辨别出其空间或模式与城市其他部分的关系，也包括和我们自身的关系；三，对于我们每个人来说的特别意义，

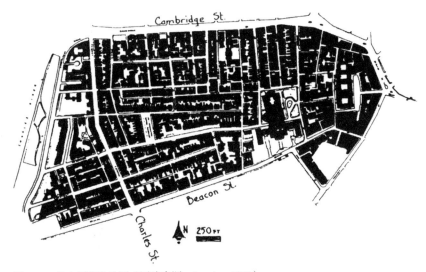

图 9.13　波士顿意象地图（图片来源：Lynch，1960）

"无论是现实的还是情感的。"

　　林奇说："有形物体中蕴含着，对于任何观察者都很有可能唤起强烈意象的特性"，其形象创造力反过来又取决于"形状、颜色或是布局，它们都有助于创造个性生动、结构鲜明、高度适用的环境意象"。

　　有了可意象性（imageability）这个概念之后，林奇将其在实地加以验证，其中有马萨诸塞州波士顿、纽约州泽西，以及加利福尼亚州洛杉矶。在这些研究的基础上，他总结了我们建构城市形象时发挥作用的五种关键元素，即路径、边界、区域、节点和标志物（图 9.12—图 9.15）。

　　林奇对五个元素的定义引述如下：

　　1. 路径，人们移动的轨迹，或规律，或偶然，又或者是可能会有的。其包括小径、街道、人行道、公共汽车或电车线路、运河、铁路等。正如林奇所说，当我们在道路上移动的同时观察着城市，对很多人来说，路径本身连同他们获得的城市元素，成为他们印象中的城市的主导元素，林奇称之为"坐标轴"。

　　2. 边界，对于林奇而言，边界是线性要素，观察者并没有把它与路径同等使用或对待。或者说人们只是将其视为线性分割或某种边界。其可能是物质的边界，如墙壁、铁路的阻隔、运河、海岸或者只是邻近开发用地之间的边界。虽然边界不像路径那样起主导作用，但边界对许多人来说尤其具有"重要的组织功能"，比方说，水或城墙起到了"凝聚普通区域"的作用。

　　3. 区域，在林奇看来，在人们的视觉感受中相当于城市内中等以上的分区，是二维平面。区域不仅可以在地图上形成，同样也具有识别性，尤其是在其内部。这是因为区域内部本身拥有的某些共同的特质，这确实会给进入其中的人一种非常明显的感觉——我在这个区域里。这种感觉也可能在区域外部被体验到。大多数人，根据林奇的说法，发现这个"区域"的概念在组织自己的"城市意象"中扮演着最重要的角色。事实上，就城市和个人感受而言，"区域"可能比"路径"更重要。

　　4. 节点，是城市具有战略意义的点，是观察者往来行程的集中焦点。节点可能穿越道路，或者与道路相整合，成为一个会合点，成为从一种交通模式到另一种的转换点。又或者，由于其形式而使其重要，集中说来有城市广场、街道转角。或者，区域承担了某种特殊的用途。事实上，某些集中节点"成为一个区域的中心和缩影，其影响由此向外辐射，因此它们成为区域的象征"。

228

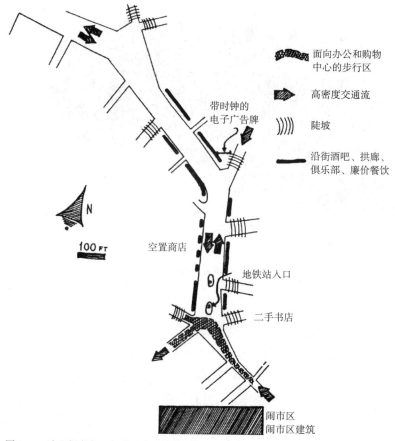

图 9.14　波士顿意象：各种元素（图片来源：Lynch, 1960）

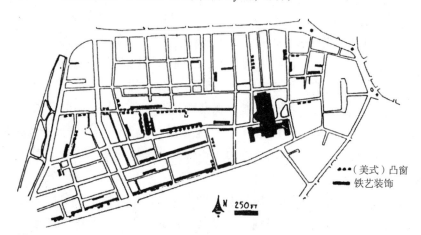

图 9.15　波士顿意象：视觉形式（图片来源：Lynch, 1960）

5. 地标，同样也是点状参照物，但观察者实际上并不这样使用它们。相反，它们由简单的物体组成的，比如一栋楼，一个标志，一个商店，甚至是山。在这个意义上，地标可能会因其出挑的形式鹤立鸡群于周围的环境。其可能会是庞大的人造物体，如塔楼、塔尖或穿隆顶，高耸于众屋顶上，在城市的各个角落作为中心点参考（radial reference）。其也可能是远处的山，起到类似的作用；太阳本身也起着这样的作用，虽然在移动但是速度很慢，人们还是能通过它知道方向。

6. 地标，同样也存在小尺度的地标，如城市广场上的一棵树、一个特定的标志、商店的门面、一扇门，甚至是门把手。这些，还有其他的城市细部，充满在观察者的意象中。

如林奇所说，我们经常在城市里使用这些线索来寻找元素的特征，甚至去帮助我们理解城市的结构。更重要的是，我们越是熟悉我们的出行，我们越是会依赖这些元素。

在确定了这些使得城市意象化的元素后，林奇继而描述了这些元素在设计过程中的应用。比方说，路径，应当分层次规划从而使每条道路都能起到自己的作用。他说，主线应该具有某特质，如：

> 沿线集聚一些特殊的使用和功能活动，有某些典型的空间特征、特殊的地面或墙面质感、特别的布光方式、与众不同的气味或声响，以及植被的样式和细部。

他再次重申方向的清晰感知问题，因为"如果遇到连续不断的转折，或是模棱两可的渐变弧线，以至于最终形成主要方向的逆转，会严重干扰人类的大脑意识"。但同时他承认"路径的动感性"，即我们沿着道路穿行的运动感——转弯、上升、下降——将为给我们留下深刻的印象。如果我们在高速移动中，比方"靠近市中心巨大的弧线下坡道路"，这样的印象会更加深刻，"让人形成难以忘怀的意象。"

林奇同样表述了每一个其他主要元素。例如，要创造特别的边界不是件容易的事情，比方说中央商务区，虽然我们知道里面该怎么做，但是外面呢？又比方说"一座中世纪城市在城墙处突然终止，面对摩天大楼的中央公园，以及在海边人行道旁水和陆地的清晰转换⋯⋯"

一个区域的里－外可以用材质的对比、精心的种植、坡道、间隔的可识别节点、端部"可识别的锚固"等加以区分。

他认为，最突出的节点，是那些甚至还未被有意识地列入设计考虑中的"岔口"，而地标却相反是专门设计作为识别用途的。但他重申："低矮屋面映衬的高塔"可能是明显的地标，也可能是一个门把手，但它的位置必定十分关键。

林奇阅读城市的方式已经深入人心，也许是因为其传播得最为广泛，还有其他非常具有影响力的理论，其中有蒂尔（Thiel，1961，1962，1964，1986）、阿普尔亚德等人（Appleyard et al.，1964）、哈尔普林（Halprin，1965，1970），他们的概念是基于由芭蕾舞等发展出的。

F·斯珀里

格里莫港

确切说来 20 世纪 60 年代在风景如画设计中有两个著名的案例。一个是 F·斯珀里（François Spoerry，1912—1999）设计的格里莫港（Port Grimaud）（1963），另一个是由摩尔、特恩布尔和惠特克（Moore，Turnbull and Whitaker）设计的克雷斯吉学院（Kresge College，1968）。

在普罗旺斯海岸，斯珀里将他的格里莫港建在圣特罗佩湾。如同库洛特（Culot）（1977）所说，十年间它已成为继埃菲尔铁塔和圣米歇尔山之后，第三个旅游热点。据测算，这些时日，位居第四的是巴黎的蓬皮杜艺术中心（Centre Pompidou），可是与格里莫港相比，其间的游客量还是有很大差距的。

斯珀里熟知格里莫港那块土地，这是一片盐沼，在他还是个小孩子的时候他就常站在高处遥望那里，观察鸟类，画速写。在他 20 岁出头的时候（1932—1933），他曾在该地区工作，与建筑师 J·库费（Jacques Couefie）共事，库费是一位根据地域特色进行设计的设计师。

作为法国抵抗运动的一员，斯珀理历经多个纳粹集中营幸存下来。他毕业于巴黎美术学院，并在米卢斯开办了一家商业设计公司，在他设计的众多项目中有欧洲之塔（Tour de l'Europe），一座 30 层高的玻璃幕墙建筑，同时他还设计了一辆电动汽车。

库洛特当时是这样评价他的：

> ……建筑师、建设者、推动者、商人、政治家、慈善家、航海家、美食家、工作狂，与此同时，他的魁梧的身材让人将他与企业家相联系。

然而，不知何故斯珀里认为自己应在建筑上有更多作为，在他 50 岁的时候，他开始了格里莫港的工作。其他的开发商原本以为，法国地中海岸盐沼地是不适宜建设的，但斯珀里经过仔细调查，探测地基十层，检查河流的运动，潮汐的最高与最低位置，最恶劣的密史脱拉风[1]的影响，最后综合了低廉的农业和潜在开发价值，以低价购得这片土地。

以拉马蒂埃勒（Ramatuelle）和艾格 – 莫尔特（Aigues-Mortes）为原型，斯珀里构想了一个同心圆，假设不规则的陆地环能随着水环的改变而改变。当然，环可能不得不间断，一来是为了让海上来的船靠岸，二来也是为了让人能通过架设在上面的桥梁方便达到环的另一端（图 9.16、图 9.17）。

当然，这个间断可能更像是伸入水中的手指，但即便如此，考虑到地中海的潮汐略微大于 150 毫米，斯珀里还是担心中间的水域会变得污浊。所以斯珀里玩了个有趣的想法，他用水泵带动的风车使水能够在指尖处不停打转。

但后来他建造了一个模拟潮汐变化的手指模型，意识到，岸边陆地连接的手指（伸入水中的体块）如果被切断，那么就可以通过桥梁与陆地连接，此时潮汐变化所产生的微小涡流就已经足够满足要求。

在模型上初步确立了他的设计布局后，斯珀里研究何处可以摆放房子。表面上看，他的布局很随意，就是顺着手指和车行路径布置人行道路。在这种情况下，

图 9.16　F·斯珀里（1963）：格里莫港鸟瞰（图片来源：AMM，1977 年第 12 期）

---

1. 地中海北岸的干冷西北或北风。——译者注

图 9.17　格里莫港：总平面（图片来源：
AMM，12，1977）

船自然就在车行线的另一侧，也就是水环。格里莫港与波特梅里恩一样，是一座步行村镇，车都
停在外面。

　　斯珀里的计划提交整整三年后才得到允许继续实行。他不得不为他沿着码头需要挡土墙的手
指状的建造开发新技术，他用从水道里掘出来的沙子填充了码头，把他们打包后放在板桩后面，
然后就形成了他的各个岛屿和手指状的形体。

　　完成了他的海角、半岛、岛屿和地峡的基础设施后，斯珀里就计划盖上面的房子了，根据威
廉姆斯－埃利斯的描述："各种房子、露台、商店、酒店、餐厅、办公楼，和其余……各种大小和
颜色混杂在一起。"

　　在每一种情况下，斯珀里都是从最初的概念出发，随性地画完之后再进一步细化，最终完成
他的实施方案。在这一点上，斯珀里解决基本问题的综合能力很强，高于西特、戈代和其他众多
纠结很长时间的设计师。

　　他有每个房子的小比例的精细木制模型，并将其拍摄记录下来，通过使用模型，可以在不同
的灯光条件下，从各个角度，不断地尝试、调整，这是试错的过程。期间，模型帮助完成了各方
面的调整，如形式、细部、颜色等。

　　也由此，他超越了西特与戈代。他将那些无规律却有充满艺术性的规划变成了现实——建成
的三维形式。C·威廉姆斯－埃利斯这样评论：

　　　　这位创造者就这个问题到底了解多少……在他眼中……我不知道，但我想他知道很
　　多，因为我总能在不经意中发现很多细节，在 A 和 B 之间的距离 C 的范围内，即使没有
　　现成做好的话，人们也可以为自己创造一个。如果说建筑有什么问题，而不是规划的话，

232　　那么斯珀里确实是个有过失者；如果说他要因为建筑而遭到谴责去赴死，我想我会以吊死在他的旁边为荣。

　　就建筑本身来说，大多数结构都是混凝土的，包括隔墙和屋顶。屋顶用防水混凝土覆盖，隔有一个空气层，上面铺普罗旺斯瓷砖。两个面层间的空气层保护了室内的屋顶，也正因如此，房间内在夏天很凉爽，而妥善固定在混凝土上的瓷砖背面不会被最恶劣的西北风刮走，这点是传统的普罗旺斯瓷砖所无法做到的。

233

234

图9.18　格里莫港：指状步行街（图片来源：作者自摄）

图9.19　格里莫港：水道（图片来源：作者自摄）

　　有一些外墙，和传统的墙体一样，材料为石头。另外，同样是传统的拉毛粉刷，涂上适当的色彩。这样，人们就不知道斯珀里用的是最廉价的材料：混凝土。

　　窗子和其他洞口，包括阳台、柱廊、拱廊等有着不同的尺寸、形状和布局，更不用说外部的色彩了，从白色到深红，各式的都有。经过庭院爬上墙头的花草灌木，藤蔓覆盖的棚架，某几棵关键位置上栽的树，所有这些都使景观品质得以提升。

　　格里莫港的"内指"是从一个岛屿发散开的，在这个岛屿上有一家市场和一些商店，并且与一个更小的岛屿相连。在那个更小的岛屿上坐落着一座钟楼，一个卡伦/林奇式的地标，同时这里也为人们提供了一个可以俯瞰格里莫港全景的有利位置，最起码在前期阶段是这样的。威廉姆斯－埃利斯认为，如果说钟楼是用于俯瞰全景的话，应该更高一些，并且要安装隐藏的摄像机，但是斯珀里觉得这样做就显得太意大利化。他设想自己的房子应该是，在格里莫港的最后最长的手指中间矗立起一座望楼，然后在那里他能看到来来往往的每一个你能够想象得到的海上风情。

　　斯珀里为格里莫港定下基调，想要呈现出不同的外部感受（varied "shells"），因此他的策略是"用户调整模式"，这就是西特、戈代等人所说的"时间洗礼"，这对于风景如画至关重要。

　　不出所料，格里莫港的设计运作方式深深地吸引了威廉姆斯－埃利斯，斯珀里在格里莫港的项目中延续并发展了风景如画的传统。对威廉姆斯—埃利斯而言，格里莫港实际上"为没有潮汐变化的地中海提供了一个完全合理、可行的城市规划"典范。无论你用什么标准去评判，规划的效率也好，建设的经济性也好，还是对气候的回应等各方面，格里莫港是个无可挑剔的完美严谨的城市设计。比起波特梅里恩，不知要严谨多少。如果这种品质的建筑，能够用风景如画式的方式构筑起诗意和纯粹的建设，那么为什么我们要把一切都安排好呢，或者说我们不妨少安排一些？

事实上，威廉姆斯 – 埃利斯赞其为"格里莫港的奇迹"，并且认为可能是"我们这个时代最有希望成功和重要的城市设计。"

格里莫港，历经三期扩建，确实是成功的，不论是从商业上还是从其他各方面来看。斯珀里证明了人们不需要去依靠风景如画的城市肌理，如蜿蜒的街道、异质的开放空间等。因为再没有什么比一片沼泽地更平坦的了。但是在设计他的不规则圆环之初——人们会联想到希勒（Hiller）的小圆环（p.21—23），斯珀里创建了最基本的系统，即这个规划的每个转角，不论你走到哪个角落，都会有意想不到的惊喜。不像巴塞罗那的雷文托斯和福格拉，斯珀里在格里莫港并没有照搬普罗旺斯和地中海的原型。相反，他是基于地中海房屋的类型做出的设计，尽管片段性地使用了：门、窗、拱、屋顶形式等，但也体现在最终的效果中。

C·亚历山大

模式语言

在《模式语言》（Pattern Language，1977）一书中，C·亚历山大（Christopher Alexander，1936 年—）及其同事将城镇建筑和建设模式的理论贯彻始终。在他们观察研究得出的一个或其他三个尺度上，每种模式都由一组环境的片段构成。

253 个模式都分别由一张图片、一篇关于该模式的讨论以及相应的论证依次展开，有时，相关的照片和图纸数量达到 5 页左右。

开篇 20 页的关键词是"尺度"，而非策略，比城市空间设计更加宏大更加复杂，包括：

1. 独立区域；

2. 城镇分布；

3. 指状城乡交错；

4. 农业谷地；

5. 乡村沿街建筑；

等等，还包括：

8. 亚文化区的镶嵌；

10. 城市的魅力；

12.7000 人的社区；

15. 邻里边界。

但大多数模式还是与城市空间设计相关：

21. 不高于四层楼："有大量证据表明,高耸入云的建筑使人发狂。"这种说法由范宁（Fanning，1967）、卡彭（Cappon，1971）、莫维尔（Moville，1969）、纽曼（Newman，1972）以及其他人的经验支持。因此，结论是：在任何一个市区，要使大多数建筑，不管密度如何，都保持在四层的高度或低于四层的高度。一些建筑会超过这一限制高度是可能的，但它们绝不是供人们居住的住宅楼房；

32. 商业街："购物中心的形成和发展取决于交通的畅通程度……可是顾客……需要安静、舒适和方便：他们想要从周围地区的步行道通往购物中心……"；

61. 小广场："城镇需要广场。广场是城镇所拥有的最大的公共空间。但当广场太大时，人们会感到空空荡荡"；

69. 室外亭榭："在现代城镇和邻里内，沿街几乎没有供人们悠闲自在地逗留几小时的地方"；

95. 建筑群体："一幢建筑应该是一个建筑群体，它由一些较小建筑或较小部分所组成，通过它们表现其内部社会功能，不然的话，它就毫无生气"；

其他的模式中普遍提倡：

97. 有屏蔽的停车场；

100. 步行街；

115. 有生气的庭院；

119. 拱廊；

另外还有许多小尺度的、乡土的元素可提高建筑环境中的愉悦感。

在这些方面提出他们的模式，亚历山大和他的同事进行了一系列设计实践（俄勒冈实验，1975）和建筑实践（林茨咖啡厅，1981）。在实践中，许多模式已被证实且广泛应用。任何模式在应用前，须根据具体的文化、气候、社会条件略加调整。

文丘里（一）

复杂性和矛盾性

"复杂性"和"矛盾性"两个关键词在 20 世纪的后期引起人们强烈的兴趣，两本重要的著作同时发布于 1966 年，分别是 A·罗西的《城市建筑学》和 R·文丘里（Robvert Venturi，1925—）的《建筑的复杂性与矛盾性》（Complexity and Contradiction in Architecture）。

文丘里从 T·艾略特（Thomas Steams Eliot，1888—1965）的一篇自我批判论述切入。艾略特（1932）论述了与 K·R·波普尔[1]的《猜想与反驳》（Conjectures and Refutations，1963）相似的观点：

> ……很重要……实际上，创造性工作很可能主要是筛选、结合、建造、拆除、改造、试验，这些工作如同创作本身一样艰苦。训练有素的作家对自己作品的评论是最有价值的……

文丘里发现建筑评论的能力与建筑设计同等重要。

艾略特在其作品中强调"历史的呈现"。他指出：传统不仅仅是"……片面地直接继承……前人的方式。"

---

1. Karl Raimund Popper，1902—1994 年，奥地利出生的英国学术理论家和哲学家。——译者注

而是：

> ……一个更具广泛意义的问题。它无法被继承，你必须付出相当的劳动来获得它。它涉及的第一个问题就是历史意义……历史的观念对诗人来说不可或缺，这种历史的意识包括了过去和现在双重含义；历史的意识促使人们写作……带着全局的观念……欧洲的文学……伴随着一系列的生活方式和秩序。

文丘里试着"不被习惯误导，而从历史的意识角度开始谨慎地思考"。他另一个主要的文学素材似乎是 A·赫克舍尔[1] 的《公众幸福》（The Public Happiness，1962）。他写道：

> 从认为生活是简单而有秩序的，是向生活复杂而出人意料的观点的转变，本来就是每一个人成长必经的过程。

但是，赫克舍尔接着说：

> 但在某些时期鼓励这一发展趋势……在简单化和秩序中产生了理性主义，但理性主义到了激变的年代就会显得不足。于是在对抗中必然产生平衡。人们得到的这种内部的平静表现为矛盾与不定之间的对峙……一种自相矛盾的感觉，似乎允许不相同的事物并存，它们真正的不一致才是事实的真相。

因此，文丘里的理论根源来自艾略特和赫克舍尔。另外，他也赞同 A·范艾克（1962）（Aldo van Eyck，1918—1999）的观点：A·凡艾克强调 20 世纪与其他时代相比，所失落的感情基本上都是相同的。

然而，如文丘里所言，他写作的重点在于"现在，以及与现在相关的过去"。

鉴于文丘里对历史特有的兴趣，很容易理解他所说："我爱建筑中的复杂和矛盾"（P.22）；"'多'并不是'少'"（P.23）；和"'少'使人厌烦"（P.25）。

在后两句话中，文丘里显然在攻击密斯·凡·德·罗，这位在 20 世纪 60 年代出类拔萃的建筑师。他认为密斯的言论，以及他的实际建筑作品，都是对极简的夸大。

文丘里关注的是（P.24）："如果他排斥重要的问题，他就要冒建筑脱离生活经验和社会需要的风险。"他相信以上需求只有当建筑能同时包容了"碎片"矛盾性、临时性事件及其产生的紧张局面时才可得以实现。

在 20 世纪，文丘里建筑的包容性与其建筑形式的丰富性相匹配。他狂热追求的复杂性和矛盾性在绘画和诗歌甚至在数学上戈德尔（Gödel）所证实是公认有效的（见 Hofstadter，1979），从长远来看，最逻辑的数学论述是无法证实也无法证伪的。那么，我们为什么没有认识到建筑固有的复杂性和矛盾性。

建筑要满足维特鲁威所提出的"实用、坚固、美观"三大要素就必然是复杂和矛盾的。如果

237

---

1. Auguste Heckscher，1848—1941 年，德国出生的美国富豪和慈善家。——译者注

它们在罗马时期就已经互相冲突，那么在"设计、结构、机械设备和建筑形式"方面的要求都互相冲突的 20 世纪，矛盾只会多不会少。即使对于一幢简单的建筑，情况也同样如此。一旦建筑更大时，城市文脉的复杂程度将成倍增长，建筑学也变得史无前例的复杂。

因此，与密斯寻求简化的方式不同，文丘里"欢迎这些问题并揭示其矛盾"。带着对复杂性与矛盾性的思考，文丘里进一步将注意力放到充满活力和真实有效这两个特性上。

文丘里展示了他欣赏的理论目录，如（P.22）：

> 混杂而不要"纯粹"；
>
> 扭曲而不要"直率"；
>
> 含糊而不要"分明"；
>
> 既恼人又"有趣"；
>
> 宁可迁就也不要"排斥"。

文丘里赞成"意义的丰富而非意义的明晰"，且致力于功能的内涵与外延的研究。他推崇"两者兼顾"，"既白又黑，有时候则是灰，黑即是白"（我个人的比喻）。对于文丘里来说，一个有效的建筑能唤起多层次的意义和多方面的联系，这是简单的自我建筑无法达到的状态。

针对这种变化，文丘里的"建筑的复杂性与矛盾性对全局有特殊的义务"，后来他这种全局观成为"困难的总体"（又是我个人的比喻）。文丘里的全局观"展现了其内在组成部分的复杂性，而非简单地统一异类"。

因此，文丘里阐述了他形成方案的两个步骤：

1. 首先，重新审视建筑本身的结构。我们应该看看复杂的目标是否可增加建筑的范围。人类包罗万千却不够精确的视觉感知力应当被承认和利用；

2. 其次，我们必须承认："项目的功能的复杂性与日俱增，例如：研究所以及医院的设计。"我们应该意识到城市的问题和区域尺度。若以表达当代模糊的建筑体验为目标，即使以一幢单体建筑为研究对象，范围是单一的，而目标却是复杂的。

文丘里所强调的模糊性对整个艺术都至关重要。他提出，正如人们所期望的那样，燕卜荪[1]认为，模糊性是赐予优美诗歌的源泉（1955）。

因此模糊是必要的："给我们一种凝聚了他的经验的视野和……通过将个元素统一成一个新的模式而应对复杂性和矛盾性。"

文丘里在许多他欣赏的绘画作品中也感受到类似的统一与矛盾并存的特征、如抽象表现主义（Abstract Expressionism）、波普艺术、光效应艺术等。

文丘里认为，在建筑学的范畴，复杂性和矛盾性有两种表现方式。一种基于我们自己的视角，即一个意向的本质与表面的矛盾。

另一种是与建筑的形式与内容有关，即建筑方案与结构间的差异。

他在许多伟大的建筑师作品中都发现了这种差异性，包括：范布勒（John Vanbrugh，1664—1726）、贝尔尼尼（Gian Lorenzo Bernini，1598—1680）、勒琴斯（Edwin Landseer Lutyens，1869—

---

1. William Empson，1906—1984 年，英国批评家，诗人，著有《朦胧的七种类型》，1930——译者注

1944）爵士等。甚至在勒·柯布西耶的萨伏伊别墅的底层平面中也能发现差异性的存在（图 9.20）。他提出一个问题：这是，被一系列柱网所限定的平面上的广场，抑或是玻璃和灰墙构成的马蹄形的空间？

他开始研究感知的模糊性，诸如比例、朝向的开放性或封闭性，对称性或非对称性。

他搜寻并成功地发现了：两重性，模糊性，规划时"两者兼顾"的模式，以及物质层面和精神层面的其他矛盾。

文丘里继而用他的"形式和内容是建筑与结构的表象"的观点来建构复杂性与矛盾性理论。他搜寻被他称为"双重功能的要素"。

这里包含了具有多种使用功能的空间。按照康的解释，一个画廊"既有导向又无导向，既是走道又是房间"。根据

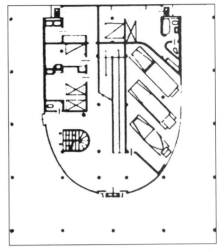

图 9.20　勒·柯布西耶萨伏伊别墅（1926），底层平面（图片来源：Overmeire，1986）

文丘里的解释："多功能的房间，可能是现代建筑师考虑灵活性较好的解决方案。"同样具有多种使用功能的建筑案例还包括，佛罗伦萨的老桥（Ponte Vecchio）、舍农索府邸（图 9.21），以及圣埃利亚（Antonio Sant'Elia，1888—1916）的未来城市，其中建筑自身融合了多种功能，可以是桥梁和商店，也可以是桥梁和宫殿等。

现代建筑师崇尚简约，拒绝修辞。实际上，他们是害怕修辞。但修辞对于理解意义是必需的。例如，范布勒在设计布伦海姆府邸的厨房后院入口拱廊上（图 9.22），用脱离墙壁的壁柱来强调入口。甚至密斯在湖滨大道公寓、西格兰姆大厦和其他的设计中，也多次通过冗余的框架来强调结构的意义（图 9.23）。

在探讨了建筑实际建设过程中出现的矛盾性后，文丘里又开始针对项目可能带来的问题进行思考。他说，密斯，要"在极为紊乱的时代中建立法则"，而他，文丘里，则在极为紊乱的时代中寻找意义。这种独特的视角使他在研究建筑系统时拥有独特的见解。

239

图 9.21　舍农索府邸：P·德洛尔姆等设计的桥（1556—1559）（图片来源：作者自摄）

图 9.22　J·范布勒（1705—1724）：布伦海姆府邸，左侧为通向厨房庭院的拱门（图片来源：作者自摄）

图 9.23　密斯·凡·德·罗（1954—1958）：西格拉姆大厦（今纽约公园大街 375 号）重复的工字形截面（图片来源：作者自摄）

240　　如他所言，刚开始一项工作的时候，需要确定一个统一的法则，并在需要的时候不断加以修改："你建立了一种法则，然后加以废除。"他称这种为"适应矛盾"。抑或在一开始就带着"生活固有的矛盾性与复杂性"的概念，并尝试将其综合于他称为"困难的总体"之中。

　　为了增强实际工作中的效率，他认为人们应当适应"复杂的现实中偶然出现的矛盾"。因此，人们需要"抑制与自发"、"纠正与自在"——"在总体中即兴活动"。而建筑师必须决定："什么可行，什么有可能妥协，什么可以放弃，在何处和怎样去做。"更重要的是："当发展形势与法则抵触时，法则就应当改变或废除。"

　　当然，古典的法则不仅包含法则，还有其他内容，如建筑的要素及其建造方式等。这些要素都是日常事务，非常普遍："传统要素在制作、形式和使用方面……大量积存与建筑和构造有关的无名氏设计的标准产品。"他称以上要素为传统要素，并且想将这些传统要素添加到"平常和丑陋而与建筑艺术联系不大的商业展览品"之中。而由于其平常和丑陋，很少被建筑师们采用。

　　文丘里希望加入这些要素的缘由很简单，因为它们存在。建筑师忽视它们，哀悼它们，试图抵制它们，甚至把它们取消。但是建筑的使用者们会思考这些传统要素。因此，如果建筑师们能预先将这些要素融入设计中，才能防止在之后的使用过程中，人们随意地将"平常和丑陋"的要素整合到建筑上。

　　他很高兴看到在一些规整的对称的意大利府邸的底层中已经展现出来的特征：每一代人的概念中都有对"不加掩饰的当代酒吧样式"的呈现。正如他所说："我们必须让卷烟机生存。"

　　当然，历史学家和评论家认为：现代主义运动对 19 世纪建筑师忽视科学技术的发展感到惋惜，躲藏在哥特复兴和学院派复兴运动（Academic Revivalism），以及工艺美术运动之中。

　　现代主义运动的先驱们从工业运动中汲取灵感，有了这样的先例，发生在 20 世纪 60 年代的工业革新就不足为奇了。

241　　20 世纪 60 年代诞生了很多创新点，源于工业和电子科技的发展，航空运输系统，通信业和"企业战"——更不用说航空航天计划。由于社会视此为重点，很少有适用于建筑的创新。所以，与其说是摆弄"电子表现主义"，还不如说是建筑师应该接受他们的"独特的历史元素和新文脉下有效的设计语言的结合者"的温和的角色。

而且，这样的话，他们可以合法地表达对社会"追求利益的本末倒置的价值观"的讽刺。

他指出：K·伯克[1]的"自相矛盾的眼光"的观点，与波普艺术中"通过改变背景或扩大规模给普通要素以不寻常的含意"的观点异曲同工。即文丘里阐述的"老一套的题材在新的背景中会产生既新又旧，既平庸又生动、模糊不定的丰富意义。"

个别建筑受到其他事物的影响而无法摆脱低级要素的干扰，对于城镇、景观也不例外，文丘里将这种建筑的方法扩展到更大的城市尺度上。

那些试图掩饰自己的无能的，甚至以自己未来成为专家可能具有的影响力作为赌注的建筑师和规划师们，应当通过较小的调整，"改进或增加传统要素……以最简便的方法取得最大的效果……使我们以不同的方式见看到相同的东西。"

他在圣马可广场中找到"适应矛盾"的先例，他认为圣马可广场： *242*

> 统一的空间法则……在尺度、韵律、肌理上不是没有强烈的矛盾，更不用说与周围建筑高度和风格上的不同了。

然后，他做了一个出乎意料却寓于情理之中的对比：

> 纽约的时代广场在它本身统一的空间中出现参差不齐的建筑和广告，不是也同样有效和具有活力么？

现存环境中的低俗场所有其自生的活力与刺激，它只有在无人区才会丧失活力。

然后，文丘里继续挑战现代主义运动的理念——建筑的形式应当体现内部的空间。密斯的巴塞罗那展览馆是一个实际的极端例子，外部空间延伸入室内空间，从而实现了外部空间与内部空间合二为一。

但是，文丘里认为："设计从外到内，同时又从内到外，产生必要的对立而有助于形成建筑。由于室内不同于室外，墙——变化的焦点——就成为建筑的主角。"非常重要的一点是："承认室 *243* 内外之间的不同，建筑再次向城市规划的视角打开了大门。"也就是说，这重新使得城市设计有了可能。

虽然很感兴趣，但文丘里却没有应用的案例是：在伟大的文艺复兴大教堂建筑如圣彼得大教堂、圣保罗大教堂的穹顶，因为其建造的方法非常独特，有一个与室内空间尺度对应的内部的穹顶，而在内部穹顶上有一个结构支撑着另一个更高的外部穹顶，其尺度与周边的城市环境相适应（图9.24）。

他发现许多实例"一层脱开的里层……在里衬和外腔之间创造了一层额外空间"，甚至在巴洛克教堂的外部形式下有像俄罗斯套娃般一层又一层的空间，即使在索恩的早餐室中也同样可以找到这种处理方法。

显然，分离的内壁在其内部和墙体间留下了空间。例如，在莫斯科的瓦西里·布拉仁教堂[2]（图

---

1. Kenneth Burke，1897—1993 年，美国文学理论家和哲学家。——译者注
2. S.Basil's Cathedral，即圣母代祷大教堂。——译者注

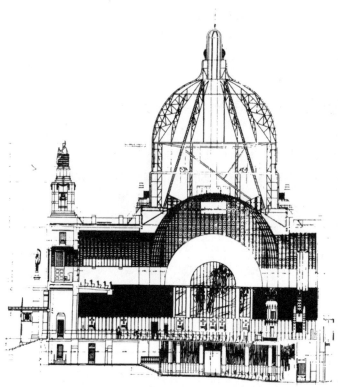

图 9.24　O·瓦格纳：维也纳的施泰霍夫教堂，显示了外穹和内穹（图片来源：Geretsegger and Peintner，1979）

图 9.25　瓦西里·布拉仁教堂的礼拜堂和外墙之间的空间（图片来源：作者自摄）

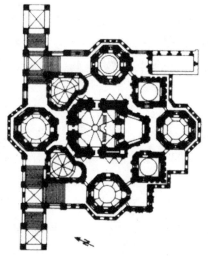

图 9.26　波斯尼克和巴尔马，1555—1561 年设计的莫斯科瓦西里·布拉仁教堂，平面图显示了八座礼拜堂作为"分离的内壁"，礼拜堂之间是交通空间

9.25—图 9.27），礼拜堂被内壁和交通空间隔开，从而形成了一个中心礼拜堂被八个呈八角形分布的独立礼拜堂环绕的布局形式。

　　F·L·赖特在他的设计中坚持外部形式必须由内部空间发展而来。从而形成了如古根海姆博物馆这样的设计——一个宽大的倾斜的螺旋线条直接表达在外部形式上，对街道极具破坏性（图 9.28）！旧金山莫里斯

图 9.27　18 世纪在瓦西里·布拉仁教堂外壁加建了礼拜堂，并以螺旋形塔表现在外部造型上（图片来源：作者自摄）

图 9.28　F·L·赖特（1956）：纽约古根海姆博物馆，建筑外部表现了内部的螺旋形，因而破坏了街道的线形（图片来源：作者自摄）

图 9.29　F·L·赖特（1948）：旧金山莫里斯礼品店，沿街的砖墙立面遮蔽了围绕环形坡道的室内空间布局（图片来源：作者自摄）

礼品店运用了类似的手法：在规整的广场中出现小一些的螺旋斜线（图 9.29），这引出文丘里在城市视角下最重要的理论：

> 室内和室外之间的矛盾，或至其差别，是城市建筑的本质特征。

在这本书理论章节的最后一部分中，文丘里阐述了他的理论中最棘手的部分：如何对困难的总体负责。显然，他在寻找一种方法"整合不同的元素，而不是……排除异类"。文丘里的困难的总体涵盖了"相关联又不一致的元素的复杂性与多变性"，至少从"较薄弱部分"的角度出发。

他有一些关于如何获得统一性的传统观点，且没有诺伯格 – 舒尔茨（1963）、R·克里尔（1988）等学者研究的那么深入。

显然，最简单的一种方式是使用大体量的、纯净的、简单的元素，如球状体、立方体或金字塔形，像部雷所做的那样，与此相矛盾的是，通过某些元素的混合同样也能获得一致性。文丘里曾引用"行动绘画"为例，即使没有也无妨，在 J·波洛克（Jackson Pollock）的绘画作品中，大量的小墨点在形式与方向上复杂且矛盾地分布，人们能将画布作为一个总体阅读。当然，人们也可以将迷宫般的平面作为这类总体来阅读，更不用说复杂的立面。文丘里认为：这种阅读将出现在"有改变尺度的倾向时，或被保留作为当地肌理一部分的时候"。

他研究树状结构—— 一种一个部分统领其他部分的结构。实际中，一个元素——如圣彼得大教堂的穹顶——能起统领作用。但一个不具有如此强烈的中心性的元素也具有多重特性。或两个各自成一体的元素，也会互相影响（图 9.30）。

以上这些——以及其他相关部分——是可行的（见，Norberg-Schultz，1963），任意建筑，无论多么复杂，只要人们希望，都可以实现统一。但文丘里并不确定是否要让所要的建筑都实现一致性。

245

诗人和编剧们常常让他们的角色陷入悬而未决的情境。对于米开朗琪罗的雕塑，我们可能更喜欢后期的未完成的作品，人物还未完全从石料中分离，而不是早期的已经完成了的表面被抛光得非常圆滑的作品。因此，为什么建筑，或城市一定要是完整的呢？

文丘里受 P·布莱克的文章启发，P·布莱克在《上帝自己的废物场》（God's own Junkyard，1964) 这本图集中，对比分析了丰富而整洁的弗吉尼亚大学的杰斐逊校园与商业大街的杂乱。

文丘里忽略一些对他来说无关紧要的问题。他提出他认为最基本的问题："……难道大街不是很好么？当然，沿 66 号大道的商业带不也很好么？"

他认为，建筑应当需要的是：对文脉、索取轻微的曲解，如在给定的面积内"符号越多越能控制"。文丘里指出在布莱克的一些图片中，在某些构图中，体现出"一种固有的统一性，来自表面现象"。关键在于，这"不是来自占支配地位的联结体或以较简单而少矛盾的构图的母题法则"，它应当是"来自困难整体的复杂而虚幻的法则"。

抑或，再一次引用赫克舍尔的文字：

> 保留，而又不仅仅是保留，操控至于对立的冲突元素。混沌很近；它的接近、它的远离，带来……力量。

图 9.30　C·拉伊纳尔迪：罗马人民广场（1662—1678)：包括左侧由贝尔尼尼设计的圣山圣母教堂和右侧由丰塔纳设计的圣母圣迹教堂。每一座教堂由于对称都是"独立的"，由于它们的塔顶相互对称，同时也是"折射的"（来源：作者自摄）

由于其在尺度与文脉上的矛盾性，波普艺术教给我们很多，如，J·约翰斯（Jesper Johns）的关于三面美国国旗的作品中，用不同的尺度、依次叠置……这些可以将建筑师们从纯净的秩序的美梦中唤醒（图 9.32）。

因此，文丘里总结道：

> 可能从庸俗的日常的景观中，我们可以发现复杂性和矛盾性对建筑的重要意义和对整体的城市生活的活跃作用。

文丘里（二）

向拉斯韦加斯学习

文丘里、S·布朗（Scott Brown）、艾泽努尔（Steven lzenour）和他们的团队在 1968 年宾夕法尼亚大学出版了《向拉斯韦加斯学习》（Learning from Las Vegas）一书，书中的核心观点出自他们的一篇关于停车场重要性的文章《A&P 停车场的意义》（A Significance for A & P Parking Lots）。长

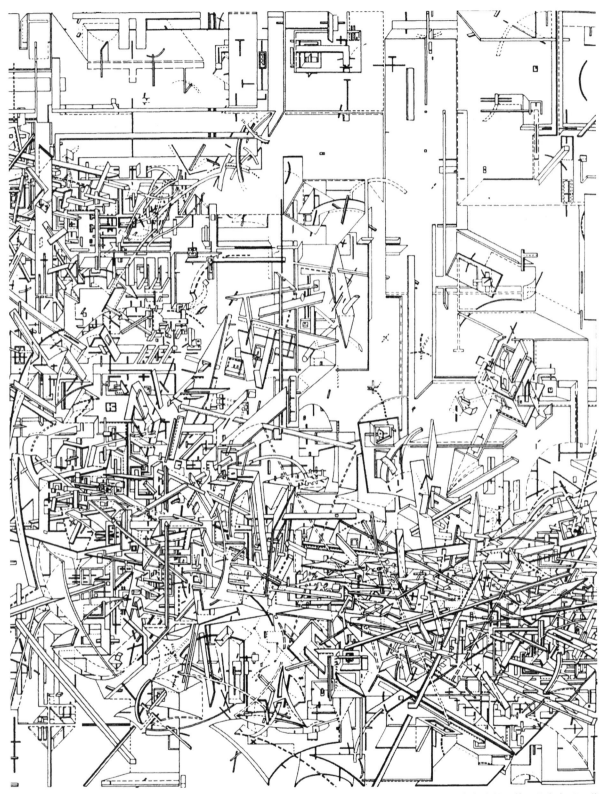

图9.31 D·里伯斯金（1979）：北极之花，虽然没有应用传统的统一图形，诸如对称或主导元素，但复杂性延伸至整个表面，形成丰富的多样统一

图 9.32　J·约翰斯的作品《旗》（1958）：三面旗帜以不同的比例叠置在一起产生另一种统一

图 9.33　拉斯韦加斯商业带：其丰富的复杂性犹如里伯斯金的画，然而并非如此均匀地分布，因而也不那么统一（图片来源：作者自摄）

期以来，建筑师尝试过从建筑之外寻找形式的灵感：18 世纪的浪漫主义关注乡村小木屋，勒·柯布西耶关注谷仓的电梯和轮船，密斯关注美国的钢铁厂等等。他们可以在任何潮流中为建筑寻找灵感。

自从大众语言以商业广告牌的形式布满美国城市，S·布朗建议她的学生分析其中最典型的城市——拉斯韦加斯。因为那里布满了各式的广告牌，不只是商店、饭店、旅店，甚至婚礼教堂和豪华大饭店的赌场大厅也有（图 9.33）。

P·布莱克在《上帝自己的废物场》一文中嘲讽了这类广告建筑，其副标题是《蓄意破坏的美国景观》（The Planned Deteration of America's Landscape）。

但 S·布朗却认为它们不只是广告牌，这也是她为什么让学生分析广告牌是"一种建筑交流的现象"。学生们不会关心商业广告的道德、对赌博的兴趣以及竞争的本能问题，就像分析哥特建筑的工程师也不会关心宗教伦理一样。

这只是一种研究，并非结论，但方法却是我自己的文章《设计方法研讨会》（Conference on Design Methods）所涉及的，这次会议于 1967 年在朴次茅斯举行。

S·布朗发现了奇怪的一点：

> 能够吸取地方早期建筑（极易变成"没有建筑师的建筑"那样的简单罗列）和地方工业建筑（极易适应诸如粗野主义或者新构成派巨型结构之类的电子化和空间化地方建筑风格）的经验教训的建筑师们，不易承认地方商业建筑语言的有效性。（来源：Venturi, Scott Brown, Izenour, 1972）

他们被意大利广场的空间概念所迷惑，"传统的以行人为尺度并且颇费思量地围合起来的空间"，并且不能理解以汽车速度通过 66 号大道也是一种有意义的空间体验。同样的，因为他们视空间为建筑的混合，因此他们也不能容忍建筑是图画或雕塑的观点。

对他们来说建筑是"服务于规划和结构的空间和形式"的一种组合，这意味着 19 世纪被披上历史风格外衣的折中主义建筑能够唤起"直接的联想和对历史浪漫的隐喻，以传达文学的、教派的、

图 9.34 拉斯韦加斯商业带（图片来源：作者自摄）

民族的或者标题性的象征意义"是令人厌恶的。

但纵观建筑史，从埃及到 20 世纪，从绘画、雕塑到与建筑相关的绘图，已经存在一种"图像的传统"。248

纯粹抽象的现代主义形式被认为是通过其内在发人深省的形式特性来传达某种必要的含义。

事实上，他们自己的形式语汇来源于波普艺术运动——抽象绘画和机器形式，虽然现代主义者，例如建筑电讯派（Archigram），"在反对波普艺术和空间工业的同时"也已经开始转向利用二者。

可见现代主义者终究是提倡抽象和机器形式的表达。正是如此，他们不能容忍那些"高速公路沿线的具象建筑"。

拉斯韦加斯小组认为那些形式化且符号化的路边建筑是反空间的。他们说："它注重信息交流甚于注重空间。信息交流作为建筑和景区中的一大要素，支配着这里的空间。"

他们所说的景观是一种新尺度。19 世纪折中主义提倡在简单的传统景观中体会精美和复杂的含义。

而那些路边商业带，以一种新颖的折中主义存在，"在大空间、高速度和复杂群体中所形成的新景观，在巨大而复杂的环境里挑起强烈的冲突"，当人们快速穿越这种景观，就可能将这些相差甚远的各种风格和符号关联起来。而连接它们的，正是它们所传递的商业信息。没有什么新信息，但"语境是全新的"。

班纳姆（Reyner Banham，1922—1988）在 1973 年指出司机在高速公路上有可能对方向有一种感知。他可能知道他的目的地是在行驶路线的左侧。但他不能凭自己的感觉判断，因为那些符号告诉他，为了左转，他应该先往右拐。

这种具有主导力量的标识超越了空间，也可以满足步行尺度和速度，即便是在像机场一类的巨大而复杂的建筑中。这恰恰与现代主义思想"如果建筑的平面布置清晰明了，你就能够认清要去的方向"的观点有相悖之处。因此，拉斯韦加斯小组的成员认为：249

复杂的商业计划和背景环境所要求的，是比结构、形式、照明三要素更复杂的媒介综

图 9.35　吉达露天市场的药商，他无须任何文字符号。目光所及以及他所售卖的物品，更不用说他本人的在场，就足以吸引顾客（图片来源：作者自摄）

合体，这种媒介综合体使人们认识到，在建造中应该用醒目的信息传递系统取代不醒目的表达方式。

带有这种观点的组员们甚至还没到拉斯韦加斯就被那些标识震惊了。他们发现那些信息系统大概分为三类：

1. 警示作用；

2. 关于建筑自身的警示，例如旅馆的阳台、窗子等空间、教堂的尖顶等；

3. 当地赌场的指示信息。

在其他标识中他们发现，根据信息理论，拉斯韦加斯的广告牌应该会是十分杂乱，但大部分人都找到了他们要找的东西。

拉斯韦加斯小组针对毫无西方标志的阿拉伯露天剧场提出了一种有说服力的等级策略（图 9.35）。随着标识的规模增加，从中世纪街道，美国的主街，到商业中心的拉斯韦加斯广告牌，这些标识愈发重要。除此之外，大体上步行者所见的标识是与街道平行的，沿着建筑的止面，等等。但对司机的标语必须是更大的尺度，并且无外乎是"向右转"。

他们认为我们的视野正随着我们的速度而增加，当我们穿过头顶上的广告牌，也增加了我们对速度的感知。另外这些动态的物体确实比静止的物体更吸引我们的注意力。

那些广告牌后面的建筑是巨大的停车场，拉斯韦加斯小组比较了它们与凡尔赛在尺度上的差别。他们将停车场视为凡尔赛时代之后大空间革命的过渡阶段。它们坐落在介于高速公路和普通公路之间建筑稀少的空地上，使得人们对它们毫无感知也没有什么方向感。他们认为：

> 停车场是沥青景区的花坛。停车线所组成的图案的导向性，比凡尔赛宫的石铺地面、侧石、分界线以及绿地更具指向性。灯柱排列成的网格阵取代了方尖碑与成排的瓮形花盆和雕像，成为巨型空间的识别点和连续点。

他们半开玩笑却清晰地写道：

> 高速公路旁的标牌，以其雕塑感的造型和图画式轮廓，在空间中的特殊位置、映像形状及图形的含意，统一了这种巨型空间并使人们能识别它。

250

这些标识"通过空间建立起形式语汇与符号的关联"，它们"通过上百次的联想传达复杂的含义"，此外他们这样做只是为了"远距离的瞬间"，结果却是："标志物能主导空间，而建筑则不足以如此。"

商业带最重要的空间关系并非在建筑之间，而在于那些符号。因此："巨大的符号和小小的建筑是 66 号大道的规则。"

因此拉斯韦加斯的空间既非中世纪街道那样由建筑限定，也非文艺复兴时期那样有和谐的比例、巴洛克时期有规则的运动节奏、现代主义那样被设计的标志性建筑物所限定，而自然地出现

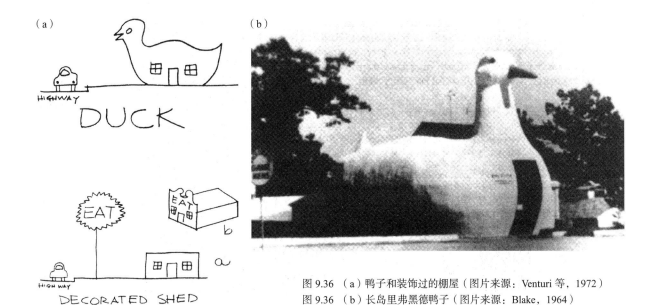

图 9.36　（a）鸭子和装饰过的棚屋（图片来源：Venturi 等，1972）
图 9.36　（b）长岛里弗黑德鸭子（图片来源：Blake，1964）

在城市空间中。

因此他们问，如何用传统的分析方式来分析全新的空间？

一旦这些符号成为比建筑更重要的东西，绝大部分预算就会被它吞没："前部是精心创作的符号，而后部才是建筑物，不加修饰的必需品。"

当然有时建筑本身就是符号，W·柯林斯（William Collins）为 M·莫勒（Martin Maurer）设计了一只 30 英尺高的鸭子型的鸭肉店，就是一个成功的商业案例（图 9.36b）。除了成功经营鸭子，便捷的地理位置，莫勒感到增加销售额唯一的方法，就是动点脑筋了 (Andrews，1984)。

任何人看到了这只鸭子，都会认出来它是一只鸭子，也会意识到这是一个卖鸭子和鸭蛋的地方。

拉斯韦加斯小组之所以选择这只巨型鸭子作为他们完美的研究案例，是为了研究建筑像什么就是什么功能，这使他们可以区分三种大相径庭的展示功能：拉斯韦加斯式的，放一个巨大的符号在路边的小建筑前面；设计一座有效的建筑然后用符号覆盖建筑立面，称为"装饰过的棚屋"（Decorated Shed）；第三种就是使建筑看起来就像它的功能，称之为鸭子（图 9.36a）。

251

确立了这三种赋予建筑含义的方法，拉斯韦加斯小组开始寻找不同的方法来分析拉斯韦加斯两个大相径庭的部分，弗利蒙特街和众多赌场的广告牌，弗利蒙特街拥挤的并非广告牌，而是建筑和灯光 (图 9.37)。

他们把这些地方在平面上标出，并用诺利的方法来区分土地使用上的行走和停止，以及照明情况等内在和外在的公共空间。

按照诺利方法绘制的弗利蒙特街地图平面，固定部分是建筑，形成"涂黑"元素（图底关系），但赌博机器在某种意义上说比建筑自身更重要。

正如他们所说，穿行在街道和广告牌之间也是穿行在赌场之间。弗利蒙特街和广告牌在性质上非常不同：弗利蒙特是城中心，地价很高，因此布满了赌场。金马蹄中心（Golden Horseshoe）、造币厂旅馆（The Mint）、金块赌场（the Golden Nugget）和幸运赌场（Lucky Casino）（这些都是大赌场）等都可以取在一个镜头里拍摄。

相比之下广告牌的土地使用非常少，因为在赌场和酒店的前面不只是停车场，还有一些路边

图 9.37　拉斯韦加斯：弗利蒙特街，远比人们在商业带所见更为密集的符号表明这是一条步行街（图片来源：作者自摄）

沙漠里的巨大沟壑。

拉斯韦加斯小组认为弗利蒙特街就像阿拉伯集市一样，是一条步行尺度的街道。而广告牌，是对应驾驶汽车的尺度和速度的。

正如他们所说，星尘酒店（Stardust Hotel）的立面被一块 600 英尺的由计算机驱动的霓虹灯广告牌所覆盖，且要花 5 分钟才能走过。因此，为了看到整个广告，一个人必须站立并凝视 5 分钟，而这对于驾车者是不可能的做到的。拉斯韦加斯小组认为一个过路人所需要看到的，就是符号在变化，而看到什么并不重要。对此，经过多次观察整个变化过程，我是不同意的。

向拉斯韦加斯学习的第二部分致力于更宏观的问题：丑陋而平凡的建筑以及装饰过的棚屋。有两种主要的表现：

1. 建筑的空间、结构及方案被象征性的符号所扭曲和淹没；这种雕塑式建筑他们称之为鸭子。

2. 空间与结构体系直接服务于设计，并且装饰得到独立的应用，这种建筑被称为装饰过的棚屋。

他们比较了两个住宅街区，P·鲁道夫（Paul Rudolph，1918—1997）的克劳福德庄园（Crawford Manor，1962—1966) 和他们为老年人设计的基尔德公寓（Guild House，1960—1963）来详细说明其中的区别。他们将基尔德公寓描述为"隐喻式的建筑"，而克劳福德庄园则被称为"表现式的建筑"。

他们指出历史上最伟大的建筑，是装饰过的棚屋。哥特式大教堂的西端建有门廊，钟塔，尖顶，而这些并不能表达中堂断面所传达的含义。前面是一种广告牌，耳堂和高坛，有其必要的额外的结构表达，对于它们自己，就是鸭子。

文艺复兴时期的府邸也有用带拱窗的坚实的石头墙来围合的，石头上雕刻着一些建筑，同时带有壁柱和带饰。后者，还包括山花和檐口，有助于保护墙体表面免受天气影响，而这些水平构件不能自成完整的建筑系统。它们需要通过非结构柱或壁柱雕刻成棚屋的装饰 (图 9.38)。密斯·凡·德·罗，设计了钢结构的梁柱箱体，使用工字钢梁，甚至是青铜的，作为外表的结构表达。西格拉姆大厦也同样如此。

但这不同于勒·柯布西耶像鸭子一样的雕塑式棚屋建筑。
因此文丘里和 S·布朗总结道：

> 当现代建筑师们公正地摒弃建筑上的装饰物时，他们就会不知不觉设计成为装饰物的建筑。为了通过象征主义和装饰表达空间并增强表达效果，他们将整个建筑物曲解成为一只鸭子。他们取代了在传统住宅上应用简约和便宜装饰的习惯在策划与结构上进行玩世不恭的和昂贵的变形以形成一只鸭子，而微型结构的建筑物通常就是一只鸭子。现在，是重新评价过去 J·罗斯金所描写的恐怖状态的时候了，即把建筑当成结构的装饰物，我们也应当注意皮金（Pugin）的警告：建筑装饰没有错，但那绝对不是结构的装饰物。

图 9.38 L·B·阿尔伯蒂设计的佛罗伦萨卢彻来府邸（1453 年始建）。壁柱、带饰和接缝，在平整石材表面上的雕琢使这座建筑成为"装饰过的棚屋"的原型（图片来源：作者自摄）

R·斯特恩

文丘里重新提出了建筑与城市空间的关系，以及"复杂性"与"矛盾性"两个关键词。R·斯特恩（Robert Stern，1939— ）（1977）却有不同的论点。他认为建筑的形式是由城市空间的不同特征所形成的。他提出了三个原则，作为后现代设计的基础：

1. 文脉主义——单体建筑是整体的一部分。"文脉是一种建筑自身意义的口号，顺应环境的建筑给周围带来的东西远远强过违背环境的。"文脉主义"呈现出可能性"，认为新建筑应该顺应、接近它毗邻的已经存在的建筑的形式，颜色和尺度。

2. 隐喻主义——认为建筑是一种文化和历史的活动。斯特恩认为简单的折中主义就是摘取过去的图像，它从建筑史、工程和行为科学中学习。隐喻主义最强调的就是"建筑史也是建筑含义的历史"后现代主义者的隐喻主义可以通过很多形式呈现：从"语言或感情"上重新组织过去的片段，混合不同时期的可辨识元素来增加观众们对建筑含义的感知。

3. 装饰主义——"墙是建筑含义的媒介"。虽然隐喻主义决定了建筑在一定程度上使用装饰，但对于斯特恩来说，"垂直方向无须受历史或文化的影响，人类天生固有对精美装饰墙面的需求，也是使其更符合人类尺度的方法。"

C·摩尔

当文丘里和斯特恩陈述他们确凿的理论时，C·摩尔（Charles Moore，1925—1993）也阐述了他的观点。其中最透彻的就是他和 K·布卢姆（Kent Bloomer）在 1977 年发表的《身体、记忆与建筑》（Body, Memory and Architecture）。

文章描述了我们对建筑的直接反应，并讨论了功能主义者的限制——机械论认为我们应该无视这种反应。随着心理学在 20 世纪的发展，他们也探索了感知心理学。他们提出了关于身体、记忆和社会的身体图像理论（Body-Image Theory）。R·尤德尔（Robert Yudell）撰写了一章关于身体、运动、绘画、舞蹈的内容。

他们认为，舞者有一种表达感受的舞步。他们把这种舞步看作是一种真实的东西，他们可以去握、去推、去拉以及触摸。除此之外他们还感受到一种外部空间与身体的批判性的关系。重点
254　是他们认为运动中的前后、左右、上下，是一种重要的东西。因此，向上运动可以被视为一种生长的隐喻，而向下运动可以被视为吸收、淹没、压缩。在一个水平面上的运动被著名的舞蹈家拉班（Laban）定义为"交流和社会活动"。

舞蹈设计是一种三维的运动，使舞者在一个水平的舞台上表演。建筑师设计一个三维的舞台使得人们运动。建筑，跟舞蹈设计一样，可以引发人与人之间戏剧性的关系。建筑师也一样，是为他人设计在空间中的活动。因此他也必然会带有理念，提供一个使人感到有趣、令人享受的连续的运动。

除此之外还有很多名不见经传但却十分发人深省的书和作品也体现了这种思想，即记忆场景中人的身份，比如雅典卫城、康涅狄格州的斯托宁顿区、赖特的温斯洛宅、齐默尔曼（Dominikus Zimmermann，1685—1766）设计的维斯教堂，摩尔自己的伯恩斯宅（Burns House）和克雷斯吉学院。

克雷斯吉学院（1966—1974）

人们希望经验主义的设计师能像摩尔和特恩布尔一样，他们设计的克雷斯吉学院（Kresge College）对使用者的需求、气候、经济等要求加以认真的回应，并且造价低廉。事实上，人们应该批评其施工、虚假的乡土风格、暴露的板墙表面，即便在加州这种气候下看起来也破败不堪。但当它们还是新的时候，在 20 世纪 80 年代我们造访以前，从照片上看起来既鲜亮又欢快（图 9.39）。

W・特恩布尔（William Turnbull，1935—）于 1967 年完成加利福尼亚大学圣克鲁斯校园的总体规划。学校内有几所住宿学院，其中一所（6 号楼）位于学校的西侧，比邻岩石山丘形成的陡峭沟壑，同时被一大片红杉树林围绕。

摩尔和特恩布尔在 1969 年以前已经完成了他们关于这块场地的计划，但是政府的拨款只能用
255　于建造教学楼、实验室、行政楼及办公大楼。克雷斯吉家族的私人捐款用以建成阅览室、公共活动室、会议室，以及宿舍等。这所学院作为临时住所建立了两年，助理副校长 M・康（Michael

图 9.39　MLTW 事务所 / 摩尔和特恩布尔与布坎南、卡尔德伍德、辛普森设计的加利福尼亚大学圣克鲁斯校园的克雷斯吉学院（1966—1974），入口大门（图片来源：作者自摄）

Kahn）曾经在南加州的行为研究所任教，他与副校长R·埃德加（Robert Edgar）都认为社会和学习环境的基本单元应该随机组合，于是形成了那些由工作和生活在一起，由 25 名学生组成的"亲人组"（kin-group），且每个亲人组配一名职员。一旦这种亲人组建立起来，众多的设施就被分解为几个小的单元，因此主要的餐厅就被食品店和"家庭厨房"所代替，以满足学生们的交流。

1970 年他们开展了一个"克雷斯吉学院创新课程"来吸引学生。一个特殊的小组，阿什博（Ashbaugh）、帕尔默（Palmer）、沃夫（Wulfing）和卡曼兹（Kramartz）尝试通过调查的方法研究学生们对环境的需要，包括食宿、家具、对待公共和私人空间的态度等。这表明包括各种不同部分的宿舍，其行政的、学术的、居住的与社会性的功能应该被分散布置。"宿舍"是美国大学中正常的一部分，应该在各个宿舍楼中分别混合四人间和八人间。

摩尔和特恩布尔极富创造力地根据各方"需求"来设计校舍。由于场地环境所限，他们并非通过传统的院落模式来组织空间，而是在全长 1000 英尺的 L 形场地上重新组织行政大楼、教学楼、学生宿舍和社会住宅的相互穿插关系（图 9.40）。

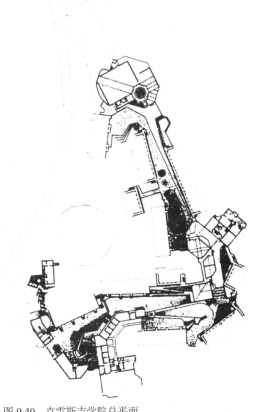

图 9.40　克雷斯吉学院总平面
（图片来源：A+U，1978 年第 5 期）

他们设计了一个非常灵活的住宿系统，在这里学生可以获得私人的小空间。建筑师和学生一起决定了模数系统——可组合成各种形状的小立方体。另外每个学生都有一张桌子、一块黑板、海绵床垫和工作椅，以及专门设计的供八人间使用的组合家具。

他们在细节上特别考虑使用者的需要。20 世纪 60 年代末的学生也参与了设计，他们有特殊的团队精神，这种精神集中体现在浴室的设计上。他们认为这里是最能了解别人的地方。但克雷斯吉的学生们却不这么看。他们认为厨房才是社交的中心，而原来的厨房实在太小了，不过不同时代的人在品味上有冲突是再正常不过的了。

在整体布局中，街道的概念也被强调。第一它是一种容易理解的结构；第二是它线性的形式为步行者提供从一处到另一处的方便。第三是因为街道本身，就是一种交流活动。建筑后退到树林中，提供私密与宁静。但树林非常密集，建筑也非常贴近丛林，导致人们不可能在建筑的背面行走。因此学生们被引导进入街道，很多建筑的阳台都可以看到这些街道,使得他们感觉自己是"被展示"的。八人间和"被展示"的街道不适合那些性格内向的人们。

一眼望去，建筑沿街布置，与景观意向有矛盾。从总体形式上看，苍白光秃的建筑沿路布置的方式，如同勒·柯布西耶在 1927 年斯图加特魏森霍夫住宅展。从某种程度上说正是这些苍白的建筑显示出了街道巨大无比的影响力，城市平面中最有趣的部分是街道，而不是沿街的那些住宅。如果摩尔和特恩布尔在将建筑沿街布置时，像诺格斯、雷文托斯和他们的巴塞罗那同仁曾经做的那样，认真地复制美国西部的建筑布局的话，将会更加有趣。然而美国西部的街道笔直而宽阔，缺乏特殊的围合感。我们可以看到两条在加利福尼亚州迪士尼乐园以及佛罗里达州迪士尼世界的主街（1955），都属于认真复制美国西部街道的例子，如摩尔和特恩布尔曾经规划的那样，错误地把建筑成组围绕街道布置。

这些建筑属于典型的摩尔和特恩布尔式，平行的空洞穿透一排排刷成白色的镂空墙板一层又一层地平行布置。前面的一层形式简洁，使用拱券或一些常见的形式。在这一层和真实立面之间是画廊，里面的一层是彩色的编码，从下到上是红色到黄色的渐变。背面是各种建筑，贴着树林。正如伍德布里奇（Woodbridge）在1974年所说，当地人所使用廉价的木结构，质量会随着时间而退化。但是她认为在自己动手重建的过程中，建筑本身会启发某种情感。每十年左右，建筑被重新粉刷，所以看起来都很好。

街道总是被一些小插曲打断（图9.41），从山脚下的露天剧场开始，中途有个邮局，紧接着的是行政大楼（图9.42）。学生宿舍沿路布置，走过邮局来到洗衣店，经过两个电话亭，到达标志性的大台阶，和著名的彩虹门（图9.43）。设置了一座学生的演讲坛，后面是台阶和垃圾堆放间（图9.44）。它面对着平台，因此吸引了不少演讲者。街道向左转，经过一个又一个凯旋门，最后是一个八边形的庭院，中间有一座喷泉，然后通向一间维也纳餐厅。

特恩布尔是这样评价这些标志物的：

> 八边形庭院位于北侧，形成一个通向市政厅与餐厅的入口。一条6米宽的路指向图书馆。洗衣店象征着水源，被一座巨大的凯旋门强调（清洁仅次于神性），并由一个带有浮雕的露天乐团所烘托。

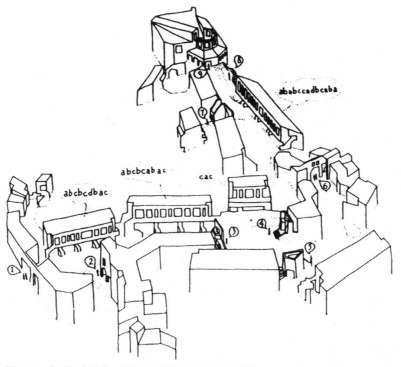

图9.41　克雷斯吉学院，毫无价值的纪念碑（图片来源：*A+U*，5，1979）

图 9.42　克雷斯吉学院，邮局和办公楼（图片来源：作者自摄）　图 9.43　克雷斯吉学院的主街和电话亭（图片来源：作者自摄）

摩尔本人认为这对学生来说是一个指挥台或者是神坛，在观察到它客观的位置高于垃圾堆放间后，特恩布尔补充道：

其他重要的东西，如电话亭，作为街道的标志物，放大了其沟通的作用。

正如特恩布尔所说：

街道创造了一所学院的中心，人们在这里相遇。它建立了一种独特的，可识别的环境，不同于传统的四四方方的趾高气扬的周边建筑。它是一种可以丰富和组织学院生活的空间，就像乡村和小镇的街道一样。

在东边和北边的街上是建筑师鼓励学生们自己动手做的爬藤架，他们视其为建筑的阴凉处（图 9.45），整体上让他们非常满意。实际上这种建造活动是一种对学生的心理测试，以便选择合适的室友和房间。

因此，尽管西特做出了悲观的预言，但西班牙村、卡伦的玛丽库特项目（未建成）、斯珀里的格里莫港和克雷斯吉学院，这些案例表明，从技术层面上生动的平面是可以实现的。

259

图 9.44　克雷斯吉学院（位于垃圾堆放间上方的）学生演讲坛
（图片来源：作者自摄）

图 9.45　克雷斯吉学院街道
（图片来源：作者自摄）

K·布卢姆和摩尔的《身体、记忆与建筑》这本著作，是建立在观察哲学基础之上的。他认为感官的输入，尤其是那些关于上下左右，前后的知觉，就像一个芭蕾演员那样对运动的感知同样重要。

我认为，这种观察方法比起那些简单的理性主义来说不只是敏锐和理性的，更重要的是，它更可能反映出实际活动中的潜在特性。无论是西特、高德特，还是我，估计你也是，都会发现出于行为习惯的规划，比那种轴线对称的空间要好得多。

意大利广场（1975—1978）

无论克雷斯吉学院的城市空间规划（《进步建筑》，5，1974）如何具有如画式的复杂性，它最终却是由表面光滑的白色围墙的建筑围合而成——在 20 世纪 20 年代现代运动中建筑师大量建造白色建筑。但在新奥尔良（1977—1978）的意大利广场，情况截然不同。C·摩尔和他的城市更新团队，A·佩雷斯（August Perez）事务所，建造了一座全景式的，或许应该说全部被淹没的圣约瑟喷泉。

图 9.46　C·摩尔和城市更新团队以及 A·佩雷斯事务所（1975—1978）设计的新奥尔良意大利广场透视图（图片来源：*Progressive Architecture*，1978 年第 4 期）

图 9.47　意大利广场平面图（图片来源：*Progressive Architecture*，1978 年第 11 期）

　　在此之前，虽然每个人都知道法国、西班牙和黑人文化对世界的贡献，但不知为何，意大利的文化，却不太受到尊重。20 世纪 70 年代中期的 4 个月期间，中央商务区约 100 幢建筑物被拆毁（Filler，1978）。因此，该城市决定开发一个"新的标志性重点街区"，它拥有为社区服务的一部分的聚会场所和纪念馆。

　　为此，新奥尔良组织了一次设计竞赛，佩雷斯事务所赢得了竞赛。他们的策略是建造丰富多样的 19 世纪的商业大厦，但他们的方案缺少必要的亮点。虽然 C·摩尔获得了第二名，但他的亮点明确，聚焦在喷泉上，将喷泉设计成意大利地图的抽象形式，约 80 英尺长，向上的台阶象征通向瑞士和意大利境内的阿尔卑斯山的一段，他根据意大利的轮廓设计了石板阶梯，使用大理石、鹅卵石以及镜面瓷砖，以小瀑布象征阿尔诺河、波河和台伯河。他还希望表现火山与永恒的火焰，当然有些不切实际（图 9.46）。

　　水池设计成意大利地图的形状，代表亚得里亚海和第勒尼安海。由于大多数新奥尔良的意大利人来自西西里岛，一个西西里岛形状的讲台放置在水池的中央，它的铺装图案，以及更重要的柱廊和墙壁，围绕中心衍生出一系列的同心圆（图 9.47）。

　　这些分层的柱廊和墙壁，很像克雷斯吉学院的阳台，但有着更多的层数。台阶沿半径由内向外布置，随着高度的升高，半径也逐渐增加。在最里面，穿过"亚得里亚海"的墙，象征托斯卡纳。在"第勒尼安海"台阶向外一直到多立克柱式结束，"托斯卡纳"的墙后面是一个爱奥尼柱式，台阶沿柱式向外一直到科林斯柱式，多立克柱的后面还有一个混合柱式（图 9.48）

　　其中，"意大利"通向"瑞士"的地方有一座凯旋门，由此进入"柔美"（Delicatessen），摩尔发明了一种"柔美柱式"——以热狗图案代替涡卷饰的科林斯柱式。摩尔的科林斯柱式不但有合宜的莨苕叶饰，柱头为不锈钢，带有莨苕叶饰的微型喷头。摩尔还为爱奥尼的卵锚饰也设计了类似的喷头。他的"托斯卡纳"不是柱间壁，而是由小的、向下喷泻的水射流形成的列柱槽而形成的托斯卡纳柱列。正如菲勒（Filler，1978）所说——他对此感到震惊："几乎没有人会想到，可能像摩尔和他的同事们那样去操纵水。但在这里，水，洗涤着不锈钢拱形成的多立克墙，从有着令人惊讶丰富纹理的灰泥表面上向下滑落，在某一个闷热的南方夏日的午后，在阳光下跳舞。"

261

图 9.48　意大利广场（图片来源：作者自摄）

菲勒认为这座喷泉是"当代建筑中最丰富地表达了历史复兴的作品。"与之相比，稍晚的 P·约翰逊的 AT & T 大楼有更多的缺点。但问题是，为什么摩尔、约翰逊等人在 20 世纪的最后三分之一阶段，仍要以古典的形式进行设计？

答案也许是"惊艳症候群。"在 1919 年，S·P·佳吉列夫（Sergey Paclovich Diaghilev，1872—1929）指导的两位艺术家，在 20 世纪改变了他们的艺术本质，其成就远超过同时代的任何其他人。他们是毕加索（Pablo Picasso）、斯特拉文斯基（Igor Stravinsky），他们的艺术的确令人惊艳。斯特拉文斯基通过音乐，毕加索通过舞台装置和服装毫不含糊地明确了新古典主义立场。比这更令人震惊的是，这两位现代先锋艺术家对古典的回归。这因为艺术是一个循环吗？

20 世纪 30 年代，现代建筑师的成就，是特拉尼之后产生的特点鲜明的意大利理性主义建筑。他在科莫"新公社"公寓和法西斯宫之后，在他的生命即将结束的时候，设计了新古典建筑——科莫的皮罗瓦尼公墓（1936）。

在美国建筑界没有那么多摩尔这类"令人惊艳者"，也没有像 A·德雷克斯勒（Arthur Drexler）这样的纽约现代艺术博物馆的建筑与设计策展人，毫无疑问在约翰逊的促使下，他在 1975 年筹划了一场迟到的展览。展览上呈现了巴黎美术学院的图纸，图纸内容是 A·戈代（Antoine Gaudet）在 20 世纪初一直负责的工作。德雷克斯勒展览举办的时候，全世界的建筑师正在实践简单几何形状的现代主义建筑，以及更为简单的几何形状的新理性主义，实际上并不实用。

在展览结束后，德雷克斯勒慷慨出书并写了序言。如同他在序言（1977）中所说，事实上在 1952 年，约翰逊就宣称："现代建筑之战已经大获全胜"，不幸的是，以德雷克斯勒所见，情况果真如此，到了 1975 年，"现代建筑的理论基础只不过是各种观点的集合，与它所推翻的布杂艺术（Beaux Arts）信条并无二致。"

现代建筑的理论基础产生自包豪斯学派：

> 对形式处理的关注被加强了，不变的简单的几何元素，人类的人工物几乎可以任意改变历史建筑的风貌。纯几何形式不可改变的性质使它特别适合机器生产的要求，但现在并非讨论机械，因此简单的几何形式的可复制性是受到限制的。

262

　　几何固定不变的特性，决定了"辉煌的历史类型"特别适合于家具而非建筑，"这种公共设施和工业技术的固定性导致了一种反历史的倾向"。

　　德雷克斯勒认为过度应用几何形式的后果"尚未被完全理解"，但"很明显，现代建筑处理与城市环境关系的方式"是反历史、是反城市的。

　　然而到了 1975 年，很多布杂艺术被破坏，而建筑师就要求布杂艺术建筑继续被保护，达成共识签署宣言并进行游行。

　　L·康在其建筑和著作中，曾提醒他们说，布杂艺术在轴线形规划中有其自身的优势，在（美国）学校布杂艺术的教育一直持续到 20 世纪 40 年代末。

　　不过，虽然他们能看到这类规划的优点，但现代主义者无法理解"从立面和剖面的表面上的无关或独立，……到规划，尽管……布杂艺术派最喜欢的主题……是建筑物的外观及其内部组织的一致性。""如何折中地应用历史风格"也令他们感到困惑。然而，布杂艺术相对包豪斯，对这些东西也非常强硬！

　　　　布杂艺术的一些问题，例如，如何使用过去……将其视作是解放而不是限制……；如何更独立地看待……它可能招来的，对这个时代建筑框架的假设更严格的批判。现在，现代的经验和实践……违背了现代人的信仰，我们应当重新审视我们对建筑的虔诚。 *263*

　　德雷克斯勒明确地表达出了当时许多人在思考的问题。事实上，仅仅只过了五年，在 1988 年的威尼斯双年展上，约三分之二的建筑师通过他们的参展作品表现出了古典主义倾向。

C·罗和克特尔

拼贴城市

　　C·罗（Colin Rowe，1920—1999）和 F·克特尔（Fred Koetter）于 1975 年出版了《拼贴城市》（Collage City）一书。像罗西一样，克里尔兄弟和在他们之前的许多其他人，已经对勒·柯布西耶的乌托邦式的规划开始反思，更何况克里尔兄弟的许多前辈，从 T·莫尔爵士[1] 开始已经反思柯布式的城市。事实上，他们追溯一个有趣的——他们所说的电影般的历史——从乌托邦式的理想开始，到之后的各种理念组成的历史。

　　正如 20 世纪 40 年代后期他们指出（P.33）的那样，现代建筑的时代"已经到来了，但正如一个新的耶路撒冷不会是一天建成的一样，现代建筑时代会慢慢地开始出现一些不妙的状况"。两种不同的反对声音出现了："对城市景观的狂热和对科幻城市的狂热。"

　　他们将城镇景观视作"一种对英国村落、意大利山城和北非的卡斯巴（casbahs）的膜拜……无名的建筑"。

　　事实上，他们的观点在 30 年代初就已经开始出现在建筑评论中。奥藏方[2] 的两篇评论文章尤

1.　Thomas More，1478—1535 年，英格兰政治家、作家与空想社会主义者，著有《乌托邦》。——译者注
2.　Amédéé Ozenfant，1886—1966 年，法国画家及艺术理论家。——译者注

其关注这个问题；奥藏方是勒·柯布西耶生活在伦敦的昔日合作伙伴。他认为，与其靠草图假想3000年后伦敦或巴黎的规划，建筑师不如去接受"英国首都目前的实际情况，她的过去，她的现在和她不远的将来"。

奥藏方更关注"什么是立即可实现的"，而不是乌托邦的想象。在一定意义上，他应用了杜尚的"准备——实现"思想，他将这种思想应用在了城市现有的建筑物上，就像他和勒·柯布西耶在15年前曾经做的那样：将其应用在产品的大规模生产上，如工业窗户，托内曲木椅子等。

C·罗和克特尔发现奥藏方将自己标榜为传统的立体主义和后立体主义，当然，拼贴的手段一般是粘贴的剪报和其他各种平面物体上的图像，拼贴在立体主义和后立体主义中占有非常重要的地位。

因此，城市景观本身可以被看作是一副通过拼贴得到的色彩斑斓的景象。"换句话说，城镇景观可以转译成18世纪如画派的一个分支，而且它暗示了一种对无序和个人修养的热爱，对理性的反感，对多样化的热忱，对特定风格的喜好以及对普遍性的怀疑，这有时可能用来辨别联合王国的建筑传统。"

他们将"科幻故事"视作现代建筑的替代方案。"巨型建筑、轻型快速交通、适应性插入式建筑，全城网格……线性城市，建筑与交通流动系统和管道的融合。"

C·罗和克特尔认为超级工作室的某些作品赋予了科幻故事的特征。他们在佛罗里达州的迪士尼乐园主街的特点之一，就是最终用了城镇景观的概念。当然，他们发现这些方案的需求都是相同的，即乌托邦。他们提出的三个问题概括了对原因的分析：

1. 为什么我们不得不去选择一个对未来的怀念，甚于对过去的怀念？

2. 我们头脑中的模型城市是否可以与我们已知的心理结构相吻合？

3. 这种理想城市是否可以同时明确地作为一种预言性的剧场和一种记忆性的剧场来表现？

以光辉城市（Ville Radieuse）为例，勒·柯布西耶"确保每个人的阳光、空间"的意向，按照作者的观点，不过是把富人送到天堂。事实上，勒·柯布西耶提出的单体建筑物，似乎只是提供尽可能少的与地球表面相互作用！既然他的建筑几乎不能接触地表，那么他们也几乎不能围合城市空间。C·罗和克特尔用数据和地面的插图，在帕尔马市中心的和勒·柯布西耶的圣迪（Saint-Die）规划之间，作了生动的比较。多年来，我们都被迈向新建筑的口号所蒙蔽了（图9.49和图9.50）。

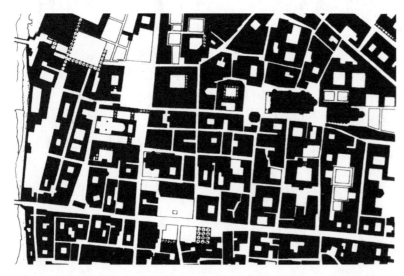

图9.49　C·罗与F·克特尔：帕尔马城图/底平面（图片来源：Rowe & Koetter）

图 9.50　C·罗与 F·克特尔：勒·柯布西耶的规划平面与圣迪的图 / 底平面（图片来源：Rowe & Koetter）

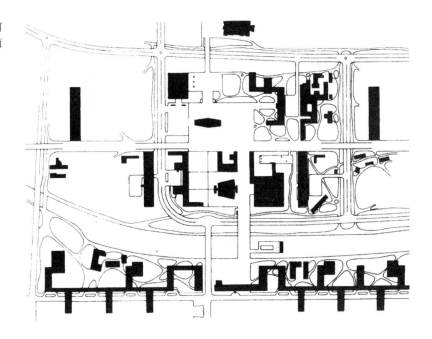

在这些图中建筑是黑色的，它们之间的空间则留白。人们可以辨别出帕尔马平面的中世纪城市的街道、广场和庭院，而人们在勒·柯布西耶规划中看到的是巨大的开放空间和抽象的建筑。这样的街道，广场和路径只是由水平路面蜿蜒的景观组成，建筑物并未被围合起来。

将勒·柯布西耶在巴黎的光辉城市（Ville Radieuse）的规划，与同时代阿斯普隆德为斯德哥尔摩的规划（1922）相比，后者显然更尊重城市的文脉。由此，他们认为勒·柯布西耶的规划是重构历史街区密度的设计，而阿斯普隆德的规划设计了历史社区本身。

另一方面，C·罗和克特尔并没有抛开勒·柯布西耶的规划，他们找到了兼顾城市的空间价值和情感价值的方法。他们的目标是使两种价值得以调和。

他们在罗马的法尔内塞宫（Palazzo Farnese）和巴黎的博韦公馆（Hôtel de Beauvais）案例中找到了线索，这两幢建筑都有规则的庭院。

正如早于他们的文丘里（1966）一样，C·罗和克特尔也接受了"涂黑"（poche）的思想。这种思想将传统厚重结构上的平面定义为一种特征，从而使空间不再比其他元素更重要。

在如凡尔赛宫那样的整体设计和蒂沃利（Tivoli）的哈德良离宫（Hadrian's Villa）那样的集合碎片式设计之间，C·罗和克特尔认为有必要将二者加以明显的区分。这也意味着他们更倾向于二分法的思想：以科学分析和公共参与作为设计根据，将那些精于计算的工程师和那些就手边素材进行即兴创作的艺术家进行对比。

他们进一步，对 17 世纪的罗马和伦敦进行对比。他们认为罗马：

> ……是宫殿、广场和住宅的碰撞…不可救药无序混合的住宅，人为制造的交通堵塞，一系列围合元素塞满了整个罗马。这些共同组成了罗马这个辩证统一的整体，它包含了一些理想的样式和一些经验主义的理想样式。

这样的罗马，有着"独一无二的身份认同"，将古代罗马真实地加以传译。那些古罗马广场和斗兽场的碎片，以相互依存又相互独立的方式保留在城市中。

265

就这个意义而言，C·罗和克特尔将罗马视作是可以替代"社会工程和总体设计的灾难性城市化"的解决方案。

由此，在抽象的科学理想主义和具象的民间经验主义之间，他们可以另辟蹊径。

而且他们将罗马视作一个伦敦的内向版。罗马的类型更平淡，尺度更大，冲击力也较弱。他们将罗马和伦敦进行了并列的比较，图拉真广场和贝尔格莱维亚广场（Forum of Trajan and Belgravia），卡拉卡拉大浴场和皮姆利科浴场（Baths of Caracalla and Pimlico），阿班加别墅和布卢姆斯伯里别墅（the Villa Albanj and Bloomsbury），朱利亚别墅和韦斯特台地（the Villa Giulia and Westbourne Terrace）。因此帝国制度和教皇制度下的罗马，到了 19 世纪在某些方面呈现出资本主义特征：为对人口和交通的流动做出更多的回应，在更适应房产结构理性方格网布局和混乱无序的画境式之间寻找关系，平衡秩序和混沌二者不同的价值。

因此，如何协调他们发现的对比法呢！

C·罗和克特尔，当然是很清楚的。只有他们所说的拼贴才能解决两分法的问题。如他们所说的（第 144 页）：

> ……拼贴的方法，它的对象是从原有内容中拣选出来的。在今天，拼贴的终极方法就是，选择乌托邦或传统形式的中一个或两个。

他们赞成拼贴，因为如同他们所说，毕加索的自行车座椅作品（1944）中，他把自行车的座椅和把手重新组装成一头公牛的头。毕加索本人，完成了从自行车到牛头的第一次转译，将别人扔在垃圾堆里的东西变成了他的雕塑作品，这可能会鼓励其他人给他们原来使用的东西赋以新的元素。

正如 C·罗和克特尔所说：

> 记住对前者的功能和价值（自行车和米诺陶洛斯）；变换文本，培养激发组合的一种态度；探索与重释含义……具有相应能指组合的功能被搁置；记忆；期望；记忆和机智结合……这是毕加索设想的反应清单；由于这个设想显然是说给人们听的，它以如此的方式，以回忆和期望中的愉快，以处于过去与未来之间的一种辩证法，以一种图式内容所产生的影响，以一种时间和空间上的冲突，使人们回复到前面的论断，也许会去仔细思索头脑中的理想城市。

进而，

> 介入社会拼贴的建筑实体的出处并非举足轻重。它与经历和信仰有关。实体可以是贵族式的，它们也可以是"世俗化的"，学术的或大众的。无论它们来源于帕加马或者达荷美，底特律或杜布罗夫尼克，无论它们所展示的是 20 世纪的还是 15 世纪的，这都无关紧要。社会和个人按照他们各自对绝对精神和传统价值的理解汇聚起来；并且在某种意义上，拼贴既包含了混合存在，也包含了对自我决策的要求。

第 10 章 设计竞赛

对城市空间的新观点的和不同态度在二十世纪六七十年代相继出现，在 70 年代末这些观点逐渐趋同。

罗马停顿

罗马停顿[1] 是 1978 年在罗马举行的一个展览的主题。M·格雷夫斯（1979）追溯它的起源，是与 P·萨托戈（Piero Sartogo）进行的一次讨论。格雷夫斯被要求为将在罗马举行（IIA，1978）的城市化的展览提出一个主题。他们研究了福塔茨（Frutaz）公布的不同历史阶段的罗马规划，认为，目前为止，其中最有趣的是由诺利作出的规划（图 10.1）。

格雷夫斯自己做了一次关于诺利规划的演讲，这实际上是诺利 1728 年发表的两个规划之一，他认为这个方案有趣的地方在于：

> ……这个方案记录了人的感知和空间，不只包括城市的公共空间领域，也包括城市建筑的半公共空间。他不仅对描绘平面和表面的关系感兴趣，更对地平面上的含糊之处感兴趣，这种含糊体现在一个人对公众使用的外部空间与建筑物内部的公共房间的定义。

换句话说，诺利在表现较大公共建筑的内部空间时，使用了他在表现公共街道和广场中时完全相同的方式：也就是留白，衬托涂上 45° 细密阴影的城市肌理。或者如格雷夫斯所说的那样："城市大量的住房和商业建筑已呈现为城市涂黑（poché），而宗教、市政和国家建筑物则被详细予以描绘，从而激发人们把城市作为一个接一个房间的空间序列来理解。"他的规划用底层平面来表达更易理解，"诺利的描画，有一种行进感或漫步感，更精确地把握了广场与门槛与内部公共房间之间的关系。如果用其他图示表现，那是难以想象的。"

鉴于 18 世纪印刷条件的限制，诺利将他的罗马划分为从西到东共三行，从北到南共四列，也就是 12 区。由于这样的原因，诺利规划在发表时，决定分给展览的 12 个参赛者每人一个区。

当然，这些部分，包含了一些世界上最好的城市空间和一些世界上最伟大的丰碑。从顶部最重要的西北角开始东移，分为三个区：第 1 区梵蒂冈和天使古堡（Castel S.Angelo）；P·萨托戈将这部分留给自己；第 2 区奥古斯都陵墓，人民广场，西班牙广场，特雷维喷泉（Trevi Fountain）和奎里纳尔（Quirinale）。分给了 C·达迪（Constantino Dardi）；第 3 区主要位于城墙外，在诺利的时代很少有建筑；但这一区有戴克里先浴场和诸天使之圣母教堂（S.Maria dei Angeli）。

第二行的三个区是：第 4 区贾尼科罗山（Janiculum），这个地区在诺利的时代同样很少有建筑（James Stirling）；第 5 区纳沃那广场，万神庙，密涅瓦圣母教堂（Maria sopra Minerva），图拉真广场（Paolo Portoghesi）；第 6 区奎里纳尔宫，这一地区同样主要位于城墙外，但包含巨大的戴克里先浴场（Romaldo Giurgola）。

---

1. Roma Interrotta，原意为中断的、中止的罗马。——译者注

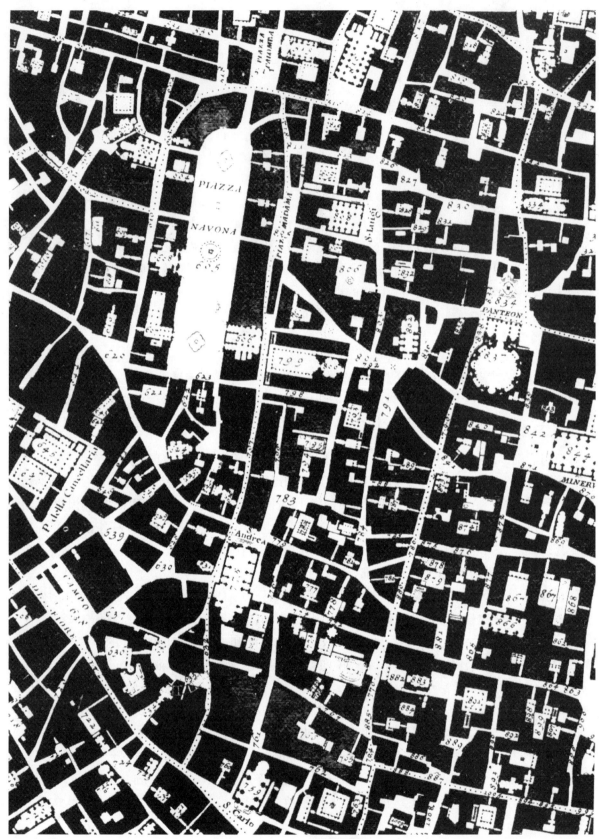

图 10.1　G·诺利（Giambattista Nolli，1701—1756），教皇本笃十六世时期的罗马：罗马地图，第 5 区包括纳沃纳广场和万神庙（图片来源：Nolli，1748），与封底相同

第三行的三个区是：第 7 区跨台伯河区（Transtevere），同样主要位于城墙外，诺利的地图包含了这个地区约三分之一（Venturi and Rauch）；第 8 区中包含古老的城市核心，包括坎皮多利奥神庙、古罗马广场和大斗兽场（Colin Rowe）；第 9 区城市的东部边缘，但包含了圣约翰拉特兰教堂（Michael Graves）。

诺利的第四行图纸大部分以边框装饰，在第 10 区，奥里热马（Aurigemma，1979）引用赞科尔（Zanker，1973）的话说："……古罗马包括卡比多里奥广场的台伯河，母狼和双胞胎兄弟……狄俄斯库神庙（Tempio dei Dioscuri）的三排柱子、大斗兽场、马克森提巴西利卡、提图斯拱门、塞普蒂默斯·塞维鲁拱门、君斯坦丁拱门、图拉真纪功柱和马可·奥勒利乌斯柱、拉特兰的方尖碑和埃斯奎利尼山（Esquiline）。"这个区分配给了 R·克里尔。

第 11 区的地图是奉献给教皇本笃十四世的。它也包含了卡拉卡拉浴场，该浴场是分配给罗西的。

最后，第 12 区，和第 10 区有些类似，大部分被诺利的边框占据，这里是现代罗马城市区域，至少在诺利时期是现代的罗马，整体呈现出一种头冠状的空间形式，区域内包括了坎皮多利奥广场和圣约翰拉特朗教堂的新的立面部分。这一区由 L·克里尔负责。

这么多不同的建筑师对城市空间作出了什么贡献？更不用说罗马各个时期的遗产。

考虑到城市圣地的关系，P·萨托戈采用了一系列彼此冲突的建筑形式，表达方式比罗西更为极端。他在主要区域布置了大体量建筑，参照了傅里叶所描绘的法朗吉（Phalanstère），建筑与圣彼得大教堂形成冲突，功能包括了新的歌剧院，以及舞蹈、视觉艺术、诗歌、歌唱及音乐等其他工作室。而天使堡则成为奥格立博物馆（Ogry Museum）等。

在第 2 区，达迪保留了大部分诺利的罗马城市肌理，同时用很多多层建筑取代当时的新建建筑。

格伦巴赫（Grumbach）负责第 3 区，按他的方式解释，他使用了一种逆考古学手法。他为该区设计的建筑都未建或只有部分建成，恢复温克尔曼（Winckelman，1717—1768）、勒杜（Claude-Nicolas Ledoux，1736—1806）、P·夏洛（Pierre Chareau，1883—1950）、B·陶特（Bruno Taut，1880—1938）、勒·柯布西耶、特拉尼（Giuseppe Terragni，1904—1943）和奥德（J.J.P.Oud，1890—1963）的设计。因为在诺利时代这一地区很少有建设，同时这些方案对格伦巴赫的规划几乎没有影响，事实上可以使后续的发展更具有连贯性，也更具诱惑力。

斯特林为他的第 4 区提出了许多干预措施，几乎完全基于他过去的设计，包括建成的和大量未建成的方案。这一区包含了贾尼科罗山的大部分，台伯河的西岸属于老城的城墙一段，主要是未建设的区域。斯特林几乎推翻了诺利时代的罗马。他将旧城墙线替换为一段他过去设计的体量长短不一的塞尔温学院学生宿舍（1959），与台伯河相连的是居住建筑，形式与他在朗科恩（Runcorn）所设计的住宅相仿，在跨河的部分采用了类似于佛罗伦萨老桥的平台形式，形式来自斯特林为西门子设计的一个未建成项目（1969），市中心的桥头源自他的科隆博物馆方案（1975）。最终，斯特林根据诺利提供的罗马城市文脉，按照实际的地形总共放置了大约 30 个他的建筑和设计方案。

考虑到第 5 区是诺利规划中遭到最多非议的区域，波尔托盖西的设计采用了最少干预措施，但手法与 P·萨托戈完全不同。他考虑了奎里纳尔山东边的坡地环境，并试图重新恢复古代的地形，同时，他在这块场地上设计了一条曲折的街道，以"拉齐奥北部的树枝般的骨架结构作为范本"，并且将一些四层高的建筑面向街道布置，形成了雷普顿如画式的布局。

在第 6 区，朱尔戈拉提出了在奥勒利亚城墙西侧形成一个高效城市的概念，行列式的建筑与

270

城墙平行呈东西向布置，而墙外提供开放的景观，以利作物生长：

> 城墙，不再用来抵御任何外来入侵，而是滋养整个城市。城墙内，计算机控制的管道已经建成，市场和工厂所需要的食物和材料源源不断地沿着这些管道送达整个城市。该服务设施整合了底部可以旋转的航空器，从而减少了街道上车辆交通运输的沉重负荷。

文丘里的第7区，主要是在诺利的罗马城墙之外。也包含了一部分诺利图中边缘的狄俄斯库神庙、卡拉卡拉浴场、大斗兽场、图拉真纪功柱和古罗马的其他古迹。文丘里没有触动诺利的罗马。他只是简单地，用自己在《向拉斯韦加斯学习》里的拼贴，取代了诺利的图版。即使这样他也设计了一个柱廊的片段，以暗示恺撒宫的存在，而文丘里的书面文字中，只是简短地描绘了罗马和拉斯韦加斯之间的相似之处。正如他所说，年轻的美国人，习惯了方格网城市的反城市尺度，在20世纪40年代末参观了罗马之后，发现了广场的尺度："传统的城市空间，步行的尺度，混合功能，连续性和它们的风格……"20年后，文丘里认为，建筑师"也许已经对大尺度，高速的大规模开放空间做好了准备"，因为"拉斯韦加斯的大道对应罗马的广场"（图10.2）。

文丘里发现了这两座城市之间的其他相似之处：例如选址，罗马在坎帕尼亚平原上而拉斯韦加斯在莫哈韦沙漠。他认为，每个城市也是一种典型，而非原型，——或者如卡特勒梅尔所说的模型——其他城市从这个典型可以产生，因为每一座城市都是各自的一个夸张的例子。每一座城市都有着在尺度上超理性的元素；例如罗马的教堂、拉斯韦加斯的赌场。而且正如罗马教堂从"街

图10.2　文丘里和劳赫（Venturi and Rauch）（1978）：罗马停顿，第7区 [图片来源：*Architectural Design*，49(3/4)，1979；IIA，1978]

道和广场"向公众开放那样,拉斯韦加斯的赌场也是向主街开放的。在罗马,朝圣者、教徒或建筑师,从教堂到教堂可以步行,而在拉斯韦加斯,赌徒或建筑师同样可以沿主街到达众多的赌场。

正如诺利规划的罗马历史建筑包含着大尺度但封闭的公共空间,拉斯韦加斯的赌场也是这种模式!

271

C·罗和他的团队在第 8 区建设过程中隐含了一个假设,他们认为罗马停顿的目的在于诺利时代以来建造的所有建筑都不值得保留,但他们也不想用任何现代建筑来取代原有建筑。

正如他们所言:

> 我们可以提议在帕拉蒂尼山上建立一座光辉城市(ville radieuse)的片断,在阿文蒂尼山上树立一个路德韦希·希尔伯赛默想象的片断,在大斗兽场和马克西穆斯大竞技场上方竖立一个空间框架;但仅以娱乐和含混的前卫宣言为名义,继续犯错,继而对现代建筑不负责任,对我们来说不见得行之有效。我们假设,就总体而言,现代建筑是一场浩劫。它留下了可怕的教训,最好被遗忘……

因此,他们没有呈现现代主义的方案,而是在穆尔卡希修士(Father Mulcahy)的作品上进行设计。他们设想穆尔卡希修士撰写了罗马展览的目录:《失落和未知的城市》。他们将 18 世纪的红衣主教阿尔瓦尼在阿文蒂尼山上为自己建造的别墅,视为一个早期的强制性新古典主义建筑。他们还广泛吸取瓦拉迪耶(Valadier)为拿破仑·波拿巴准备的项目,包括完整的阿文蒂尼山重建计划:马克西穆斯大竞技场,一座丰碑式墓地,阿文蒂尼山的系统整治(sistemazione),一座埃及神庙和一座作为君士坦丁拱门悬饰的拿破仑拱门(Arco Napoleonico)(图 10.3)。

272

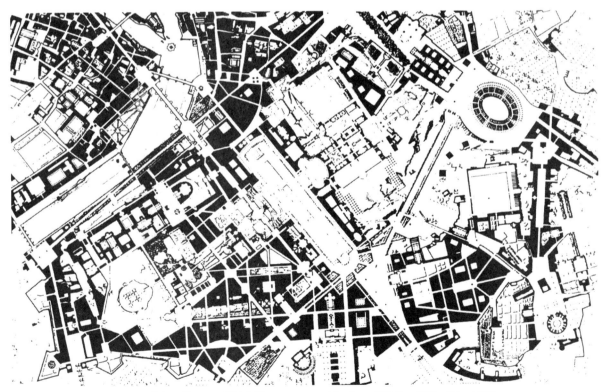

图 10.3　C·罗(1978):罗马停顿,第 8 区 [图片来源: *Architectural Design*,49(3/4),1979;IIA,1978]

C·罗和他的团队把这些作为他们的灵感，这也许是在展览中，最为一致的城市空间序列，以相互联系的街道为设计意图，而其他参赛者甚至没有试图这样去做。他们在图－底平面中展示了想法：黑色建筑物衬托在白色的背景下。因此，正如希马科夫（Chimacoff, 1979）所说："这个方案直接探讨了现代建筑、现代分区制和建筑法规是否仍然有效的问题，并建立起现代建筑的类型。"

M·格雷夫斯设计的第9区在诺利时代大部分是不毛之地。在他的设计方案中，格雷夫斯通过四座不同功能的罗马建筑，提出了重要的理论议题。他将医学之神密涅瓦神庙（Temple of Minerva Medica）视作一个景观对象，强调它的外观体积的图像属性。他将其与玛达玛别墅（Villa Madama）的一系列具有模式作用的内部空间作对比，从而强调了虚空的理念，而非实体，如图所示。哈德良离宫对于格雷夫斯而言，代表了对内部空间的一系列处理，一系列明确的路径，它拥有不少于五排的平行客房，每一系列都呈对称布置。佩莱格里尼圣三一教堂（Trinita de' Pellegrini）和济贫院则是关于运动的一个更为朦胧的网络（图 10.4）。

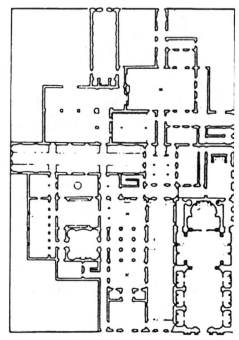

图 10.4　M·格雷夫斯（1978）：佩莱格里尼圣三一教堂，罗马停顿，第 9 区 [图片来源：*Architectural Design*, 49(3/4), 1979；IIA, 1978]

在明确这四座建筑的形式之后，格雷夫斯认为这些建筑提供了城市景观设计的意向。他将其应用在第9区中，这个区包括了波尔图大教堂和圣约翰拉特朗教堂。事实上，格雷夫斯的设计是一座巨大的花园，就像他的克卢克斯大厦（Crooks House, 1976)，建筑被多次分解，根据他的喜好，有时候建筑只是以构架的形式出现。希马科夫在对展览的评论中说，"如果大小和尺度作为兴趣和关注点来衡量的话，那么很明显，格雷夫斯喜好的是一个城市景观世界。然而，在罗马文脉的尺度下，他的花园过于庞大。"

虽然他被分配到的部分包含了大量诺利的历史图纸，R·克里尔想无论如何应当重新分工，他在一开始就认为，重新画图并且再度诠释诺利规划，似乎显得有些荒谬。

因此他重新审视了人们处理建筑艺术的各种方法：将景观塑造成几何形体，开采石料筑墙。他对墙，柱，塔，桥梁和室内空间的特性进行了分析，建筑的内部空间，建筑对围合城市空间的作用等。

克里尔将这些以绘画的形式表现出来，之后继续在诺利规划的建筑元素上设计，给出了具有他个人特质的一套完整的实施方案。

罗西的第11区的一半被诺利兢兢业业的设计占据了，罗西在这部分选画了自己的建筑，诸如米兰的加拉拉泰塞公寓以及塞格拉特的游击队纪念碑。还有一根象征自由的女像柱（Caryatid），它象征了罗西的意图。

他的规划是重建伟大的安东尼浴场并加建喷泉、长廊茶室、蹦床，更衣小木屋——罗西最喜欢的建筑类型，可以提供遮阳，或作为住所，最后形成一座水屋。

罗西的规划包括神学院、市场、健身房、学校和一个巨大的游泳池，因为游泳池便于监管，"熟

273

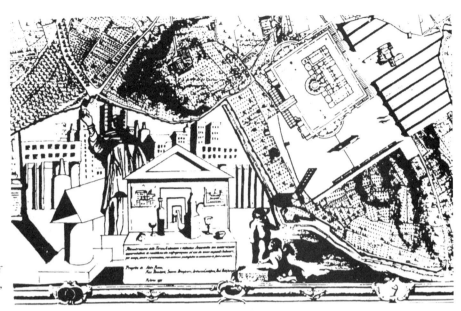

图 10.5　A·罗西（1978）：罗马停顿，第 11 区 [图片来源：*Architectural Design*，49(3/4)，1979；IIA，1978]

练的游泳者和运动员可以减少不熟练游泳者溺水的风险，同时又不会让他感到自卑"（图 10.5）。

罗西的水屋当然包含冷却和加热装置。同时，它也是别出心裁的，象征平静和神秘。罗西说：

> 人们在这里可以像在可怕的山沟里驾船，或在水下游泳探险，在房子的基础或水管深处，进行一场了前所未有的科学／技术探险。少数大胆的人可以徒步走在铁桥上参观建筑。

但以上罗西的所有计划似乎已经表现出他一定的偏好。他说：

> ……无法逃脱评论家敏锐的嗅觉，作者真正的兴趣，显然不是多管闲事，不是关注洗澡，而是关注装置本身。

他对浴场的重建，很难说是否可以准确再现历史，即使是最好的重建，也不过是一种狗尾续貂。不过，他说：

> ……与罗马的关系确实存在……
>
> 可以肯定的是，在这种空间的混杂安排中，性欲和运动训练的关系，是许多古老文明引以为豪的特征，这种特征已经失落了。对于温泉浴场的空间组织进行分析不难发现，爱欲，这个世界上最有意义的词，现在已经如此廉价。

L·克里尔的第 12 区主要由米开朗琪罗的卡比多里奥广场组成。克里尔用自己设计的广场取而代之，他认为，一座分散中的城市需要这一建筑类型。

伦敦有自己的邮政区，巴黎有行政区，而罗马也有分区（riónes）。克里尔认为分区使城市社区的规模合理化，每个分区可以满足人们的日常需求，步行者也很容易穿行其间。克里尔在罗马 *275*

图 10.6　L·克里尔（1978）：第 12 区有顶盖的广场 [图片来源：*Architectural Design*，49(3/4)，1979；IIA，1978]

每个分区的中心都设置了广场作为标识，广场上有餐厅、酒吧、娱乐场所和艺术家的表演场所，从而成为社会生活的中心。依克里尔的喜好，建筑被设计为大型的柱子，上面供艺术家和手工艺人使用。这些都是分区中的点缀，广场会被一个巨大的木桁架屋顶所覆盖。

克里尔在多处设计了这种建筑，来替代米开朗琪罗的卡比多里奥广场，并以纳沃那广场作为尽端（图 10.6）。这个半圆形的广场的特别之处在于，靠近宽慰大街（Via della Consolazione）的是一个巨大的三角形广场，这个广场将覆盖圣彼得大教堂前面的广场。

圣彼得大教堂和其他教堂都会转变成温泉浴场和社交中心，再现古罗马时期的辉煌，广场本身也被改造成了一个可供游泳的巨大椭圆形人工湖！

中央市场

理论研究是一回事，在面对实际设计中的问题时，方案又会有所不同。L·克里尔所面对的是作为批发市场的中央市场（Les Halles）项目，因为项目位于巴黎市区，在这样特殊的地点，任何城市空间设计都将牵动世界的注意力。

第二次世界大战结束后，中央市场立刻成了一个难题，它地处巴黎市中心，毗邻城岛和巴黎圣母院，尽管在 19 世纪这里极具价值，但很明显，持续增加的道路交通使得货物的进出交易愈加困难。直到 1953 年，原则上决定将市场移至郊外——伦吉斯（Rungis）的拉维莱特，中央市场开始添加新的交通换乘，从地铁到新的快速轨道交通（RER/RATP），进而使得情况更加复杂。1967 年，终于决定不仅要迁移市场，同时也要拆除原先市场所在的巴尔达设计的由铸铁和玻璃筑成的建筑。

整个项目向东和东南延伸，距离勒·恰穆斯克勒·梅齐埃（Le Camuscle Mezieres）（1762）设计的小麦市场（Halle au Blé）450 米，它在 1806 年 11 月曾经重建，布兰格德（Bellangerd）设计的这座由铸铁和玻璃建成的穹顶商品交易所，很幸运能保留至今，成为周边一个非常重要的地标，甚至超越了场地东北部 16 世纪哥特和文艺复兴风格的圣尤斯塔修斯教堂（St Eustache），且突破场地北面朗布特街（rue Rambuteau）的边界。

巴尔塔（Victor Baltard，1805—1874）设计的建筑群沿南侧轴线严格对称，场地最东端的那栋是育婴堂，这 6 幢建筑始建于 1854 年，成一组建筑群，严格对称，三组建筑中的两组位于十字轴线两侧，这样两边都有一座中心广场大厅，50 米 ×50 米，侧面是两个 50 米 ×40 米的矩形广场。这六座市场大厅都由一个带顶盖的中心通道和几个十字通道连接。从北面的朗布特大街到南面的伯格街（rue Berger），整个场地的宽度大约为 200 米。

场地的第一组建筑被南北向的中央市场大道（Boulevard des Halles）穿越，此处正是第二个建筑组群在 1856 年的开端，并且向小麦市场（Halle au Ble）延伸。在第二组建筑中有四栋商业建筑，两栋方形，两栋矩形，和之前的六栋建筑一样有着同样的布局和精确的相同尺度。到 1936 年，交易所被两个半圆形建筑围绕。 *276*

当决定拆毁中央市场后，替代方案在 1967 年委托给 APUR（一家巴黎的都市规划工作室，Atelier Parisien d'Urbanisme），但巴黎的议会否决了他们的方案。当时有很多公众抗议拆除法国建筑师巴尔塔的建筑，这些建筑有各种用途：剧院、马戏团、爵士音乐会、临时音乐会、绘画雕塑和工艺品展，甚至是溜冰场。尽管建筑有这么多灵活的功能，在公众的反对后，拆除工程仍然在 1971 年展开。

中央市场一旦拆除干净，原本认为最适于开发的区域看起来很不规则，只得向西北侧靠近圣尤斯塔修斯教堂的中央市场大道和南侧的半圆形中央市场广场（Place des Halles）形成契合。实际上向东头育婴堂街的不规则地块和北侧和南侧的三角形地块的进一步拆迁留出了一片形状介乎 T 字形和阿波罗指令舱（Apollo Command Module）的土地，主要被拆除部分大约有 350 米。

APUR 的方案最终在 1971 年被接受，中央市场整治联合公司（SEMAN，Societé d'Economie Mixte pour l'Arrangement de Halles）随后对方案进一步深化。同时决定建造国家当代文化艺术中心（Centre National d'Art de Culture Contemporaine）——后来称作蓬皮杜艺术中心（Centre Pompidou）——位于布堡高地（Plateau Beaubourg），穿过塞瓦斯托波尔大道（Boulevard Sebastopol）就是中央市场。APUR 的方案最终在 1972 年获得批准，那里将成为一个公共广场，靠近由瓦斯科尼（Claude Vasconi，1940 年—）和 G·庞克雷亚克（Georges Pencreac'h）设计的地铁站。项目于 1979 年正式对公众开放。

G·德斯坦（Giscard d'Estaing）在 1974 年当选法国总统，但关于场地的矛盾问题仍未解决。 *277*
9 组不同的法国建筑师团队应邀参加，其中包括瓦斯科尼和 G·庞克雷亚克。到 1975 年，参赛者只剩 3 个组：ARC，伯纳德·德·拉图尔·德·奥韦涅（Bernard de la Tour d'Auvergne）以及瓦斯科尼和 G·庞克雷亚克——与博菲尔建筑师事务所合作——这个阶段博菲尔的规划是一个由古典柱廊围合的椭圆形舞台。

公众偏向于 ARC 的设计方案，但是德斯坦更偏好博菲尔。最后在 1975 年 5 月，阿约（Émile Aillaud，1902—1988）获任命负责协调建筑师，由博菲尔和德·拉图尔·德·奥韦涅协助。毋庸置疑，来自如此迥异的个人，不可能产生共同的解决方案。受德斯坦支持，博菲尔建筑师事务所继续做深化设计 [见《建筑设计》, 50（9/10）, 1980]，设计包括一个柱廊广场，它用凯旋门和一个户外剧场与直线型树阵构成的空间相连接（第二阶段方案，1975），修改后的第三阶段方案包括了椭圆形舞台与南锡相似的半圆形建筑（1976），第四阶段的方案有一组沿湖建筑（1976—1977）。

1978 年按照最后一版方案以一种纪念丰碑的形式动工，或是说是新古典主义的公寓大楼，其位于朗布特街圣尤斯塔修斯教堂的东侧。但是 1977 年 3 月 J·希拉克（Jacques Chirac）当选为巴黎市的市长后，他个人有一些新的想法。1978 年 10 月他将自己任命为中央市场项目的总建筑师，并且解雇了博菲尔，将已开工的建筑拆除。

希拉克对博菲尔的古典纪念碑风格设计方案的回应，部分原因可以理解是为了实现德斯坦所推进的项目，同时也是实现他自己心目中意图恢复法国昔日的荣耀。但是当一个人并不喜欢这样大规模的新理性主义规划、新古典主义形式以及预制构件，这势必就像我们看到的一样，会引起一些波澜，就像圣康坦昂伊夫林、马恩河谷和蒙帕纳斯的吉列米诺韦庆戈特依商定开发区（Zac
278 Guilleminot-Vercingetorix）项目那样。

中央市场的未来，就这样按照希拉克完全缺乏特点的方案开始建造。尽管 1979 年 ACIH（中央市场区国际联合发展集团，Association pour la Consultation International pour l'Amenagement de Quartier des Halles) 举办了国际竞赛，吸引了大约 2000 名设计者注册，每人收费 60 美元，但实际上只有 690 人参加。如果将这些数据和其他项目相比较：德黑兰的巴列维图书馆项目有 3000 人注册，600 人参加，更不用提马德里的清真寺项目 1058 人注册，455 人参加，至此人们才明白这个城市空间的设计有多么重要，而且已经成为国际性问题。其中一些参赛者的名字体现了这个项目影响的广度和深度。他们是唐·阿普莱尔事务所（Don Appleyar and Associates）、C·沙布罗尔（Claude Chabrol）、格雷戈蒂事务所、L·克里尔、C·摩尔（与格罗弗、哈珀合作）、L·莫雷蒂（Luigi Moretti）、J·巴杜（Jean Pattou）、F·普里尼（Franco Purini）和 A·罗西，尽管最后胜出的五个组分别是美国建筑师 R·内斯（Richard Ness）、G·沃尔顿（Greg Walton）和 S·彼得森（Steven Peterson），还有 M·布尔多（Michael Bourdeau）和 F·普里尼，每个设计团队都有一个意大利设计组配合。

ACIH 的竞赛项目考虑了中央市场拆除后社区间和蓬皮杜中心可能形成的新机遇。同时也考虑了几近完工的希拉克计划中的各种元素，例如 RER/RATP 车站的巨大的地下空间，朗布特街巨大的 HVAL 绿化和混凝土块体，瓦斯科尼和庞克雷亚克设计的购物广场，它们都与车站、地下停车场等相连。

279 这个项目想要寻求一种在街区内的认同感以及在一座巨大的国际化都市中的向心凝聚力。

当新建筑被提上日程后，ACIH 的项目需要进行未来的规划：位于地下室的电话局、体育设施（一座游泳池、体育馆、溜冰场等），展览空间或是半地下的礼堂，地面建筑包括 35000 平方米的住宅，有 300 间房间的旅馆、商店、工作室和市场，各种各样的社会设施以及大约 40000 平方米的花园和城市空间。

J·帕图的设计方案着实令人惊讶：它就好比三维的迪士尼乐园，入口的人工湖与 RER 快线处在同一标高（图 10.7），通往松井（Matsui）的平地，直线形的校园建筑呈对称布置，酷似杰斐逊（Jefferson）的夏洛茨维尔（Charlottesville）的校园设计。ACIH 有关竞赛的报告（1981）显示有 600 家设计单位参赛，但是在《建筑设计》[50（9/10），1980] 中的方案很明显是精心挑选出来的。

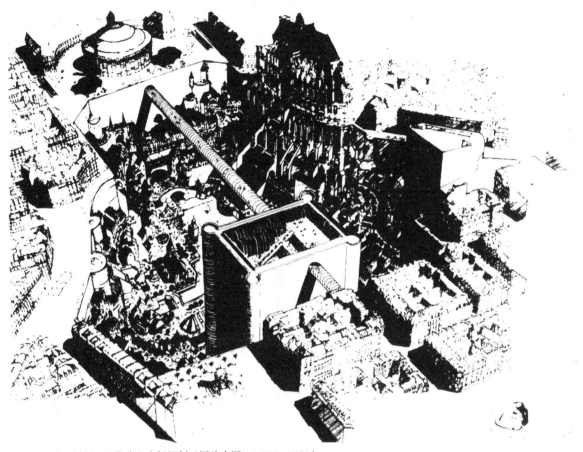

图 10.7　让·帕图：巴黎中央市场规划（图片来源：ACIH，1981）。

从城市设计理论的角度看，这次设计竞赛是第一次由新理性主义者和新经验主义者面对相同的设计环境提出不同的设计策略。其中一些较为极端的方案分别是 L·克里尔和 C·摩尔的设计。

克里尔最初应邀担任评委，但他知道这是如此重要的设计竞赛，于是主动退出了评委会转而去参赛。最终提交的方案完全呈现克里尔式风格，主轴线位于小麦市场中央，典型的克里尔式的有顶盖的广场——大约 75 米 ×75 米 ×30 米，沿着十字轴线直至最东面——以瓦斯科尼和 G·庞克雷亚克设计的广场作为中心。四幢大尺度建筑作为巨柱占据了克里尔有顶盖广场的四个角，并且作为广场的屋顶支撑，建筑是作为酒店功能的洲际酒店（图 10.8）。

摩尔的构思更为复杂。他将不规则的湖面作为中心，湖可以提供划船和娱乐，也有一些居住用的岛。湖的西侧朝着小麦市场方向有更多住宅，这片地区和用于娱乐和文化的东区相比要安静许多，两者之间有一座芒萨尔屋顶形式的酒店（图 10.9）。

正如有些人所期待的，这个项目的不规则形式来自"它是什么"——与周围的街道对齐，这些街道向中央市场汇聚。观察"纪念碑式的遗存"——小麦市场和圣尤斯塔修斯教堂，我们几乎能够发现一个和罗马圣彼得大教堂广场一样的暗示，从小麦市场到椭圆形广场一路都有柱廊——当然相应的有些地方是不规则的。设计关注意象，滨水环境吸收了俄亥俄州的代顿、马萨诸塞州的斯普林菲尔德、拉贾斯坦邦的布什卡等各种场所的处理手法。

同时也参照了在水中泛出倒影的卢瓦尔河城堡、阿宰勒里多府邸（Azay-le-Rideau）和舍农索府邸。

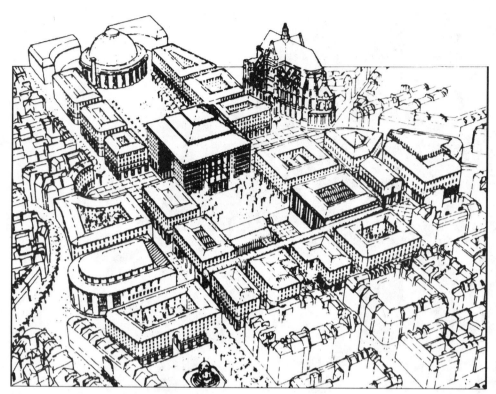

图 10.8　L·克里尔（1981）：巴黎中央市场规划（图片来源：ACIH，1981）

图 10.9　摩尔、格罗弗、哈珀：巴黎中央市场规划（图片来源：ACIH，1981）

ACIH 竞赛提高了公众意识，让他们看到城市设计的重要性。让我们来重温克里尔的话（1980）：

> 这是否会成为一项发生在疯狂的建筑领域核心的革命？以三代人的努力为城市巨兽建造及规划，从勒·柯布西耶开始，终结于塔利博特（Tallibert）和罗杰斯（Rogers），人们便能够理解巴黎市长的痛苦……这充分证明了专家没有能力修复城市结构，城市历经崩溃、密谋、规划和反规划，实际上，寻求到的并不是最好的方案，而只不过不是最差的罢了。

280

但是，他接着又说：

> 经过分析被采用的方案，相比有可能在几年前相似的情况下发生的事情完全不同。较好的方案应该试图在巴黎的尺度下重建街道和广场的肌理，撤去民俗、蠢举、杂技和幻想等……我们必须认识到最重要的事是建造一种传统的令人亲近的城市结构。对这项艰巨工作（metier）的重现才是此次竞赛不可否认的革命性。

第11章　城市空间处理手法

哈尔普林和摩尔；约翰逊

城市空间设计的一种方法是留出建筑之间的空间，或者是通过拆除部分已有建筑而形成新的城市空间。如密斯·凡·德·罗在伦敦完成的万胜广场（Mansion House Square）（1965），即为这样一类手法：除去交通空间其他区域均采用铺地的方式，或环绕场地，或穿越城市广场。

铺地显然是处理城市空间的多种可能性的一种方式。一种是粗略的铺砌，如英国剑桥法院项目一样在主要的人行道上铺设光滑的石板。另一种是在区域中央布置集中绿化，只有资深者可以在这里直接通行，周边有通道给一般公众使用。也可以像伦敦的许多广场那样进行景观设计，用围栏圈起来只允许住在这里的居民使用。居民毫无疑问想直接就在门外停车，所以这些景观会以铺砌的道路环绕。

处理城市空间的手法多种多样，这里只列举了一些通常的手法。即使是美国城市街区那种最简单的城市空间形式，也可能造就丰富的形象，转变为愉悦、平静、静谧的空间。L·哈尔普林（Lawrence Halprin）和C·摩尔在欢爱泉（Lovejoy Fountain）（1965）（图 11.1、图 11.2）中使用了小瀑布，将俄勒冈田野的气息带到波特兰。P·约翰逊通过沃思堡流水花园（Fort Worth

Water Garden，1970）更进一步说明这种空间设计的可能。他自己如此评价这个项目（1985）："栽满爬藤的露台如同巴比伦一样古老，灵动的流水公园显然比哈德良离宫更久远。小树林犹如希腊学园（Academe）那样古老，所有的这些对田纳西州来说都是一种推动……通过沃思堡流水花园。"

当一个人穿过树林，听到潺潺的水流声，会忘却那些来自街道的嘈杂。在树林中间，瀑布在人造采石场那凹凸不平、参差不齐的（混凝土）岩石间跳跃再落入 30 英尺下的漩涡中。当人们走下采石场，就会为他所见到的景象所打动，被他所感觉到的美妙但却均衡的声音而完全感动。

图 11.1　L·哈尔普林与摩尔、林登、特恩布尔、惠特克事务所及城市创意集团合作：欢爱泉（始建于 1965年），波特兰，俄勒冈州：平面图（图片来源：Johnson，1986）

图 11.2 欢爱泉（来源：Johnson，1986）

图 11.3 P·约翰逊和 J·伯奇（1970），沃思堡流水花园，得克萨斯州：平面图（图片来源：Johnson & Burgee，1985）

水流的声音因为回声而放大，让人联想起了尼亚加拉瀑布、维多利亚瀑布和其他著名的大瀑布（图 11.3、图 11.4）。

约翰逊设计的达拉斯感恩广场（1970—1975）——三角形广场——具有建筑感，中心位置就像圣地一样，一个适于在其中冥想的地方，其中的感恩大厅，可以通过宗教、艺术、音乐和文学来讲述那些美国人耳熟能详的故事。

博菲尔建筑师事务所

当然，这些都是关于创造城镇中的城市空间的杰出案例，但是探索各种可能性最具创造力的是博菲尔建筑师事务所，他们从另外一种不同的文脉出发，寻找哪些做法可以被用于圣西尔堡项目（Fort St Cyr）——巴黎郊外一座废弃的军事城堡（Army Fort）（1972）（图 11.5）。这里的城市空间，是指环绕建筑的那些空间，作为一种具有开创性的思维方式，其特点主要包括：

1. 地面铺装

(a) 连续的铺砌

(b) 有铺砌但是有固定的人行道路

(c) 有铺砌的人行道但是旁边有车行道：

    （ⅰ）沿着周边一圈 } 有停车

    （ⅱ）从中间穿过 } 没有停车

(d) 景观在中间：规则或是非规则形式

    （ⅰ）有草   开放

    （ⅱ）有树   封闭

                有层级变化

    （ⅲ）有花   通过栏杆

283

图 11.4 沃思堡流水花园（图片来源：作者自摄）

2. 地面建筑

(a) 墙壁	(g) 塔楼	(m) 喷泉
(b) 座椅	(h) 露台	(n) 高处的水池
(c) 楼阁	(i) 楼梯	(o) 种植园
(d) 旗杆	(j) 踏步	(p) 护城河
(e) 凯旋门	(k) 柱廊	(q) 雕塑
(f) 建筑小景	(l) 拱廊	(r) 时钟
		(s) 绿廊

3. 地面以下

(a) 水池

(b) 岩穴

(c) 采石场

(d) 瀑布

(e) 运河

4. 浮于地表面

(a) 灯（灯杆上）

(b) 活动装置（绳索上）

(c) 旗帜（塔上）

(d) 横幅（绿廊上）

图 11.5　博菲尔建筑师事务所（1972）：圣西尔堡项目（图片来源：草图原稿）

博菲尔建筑师事务所的提议具有滑稽可笑的超现实主义感，引发了更深层次的思考，有如下例子：

1. 被遗弃的外观，浪漫的……

2. 爆炸后的废墟

3. 马其诺防线，原子弹避难所，地心游记，但丁的神曲，地下墓穴，被掩埋的城市，沙化的城市

4. 在弹坑底发现一个人

5. 定向的景观

6. 局部透视，真实或是虚拟

7. 人造的高山

8. 开放的梯田城市，瞭望塔等

9. 闪电侠的城市

10. 埃舍尔的超现实城市

11 浪漫主义城市

12. 空间上的花园城市

13. 法国古典风格城市

14. 中世纪城市等

15. 镶嵌的竞技场

16. 巴别塔的基础

17. 穹顶城市

18. 平台城市

19. 悬浮的摇滚城市

20. 弹坑

21. 未来主义城市

22. 花（巨大的花，云，雾）

23　炸毁的城市（废墟）

24. 凯旋门

25. 伟大的遗迹（哥特式，巴洛克式）

284

26. 埃菲尔铁塔

27. 大教堂

28. 塔

29. 超现实主义城市

30. 迷宫

31. 卡纳维拉尔角（Cape Canaveral）

32. 以景观作为伪装（堤岸，树，水）

33. 幕墙（镜面墙，泛光灯照明，常春藤等）

34. 发光板

35. 超现实主义（墙上的漆画木板）

他们还有在空间中使用一些元素来获得更多感观体验：

1. 景观或是城市的声音

(a) 与树林相关（丛林，暴风雨）

(b) 与军事相关（过去的斗阵，战役）

(c) 与海洋相关（平静，风暴，雨）

2. 音乐

氛围：古典，流行，蒙太奇

3. 说话的声音：

诗，文学，发音，信息，顺序

4. 颜色

(a) 海报，超级图表

(b) 投射的影像和颜色

(c) 添加的颜色（颜料或是灯光）来为树或是水增加氛围

　　博菲尔建筑师事务所对雕塑也有一些新的理念，它们可以从一些博物馆中取出来或是特意制作。雕塑本身可以是静态的：用石头或是木头雕刻，用铜浇铸，或者它可以是动态的。对博菲尔建筑师事务所来说动态的形式有移动指针的哥特式钟，卡尔德式的排列组合雕塑、水轮、风车等。他们以人的尺度想象雕塑，真人的尺度，也有小型的雕塑就像童话中的地精，还有一些巨大的尺度，像特洛伊木马或以拿破仑作为头像的狮身人面像等。

M·A·罗加：科尔多瓦

　　M·A·罗加（Miguel Angel Roca，1936—）在阿根廷科尔多瓦设计的城市空间同样具有丰富的细节。他在1979—1980年间，曾担任市议会公共工程主管,并在这期间完成了大量的市政项目!除了翻新当地19世纪铸铁和玻璃的交易市场，罗加同时参与了大量城市空间更新工作（Guisberg and Bohigas，1981）。

　　这些项目主要涵盖三种类型：城市雕塑,几何化的混凝土建筑,这受到罗加（Roca）的老师 L·康的影响，以及购物街，横跨九个街区从4月27日大街到7月9日大街及其铺地设计。

285　　这些市场，尤其是圣文森特市场（San Vincente）和帕斯将军市场（Mercado General Paz）（图11.6），在更新后焕发出巴黎蓬皮杜艺术中心那样的光彩，且绝不亚于马格利特（magritte）那种超现实主义的方式，同时，在这些市场建筑内部，依旧保留了原有的铸铁和玻璃的建筑结构，同时与布堡的蓬皮杜艺术中心一样考虑了利用太阳能，材料的耐用程度、抗风化能力及维护方式。帕斯将军市场由两层高的L形环绕，边缘延伸成为一波浪形平面。从地面到屋顶都以玻璃覆盖但是却不同于福斯特在伊普斯维奇（Ipswich）设计的威利斯·法伯大厦（Willis Faber Office），因为它被原先的市场阴影所覆盖很难接收到太阳能。玻璃和玻璃之间的相互反射，直指结构内部，再加之树影等形象的共同作用形成了一幅超现实的图景，人在建筑中就好像一个物体在狭窄的波状286铸铁玻璃市场及其延伸空隙间游走移动。人们会感到罗加已经实现了博菲尔建筑师事务所在圣西尔堡以头脑风暴设想的那种滑稽的超现实主义手法。

　　罗加的城市雕塑建在一个交通环岛上，如西班牙广场（1969），或是城市广场上，如安布罗休富内斯广场（Plazoleta Ambrosio Funes）（1980），市民广场（1980），以及三角形的意大利广场（1980）。它们各有千秋，例如西班牙广场是一个大广场，以内切方式套着一个迂回封闭的斜向小广场（图11.7）。

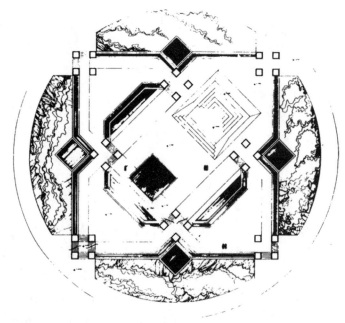

图11.6　M·A·罗加（1980）：帕斯将军市场更新,科尔多瓦,阿根廷（图片来源：作者自摄）

图11.7　M·A·罗加（1969）：西班牙广场，科尔多瓦，阿根廷（图片来源：Miguel Angel Roca）

在竖向设计上建筑师做了很多变化，这样在较低的部位可以处理得相对安宁，形成广场转角空间，有不同高度的混凝土门楼，在长期的岁月中由杰出的雕塑系学生在上面镌刻浅浮雕（图 11.8）。意大利广场有一些几何形的雕塑，以不同尺度的多个立方体布置在三角形广场的三个角上，中间的圆形上面是一幅浮雕的地图。

罗加的购物中心步行系统由攀藤架和弯曲的用来支持半圆形拱顶植栽的轻钢结构所限定，同时铺地也设计用来与邻近的建筑产生对话。例如在一个大学的案例中，铺地指代了海拔高度，完整的尺度和带有角度的正立面投射的阴影——那是学校成立那天投射的阴影。

卡彼多（Cabildo）市政厅外边的铺地代表了辩论室的平面，这样科尔多瓦就可以为他的座位定位并将它寄给负责他演讲的批评家。其中最引人瞩目的是它是在一个开放广场中展示的，铺地成为大教堂的投影，就像之前那个大学恰到好处的阴影投射一样（图 11.9）。

图 11.8　西班牙广场（图片来源：Miguel Angel Roca）

图 11.9　M·A·罗加（1979）：阿玛斯广场上的主教堂"倒影"铺地，科尔多瓦，阿根廷（图片来源：Miguel Angel Roca）

博伊加斯：巴塞罗那

与博菲尔时常一同参与设计竞标的 O·博伊加斯（Oriole Bohigas，1927—）作为巴塞罗那城市服务处的代表参与了大量当地的设计项目（1981—1982）。他召集了大约 50 个建筑规划师，大多来自巴塞罗那艺术学院，来设计城市中大约 130 个广场。这些空间规模大到涉及整个巴塞罗那塔海滩——巴塞罗那港口区——到那些最微小的城市空间，如历史街区中的圣卡特里娜教堂（Santa Caterina）、圣佩雷教堂（Sant Pere）和圣母教堂（Santa Maria i La Ribera）。

有三座教堂广场实际上只是做了简单的铺地和台阶，其他则在三维空间内进行了改造，比如说西班牙工业公园。由培尼亚·甘切吉（Pena Ganchegui）设计，有一个陡峭的台阶向下延伸，形成街道与人工湖之间约 6 米的高差。这样所围合出的空间非常具有戏剧性，但同时粗放成排的路灯破坏了环境氛围，感觉像是给公园镶了一圈边。

很多设计都只是道路景观设计，或者说是与道路相关的公园设计。它们包括：弗莱克斯设计的克劳特公园（Freixes' Parc del Clot）；昆塔纳设计的高迪大街；麦斯特拉斯（Mestras）和萨娜彼拉（Sanabira）、巴拉甘（Barragan）、德·索拉（de Sola）合作设计的里约热内卢大街；阿玛多和多梅内克（Amado and Domenech）的毕加索拱廊；卡塔卢斯和西蒙（Cantallops and Simon）设计的玛丽娜·克里斯蒂娜土后拱廊；桑马蒂（Sanmarti）设计的雷夫·梅里蒂安娜项目，以及索拉—莫拉斯（Sola-Morales）设计的莫尔·德·拉·福斯塔项目。这些设计项目中大部分都采用了密集排列的绿化树，在德·拉·福斯塔购物中心的项目中（Moll de la Fusta）最多种植了六排树，同时使用了带有新古典主义式样的栏杆。

除了市场和毕加索拱廊外，还有三个引起国际关注的项目。他们是米拉和科雷亚（Correa, Mila）设计的皇家广场改建方案（1843—1859）。索拉纳斯、阿里奥拉、加利、昆塔纳（Solanas, Arriola, Gali, Quintana）的屠宰场公园（Parc de l' Escorxador），皮尼翁和维亚普拉纳（Pinon and Viaplana）设计的桑兹火车总站广场 (Estacio de Sants)。

皇家广场是一个非常杰出的城市设计，整个场地大约 84 米 × 56 米，周边建筑高度统一为四层，底层有拱廊，整体表现为新古典主义建筑风格。最初它的设计包括有一座中心喷泉，由带栏杆的花园环绕着，花园四周可作为停车场使用（图 11.10）。但在随后改造过程中，尽管人们赞成科雷亚和米拉（Correa and Mila）去掉停车场的提议，但解决方案却非常过激。他们移走了栏杆、花园，甚至是高迪的灯柱，取而代之的是一层地面铺砌，以使排水系统顺畅，且种植了完全统一的棕榈树，给整个环境一种凄凉的氛围（图 11.11）。最可怕的是他们毁坏了这个曾经是欧洲最美广场之一的空间尺度。

索拉纳斯、阿里奥拉、加利、昆塔纳的屠宰场公园占用了塞尔达（Cerda）设计的巴塞罗那的四个街区。它的构成很像是蒙德里安的画，以成排的棕榈树

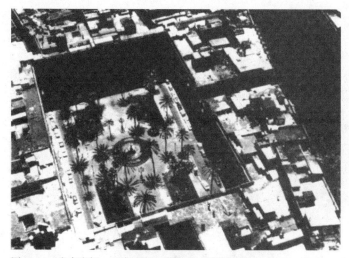

图 11.10 皇家广场，巴塞罗那，塔拉戈，西班牙（1974）

图 11.11　科雷亚和米拉（1981—1982）：皇家广场改造（图片来源：作者自摄）

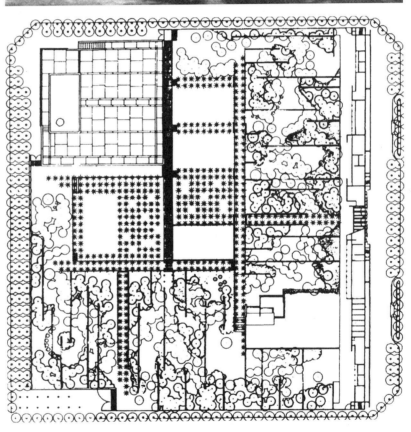

图 11.12　索拉纳斯、阿里奥拉、加利和昆塔纳（1981—1982）：巴塞罗那屠宰场公园平面图（图片来源：Bohigas 等，1983）

取代蒙德里安的黑色线条（图 11.12）。西北角的矩形空间铺砌得比其他地块要高一些，用来放置米罗的一座巨大的彩色雕塑——女人和鸟。沿东侧边缘的主要东西轴线则采用了逐渐上升的藤架形式，在较低处有极简主义的建筑和一个简易的儿童游戏场。

　　在屠宰场公园改造的同时，皮尼翁遇到一个难题，那就是火车站广场（1981—1982）。建筑位于地下停车场上方，因此结构必须尽可能的轻，最主要的是一个巨大的板网天棚，支柱非常细长，同样材质的高大的围栏和藤架，剖面采用波浪形，同样采用板网。天棚下面有混凝土的桌子和长凳，给人们下棋或其他用途。长凳等在高度上起伏波动，也呈波浪形。还有一些炮弹状的石头，按波

289

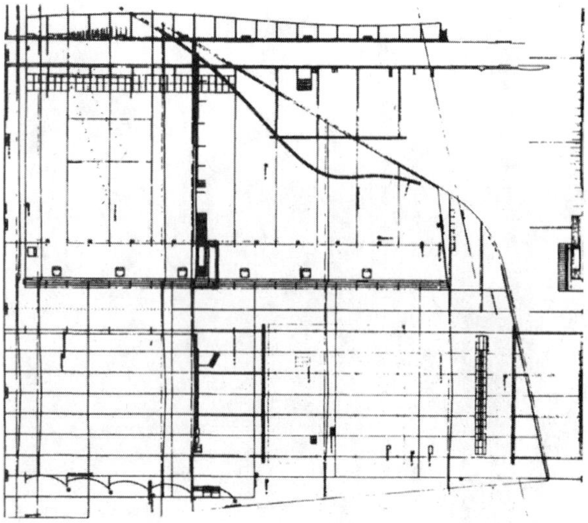

图 11.13　皮尼翁和维亚普拉纳（1981—1982）：桑兹火车站广场（Plaça l`Estacio de Sante），巴塞罗那：平面和剖面（图片来源：Bohigas 等，1983）

图 11.14　桑兹火车总站（图片来源：作者自摄）

浪形布置，所以在平面和剖面上形成相同的波形，从图纸上来看这无疑非常巧妙（图 11.13）。但是这些微妙的差别对步行者来说几乎很难观察到（图 11.14）。广场在夜景照片中看起来尤其令人印象深刻，尽管照片中路灯并没有点亮，但在长时间曝光下拍摄到了这般景象。

它只是太微妙了而无法让人们感觉到。巴塞罗那的极简主义针对高迪、多梅内克和其他现代主义建筑师作品的丰富性，清晰地表明了某种反抗，但正是在此这种丰富性使得极简主义比在其他更简朴的地方看起来更为贫瘠。

如同我们看到的那样，米拉和科雷亚在皇家广场的改建中破坏了场所感，当然也破坏了它的尺度感。其他的一些案例破坏甚至造成了更糟糕的影响，D·布伦（Daniel Buren，1938年—）在巴黎皇宫的荣军院（Cour d'Honneur at the Palais Royale in Paris）设计的柱子在当时甚至算是一桩丑闻（1986）。他的棉花糖一般的黑白柱子按高度排列从二三厘米到二三米，实在很令人震惊。

但同时，设计中的高差变化以及铺地形式上考虑了一定的韵律感，这种源自设计者自身的理解，同时表现为复杂、交错的对角平面与顶部相交叉，以及荣军院里四处的柱子。这种空间感在实际中非常吸引人，这比米拉和科雷亚的皇家广场的处境要好很多。但是，如果时间允许，这种具有破坏性的改造方式还不如为将广场恢复成原来的样子。

矶崎新：筑波市民中心

正如矶崎新（Arata Isosaki，1931—）在 1984 年所说的，筑波市民中心的设计意图，是通过无定形的新城建筑形式来强调新的市中心——筑波的科学城。矶崎新通过位于城市轴线上的高塔以及具有纪念性的对称形式来实现这一设计意图。日本人在效仿西方设计基础上依然可以将其做得十分出色，筑波即成为日本开创这种自主新科技的诞生地。矶崎新洞见设计中的象征意义，这里不仅是一个科学城，也是日本的国家象征。

他认为这里不应采用日本的传统形式，这种形式在新古典主义看来显得不合时宜，同时现代主义也过时了。它过于简明，也不具有纪念性。

但还有更基本的问题。矶崎新在 1984 年提到："20 世纪 70 年代，天皇、国家和资本形成了一种普遍的社会结构（在其他地方他称之为日本公司），其中建筑成为商业产品。"因此，他指出（1984b）"并非只应国王一人所雇匠人，而是应受国家所雇，并为国家创作一幅肖像画……诚然，国家的面目大不如一位现成已在的统治者的容貌那么清新，即使是……我宁愿它不要显现得太明确了。"

因此，"为了对付这种矛盾的心理，我将中心部位简单地处理为一个空间——一种空无实体的虚处理，我描绘的是一幅隐喻肖像画——全部使用空间的安排都是逆转和倒置式的。"

他从 D·维拉斯开兹的油画作品《小公主》（Las Meninas）受到启发；表面上看它是一幅描绘西班牙的国王和王后的画。然而，人们在画布上看到的是维拉斯开兹本人，他的画布背面，公主和几位侍女。在他们后面有一方小凸透镜，镜中可以瞥见国王和王后。这意味着这幅画描绘的并不是他们，而是他们被画的时候他们的所见。

矶崎新试图在筑波市政中心建立这种倒置。他设计了一个矩形的大平台，一个 120 米 ×72 米的步行平台。地面用棕色瓷砖铺砌，上面有大量黄色和白色瓷砖相间拼成的网格，并与红色窄条纹相互交织。

建筑平面呈 L 形：南端是一座音乐厅，东部的酒店松散地围合大平台，而北边和西边的树墙被宽阔的步行平台打断，空间在这些地方向外延伸（图 11.15）。

建筑物本身是一种包括勒杜、G·罗马诺 (Giulio Romano，1492/1499—1546)、O·瓦格纳、M·格雷夫斯、R·迈耶、C·摩尔、A·罗西、H·霍莱因、P·库克（Peter Cook，1936— ）、A·利贝拉（Adalberto Libera，1903—1963）、P·约翰逊、L·克里尔、E·索特萨斯（Ettore Sottsass，1917—2007）式的几何形拼贴。另外，建筑拼贴使用了亮白色、灰色或银色的铝、玻璃砖、瓷砖、花岗石、人造石等（见 Popham，1984 和 Jencks，1987）。

开始和结果都如矶崎新所说（1984b）："当你参观建筑来到椭圆形下沉广场时，因广场的一部分作了皱褶变形处理，好像是被咬蚀、崩塌了似的。"（图 11.16）

人们走下去时——在"咬蚀"部位——通过披着金色外衣的青铜月桂树标示着下沉空间，如

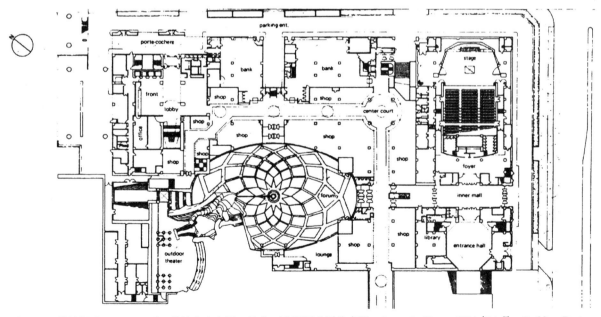

图 11.15　矶崎新（1978—1983）：筑波中心大厦，日本。平面图（图片来源：*Japan Architect*，1984 年 1 月，*Building Design*，1984 年 5 月）

图 11.16　筑波中心大厦：铺地
（图片来源：*Japan Architect*，1984
年 1 月）

图 11.17　筑波中心大厦：瀑布
（图片来源：*Japan Architect*，1984
年 1 月）

292　　矶崎新所说（1984a），金色的束腰短上衣来自达芙妮（Daphne）神话的象征性。显然月桂树源于 H·霍莱因的维也纳旅行社中的棕榈树，同样源自纳什的布赖顿皇家亭阁的厨房！人们继续漫步在克罗尔（Lucien Kroll，1927—）的碎石墙和左侧的意大利广场中的跌落式瀑布之间（图 11.17）。

　　曾有人发现矶崎新的强烈倒置手法，如他所说：

　　　　我……用这个下沉广场作为空中心的隐喻表达。当我偶然发现椭圆形广场的尺寸和米开朗琪罗在卡比多山上设计的广场一样时……我立刻决定了这个倒置的标志。

　　当人们走上罗马米开朗琪罗广场时，会发现在椭圆形广场的正中心有一座或者曾经有过马可·奥勒利乌斯的雕像。此外，矶崎新说："在筑波中心台阶通向广场，广场下凹的表面为叠水瀑布排水。"他将米开朗琪罗广场中黑色的部分铺成了白色；反之亦然。因此有一种刻意为之的"图像的混乱"。

矶崎新还说：（1984b）："我将中心部位简单地处理为一个空间—— 一种空无实体的虚处理（詹克斯称这是一个黑洞）；我描绘的是一幅隐喻肖像画——全部使用空间的安排都是逆转和倒置式的……一切都围绕着虚无之物，这个虚无之物是米开朗琪罗的逆反形式。"

筑波显然是一个极端的例子，但哈尔普林和摩尔、约翰逊、博菲尔、罗加、博伊加斯和矶崎新他们这些人，都提出了一些更加创新的城市空间理念，其中很多通过适当的地域性变化可用于各个地方的城市空间设计。

第四部分

实践应用

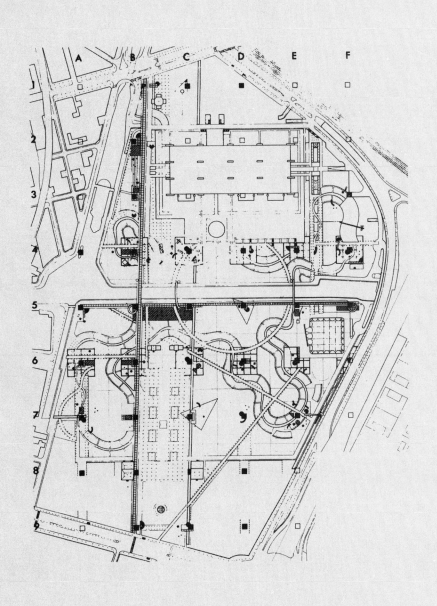

第 12 章 城市肌理和纪念性建筑

A·罗西指出（1966），城市结构由两部分组成：城市肌理和纪念物。沿街道和广场布置的建筑形成的一般城市肌理会随着时间而变化。而纪念物与大型建筑物，它们的存在赋予每个城市鲜明的特质即罗西所说的城市记忆。

令人好奇的是在 20 世纪 80 年代，尤其是柏林和巴黎这两座城市，非常清晰地展示出城市建筑同时拥有这两种模式。

1987 年在柏林的 IBA（国际建筑展）继 20 世纪 70 年代对如何重建或修复一般城市肌理的探索应运而生。

柏林：城市肌理

IBA 国际建筑展

当然，在 IBA 举办前已有一些展览，特别是在德语国家，主题名为"住房的现状"。住宅因此保留下来，而且大部分仍在使用。其中包括达姆施塔特玛蒂尔德高地（Matildenhohe）的艺术家之家（1900）、斯图加特的魏森霍夫（Weissenhof）居住区（1927）、维也纳的国际制造联盟（Werkbund）居住区（1932）、布拉格的巴比（Babi）居住区（1931）。1957 年在柏林曾举办的国际建筑展中也有作为纪念而保留的汉莎区（Hansaviertel），其中有很多现代建筑运动的知名大师如阿尔托（Alvar Aalto，1898—1976）、格罗皮乌斯、A·雅各布森（Arne Jacobsen，1902—1971）、尼迈耶等人设计的典型的高层公寓，以及勒·柯布西耶在其他地方设计的"住宅单元"（Unitee d'Habitation）。因此，柏林参议院的建设部长 H·C·米勒（Hans Christian Müller）于 1975 年决定在使馆区计划实施同样的展览，使馆区东西向分布在动物园（Tiergarten）和护城河之间。动物园是一座大公园，护城河略平行于其南部边缘（Lampugnini，1984；Davey & Clelland，1987b）。

1965 年 F·希齐格（Fritz Hitzig）曾建议在领馆区建设一批大型别墅，理由是这样的别墅一旦建成可像老别墅一样有多种用途：提供给家庭甚至外交官和他们的仆人；分为大公寓，或进一步细分为单元来提供社会住房。

在使馆区建设这种规模建筑的设想受到出版商 W·J·西德勒（Wolf Jobst Siedler）的出版商和建筑师 J·P·克里胡斯（Josef Paul Kliehues）的反对，他们认为与其简单地造出一个新的贫民聚居区——未来之城，还不如利用建筑展览的契机把西柏林很分散的各部分联系到一起。当然，柏林本就被极具灾难性的柏林墙一分为二。并且由于原来的城市中心，包括它的宫殿、教堂、主要的广场，重要的博物馆和大学都位于东柏林。西柏林是一个没有中心的城市。相反，它有有一系列的次中心，从老的 SO36 邮政区到使馆区，尤其是其东部 96 邮政区和路易斯城曾遭到严重破坏，包括即将建设的铁路、机动车车道、战时的轰炸、战后重建计划等。这里的居住者主要是移民工人，并且就西德勒和克里胡斯而言，这些不景气的地区才是最需要改善的。

腓特烈城南部以西，有文化广场（柏林墙从这里向北转）。再向西是包括领馆区在内的动物园南区，它的名称来源于其位置在动物园的南部。这些都说明虽然存在很多不同的问题，但也存在相当多的有利条件。但是众多的战后规划并没形成多少城市的围合感。

例如在文化广场（Kulturforums），有着尺度大、宏伟但却相互没有联系的西方生活方式的展示场，如夏隆（Scharoun）的爱乐交响音乐厅、柏林爱乐乐团之家、国家图书馆、密斯·凡·德·罗的新国家美术馆和古特布罗德（Gutbrod）的工艺美术馆。这里已经无须更新了，而是需要像 R·佩雷兹·达阿尔塞在规划昌迪加尔时采用的方式来对文化广场进行城市设计。

因此西德勒和克里胡斯认为每个中心的特色可以通过这些不同的问题来得到加强，通过城市保护、更新或在必要的地方重建。因此，不应简单地在使馆区建造新建筑，而应尝试将西柏林的过去、现在和未来作为一个整体来考虑，最终通过多达 90 项的一系列完整的规划加以实现。

1977 年初，西德勒和克里胡斯的影响日益显现，他们通过《柏林晨报》发表了一系列题为"城市模型"的文章。西德勒和克里胡斯工作的意向是举办展览会，通过展览他们试图研究柏林现有的城市结构以及在更新、修复、新建方面的需求。

其他建筑师也卷入这场讨论，包括 C·艾莫尼诺、H·克洛茨（Heinrich Klötz）、R·克里尔、C·摩尔、W·佩恩特（Wolfgang Pehnt）、A·罗西、P·史密森（Peter Smithson，1923—2003）和 J·斯特林。

随后在 1977 年 10 月，如兰普尼亚尼所述（1984），D·格勒茨巴赫 (Dietmar Grotzembach) 和 B·詹森 (Bernd Jansen) 明确提出了一个将在柏林举行国际建筑展（IBA）的综合计划。以他们的建议为基础形成了 1978 年 6 月通过的一条参议院法案："1984 年在柏林筹办并完成一次国际建筑展。"至此国际建筑展提上议程。

法案包括多项提案。西柏林事实上是一座多中心的城市，而且这应被视作为一种优势，它可以促进不同区域之间形成不同特色。但是与此同时存在于优势地区与劣势地区之间生活条件的差异，无疑亟须消除。但是西柏林的多中心性意味着它缺乏一个中心区来"作为柏林公民意识的参照空间"，无疑是要解决这一问题的。因此，使整个城市更具吸引力成为目标；并为所有西柏林人带来自己城市的可识别性。选候大街（Kurfurstendam）作为柏林的一个中心（不谈及其脏乱的夜生活）无疑不足以作为象征。

法案同时也建议将历史规划作为未来发展的基础，借此将是"一个基于过去的未来"。社会规范与个人自由的关系也必须重新思考并重新塑造。需要的个性，多样性和应变的能力，通过将"城市视为一个常数，建筑视为一个变量"来实现。另外强调住房质量问题，因此首先产生了一种建造约束或者可以说重建了"社会需求和建筑师的个人、艺术责任意识"的关系。

所有这些，通过在 250 公顷土地上造 9000 栋住宅及其所需基础设施的集中建设得以实现。

根据法案，国际建筑展的主要目标是恢复"作为内城的生活空间"和"拯救衰败的城市"。

法案一经通过，规划协会随即成立，并在 1984 年如期举办了预想的建筑展。

进一步的讨论明确了柏林的各部分将会以不同的方式来处理。例如老的 SO36 区，它是克罗伊茨贝格区（Kreutzberg）的一部分，需要谨慎细心的修复重建（图 12.1）；路易森城（Luisenstadt）也是老克罗伊茨贝格的一部分，由 P·J·伦内[1] 在 19 世纪中叶进行的规划。它的布局依然完好无损，

---

1. Peter Joseph Lenné, 1789—1866 年，德国景观建筑师和规划师。——译者注

图 12.1 19 世纪的柏林城区（图片来源：Girouard，1985）

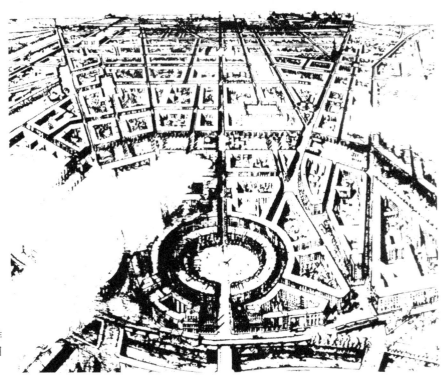

图 12.2 R·克里尔（1977），腓特烈时期的柏林：概念规划（图片来源：Krier，R，1982b）

仅个别建筑没有相应的基础设施服务并需要大改造。

　　腓特烈南大街（Southern Friedtichstrasse）呈现优雅的巴洛克式布局，由 P·格拉赫（Philipp Gerlach，1679—1748）规划。直到 1939 年这里仍是柏林的文化和政治中心。但它饱经战乱破坏和战后规划者的毁坏（图 12.2、图 12.3）。并且因为战时的建筑与历史中心无丝毫联系，所以在这种情况下需要谨慎的增建。

　　在动物园区南部，虽然文化广场相对来说新一些，但其他部分地区包括作为动物园之门的吕措广场和部分使馆区已沦为废墟，在这里城市应紧密联系起来并同时保留包括动物园在内的现有大片绿地。

298

275

图12.3 从维尔纳·杜特曼梅林广场（Werner Duttmann's Mehringplatz）向腓特烈大街看腓特烈大帝时期的轴线（1968—1975）：H·夏隆的方案设计（图片来源：作者自摄）

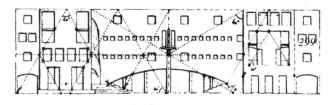

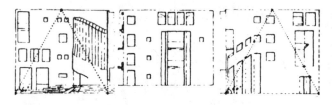

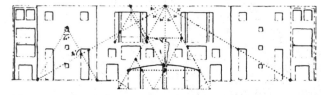

图12.4 R·克里尔等（1977—1980），骑士大街住宅，柏林（图片来源：Krier, R.1982b）

图12.5 骑士大街住宅（图片来源：作者自摄）

如克莱兰（Clelland）所说（1987），在柏林的其他地方有"另一种新建筑造成的城市结构分离"的现象：布拉格广场（Prager Platz）是19世纪的城市广场，已经形成弱化并沦为一个交通路口，这里将重建为一个积极的城市空间。同样在离城市很远的其他地方将被重新设计为休闲区与住宅区，比如老港口的泰格尔运河——兰普尼亚尼称它是"柏林怡人优美的乡村休闲中心。"这里同样有水质净化的生态问题。

希齐格的城市别墅的提议并没有被完全遗忘。事实上20世纪70年代中期在柏林举办的一系列夏季学院活动推进了这个提议。这些夏令营由克里胡斯、O·M·翁格尔斯和其他赞同希齐格建议的人发起，他们认为一个平面为正方形，四层楼的房子可以作为整体或是单独进行使用。除了城市别墅，R·克里尔已通过他的骑士大街（Ritterstrasse）住宅区（1977—1980）证明了低密度周边式住宅的有效性（图12.4、图12.5）。

正如克莱兰所指出的（1987）：在国际建筑展中汉莎区的板楼和塔楼将被替换为两种截然不同的类型：城市别墅和周边式住宅，周边式住宅围合一个完整的街区，中间有一个中心庭院。

克里胡斯被任命为需要新建筑的荒废地区建设的负责人，哈默（Hardt Waltherr Hämer）则负责旧有建筑的复兴，这些旧有建筑在柏林被称为"老建筑"（Altbau）。

最初他们想到1984年完成9000栋新住宅或老住宅的建设。但很快发现这是不现实的并且赞同在1987年，亦即建城750周年，拥有各3000栋的新住宅和老住宅。

新住区（Neubau）包括施普雷河边的泰格尔码头、布拉格广场、动物园南区和腓特烈南大街。老住宅区包括路易森城和那些在西柏林老邮政36区仍然幸存的建筑。

为了这些地区的发展对不同的场地举办了设计竞赛。包括泰格尔码头的住区规划和娱乐设施（1980），包括单体建筑设计。卡洛林街的城市研究和建筑设计（1983—1985）、帕尔格广场（1979）、吕措广场和吕措街的多项设计（1979—1981）、卡洛林大街的城市别墅（1982）、卡尔斯巴德住宅区（1983—1984）、动物园的新科学中心（1979—1980）；劳赫街（Rauchstrasse）改善文化广场都市品质的多个使馆和住宅（1980）（IBA，1987；Nakamura，1987）。

　　各项竞赛的参赛者名单犹如现实版的 20 世纪 80 年代建筑师国际名人录。他们包括欧洲理性主义者如艾莫尼诺、博塔（Mario Botta，1943—）、格拉西、克里尔兄弟、莱因哈德和雷克林（Reinhard and Reichlin）、罗西和翁格尔斯，纽约五人组成员，包括埃森曼、海杜克和迈耶，其他美国建筑师如摩尔、罗伯逊（Jaquelin Robertson，1933—）和泰格曼（Stanley Tigerman，1930—），奥地利建筑师有霍莱因和派歇尔，英国建筑师有克莱兰、库克和霍利（Hawley）、史密森夫妇（the Smithsons）以及斯特林，荷兰建筑师有范艾克（van Eyck）和赫茨博格（Herman Hertzberger，1932—），日本建筑师有矶崎新、藏川洋平（Kurakawa）和牛田（Ushida），另外还有马托雷尔（Josep Martorell，1925—）、博伊加斯和麦凯（Bohigas and Mackay）、伯姆、格雷戈蒂、格伦巴赫、克里胡斯、波托盖希（Paolo Portoghesi，1931—）、巴勒（Balle）和曾格利斯（Elia Zenghelis）。

　　城市空间设计的优秀案例包括摩尔的泰格尔码头设计（1980）；L·克里尔也被授予特别奖；获奖的还有尼尔博克（Nielebock）和格鲁兹克（Grutzke）的马格德堡广场设计、斯特林和威尔福德的科学中心，国际文化广场设计的获奖者是霍莱因和翁格尔斯，还有 R·克里尔获选劳赫街住宅区、海杜克的阿尔布雷希特王子宫殿、OMA 的腓特烈南大街，埃森曼设计的威廉大街，以及海杜克和哈迪德的设计。更值得注意的是 G·派歇尔为整个泰格尔地区所作的规划，J·斯特林在文化广场现有建筑周围设计的科学博物馆。

文化广场

　　斯特林的科学中心就坐落在文化广场后面，与位于护城河（Landwehr Kanal）北岸的 19 世纪法院相邻。靠近北边的是古特布罗德设计的工艺美术博物馆（Kunstgewerbemuseum，1978），东边是马特海教堂（Matthei Church）。密斯·凡·德·罗的国家美术馆（1965—1968）靠南，在教堂东边，因此也位于科学中心的东侧。再往东，在密斯的美术馆后面是夏隆的表现主义的国家图书馆，继续往北，也同样是他的具有表现主义风格的作品，柏林爱乐音乐厅。

　　密斯的黑色方形块体建筑站立在一个矩形基座上，这个设计原来用于哈瓦那的百加得朗姆酒公司的办公楼，建筑自我包容的形式实际上排斥任何可能的扩展。与之形成鲜明对比的是夏隆设计的音乐厅，同时乐器博物馆也如同从自然环境中生长出的一般。

　　霍莱因的方案即便不是完全的都市化，也表现为统一的都市空间形式。它由教堂和音乐厅之间石子大面积铺砌的矩形区域而组成，包括在高塔状的圣经博物馆和其他建筑，营造出一种城市空间的氛围。翁格尔斯的构思则更具戏剧化，他设想在教堂前设计一个有柱廊的广场，两个对角轴相交的 L 形建筑背靠背的放置在音乐厅外侧，并且有一座高度超过图书馆的高塔。

　　斯特林的科学中心方案是在老的法院后面围绕一个庭院布置。斯特林的庭院正如西特所讨论的任何一个广场那样，是不规则的，并且第一眼看去，就如同已经用西特的方式进行了设计。该

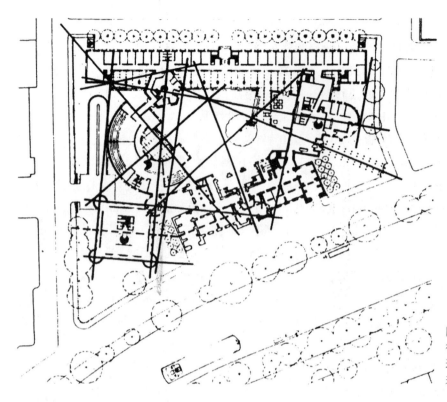

图 12.6　J·斯特林和M·威尔福德（1979—1980），柏林科学中心：通过"参考线"米确定规划（图片来源：Buchanan，1980）

中心由大量小型办公室组成并沿着双面走廊排列，这些建筑空间在平面上看——从老的法院背面呈逆时针排布——看上去像一座罗马风的十字形教堂，一排两层高的带状建筑，有玻璃顶盖的拱廊向庭院敞开，一座八角形的钟楼和一个面向庭院的露天剧场，那里布置有通常情况下的舞台。

301 在这个圆形露天剧场之外是与之相邻的旧有的法院建筑，形式像一个要塞或者城堡，平面呈方形，带有圆形的角楼，在建筑四周是一片立体的花园。

但是这个庭院并不像西特所赞赏的那样，除了有座八层的塔楼，其余都是五层平屋顶建筑，虽然在1987年时只有一栋一层高的巴西利卡建造完成。

布坎南（Buchanan）指出（1980）这个规划绝不能按照在三维空间的效果用西特的标准来衡量，这是用调节线或者如布坎南所称的参考线（leylines）来规划的（图12.6）。

如果一个人走出法院，沿着中轴线，穿过庭院到达柱廊，他将会到达教堂的中线和剧院的中线这两条轴线的交汇点。

一旦步入其中，正如布坎南所说：

> 更多的研究表明，每一个面，每一个中心点和其他重要的交点是由线生成的，或者连接现有建筑中的重要的点，然后再向别处投射；或者连接这个建筑中的一个点与场地中的一个重要的点；或者连接新建筑中的重要的点……

因此：

> 将现有建筑中心门廊的一个角与场地的一个角的连线可以生成剧院的界面，以及柱廊

步行道的结束点；另一条线将门廊的一个角与建筑后面的重新作为入口的角点加以连接就可以确定城堡的界面；钟楼，剧院以及城堡的两座角楼的中心重合在一条线上；并且他们的切线在另一个面上⋯⋯

在庭院及其周围有一些这样的协调线，但仅有一个部位建筑反映功能。圆形露天竞技场实际上包含了一间扇形的阶梯教室，尽管整体严格按照对称的格局建造，在首层平面的室内布局上却极不对称。在室外两个五层高的塔楼之间的舞台显得很狭窄，塔楼太高以至无法框住舞台，上面还有一个玻璃顶篷。

这些建筑本身用水平条纹的红色和蓝色大理石装饰，对于这些建筑所围合成的庭院宽度来说，建筑显得很高，但至少在其间形成清晰的城市空间感。用铺草的地面取代了硬质铺地！

再往西边，在使馆区更远的端点是由 R·克里尔规划的城市别墅群[1]，这或许是整个国际建筑展开发区中最负盛名的项目（Konopka，1985）。克里尔因这些建在劳赫街上老的挪威使馆后面的住宅而在 IBA 竞赛中获胜。奇怪的是这些房屋坐落在动物园地区的汉莎区的对面。他的设想是保留 L 形状大使馆，并通过一条新的轴线形成镜像关系。这里还有克里胡斯和翁格尔斯设计的城市别墅，用一个凹进的地块穿越轴线将四个边相对连接，作为新的对景，且使中心庭院位于别墅中间（图12.7）。

图 12.7　R·克里尔（1980），劳赫街都市别墅规划（图片来源：作者拍摄的 IBA 模型）

按照克里尔的观点，其他建筑师应该参与到他的方案的实施中，因此他为自己保留了这个由三部分组成的建筑，也设计了另外的一座别墅。那个对应大使馆的 L 形别墅由 A·罗西设计，其余的项目则分配给 M·博塔、布伦纳和托农（Brenner and Tonon）、赫尔曼和瓦伦蒂尼（Herman and Valentiny）、G·格拉西、尼尔博克（Nielebock）及其合作者，以及 G·布拉吉耶里（Gianni Braghieri）。博塔后来退出了这个项目，在这样的场地上他无法在成本受限的情况下从事设计，他的别墅项目后来重新给了 H·霍莱因。

---

1. 城市别墅实际上是一种方形平面的点状公寓建筑，高 5 层。——译者注

图 12.8　R·克里尔（1982—1984），劳赫街公寓（图片来源：作者自摄）

　　观察柏林的建筑在不同的建筑师操作下的效果是件有趣的事情。克里尔位于端头凹进的别墅，面向中心庭院的一侧材料主要用砖；事实上在首层和窗户细部上采用带状砖饰可能源于 19 世纪柏林当地的做法。而该楼凸出的部分则用灰泥饰面；正如在骑士大街一样，至少在中心部分有座纪念性雕塑—— 一座胸像，这座雕像位于浅宽的拱形入口上方（图 12.8）。这所公寓的设计很复杂，事实上克里尔在设计中使用了自己在《城市空间》一书中所分析的各种几何形式。所以许多公寓平面的几何形式都与处于中心的对景产生联系。

　　对克里尔的批评集中在内部设计，证据表明他更关心几何形式的操作，其代价却是牺牲居住的舒适与方便。但克里尔自己指出（1987 年的个人交流中）为预期的用户提供了开放的平面——开放，是指除了结构和如厨房及卫生间之类的服务房间——提供了在几何布置上的多种选择或者他们可以选择在室内布局上任意处理。在一个案例中，克里尔在柏林参议院的主要反对者，在其妻子的劝说下购买了克里尔的一套公寓！

　　在劳赫街别墅设计中最华丽的是 H·霍莱因的作品，这座建筑运用了甚至比克里尔更复杂的几何形平面（图 12.9）。建筑的立面由一系列小的面和开间形成曲线关系，涂上灰色、粉红色和黄色，另用深粉色装饰了首层的大部分区域以及宽大的悬挑屋檐。

　　克里尔自己也觉得霍莱因对其是个挑战，他设计的别墅也相当复杂。为了与端头的建筑完全以霍莱因的粉红色和黄色在特定窗户周围的粉刷形成区别，克里尔采用了风格派的红色和蓝色来粉饰窗户。

　　最令人惊讶的或许是 A·罗西的设计，他放弃了在米兰加拉拉泰塞公寓白色和几何形体的呆板，以及在摩德纳公墓中条状砖结构的粗壮（图 12.10）。事实上他将这个 L 形建筑转了一个角——与老的挪威使馆呼应——这意味着他可以用一个八角形的塔加上一个金字塔式的铜屋顶来强化这个转角。此外，罗西在威廉大街住宅中再一次用了砖，楼梯间将整个建筑一分为二，上面有高大的山花。

　　尽管劳赫街的开发在很多方面都取得了成功，但克里尔几个最有价值的构思还是因为经济原因而被搁浅。四层别墅加高到五层，且所有规划的非居住功能，比如商店、工作室和幼儿园都被取消。因此克里尔由别墅包围的中心空间作为"社区凝结器"的设想没有了。最终只有供孩子们

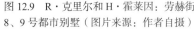

图 12.9　R·克里尔和 H·霍莱因：劳赫街　图 12.10　A·罗西：劳赫街公寓（图片来源：作者自摄）
8、9 号都市别墅（图片来源：作者自摄）

的游乐场能作为社区凝聚的功能使用。

立方体形的别墅连续排列在两侧，别墅中间的间隔空间与别墅的体量相等，形成了相当协调 305
的城市通透空间。但在同样为立方体的城市空间里栽植了树木，营造出一种城市空间的存在感。

"新住区"（Neubau）另一个主要区域会在腓特烈南大街找到，正如达维和克莱兰所说，这最
初是在 18 世纪初由 P·格拉赫设计的，它是一系列巴洛克风格的城市空间。随着时间的推移，这
些空间由于火车和运河的到来，更有战争时期的轰炸，遭到侵蚀。因此，克里胡斯的目标是将这
一区域按照原有的设计进行一个批判性的重建，或者至少是一种重新阐释，让现代的台阶式住宅
在格拉赫的林荫大道边建造起来，并将他规划的城市街区围绕起来。

正如达维和克莱兰所指出的那样，柏林的地块与其他城市相比要大很多，这使得柏林人可以
在地块规划中区分出层级关系，从公共的街道空间，到逐渐增加的私人空间与地块的渗透，再到
私人公寓中最私密的空间。

可以有多种形式组织围合的地块，以及通过带状的林荫大道加以联系。

因此腓特烈南大街的设计难题就在于如何通过插入的方式将整个大街形成带状的街道，其中
包括以前的阿尔布雷希特宫（1984）、科赫街和腓特烈大街地区的住宅（1981），科赫街 / 威廉
大街 / 普特卡默街地区（1983—1984）；柏林博物馆附近的居住区（1985）；威廉大街的高层公
寓（1981）；此外还有一些学校、聋哑人中心、贝塞尔公园（1986）以及一些城市更新项目，诸
如科赫街和腓特烈大街的连接处、威廉大街等，以重建这些地区的原有规划。罗西、赖希林和
莱因哈德、马托雷尔、博伊加斯和麦凯、埃森曼和罗伯逊都入围科赫街 / 腓特烈大街地区项目并
获奖。

截至 1987 年完成的城市空间规划的项目中最有趣的是柏林博物馆区综合体，劳赫街以北的申
克尔广场（Schinkelplatz），以及摩尔在泰格尔的住宅项目。

这些项目中，博物馆区域的规模最大，有一个很开阔的六层建筑的庭院，周围有矶崎新的九

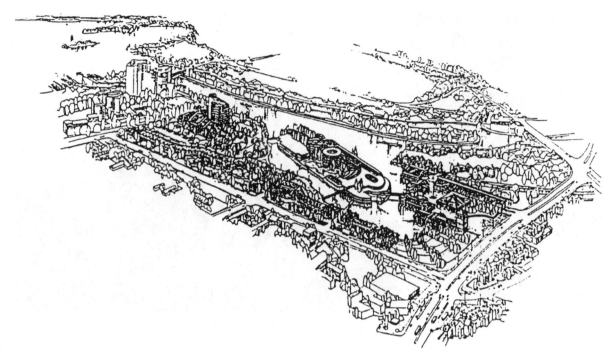

图 12.11　摩尔、鲁布尔、尤德尔（1980）：柏林泰格尔港居仕和娱乐设施（图片米源：Kliehues & Klotz，1986）

306　层公寓地块。这个地区的南面有两排城市别墅，每六幢一排，且被比别墅自身窄的空间分隔。因此有一种不是城市空间，而是强烈的城市围合感。

　　"新住区"是位于泰格尔港的大型项目，位于泰格尔河的老码头，在使馆区西北大约 10 公里处。C·摩尔事务所的格罗弗和哈珀工作室（Harper）设计了一系列的城市别墅，在其后有八层的退台式建筑，从一个八角形的庭院呈波浪形向周边地区辐射，与河岸线基本平行，形成一列长条 S 形曲线（图 12.11—图 12.13）。

图 12.12　泰格尔港住宅（图片来源：作者自摄）

图 12.13　泰格尔港住宅（图片来源：作者自摄）

摩尔的休闲设施位于一个有半圆形端点的矩形小岛上，同时有一个港池连接泰格尔河。

那些台阶式住宅在细节上是后现代古典主义的，立面用灰泥饰面，风格上与城市别墅相称。摩尔设计了一个别墅样板，之后像格伦巴赫、斯特恩、蒂格曼、波托盖希和海杜克也分别应邀参与设计。

最令人惊奇的是 L·克里尔的方案，他在埃希特纳赫的皇家铸币广场以及拉维莱特公园的设计已经有很强的轴线对称性，但在 20 世纪 80 年代，他通过两种特殊的方式改变了自己的方向。他的规划变得更加随意，而建筑却更加古典。

这些变化在克里尔的泰格尔地区的设计（1980—1983）中变得尤为清晰（克里尔，1984）。克里尔发现自己的场地由哈维河、波希格工厂、一条高速公路以及如中世纪的阿姆斯特丹和文艺复兴时期的佛罗伦萨一般规模的泰格尔森林所界定。而泰格尔森林有个小型的且有着"不规则边缘"的城市中心。

克里尔显然希望用街道、广场、自成系统的公共和私人建筑来塑造一个严格意义上的城市（图12.14、图 12.15）。对体育中心的需求成为他项目的一部分，还加入了公共浴场、一家剧场、一座图书馆、一所文法学校、一家航海俱乐部和一座艺术馆等（图 12.16）。

他通过延伸已有的城市街道来形成十字形街道，同时挖掘新的滨水岸线。主街与公共建筑形成某种对角线关系，当然，每个区域都有街道和广场形成的城市空间（图 12.15）。 *307*

许多住宅采用两层或者三层建筑围绕小型的广场组合而成独立的地块。正如克里尔所说："比例关系、空间感和材料在多数情况下都应当仅仅用在柏林最好的居住建筑上。混凝土、铝和塑料这类能耗高的材料，即便是需要也不该在这里使用。"

作为公共建筑，他们"必须树立最高的工艺和技术标准。古典建筑已经完全满足所有这些要求"。其中包括采用了观景楼型制的雄伟的有顶盖的罗马剧场（图 12.16），电影院、一个有着两组冷水浴室、温水和热水浴室的庞大的罗马式样，围绕一个中央大厅的公共浴场，一个公共图书馆形成一座小型的广场，这座圆柱体形的公共图书馆有着锥形的屋顶，一个有着希腊剧院式的开放表演 *308* 场地的体育馆。

图 12.14　L·克里尔（1980—1983）：柏林泰格尔"新街区"（图片来源：*Architectural Design*，54(7/8)，1984）

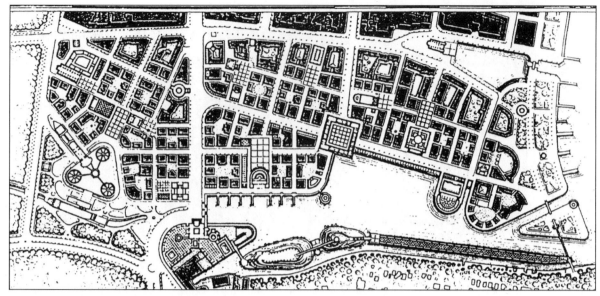

图 12.15 柏林泰格尔"新街区"（图片来源：*Architectural Design*，54(7/8)，1984）

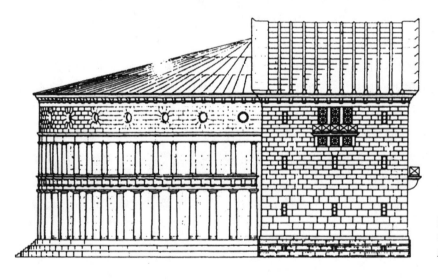

图 12.16 柏林泰格尔"新街区"电影院（图片来源：*Architectural Design*，54(7/8)，1984）

　　所有这些都在细致、古典的细节中得以呈现，通过娴熟的技巧根据设计营造出一种错综复杂感，但无论从哪个角度看都与城市形成统一的视觉感受，这真是一个激动人心的设计理念！

　　也是在泰格尔区，G·派歇尔设计了一个用于从泰格尔湖中提取饮用水的磷酸盐净化工厂（Phosphate Elimination Plant）。

　　为 IBA 设计的最大城市空间位于美堡广场，在布拉格广场附近，这里曾经有过（相当开敞的）一个马戏团，但由于战时轰炸和规划师的糟践已经毁了都市的围合感。R·克里尔、艾莫尼诺和伯姆都做了方案，通过将建筑升至 6 层盖住马戏团的残部来研究如何通过设计重新定义这一区域。除了有圆形空间，伯姆的方案内还有一个浴场及其后面的休闲综合体。

　　劳赫街北面的申克尔广场由 R·克里尔设计，他已经在骑士大街（1973）邀请了其他建筑师来参与单体建筑设计。申克尔广场本身是一个相当小的广场，大体上，每边约有 8 个开间宽，另外有四个较大的广场，每个广场的边长约为 14 个开间，围绕申克尔广场形成对角关系（Ferlenga，1983）（图 12.17）。因此这里的城市空间，其远端被打开，沿着两条轴线向外呈辐射关系。

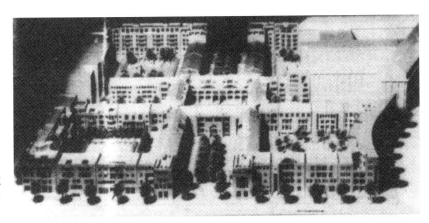

图 12.17　R·克里尔（1977），申克尔广场作为四个地块的中心（图片来源：Krier，1982）

大部分开发项目是四层建筑，在满足各种规划限制下形成尽可能多的变化。封闭的院落本身也形成了美丽的景观，在其周边的住宅由 20 位建筑师参与设计也形成了人们期待的丰富多样的空间（图 12.18）。因为场地中包含了一个由 K·F·申克尔设计的一座别墅，尽管在第二次世界大战中被毁坏，但克里尔重建了这座别墅在中心地块的一个立面，因此命名为申克尔广场。

这里有地下停车库，更确切说是半地下停车，意味着这里可能容纳足够的城市密度，而无须通过开畅的城市空间来满足室外停车的需求。

就总体而言，IBA 建筑展是第一次大规模的设计尝试，以展现不同于 20 世纪 60 年代塔楼和板式住宅的实践；在尺度上非常人性化，其密度又有都市感。尽管克莱兰表示失望，但它似乎很受欢迎。如克莱兰（1987）所说，许多参与 IBA 建筑师在早期都倾向理性主义传统。他们寻找打破战后平庸建筑的方法——尤其是在住宅领域——按照城市自身的建筑文脉重建城市。他们尝试重新使用经过历史验证的城市空间类型、街道、公共空间、城市地块、公共纪念物的空间类型——用这些作为理论支撑来重塑建筑的尊严和价值。

分析了各种类型后，正如克莱兰所说，对于特定的城市，每个建筑师会继续去阐述这些类型，因为他已经分析了场地的历史，利用图形技术，再去调整设计策略，最终依靠专业的工作方法和特定的场所的空间结构对场地做出适合的设计。

309

图 12.18（a）申克尔广场（图片来源：作者自摄）

（b）申克尔别墅重建（图片来源：作者自摄）

但是，正如克莱兰指出的那样："一个案例接着一个案例，最后人们会想知道为什么最终的建筑都这么的粗俗和刻板"，"在好的理论意向与实际操作之间为什么会有如此大的鸿沟。"

因此，根据克莱兰的说法，那些"理性主义学派已经走向失败。"他建议这些建筑结束图式化和粗俗，因为理性主义理论本身就是图式化的和粗俗的。

这种问题，使得人们开始质疑，原因是源自 IBA 本身的弊病（Rowe，1984）。罗西指出，一座城市要成为真正意义上的城市，除城市肌理外还需要纪念性建筑给予城市认同感。由于柏林所有的历史纪念性建筑除柏林国会大厦外，都在东柏林，而西柏林还需要建造属于自己的纪念性建筑。文化广场上的夏隆的爱乐音乐厅、图书馆，密斯的博物馆等就是这一表现。

但这些无论在数量上还是分布上都是不够的，在 L·克里尔看来如果西柏林要感觉像个真正的城市还需要更多这样的纪念性建筑。

310   IBA 项目很少有纪念性建筑，当然派歇尔在泰格尔做的磷酸盐净化工厂可以勉强算一个，但是除了布拉格广场周围的公共建筑外，唯一的 IBA 项目中真正意义上的纪念性建筑就只有斯特林的科学中心了！

但是导致 IBA 开放的数月中，如克莱兰所暗示的，一种"新精神"正在开始萌发。

之后的一些竞赛的获胜者呈现出各种不同于 IBA 大多数作品的设计。他们是埃森曼、罗伯逊、Z·哈迪德和 L·里伯斯金。

埃森曼在腓特烈大街的住宅项目正好位于东柏林的入口：查理检查哨卡。他对其场地的可怕的象征主义的回应是围绕三个现存的建筑规划了整个地块，作为一个三维的公园："挖掘城市"，他构建了一段假想的历史（Doubilet，1987 PA4/87），符合柏林规整的街道网格，如埃森曼的新的地块一样。

但是柏林悲剧性的历史在网格系统中上演，因此艾森曼通过墨卡托（Mercator）投影发出挑战，"借此启蒙运动的许多历史得到演绎"，但角度比柏林网格偏离了 3.3°。

因此埃森曼按照柏林的走向规划了他的基本建筑体量，且用一个方形网格和玻璃幕墙系统作为外墙。接着他规划了墨卡托体量，投影出与原有基本体量偏离 3.3° 的体量——通过白色和灰色的墙和一个红砖的网格等。他还在公园里设计了墨卡托（Mercator）墙以对抗柏林墙。

Z·哈迪德自从在香港峰顶设计竞赛（1982—1983）获奖后，赢得了国际的广泛关注。在这次设计竞赛中，她以抽象的人工"景观"塑造了巨大尺度的抛光花岗岩形体，其内部是由四根梁承托起的功能空间（Wigley，1988），形体间彼此堆叠，形成一种戏剧化的趋向于坍塌的角度。

一个倾斜的曲线向上，在之间向上延伸到前厅和停车场，而各种俱乐部公寓像飞碟一样悬浮在柱子之上。

香港的方案与哈迪德在柏林竞赛的入围方案有一些相似，但考虑到柏林场地的限制，不能建到如此华丽的高度！

311   她的选候大街办公大楼（在列维舍姆街的转角）的体量又长又窄，她用其特有的"悬梁"将其遮盖，在一面巨大的帆一般的幕墙后，办公楼层的体量从其中翻腾出来。她在施特雷泽曼街（Stresermanstrasse）设计了一道 3 层高的住宅"悬梁"，以及位于德绍街转角的一面 7 层高的"帆"。

这些似乎都是不可能建成的项目，在 1987 年，D·里伯斯金甚至设计了包含住宅、办公、公共管理、幼儿园、商业设施、轻工业、电影院等在内的超大"悬梁"，这些一直是到 1989 年 1 月才可望成功。里伯斯金的"悬梁"长达 450 米长，宽 10 米，高度有 20 米，如同一个巨大的悬臂

图 12.19　D·里伯斯金（1987）：城市边缘。全长 450 米的"悬梁"承载了居住、商业和其他餐饮功能，同时与弗洛特维里街街成 6° 的夹角关系（图片来源：作者摄自 IBA 模型）

梁在后方跨过弗洛特维里街（Flottwelistrasse），它与街道方向成 6° 夹角，高达 56 米（图 12.19）。

里伯斯金的图纸以不同角度冲突的纤细线条绘制的网络来表现，有一台外置的电梯，可以在 20 米的旋转盘上升降。威格利（Wigley）（1988）这样描述里伯斯金的内部空间：

　　　　一架乱堆的折叠飞机，交叉的形式，凹版浮雕，旋转运动，扭曲的形状。这种显而易见的混乱在构建墙体，成为特色的吧台，这就是结构。内部的紊乱在分裂时形成的吧台，甚至沿着长边如同裂缝一样打开。

因此，IBA 最后的目标是一种纪念性建筑，即使是一个奇怪的方案。重要的是它将用此定义为一个不熟悉的新型城市空间！因此克莱兰暗示的"新精神"在萌发时预示着 IBA 的终结。

毫无疑问，他的术语源自引用早期的杂志《建筑评论》（Architectural Review）（8，1986），法雷利（L.M.Farrely）声称建筑领域的"新精神"正式宣告"后现代主义"的死亡，对于许多仍致力于后现代主义的刊物这似乎有一些过早。有 30 本左右的后现代建筑师作品集、詹克斯（1987）和斯特恩（1988）的主要著作都是在法雷利的宣告之后出版的。

她的"新精神"是基于"构成主义伸展、动态的形象…… 未来主义野性的美"。它是来自达达主义的"一种思想的状态"，但也融合了许多其他的先驱，尤其是俄罗斯的构成主义者。在她介绍的许多当时仍然不为人所知的建筑师的作品中，这些建筑师已经比 1986 年的时候她所能知道的隐隐约约扩大了他们的项目范围。有趣的是 F·盖里、Z·哈迪德、D·里伯斯金和蓝天组在 1988 年入选，呈现出另一种"新潮流"："解构"。但由于主要的代表作在巴黎，B·屈米（Bernard Tschumi）的拉维莱特公园，在论述之前，特别论述解构之前，应该考虑巴黎的文脉。

巴黎：纪念性建筑

如我们所知，A·罗西提出（1966）城市结构由两部分组成：城市的普遍肌理和纪念性建筑。20 世纪 80 年代，这种思想在柏林和巴黎的城市建设模式中清晰地得到证实。由于纪念法国革命两百周年，巴黎在1989年把视线转移到了建设项目，开始对城市纪念性建筑进行建设和保护。

312 首都工程

在这些项目中，有九项被指定为首都工程（Mitterand等，1987）。他们分别是冯·施普雷克尔森（Von Spreckelsen，1929—1987）的拉德方斯大拱门；贝聿铭（I.M.Peï）的卢浮宫金字塔；R·巴登（Bardon）、P·科尔博克（Colboc）和J·P·菲利彭（Phillipon）与意大利建筑师G·奥伦蒂（Gae Aullenti，1927—，承担室内设计）的奥尔赛火车站改建为奥尔赛博物馆；J·努韦尔（Jean Nouvel，1945—）的阿拉伯世界中心；P·舍姆托夫（Paul Chemetov，1928—）和B·于维多夫罗（B.Huidobro）设计的财政部办公楼；C·奥特（Carlos Ott）的巴士底歌剧院；拉维莱特地区的一些项目，其中包括B·屈米的拉维莱特公园，B·赖欣（B. Reichen，1943—）和L·P·罗伯特（L·P·Robert，1941—）的肉市场改建为演出大厅项目，D·谢（D. Chaix，1949—）和J·P·莫雷尔（J·P·Morel，1949—）为流行音乐会设计的充气音乐厅，A·凡西尔贝（A·Fainsilber，1932—）设计的科学和工业博物馆以及C·德·鲍赞巴克（Christian de Porzamparc，1944—）设计的音乐城。

虽然这些项目对巴黎的生活很重要，但实际上它们自身的改建和功能重组并不能在真正意义上为巴黎增添纪念性建筑，尽管老奥尔赛博物馆除去标志看上去和先前作为火车站时的景象很相似，而拉维莱特的演出大厅也是直接沿用了肉类市场的结构，并且自然而然地影响了屈米的拉维莱特公园。在罗西的意识中，一个充气的音乐大厅是绝不可能作为纪念性建筑存在的，他对于纪念性建筑的理解关键在于纪念性建筑自身的经久性。纵然凡西尔贝设计中也引用了遗留在场地上的屠宰场没有完工的结构框架和形式，也不能称之为纪念性建筑。

在这些首都工程中最具纪念性建筑形象的是在香榭丽舍大道端点的两个建筑物：冯·施普雷克尔森的拉德方斯大拱门和贝聿铭的卢浮宫金字塔。

冯·施普雷克尔森的大拱门消解了20世纪60年代拉德方斯新区建造的现代塔楼成熟的从卢浮宫拿破仑庭院沿香榭丽舍大道形成的豁口，冯·施普雷克尔森设计了一个巨大的中空立方体，各边长105米，建筑前面和背面完全开放。拉德方斯大拱门与香榭丽舍历史主轴线之间则有一个6.33°的夹角，冯·施普雷克尔森称大拱门跟位在历史轴另一端的卢浮宫拿破仑庭院有相同倾斜的轴线（图12.20）。

图12.20　J·O·冯·施普雷克尔森（1982—1988）：巴黎拉德方斯大拱门（图片来源：作者自摄）

大拱门的侧墙内设置办公区，前后向内部凹进 20 米形成尖锐的楔形，这和贝聿铭在华盛顿设计的国家美术馆东馆颇为相似。楔锥形表面贴卡拉拉大理石，包括拱门的内侧和面向外侧的立面，幕墙将整个建筑分隔以 21 米为一跨，纵向上每隔 7 层，以及横向上每隔 7 跨都会镶嵌一条大理石带以示分隔。

冯·施普雷克尔森如此描述（1987）：

> 这个开放的立方体有着光滑明亮的表面，象征着作为交流、通信媒介的微芯片，抽象
> 图形受到现代电子技术杰出发明的启发。

冯·施普雷克尔森的立方体与各种交通系统都有连接："公交、地铁、区域快铁 (RER)、火车，与此同时也有一个购物中心和国际数据处理市场。"在两侧，正如我们所看到的，设计了办公空间，屋顶花园依靠电梯联系，这个逐渐升高的如"柱子"一般的形体由预应力悬索结构拉起。

关于设计的总体意图，冯·施普雷克尔森说道：

> 一个完全开放的立方体，
> 一个世界的窗口，
> 林荫道轴线上临时的句点，
> 有着未来的视野。
> 它是现代的凯旋门，
> 欢庆着人类的胜利；
> 它是未来希望的符号，
> 让人们能够自由相遇；
> 当我们站在人类的凯旋之门下……

对此人们的反应只能是：极具巴黎风格！

轴线的另一端是卢浮宫的拿破仑庭院，这个空间由于贝聿铭的金字塔而为之改观（图 12.21）。

图 12.21　贝聿铭（1981—1988）：卢浮宫入口金字塔（图片来源：作者自摄）

由于大部分建设工程都在地下，金字塔只是冰山一角。贝聿铭周全的考虑使得这座曾经是 12 世纪 P·奥古斯特的城堡以及 14 世纪查理五世的寝宫得以保留。

每一位 20 世纪 80 年代想参观卢浮宫景象的人都会对中央入口大厅以隧道的形式与建筑的三个主要的翼部相连通的设计构思表示赞赏。贝聿铭的入口大厅内设置了信息服务台、报告厅、儿童接待处、咖啡厅和各种博物馆商店，所有这些设施都与停车场、游客公交站点相连接。

最需要关注的显然是贝聿铭设计的平面各边长 33 米，高 21 米的玻璃金字塔。

第一眼看上去似乎觉得有点亵渎神圣，一个现代主义的玻璃金字塔贸然伫立在世界上文艺复兴时期最精美宫廷之一的卢浮宫的中央。它的结构采用了难以被大众接受的高技术的直径 5 厘米的钢管和 8 毫米的钢索形成了网状，两者结合起来看上去就像蜘蛛网一般。

然而原来的卢浮宫正如我们看到的那样并没有受到任何损坏，而且很多卢浮宫的早期部分得到了恢复。由于地下有如此多的交通系统和功能，因此必须有一个标识性的地面入口可以与之相连，这只能是某种结构，贝聿铭的金字塔看来与其他各种形式相比已经是最小限度干预。

一座新古典的亭阁，无论多么微小，一旦放在卢浮宫中央就会被真家伙压垮。一座密斯式玻璃盒子，它具有的直线几何形态，会与文艺复兴时期庭院的纵横交错形成冲突。一座穹顶，不论多么精巧，都会显得体量过大。

贝聿铭的金字塔拒绝与卢浮宫斗艳，而且如果从长远来看它显得唐突，那么，当然可以把它吹走了事，因为它本来模仿的就是薄纱一样的轻巧！

其他为纪念巴黎 200 周年而修建的纪念性建筑，虽然多少给人们留下些印象，但是在城市设计方面的贡献却乏善可陈。奥特的巴士底歌剧院和努韦尔的阿拉伯研究所……阿拉伯研究所径直将晚期现代主义的曲线形式填入这块困难的场地，P·舍姆托夫的财政部大楼（1982）在大体量的线条形式前，让建筑的"脚趾"延伸到塞纳河中（图 12.22）。

图 12.22　P·舍姆托夫和·B·于维多夫罗，财政部大楼（1982 年始建）（图片来源：作者自摄）

拉维莱特公园

20 世纪 40 年代末，原先由巴尔塔设计的用铸铁和玻璃建造的老的巴黎肉市场：中央市场已不再能满足人们的日常需求，随即提出了很多可供选择的场地来考虑扩迁问题。1959 年，新址选定在巴黎西北面的拉维莱特区，这里已经有一处由巴尔塔设计的老的牲畜市场。1966 年，计划在原有老的牲畜市场北面新建一个屠宰场，由此组织了一场设计竞赛。

当时对于什么样的新屠宰场设计才最合适的问题进行了广泛的讨论，由于时代的变化，牲畜已不再可能以传统方式驱赶到市场去进行交易，牲畜市场在 1974 年 3 月关闭。之后人们开始转而讨论这块场地未来的用途，最终决定，修建用于展览的大型展馆和娱乐场。

之后在 1976 年，巴黎城市规划工作室（Atelier Parisien d`Urbanisme and the Préfecture）针对这片位于拉维莱特的 55 公顷场地，组织了一场公开的设计竞赛。有 167 位设计者参与，包括 A·格伦巴赫、B·于埃（Bernard Huet）、H·奇里亚尼（Henri Ciriani）、L·克里尔、D·阿格雷斯特（Diana Agrest，1945—）和 M·冈德尔索纳斯（Mario Gandelsonas，1938—）。最终采纳 A·凡西尔贝的入口设计，其他还有很多设计和建议在先前的讨论中也有涉及。

凡西尔贝的方案包括将原先的市场改造为大剧院，新功能于 1985 年投入使用；一个科技工业城，由老的屠宰场的大部分建筑空间转变而成，于 1987 年开放；一个全新巨大的城市音乐厅，位于大剧院南侧；以及位于两座建筑间的景观公园。 *316*

正当中央市场项目因为各种权势争斗和政治丑闻而闹得沸沸扬扬时，凡西尔贝的国家科技展览馆有幸得以实现，而公园的设计被搁置。1982—1983 年，新的名为"公园创新"（L'Invention du Parc）的设计竞赛 [M·巴尔齐莱（Marianne Barzilay）、C·海沃德（Catherine Hayward）、L·隆巴德·华伦天奴（Lucette Lombard-Valentino，）]（1984）吸引了 472 位设计者参加，其中包括：E·阿约（Émile Aillaud，1902—1988）、C·艾莫尼诺、J·包德温（Jean Baudoin）、Z·哈迪德、R·库哈斯（Rem Koolhaas）、黑川纪章（Kisho Kurokawa）（图 12.23）、R·迈耶、R·P·达阿尔塞、C·普赖斯（Cedric Price）、摩尔、格罗弗、哈珀、A·史密森和 A·普罗沃斯特（Alain Provost）（图 12.24）。

大赛组织者指出设计表现的七大特征：城市的公园……诗意的富于造型的概念……丰富多样的设施和空间……自然和约束相协调……花园……自然和城市之间……

结果不难想象，竞赛方案各具特色，既有非常拘谨的形式也有非常开放的形式。比如艾莫尼诺的概念是一个庞大的形式感很强的条状结构，他解释说："一个宏伟的建筑结构（一个……概念……古代的输水道）从南到北穿过公园，建造在人工地形上。将新的公园与 19 世纪的公园系统联系到一起。"R·马尔基尼（Rossella Marchini）设计了 "一个巨大的非宗教用途的巴西利卡，作为一处文化汇集地，提供的是一个都市化和社会生产的场地，源于克吕尼和本笃会修士的文化渊源。"M·科拉茹（Michel Corajoud）的设计试图将公园营造成一个类似"古代的重新书写的羊皮纸"，场景经过 "一层一层叠加书写，越来越不清晰，就像一个英式花园叠加在法式园林之上"，而由于场地的尺度和复杂性，两种类型可以同时得到保留。此外，黑川纪章的设计，如他描述的那样："西面的几何化构图与东面的无序化布局形成一条分界线，这条南北向的轴线成为两种秩序的交汇点。"

而最终获胜的 B·屈米的方案实际上也是多重平面的叠合和隐喻（Tschumi，1984）。他在平面设计上运用了最传统的手法：方形、三角形和圆形。方形用来围合科技城周边的区域。圆形位

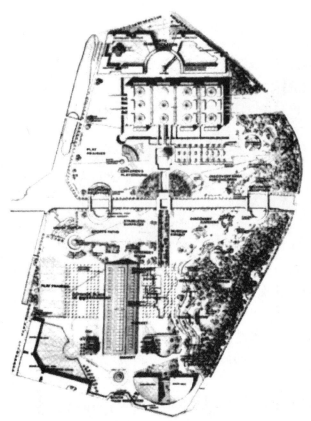

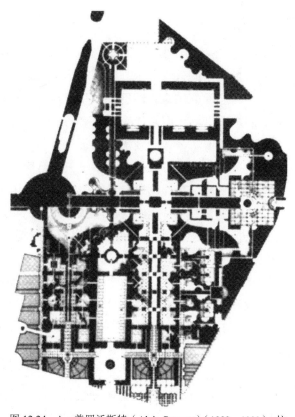

图 12.23　黑川纪章（1982—1983），拉维莱特公园设计方案，巴黎（图片来源：Barzilay 等，1984）

图 12.24　A·普罗沃斯特（Alain Provost）（1982—1983），拉维莱特公园设计方案，巴黎（图片来源：Barzilay 等，1984）

于地块的南面，三角形在最南面，都处于巴尔塔设计的大厅东面。屈米将几何图形视为平面或者表面系统，之后，他在场地上覆盖一层以 120 米为单位的方格网，从南到北有 8 个方格，由东到西有 5 个方格，这些方格网成为点状系统。他在每个方格网交叉点上放置一个"红点构筑物"（folie），然后在这些"红点构筑物"之间设置高低起伏多样化的步行路径，与方形、圆形、三角形的几何平面形成对应，有一些则是以完全自由的形式连接这些"红点构筑物"，使这里成为一种带有"主题"的公园。屈米将这些步行路径作为平面上的线性系统，这一概念最终发展成他在《曼哈顿记录》（Manhattan Transcript）（1981，1983）成形的"运动步道"，（图 12.25）。

　　就这样，屈米将点、线、面三种几何系统叠加在平面之上，每个系统自身都很清晰一致，但是系统之间的重叠又使它们之间相互影响。有时一种系统使另一种系统得到增强，有时系统之间相互介入产生扭曲和变形，有时它们又同时共存显现（Tschumi，1985，1987，1988）（图 12.26a-c）。

　　每个"红点构筑物"都是边长为 36 英尺（10.8 米）的立方体，再在三维空间上分解为边长为 12 英尺的立方体来形成"构架"（cages）。然后，如同屈米所说（1987）："这些构架可以分解为很多构架片段或者通过其他元素的增加而得到扩展。"每一个结构钢框架表面都涂上明亮鲜红的磁漆，它们可以作为楼梯、坡道或者步道。

　　"其他元素"的形式以一定的组合规律来设计，它们可能是圆柱体或者三棱体，通常都有一到两层高，灰色花岗石贴面。其中一些有特殊的功能，如电影院、餐饮、钢琴吧、放映室、瞭望台、商店或者其他的一些功能，当然也存在形式和功能之间的冲突。

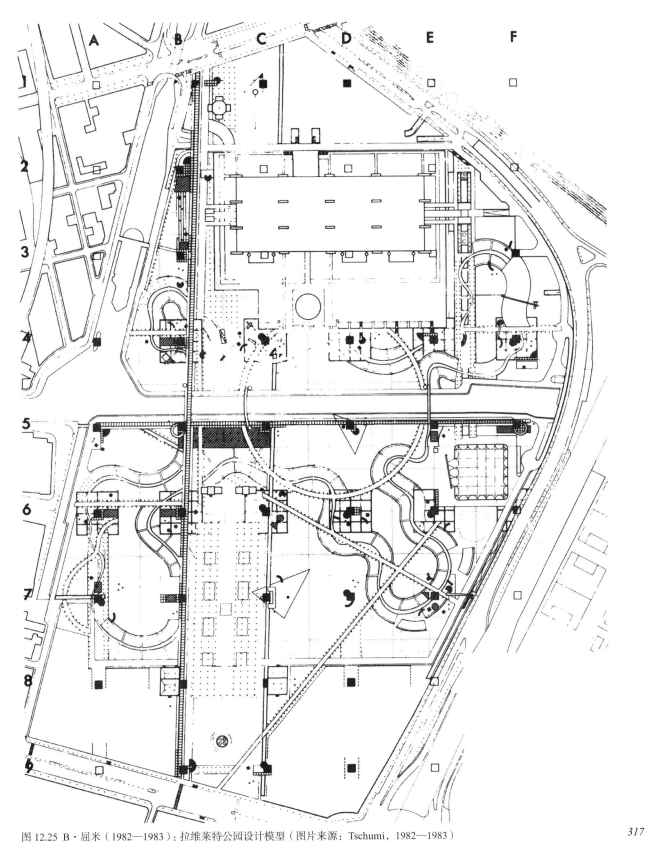

图 12.25　B·屈米（1982—1983）：拉维莱特公园设计模型（图片来源：Tschumi，1982—1983）

（a）

（b）

（c）

图 12.26　B·屈米，拉维莱特公园（1987）：建设中的"红点构筑物"（Folie）。（a）（结构主义者）"红点构筑物"；（b）"红点构筑物"之间的通廊；（c）L5 餐厅和酒吧（图片来源：作者自摄）

　　屈米也分配了一些特定的"红点构筑物"和空间给其他设计师来设计，比如 J·海杜克、P·埃森曼与 J·德里达（Jacques Derrida，1930—2004）（参与设计）等（Derrida，1987；Tschumi，1987；Eisenman，1988）。

　　尽管公园空间都在屈米设置的大网格中，但是小小的"红点构筑物"并不能像四层高的台阶式住宅那样围合。它们强调了空间的重要，在周围形成空间，就像文丘里认为很有趣的 A&P 停车场一样具有开放性。

解构

除了屈米的拉维莱特公园，Z·哈迪德和里伯斯金在柏林的项目，以及埃森曼等都展示了一种在 20 世纪 80 年代中叶以前尚未为人所知的空间设计方法。那么，他或者说是这一群体的目的是什么？

1988 年 3 月在泰特美术馆举行的解构学术研讨会上对这个问题进行了深入的探讨，内容联合发表在《建筑设计》和《艺术与设计》的 1988 年第 3、4 期合刊上。此外，在 P·约翰逊的敦促下，解构主义建筑展也于 1988 年夏季在纽约现代艺术博物馆（MoMA）举办。那么在研讨会、杂志和展览中都有些什么呢？

我们已经了解了 M·威格利对里伯斯金为柏林设计的城市边缘的描述。此外，威格利（1987）在德里达的作品中也找到了此类的隐喻，他说，德里达"解构美学，是通过证明形式构成的可能性恰恰在于违背，因为主体内部已存在颠覆性的异物，且此异物不能在不破坏主体的情况下加以排除。"

J·德里达

那么德里达到底是什么意思呢？鉴于他活跃多变的思维，这很难说，不过他的确给出了一个解释。有一段时间，他说（1986），"解构步骤"正在建立，它试图将哲学从自身的内在的约束中解放出来，亦即多少世纪以来，那些想当然的东西已经使思想变得迟钝，尤其是像上帝／人、科学／技术、哲学／建筑等等的二元对立。

那么德里达到底在做什么呢？他看了一些其他人的作品，比如语言学家索绪尔（Ferdinand de Saussure），尝试用作者假设的前提对其"解构"并在理论上推进，从"内部"来"颠覆"文本。德里达在 1967 年发表了三本著作：《论文字学》（De la Grammatologie）；《书写与延异》（L'Ecriture et la Difference）；《声音与现象》（La Voix et Phenomenone）。他致力于解构三件事物："神学的存在"（onto-theology，对上帝存在的信仰），"逻辑中心主义"（Logocentrism，人们可以通过逻辑、理性、神的启示或者其他方式来弄清事物的本质）以及"语音中心主义"（Phonocentrism，瑞士语言学家索绪尔认为所有的思想源于语言，而语言又源于说话）。

320

德里达在《论文字学》中反驳索绪尔。他说，当我们说话的时候，语言对我们的思想来说是"透明"的。一旦我们有想法就会用言语直接表达出来。一旦我们将它写下来，我们才能看见言语，但是这与言语背后的思想并没有直接的联系。纸面上的文字对于思想来说是"不透明"的，数字、图表、图画、绘画、建筑或其他同样都是。因此，如果想用语言作为一种模式来描述事物的时候，我们常常会选择书面而不是口头表达。

这只是德里达的片段话语，当然还有许许多多。就像赫希（Hirsch）所说（1983），他加入了那些最终将"直接经验的神话"（the myth of the given）推翻的哲学家的行列，包括维特根斯坦（Wittgenstein）、海德格尔（Heidegger）、奎因（Quine）和塞拉斯（Sellars），他们曾经"证明"知识没有，也不可能有"最终的基础"。经验主义者是承认这个事实的，但理性主义者却尝试寻找根本的"真实"，就像 D·休谟的描述一样（1738—1740）：

当理解按照一般原理独自行动的时候……它会破坏自身，而且在任何命题中都不会留下证据……

德里达最大的贡献在于通过理性主义方法来证明理性主义是没有用途的。

德里达对理性主义的解构使理性主义受到再也不可能恢复的一记重击。克莱兰在宣布理性主义已经死亡的时候，或许他的论断不仅仅适用于建筑。那么，解构究竟提供了什么呢？德里达给我们的启示不仅在他的书写中，同时也在他的书写方法中，他玩了很多文字游戏：头韵、隐喻、双关。这些手法或许能够在屈米操作的"红点构筑物"找到。

文丘里（三）

这种相似性远远超出表面所呈现的，就像一位德里达著作的英文翻译 G·本宁顿（Geoff Bennington）所指出的（1987），在《论文字学》中写道的"内部与外部"，"外部也应该成为内部"等。

尽管有很多建筑隐喻，但是本宁顿也指出，文丘里在一年前发表的《建筑的复杂性和矛盾性》中也写过"外部和内部"这一内容。因此本宁顿在翻译的时候只是做了一些"谨慎的类比"。

文丘里喜欢真实的和坚实的墙面、显而易见的容器、内部空间的围护，仅有一些透明的洞口作为窗户。他不能容忍现代主义运动的"流动空间"，认为室内和室外是有绝对区别的，反对室内、室外空间通过"可以被视觉忽略"的玻璃相互融合。室内和室外必须是有区别的。这和德里达的说法完全一致，用德里达的话说就是太过"透明"，这正是文丘里表达的玻璃墙的概念，也是德里达写作中所首先强调的内容。

因此，本宁顿说德里达论证了室内优先于室外空间构想的不可能性，只有室外空间才能界定室内空间。德里达"重创"了理性主义，并且把文丘里的经验主义放在了更具权威的位置！

第 13 章　城市的未来

后 IBA

国际建筑展 IBA 设计竞赛在 1980 年左右举办，在那之后新理性主义或新经验主义者的设计或者著作都可以归为后 IBA。

这些建筑作品形式多样，例如博菲尔和斯珀里的独特设计都在新泽西岛海岸，同时斯珀里与美国预制装配体系的先驱 E·埃伦克兰茨（Ezra Ehrenkrantz）合作。

当时建筑理论也都有所发展。

亚历山大：城市设计新理论

C·亚历山大的《模式语言》(1977) 对设计有很好的规范作用，而后来他和合作者出版的《城市设计新理论》(New Theory of Urban Design)（1987）进一步总结出七条细则，它们是：

1. 渐进发展：以"确保大、中、小项目相互混合的在建项目"，最好在开发成本上是相同的。
2. 更整体性发展："每一个增添的建筑必须有助于至少形成一个更大的整体……"
3. 愿景："每一个项目都必须先被体验，然后加以表达，心灵的眼睛确实能看见愿景。"
4. 积极的城市空间："每座建筑在其附近都应该创建与之协调且优美典雅的公共空间。"
5. 大型建筑的设计："建筑入口……主要流线和建筑分区……的分隔……内部空间……日照以及建筑内部的运转都应该与该建筑物在街道和邻里的位置协调一致。"
6. 施工："建筑的结构需要依靠每个细小的部分从而形成完整体系,作为结构部件需要保证柱、墙、窗、基座等每一处建筑构造和细部的良好运作。"
7. 中心的形成："每个整体不但要自成中心，而且在它周围发散成一个中心体系。"

在介绍了这些法则之后，亚历山大和他的同事参照这些法则进行了实践，项目位于旧金山海湾大桥的北面。有趣的是，他们的设计将原本破败的旧金山网格按照这些规则转变为如画式设计，甚至是更类似于 R·克里尔后期的设计手法。规划设计了入口门道、宾馆、咖啡厅、商场、渔人码头、社区银行、公寓、车库、教育中心，甚至喷泉和电话亭。为了使其具有整体感，他们还考虑在水晶宫内加建一座游泳池，种植各种树木，建一座教堂，以及其他约 30 多个项目。这次实践再次否定了西特和戈代认为任何人都无法设计非正式的城市空间的观点（图 13.1）。 *323*

在某种程度上来说，亚历山大和他的同事们向世界展现了这些规则的可适性。

杜安伊和普拉特－齐贝克：锡赛德镇

A·杜安伊（Andrés Duany，1949—）和 E·普拉特–齐贝克（Elizabeth Plater-Zyberk，1950—）（1983）在佛罗里达州的锡赛德新镇规划设计所应用的都市法规（Ivy，1985）则显得更为规范而具体（图 13.2）。

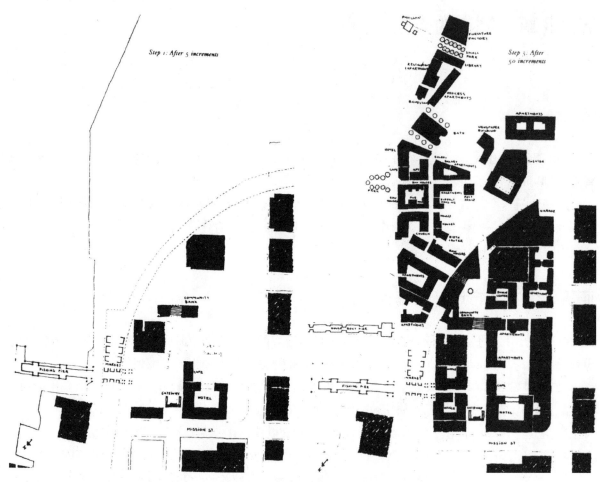

图 13.1　亚历山大、奈斯、安诺瑙和金（1987）：旧金山的米申街，5 次开发后和 50 次开发后的比较
（图片来源：Alexander 等，1987）

　　通过综合分析美国最南部那些更有魅力的城镇，他们制订了总体规划，包括：中央广场、放射形道路、市政厅、学校、邮局、旅馆、海滨设施、网球及游泳俱乐部等。接着他们分别规划了八种不同类型的开发模式：类型 1，围绕中央广场的建筑，底层为商铺，上部最多 5 层且适于居住或酒店；类型 2，市政厅前广场的办公区，类似新奥尔良的旧卡雷镇（Vieux Carré）；类型 3，主要包括工作室、汽车修理厂、仓库等；类型 4，希腊复兴式带花园的住宅建筑，主要是大户型私人住宅或公寓建筑；类型 5，功能混合的建筑组团；类型 6，海景住宅；类型 7，类似查尔斯顿没有海景的小住宅；类型 8，特殊建筑，作为入口的标志类建筑等。

　　一旦制定了总体策略后，杜安伊和普拉特－齐贝克就开始进行详细设计。类型的差异源于建筑的不同特征；街道和广场空间的围合感有赖于每户住宅门前小块空间的精确界定，深长的前院需要由栅栏分隔以形成区分。为了保证正面有足够的深度，住宅必须设计有门廊，其做法遵照了南部城镇建筑类型，具有商业性，并可对街道的社区生活可以产生积极的影响。

　　鼓励外围的建筑在背后建立"第二层次的城市空间"，这样停车可以在各自的区域内解决。因门廊存在，屋顶的高度范围被严格控制。建造小型塔楼（200 平方英尺）受到鼓励，这样致使无论在哪里，"即便是最靠里的住宅也有可以一观海景的机会。"因为不同类型区域的边界的设定是在街区与街区之间分界的，这使得街道和广场更加需要注重它们内在空间的完整性（图 13.3）。杜

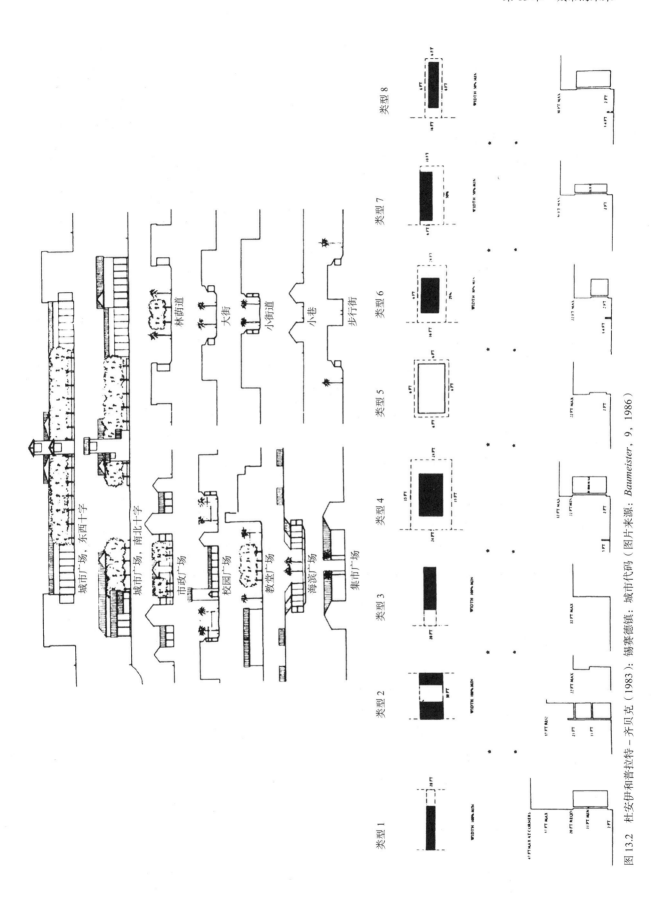

图 13.2　杜安伊和普拉特 - 齐贝克（1983）；锡赛德镇：城市代码（图片来源：Baumeister，9，1986）

安伊和普拉特－齐贝克完成了锡赛德镇的项目后，陆续又完成了 20 个其他地区的城市规划设计。

就 1973 年出版的《埃塞克斯的设计指南》（Essex Design Guide）而言，这样的许可条件显然不同于"你必须做"或者"必做事项"。事实上，锡赛德镇的要点是，允许甚至鼓励差异性。进一步说，这个项目颇有成效，正如艾维（Ivy）所说，锡赛德镇是"令人愉悦的社区。"

总之，与实用主义紧密联系的经验主义继续发展着，那么，理性主义又如何呢？

图 13.3 锡赛德镇：典型街景（图片来源：Duany & Plater-Zyberk，1985）

克莱兰指出，IBA 本身便暴露出理性主义的缺陷，处理现实问题无能为力。即便很多住宅的设计概念很完美，而建造却又不尽如人意。如果想居住在高密度的城市中，R·克里尔在骑士大街、劳赫街的项目以及由他设计的申克尔广场均提供了人性化的环境和适宜的空间尺度，这也是剑桥研究项目中（参见第 7 章）所推荐的优秀设计。

卡特勒梅尔的类型以及卡特勒梅尔的模式在此得到很好的运用。然而早期的理性主义失败了，失败主要原因不在于对类型的追求，而在于 18 世纪的理性主义试图将建筑削减为纯粹的几何体——长方体、球体、圆筒、圆形、方形、立方体等。在建筑史上，这样的做法从未奏效，20 世纪末若还有建筑师对这种方式抱有幻想，也显然过于天真。像罗西那样的建筑师，认为他所设计的石灰抹面的简约白色表面，能比勒·柯布西耶在 1920 年代的作品更为持久，实在太过天真。

不过就像勒·柯布西耶那样，罗西也意识到了他作品的不真实性。于是他在柏林腓特烈大街和劳赫街的项目中，使用了优质、真实的柏林砖，充分发挥了砖历久弥坚以及保温的优越性。

换句话说，罗西抛开了理性主义粗野的抽象，妥协于实用主义的客观真实性以及经验主义的人文关怀。他的理性主义并没有失败，而是与现实相适应。这在他以后的建筑实践中表现得更加明显。

后 IBA 的罗西

早在 1972 年，A·罗西的关注点就开始发生转变。有迹象表明，从那时起罗西就从理性主义严谨、朴素的几何形体转向建筑拼贴（Rossi，1972b）。他设计的实体的塔楼，可能只是一种舞台上的塔楼，正面是成熟的古典山花，放置在同时倒置拼合了加拉拉泰塞公寓或者摩德纳式的窗（图 13.4a）。另一个位于威尼斯的项目——西卡纳雷吉欧区（Canareggio West）（Arnell and Bickford，1985），他展示了一个典型的罗西式庭院，设计了一个大型的用砖作为立面的旅馆，一、二层开了罗西式窗，二层以上则用部雷式小窗，以及一个古典的檐口作为收头（图 13.4b）。罗西希望在威尼斯大运河边上能建造一座这样"伟大的建筑"，他解释说：

在我为卡纳雷吉欧区设计那个檐口时，我参考了法尔内塞府邸，试图复制使两者尽可能相似，因为在我看来，建筑承载了一种延续性，一种与之前建筑的呼应。

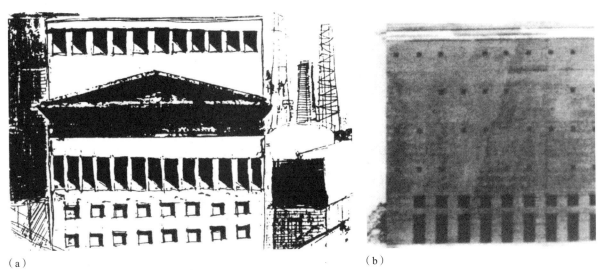

（a）

图 13.4（a）A·罗西（1972）：建筑拼贴（图片来源：*A+U*，5：1976）。（b）A·罗西（1980）：西卡纳雷吉欧：威尼斯大运河上的酒店（图片来源：Arnell and Bickford，1985）

　　在布里安扎的莫尔泰尼小教堂（Molteni Chapel，1981）这座为逝者建造的房子里，罗西经典的古典探索得到更为细节的延续（图 13.5）。至少在内部空间上十分完整地体现了古典主义。正如阿内尔和比克福德（Arnell，Bickford）所说：

　　　　与其说这是一种悼念浪漫形象的探索，倒不如说建筑是一座纪念碑，集历史的连续性、
　　　　陵墓的识别性以及城市建筑的纪念性为一体。以古典的秩序作为模式，应成为集体的事业，
　　　　并以学科缜密的规则得以传达思想。

图 13.5　A·罗西和 W·斯特德（1981）：莫尔泰尼小教堂，布里安扎／朱萨诺（图片来源：Arnell ＆ Bickford，1985；Rossi，1987）

其他的项目，如维亚达纳住宅（Viadana）（1982），表现了罗西对于古典主义和理性主义形式融合的浓厚兴趣，同时又能够向现实中的砖石构造做出妥协。

另外还有两个特殊的案例也展示出对古典形式的倾向：一个是米兰议会宫（1982），另一个是由罗西、加尔代拉（Ignazio Gardella）、雷恩哈特和西比拉（Angelo Sibilla）共同设计的位于热那亚的卡洛·费利切剧院（Carlo Felice Theatre）。米兰国会宫有一个类似于加拉拉泰塞公寓的平面，狭长的办公区域从主楼伸出，主楼的屋顶两侧对称，并覆盖有玻璃顶。它的一端是巨大的立方体建筑，作为议会大楼的主体，另一端则是一个平面为圆形的圆锥顶高塔。那个立方体建筑体块与威尼斯旅馆一样，有一个檐口（Savi and Lupano，1983）（图13.6）。

有趣的是，相似的形式出现在卡洛·费利切歌剧院（Carlo Felice Theatre）（1982）（图13.7）。尽管这是一座全新的建筑，它看起来就像巴拉维诺（Barabino）设计的18世纪新古典主义剧院完全保留下来一样。罗西最显著的添加部分，是那个像议会宫的议会大楼一样的立方体，有着经典的檐口线脚以及部雷式的开窗。飞塔具有围合的形式。同时另一个罗西圆锥形空间放置在观众厅后面，间隔着几幢四五层高的住宅。

明确摆脱他之前的形式、抽象以及理性主义的证据最早见于罗西和他同事对自己项目的带有附图的评述中（Lotus，42，1984）。他们说道：

> 这栋建筑的主要材料是石材，其次是灰泥和铁。"新材料"很快就会腐朽，所谓的创新往往是一厢情愿的表述。假设清水混凝土、大玻璃面以及金属可以表达全新的、完美而又高效的建筑形象，最终都沦为我们今天所谓现代主义建筑的躯壳。我们选择石材不单是因为技术需求，也不是因为形式的需要，而是经过深思熟虑后作出的决定。

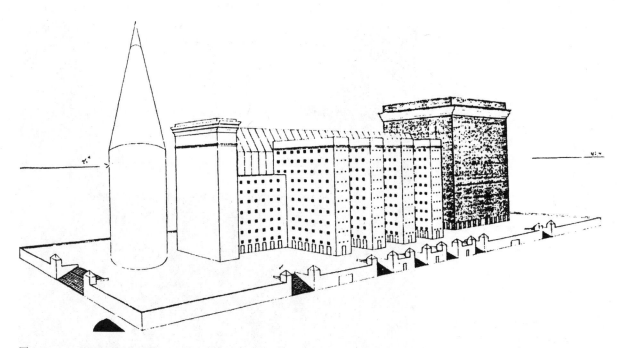

图13.6　A·罗西和阿蒂尼（M.Adjini）、杰龙齐（G.Geronzi，1982—）：米兰议会广场（图片来源：Savi & Lupano，1983；Arnell & Bickford，1985）。

图 13.7　I·加尔代拉，A·罗西、F·雷恩哈特、A·西比拉（1982）：卡洛·费利切剧院，热那亚（图片来源：*Lotus*，42）

随后列举像美国这样"技术最发达的国家"，在超高层建筑中也会使用花岗石和石块等材料。有谁能比罗西更实际啊！

R·克里尔：后期理论

R·克里尔将他对城市空间类型的研究运用在柏林骑士大街、劳赫街项目以及申克尔广场项目上。他把相似的分析方法运用于建筑内部空间的营造，同时将建筑元素置于整体中思考。这些都可以从《R·克里尔论建筑》（Rob Krier on Architecture）（1982a）上看到。

尽管多数内部空间是矩形平面，克里尔还是找到了例子来匹配他所归类的三种主要的城市空间类型：正方形、圆形和三角形，及其组合与变形。矩形就是拉长了的正方形！他把建筑元素归为十种，包括墙、柱、桥、屋顶、住宅、室内、城市等。紧接着他又展示了如何将他的类型研究通过一系列手段，整合到自己的设计项目中。这些手段包括：立面构成、转角处理以及将空间类型整合到特定的公寓平面内。

克里尔在《建筑元素》（Elements of Architecture，1983）以及《建筑构成》（Architecture Composition，1988）中将类型分析推向另一个高度。他的分析起点是四种平面图形：正方形、三角形、圆形以及不规则形。就像他对城市空间的分析一样,建筑类型也是通过基本图形变形获得的：添加、伸延、屈曲、分割、透视以及相当少量的限定变形。

同时他也展示了如何将这些墙体、柱子以及平屋面、坡屋面、拱顶转化到立体空间上；如何与八角形、十字形、方中带圆、圆中带方、拉长的圆形成椭圆形等。

当然，独立的空间也能通过一定的方式组织起来，例如沿轴线布置，沿一条或多条轴线对称均匀布置，以一点为中心旋转布置。

克里尔然后又叙述了古典主义的建筑细节分析，很是精彩却已经大大超越了城市空间设计的范畴！

329

这些工作充分表明了这个被理性主义抽象几何的简朴所禁锢的人，是如何试图通过自己的理解分析，逐步找到建筑设计核心的。

R·克里尔：经验主义者

包括 R·克里尔在柏林的许多项目，他一直坚持理性主义纯几何形设计，至少在规划形式上，他通过立面和剖面的类型作为第三维度来组织设计，而这种新的设计方法是他参加罗马停顿项目之后逐渐形成的。

图 13.8　R·克里尔（1977）：布尔根兰州，奥地利的新村落（图片来源：Krier，1982）

《城镇空间》（Urban Space）一书也列举了一些非规则的规划，最有代表性的是胡梅里希（Hummerich）和伯姆设计的具有"缝合"意味的斯图加特威廉广场（Wilhelmsplatz）和奥地利广场（Österreichische Platz），它们都是基于中世纪的城市肌理来展开设计的典型案例。

1977 年，克里尔在奥地利的布尔根兰州做了一个村庄设计，为了能与场地形成呼应，平面沿着山势分布（图 13.8）。从整体上看，这样的平面布局遵循了当地村庄的传统形式，由北向南的两条街道以及在村庄中央广场会合形成的开敞空间，广场的南端止于公共建筑群，包括一座城堡。

尽管克里尔的大多数方案有着理性主义的规则几何形布局，但他同时也在不断思考非规则的空间

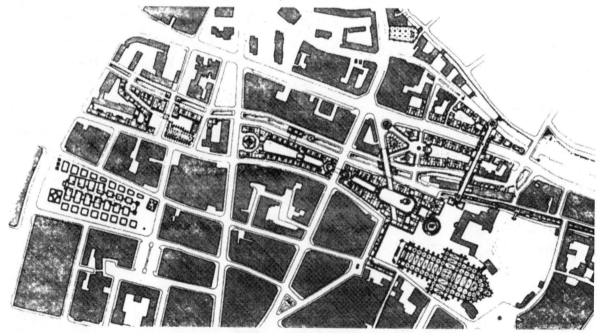

图 13.9　R·克里尔、B·德韦、M·盖斯温克莱尔（1985）：亚眠城市结构修补（图片来源：Krier，1987a）

形式，他从亚眠的城市研究中汲取灵感，那些中世纪的街道空间鼓励并决定了非规则的空间形式（Garcias，1985）（图 13.9）。这并非意味着按照克里尔的类型沿街道和广场排列住宅，而是适用那些坡屋顶和各种细部，将建筑与亚眠的城市文脉融为一体。

在这里，经验主义的运用确实是奏效的！

后 IBA 的 L·克里尔

L·克里尔在 20 世纪 80 年代的设计作品表明，他对 IBA 持批判的观点，他认为：当 1978 年抛弃总体规划理念时，已经错失了最佳的发展机遇。他的总体规划理念，基于他在卢森堡规划中的设计原则。正如他所说：

> 　　对于一个真正多元的建筑展览而言，首要的任务是进行不同的总体规划以明确并划分项目分区域，在平面和空间轮廓方面确定建筑密度、功能分布、建筑容量以及公共空间。这样的总体规划能够成为今后设计决策中不能违反的法规和意识形态基础。举例来说，现代主义美学、建设和分区的原则只能在强硬的现代主义总体规划中运用。而传统建筑则应在传统的城市规划中发挥优势。

通过这样的方法，我们才能创造出真正具有多样性的城市模式。因为："将不能结合的内容分离，将不可调和的部分分开，是正确的做法；民主，就是应该更多地鼓励而不是消磨差异。"每个城市都会有现代化的区域、古典的区域等。从 L·克里尔看来，分区域发展才可使古典主义在城市中得以真正复兴。

L·克里尔的泰格尔项目正是这样的一个地区，但却无法得以实现。因此，他在一个小一些尺度的项目中实践了类似的理念——劳伦图姆（Laurentum）的普林尼别墅（1982），一个更为复杂的纸上设计。在阅读了普林尼的描述后，克里尔设想场地是一个岬角或半岛，他必须在不同的标高上进行多层次的设计。最终，他在一个面向大海的岬角上设计了一座非凡的层层叠叠的建筑。

与泰格尔项目相似，克里尔的劳伦图姆项目营造出简洁、内在的建筑氛围，如中庭、暖房、花园凉亭等，与那些宏大的公共建筑如古罗马的地道（Cryptoportcus）、宴会厅（Triclinium）[1]，和圆形外柱廊式建筑（Monopteros）等形成对比。他把复杂性视为"必然有……大量雕塑和不计其数的壁画"以及"如纪念物般深邃……以突出鲜明的色彩"。

331

L·克里尔论施佩尔

克里尔在古典主义探索实践过程中，最具争议性的内容便是他对 A·施佩尔（Albert Speer，1905—1981）工作的评述和辩护（Leon Krier，1985e）。克里尔发现自己处于一个极其暧昧的境地：为了维护施佩尔的建筑，他必须反对其他的不同观点——许多人认为原因在于 A·希特勒没有选择现代主义建筑，而是选择了古典主义建筑作为帝国权力的象征，于是自 20 世纪 30 年代起，所有的

1.　古罗马有三面躺椅设备的餐厅。——译者注

图 13.10　A·施佩尔和 A·希特勒（1937—1943）：柏林南北轴线（图片来源：Krier, 1985）
332

古典主义变成了法西斯主义。

当然，这种陈旧滥调的逻辑就是：

> 希特勒爱古典主义
> 希特勒是暴君
> 因此，古典主义是残暴的

对于如此根深蒂固的信念，克里尔无奈只得说道：

> ……那些让德国的土地变得丑陋不堪的混凝土、钢和玻璃的建筑物，其目的竟是为了显示自由和进步最终会扎根在暴君统治过的国土之上。

克里尔指出（p.221）真正代表国家社会主义的建筑是工业建筑——工厂（里面是奴隶）和集中营（人在里面被机械化处理）。他引用了施佩尔的话：如果不考虑建筑内部发生的事情，工业本身没有错，没有回头路（施佩尔的原话）。克里尔甚至直接引用了希特勒的宣言："坦率地说，我为技术而疯狂。"他自己也说道：（p.222）"……从这疯狂的一面看……相比他对古典主义的喜好，他给人性带来了无限痛苦……希特勒的最大罪行不在于塑造了纪念碑式的环境，而在于践踏了工棚和集中营。"

正如克里尔所言，"纳粹的犯罪元素，不仅在于种族主义的歧视，更在于实业家 – 社会主义 – 中央集权 – 集体主义 – 现代主义的狂飙突进运动。"

然而，协约国——无论东方还是西方——均从纳粹工业中获得了好处，从火箭设计到大众甲壳虫汽车，他们没有理由诋毁纳粹的工业！

古典主义建筑曾经是"纳粹成功宣传的可靠工具"以及"谎言帝国的颜面伪装"（图 13.10）。

对克里尔而言，这是一个巨大的困惑，因为政治目标最终以文化的方式收尾。虽然，像克里尔说的，时下最伟大的人类制度，反映在古典遗迹中，古典的法则"和谐、坚固、实用"从未如此地"适应人类最基本的生存法则"。

我们必须肯定如下事实："纵观千百年来所有伟大的文化和大陆，古典主义建筑一直是政治、文明宣传的高贵象征。"尽管暴君也利用古典主义建筑，然而，"其意义超越暴君对它的滥用。"超国家机构，如联合国、欧共体、联合国教科文组织和北约均不使用古典主义的形式，在克里尔看来，它们是目光短浅且缺乏道德权威的，因为人们是想从建筑里得到相应期许的。

正如克里尔所说：

> 工业文明对城市或乡村的建设无能为力，它无法创造出美好而意义非凡的场所。工业文明建设了城郊、分区以及交通系统、令人沮丧的地方和集中营，到处都是大体量的建筑、大容量的交通、大众通信系统、集体灭绝。奥斯威辛－比克瑙和洛杉矶都是工业文明的孩子，都没有社交空间，没有令人愉悦的工作场所，没有健康的生活。

建筑不是政治，但建筑是政治的工具。

克里尔在接下来的一个主要方案——华盛顿特区规划（Completion of Washington DC）中，向我们展示了 20 世纪 30 年代，古典主义不仅限于法西斯独裁政权。在莫斯科，列宁图书馆、部长会议各部委大楼、莫斯科饭店、红军剧院以及国际旅行社大楼都在陈述着这一被歪曲的事实，东柏林的卡尔·马克思大街也是如此（图 13.11）。包括华盛顿本身，杰斐逊纪念堂、老的国家美术馆和最高法院等建筑也陈述着同样的观点。

因此克里尔选择华盛顿来表达他深入探索的观点是十分恰当的。他将关注的重点转向林荫大道：克里尔的华盛顿特区规划从某种意义上讲，是克里尔对自己的轴线理念的颂扬。

克里尔试图走 R·佩雷兹·达阿尔塞的昌迪加尔城市化方法的道路来让华盛顿这座空城都市化。克里尔认为纪念性华盛顿的整体过于庞大，显然不能当成一个单一而又统一的城市来看待。就像卢森堡那样，克里尔想将华盛顿分成一系列的片区来发展：林肯城、华盛顿城、杰斐逊城以及位于中心的国会城。反观各个片区，他建议在大多数情况下都应当进行比现状更密集的开发。

克里尔方案的核心，是把培根（Henry Bacon，1866—1942）设计的林肯纪念堂前的蒂达尔水池（Tidal Basin）的水面扩大，形成更为宽广的倒影湖（图 13.12）。他建议白宫挪到新的位置，位于一个椭圆形布局的短轴末端，两侧建筑沿着椭圆形平面布局布置，开敞的蒂达尔水池使椭圆形布局内的建筑都形成倒影。

克里尔最大胆的想法，是开凿一条运河，将倒影水池通向国会大厦。这样，那些需要长时间往返于林荫大道两侧的诸多博物馆的人，将不必忍受夏日的高温以及冬季的严寒在街上行走，以威尼斯式的划船代步，而不是在行进中徘徊、委顿！

333

图 13.11　鲍立克，洛伊希特，霍普等（1952—1958）：卡尔·马克思大街，东柏林（图片来源：Bonfanti 等，1973）与图 13.10 比较

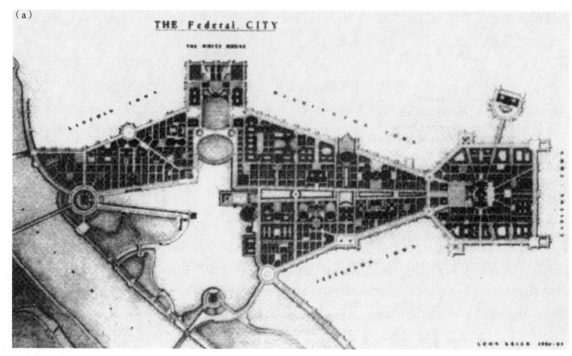

（a）

（b）

图 13.12　L·克里尔（1986）：华盛顿特区规划，中心城区纪念性建筑以及林荫大道转变为大运河（图片来源：*AMM*，30，1986）

　　华盛顿特区规划从各个方面阐明了克里尔城市规划的理想。他关注纪念性建筑、公共空间以及城市肌理间的关系，就像他说的："公共空间与纪念性建筑宛如珠宝，太多是一种奢靡的浪费，太少则是一种虚假的节约。"

　　他还说，好的城市是由街道和广场组成的，广场为人们的相会提供物质环境。同时广场也"决定了公共建筑的位置"。换句话说，广场附近适合建造纪念性建筑。

　　克里尔通过列举没有城市的纪念性建筑以及没有纪念性建筑的城市，来强调他对于城市的观点：真正的城市，是两者有机的结合。

他苛责现代主义建筑："那没有什么好保留的。（现代主义）纯粹是否定建筑应该拥有的理念、价值和原则：没有墙，没有柱，没有拱，没有窗；没有街道，没有纪念性，没有个性；没有装饰，没有工艺，没有辉煌，没有历史，没有传统！"

因此：

> 人必须回归用双腿行走的特权，而不是一味坐车、坐地铁、坐飞机。

> 不使用机器，而是靠自主来经营日常的生活是人与生俱来的权利，我们可以步行去他的工作场所，去他的俱乐部，去他的教堂，去他的餐厅，去他的诊所，去他的学校，去他的图书馆，去他的健身房，去公园。（如今，对很多人来说，这已经是一种奢望了。）

笔者也是这么认为的！

克里尔在为 SOMAI，（Skidmore，Owings and Merrill Architecture Institute，1986）写的宣言里，发表了这一观点："一座好的城市，应当把城市的各个功能区控制在适宜的步行距离内"，这必然会限定城市的大小，"城市的增长不在于宽度或高度上的扩展。"城市的发展，应当"繁殖"，即建造邻近的新城。

城市代表了如下内容：

> ……是一个完整但有限的都市共同体，是各独立都市区的组成部分，是城市中的许多城市，国家中的城市。传统的城市在时间、能源以及土地的利用上，是经济的，是自然生态的。

这些理念一年后在克里尔最具野心的设计中得以实践。但是在我们介绍这个案例之前，应该先看看新理性主义最杰出的都市空间设计。不是罗西，也不是艾莫尼诺，当然也不是克里尔，它是由琼斯和柯克兰设计的米西索加市政厅（1986）。 *335*

琼斯和柯克兰：米西索加市政厅

米西索加位于加拿大多伦多市的西边，两座城市之间有一块废弃的土地。场地就位于这块废弃的土地上，紧邻该地区购物中心的停车场，这个购物中心被几栋 12 层高的办公楼围绕，形成一个巨大的街区（图 13.13）。

在这种情况下，琼斯和柯克兰不打算把建筑作为一个有机体插入到现有的城市中去，而是带着一种信念——建成这座建筑后，一个真正的城市将会围绕它发展起来（Jones，1987）。因此，仅仅建造一座市政厅是不够的，这里还需要建造一座美术馆和一座市立图书馆。所以他们规划了由北向南的一道轴线，北起如画境般美丽的公园直到南侧的安大略湖；为了"模拟郊野的想法"，市政厅围绕一个庭院的三边建造；另外两个庭院：一个两侧是文化建筑，另一个放置大型金字塔形纪念碑（图 13.14）。

市政厅由跨越主要轴线的巨大山花形的建筑联系在一起。但它们并不完全一致。琼斯把它称为大拱，正如马克斯威尔所指出的（Maxwell，1988）：那东西跟 L·克里尔设计的塞日蓬图瓦斯

图 13.13　琼斯和柯克兰，1987：多伦多附近的米西索加市政厅（图片来源：*A+U*，1987 年 12 月）

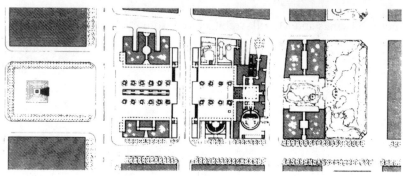

图 13.14　米西索加市政厅：平面图，包含未来的扩建规划（图片来源：*A+U*，1987 年 12 月）

（Cergy Pontoise）学校的餐厅如出一辙。在这之后，是东西向有 14 层台阶形金字塔屋顶的办公楼，一座顶部暴露钢结构的 100 米高的罗西式钟塔，一个玻璃金字塔的大厅和一个阿斯普隆德式的圆形议会厅。大厅东侧连接议会厅，南侧接连暖房以及琼斯所说的大拱，西侧通过一个伯尔尼尼式逐渐收缩的楼梯连接到办公楼。

　　大拱的南侧，开敞的柱廊围合市民广场，它的东西两侧分别是露天剧院和比较正式的花园。诚然，评价这样的城市空间还为时过早，因为它的南侧现在是完全打开的。只有当那栋文化建筑建造起来，另一个庭院空间形成，这个广场才能真正体现市民性。

　　市政厅的各个部分都被加拿大人取了通俗的名称，例如大拱，人们管它叫谷仓，议会厅则叫作粮食筒仓，诸如此类（Jones，1987；Maxwell，1987；以及 Cawker，1987）。琼斯自己欣然接受博迪（Boddy）所说的地域性以及詹克斯所说的后现代地域主义。他承认，"强烈的理性趋势……恰巧结合了形式与功能"，同时还强调："类型学的设计一直是我工作的特征之一……"他更进一步解释："公共建筑（纪念碑！）在城市肌理中清晰得辨别出来，是具有积极意义的。"

　　他接受这样的评价——议会厅就是个古典主义建筑，因为在设计这座建筑时，琼斯运用了许多古典元素："阳台、柱廊、台阶、地板、圆形大厅等等古典主义的要素。"他和 L·克里尔一致认为："我们有充分的理由相信，古典主义可以完美地运用在建筑形体设计以及类型实践中。在有限的想法里，设计出无限的真实建造或是想象的建筑，是完全可能的。"

　　诚然，如果 20 世纪六七十年代没有新理性主义的发展，市政厅是无法建造起来的。此时罗西和克里尔不约而同将目光从几何完形（尽管格拉西仍在坚持）转向材质的运用以及古典细节的营造，

336

琼斯和柯克兰的作品受到了全世界的关注。密西沙加的项目同时表明了，这两位建筑师在经验主义实践中对人知觉体验的关注。

L·克里尔：亚特兰蒂斯

毫无疑问，L·克里尔位于特内里费的亚特兰蒂斯（L. Krier，1987b；Porphyrios，1988）的设计最全面地展示了他是如何由新理性主义转向经验主义与实用主义的。该项目受米勒（H.J.Müller）委托,目标是成为"一个国际化艺术、科学、政治和商务的聚会与研究场所",预计在 2000 年建成（图 13.15 和图 13.16 ）。

克里尔表示，按照这一定位，某些建筑师可能已经将所有一切打包进一个巨型结构中，这意味着一种"散漫而错综复杂的综合体……令人感到压抑，迷惑，沮丧，无法忍受"。然而克里尔设计和放置了：

> ……超过 100 栋建筑，有大有小，每一个都可以简化为它的不可再简化内核的拓扑形
> 式：教堂、浴场、画廊、图书馆、剧院、餐厅、工作室、住宅等。

图 13.15　L·克里尔（1987）：特内里费的亚特兰蒂斯。由 C·劳宾（Carl Laubin）绘制（图片来源：*Archivesd'ArchitectureModerne*，1988，*Architectural Design*，58，1987）

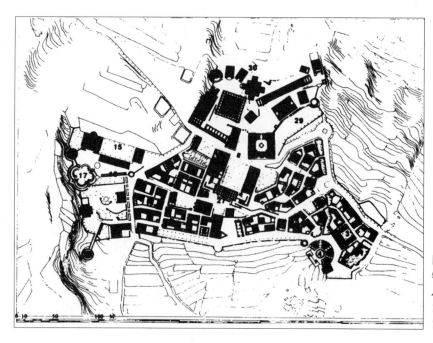

图 13.16 L·克里尔（1987）：亚特兰蒂斯：平面图（图片来源：*Archives d'Architecture Moderne*，1988，*Architectural Design*，58，1987）

正如他所说，这些大大小小的建筑代表着"分等级的城市元素"，并且围绕"大约 31 条外部街道、小巷和楼梯，以及 19 个大小不一的广场"分成组团。

至于普林尼别墅，克里尔需要设想一块场地，亚特兰蒂斯的地形事实上是理想的选择。选址的海拔高度为 595—635 米，因此他在朝向广场斜坡上的半路沿着低地的边缘铺设了一条约 350 米长海滨散步道。在卫城顶端，精确地再现了古希腊人所享有的广场及其周边的关系。

海滨步道西端是"空中花园"，带有游泳池、网球场、浴室、健身中心、体育馆、日光浴室和实验室，而东端则是一座露天剧场，带有图书馆、音乐工作室和一个圆形外柱廊式建筑。

狭窄的街道和小巷两边排列着"简朴的住宅、花园围墙和凉棚"，但这些住宅全都带有可以看到乡村景观的花园平台。与泰格尔项目相似，在亚特兰蒂斯所有的公共建筑都向着广场，并且带有纪念性，"同时限定和控制着城市中的视觉通廊。"

广场有一条 24 根立柱的敞廊、一家旅馆、一家餐厅和一些商店，而卫城是一座艺术博物馆，有 17 间不同的展馆，一座希腊十字教堂，以及一座位于四座 42 米高塔下的方形中庭。

338　诚如克里尔所言：

> 今天画境般的街道形式和有机的城市结构常常被认为是像花朵在田野中那样自发生长而成的。人们愿意忽略这些看起来形式自由的石材的可塑性、透视和象征性的精确不是源于对建筑偶然的热情，而恰恰相反，是最高秩序感的获得，也是最高伦理和艺术意识的实现与统一……

所以，这个项目尤其如此，它标志着一个最具影响力的新理性主义者向经验主义观点正式投靠。

就像不同美术馆中展示不同种类的艺术品需要不同类型的照明一样，克里尔的确走入了密切、细致的细节阶段；没有设计能比他的设计更经验主义了！

亚特兰蒂斯已经得到实现，但不是在特内里费岛，而是在安达卢西亚，仍然是作为一个相当

图 13.17　L·克里尔：多切斯特：为威尔斯亲王、康沃尔公爵设计的庞德伯里农庄

特殊的供知识分子聚会的场所。然而 L·克里尔的多切斯特扩建工程，与他的为日常生活的城市街区（quartier）的理想更为接近。这个项目是为威尔士亲王、康沃尔公爵而准备的，建造在庞德伯里农庄。

如人们所期望的，克里尔的设计考虑了城市尺度的街道和广场。其他建筑师被邀请设计其中的公共建筑，总体城市肌理中的各个区块，以及为不同收入群体服务的商店和住宅等。

所以，在庞德伯里镇，L·克里尔为英格兰西南部提出了这种有景观适应性的模式，也就是杜安伊和普拉特 – 齐贝克为美国南部锡赛德镇提出的模式。

340 未来的城市？

仍然有人将纽约看作未来城市的原型，然而很明显这个主动权已经给了别的城市，首先是洛杉矶，接着是休斯敦，然后是很多北美城市。正如洛杉矶，休斯敦比纽约年轻。休斯敦于 1836 年 8 月建城，比纽约晚大约 200 年。当时两位纽约的投机商艾伦兄弟（Allen Brothers）划船到布法罗河，并在河流转向东南处的河湾登陆。传说 A·艾伦（Augustus Allen）"用他的帽子作为桌子"勾勒了一个居住区平面，一个 5×5 的街区网格。

一年后的 1837 年，得克萨斯州政府由西哥伦比亚迁往休斯敦，最终成为美国第三大城市。

所以，市中心现在扩展到了 16×20 个街区，由高速公路而不是一般的街道界定。其中，新的商业中心位于得克萨斯南部的若干街区，以纪念首次登陆月球而建造的宁静公园（Tranquility Park）为中心，被晚期现代主义和后现代主义的摩天楼群所包围，这使得休斯敦的天际线与纽约很不一样。这里有壳牌广场（Shell Plaza，1971），彭泽尔广场（Penzoil Place）Johnson and Burgee，1985），共和国中央银行（Republic Bank Center，1980），得克萨斯商务中心（Texas Commerce Tower）和联合银行广场（Allied Bank Plaza，1983）。

这些建筑的大部分都通过一个隧道系统在地下连接，这个系统在规模和复杂程度上几乎可以与蒙特利尔媲美。蒙特利尔的隧道系统是由于气候原因而建造的，与蒙特利尔的冬天极度寒冷和干燥相反，休斯敦在夏天十分炎热潮湿。

但是，仅仅市中心本身还不足以使休斯敦成为未来城市。早在 20 世纪 20 年代，商业中心区周围已经开始建立住宅区，如高档的橡树河区（River Oaks）。随着这些区域的繁荣，城市扩张并且将其并入城市内。

城市的快速发展得益于 20 世纪 50 年代后期兴建的大量高速公路系统，自东西南北方向形成环路，围合成约为 9 英里 ×7 英里的矩形区域。在这周围，外环已经从市中心东面的 7 英里处开始建造，并计划在北面 12 英里处转向西面。同时一系列壮观的城镇，或者说卫星城已经借由高速路网络向南侧和西侧发展，超出了西环路的范围。

巴林顿（Barrington）说，休斯敦是一座"建筑的城市"，这一区域有得克萨斯医学中心，以及航天世界的领地，如宇航大厅和天文观测台。美国宇航局（NASA）也位于此地，成为所有各种科学园区的原型。

这里有商业中心，如格林韦广场（Greenway Plaza）。巴林顿认为这种规模已经类似于卫星城，同时包括了后橡树购物中心（Post Oak Shopping Sector）、城乡购物中心、绿点购物中心，此外还有橡树河区和纪念性场所。

占地 127 英亩的格林韦广场（1967 始建）包括 10 座办公大楼、公寓地块和斯托夫旅店（Stouffer's Inn），及其他运动和娱乐设施。

最特别的是位于西环（West Loop）西侧的奇环区（Magic Circle），这里在 20 世纪 50 年代还是一片开敞的空地。起初是斯科沃茨（Sakowitz）和乔斯科百货商店（Joske）在这里开业，随后又引来了内曼·马库斯百货商店（Neiman Markus）。1965 年开始建造拱廊商业综合体（Galleria），有三层的商业中心环抱着滑冰场，以及配备全空调系统的豪华酒店。

341

1971 年项目完工，5 年后，第二个拱廊商业综合体开始建造，包括第二家酒店，同时还有马歇尔场（Marshall Field）和洛德泰勒商店（Lord and Taylor Stores）。所有这些商业设计连同后橡树购物中心形成了今天的奇环区，用巴林顿的话说，"这里是所有目的地的汇合。"

休斯敦绝对不是唯一一个周边有新中心发展并且从规模和设施上都媲美其至超越原市中心的美国城市。如同戈尔登松所指出的（Goldensohn,1986），一种被他称作位于城郊的速生城市（Instant City）或者是伪城市（pseudo-city）正在整个美国显现。

其他类似的如纽约城外的佛瑞斯塔中心（Forrestal Center）、新泽西州的普林斯顿以及加利福尼亚州奥兰治县的欧文湾（Irvine Spectrum）。如戈尔登松所述，尽管休斯敦周边的高速公路变得愈加混乱，其他城市依然在谨慎的城市规划下渴望逐渐成为替代城市。

在亚特兰大，因为有 J·波特曼的参与，出现了很多大规模商业中心项目，使得这种速生城市有了强大的竞争力。1980—1985 年间，亚特兰大市建成了大约 430 万平方英尺的办公空间，位于北面的周边中心（Perimeter Center）建成 760 万平方英尺，东北面的坎伯兰拱廊（Cumberland/Galleria）建成 1060 万平方英尺。以这个速率，到 1990 年仅办公空间，周边中心和坎伯兰拱廊将超过亚特兰大市中心办公建筑面积的总和。

此外，空间的类型区分变得越来越专业化。市中心重要功能如政府工作、专业服务、金融、大宗贸易和老城区。周边中心和坎伯兰拱廊则成为汇聚大量会计人员、律师和其他专业人员的主要区域。同时周边中心还吸纳了很多跨国集团总部在此设立机构。

由普林斯顿大学 1976 年在新泽西建立的弗莱斯特，从开始头十年就吸引了如 IBM、格拉莫、道琼斯、RCA、美林等 45 家企业公司。在 20 世纪 80 年代后期，弗莱斯特的建设速度非常惊人，到 1992 年将建成总计 120—125 百万平方英尺的办公空间，这比纽瓦克或密尔沃基的市中心都大。

弗莱斯特有数百套豪华的联排住宅和公寓，以普林斯顿弗莱斯特村为例，其中的万豪酒店（Marriott Hotel）有 300 间客房，购物中心涵盖了 125 个独立单元，有商店、餐厅、银行、日常护理中心和康体俱乐部等。此外，弗莱斯特沿着 1 号国道已经有新的项目启动，比如 Whispering Woods。

美林还计划增加更多的办公空间，这种快速发展甚至被描述成："将自己建成世界贸易的中心"。

莱因贝格尔（Leinberger）和洛克伍德（Lockwood）（1986）认为洛杉矶是增长最快的城市，有许多都市村庄的核心，如世纪城、科斯塔梅萨、欧文、纽波特比奇、恩西诺、格伦代尔，以及机场、华纳中心、安大略、帕萨迪纳、伯班克的环球影城和韦斯特伍德。

到 1960 年，洛杉矶所有办公空间的 60% 位于市中心，而这一数据到 1986 年，只有 34%，剩下的都位于速生城市中。

这些项目大多具有其自身特性，如航天工业主要集中在机场和托兰斯，娱乐业从好莱坞逐渐转移到伯班克环球影城，保险业从洛杉矶威尔夏大道（Wilshire Boulevard）转移到帕萨迪纳。帕萨迪纳曾经衰落的城市中心随着酒店、餐厅、咖啡厅和商店的置入而得到振兴，核心区在步行范围内的老住宅被新的公寓和联排别墅所取代。同时在这些居住区附近，年轻且文化程度较高的人群逐渐取代了早先住在这里的人。

与市中心不同，这些速生城市没有成群的高层建筑。相反，这些独立的塔楼建筑包含了停车场以及景观空间。

值得一提的是，这里的大部分项目很少关注城市空间设计，在开发时都不顾及相邻建筑彼此之间的空间。

其中一个特例是从达拉斯沿机场高速出发15英里外，由B·卡彭特（Ben Carpenter）开发的拉斯克里纳思。1986年，位于这里的办公空间已经远远超过达拉斯在20世纪70年代初的城市空间总量。截至1986年，到拉斯克里纳思工作的人口约5.1万人，而卡特（Carter）预估到2000年，这一数字将升至18万人，其中有5万人将住在那儿。

办公空间沿着一个人造湖的水岸成组团分布，形成类似威尼斯大运河的环路。有绝好景观的商店在湖岸一侧，联排住宅在另一侧，如果仔细观察的话实际上是多层停车库的立面。对于那些想从水路看拉斯克里纳思和办公综合体的人来说，免费的威尼斯游船已经成为一个次要的游客景点！

几乎没有其他的城市可以与这种发展规模相提并论，像戈尔登松 (1986) 说的那样，这是"得克萨斯州与生俱来的从幻想中创造现实的天赋"。

总的说来，至少在北美，中央商业区、商店、影院、剧院和其他娱乐场所都聚集在市中心的时代已经一去不复返。相反，大部分美国城市都被速生城市包围，且每一处都以办公建筑为中心，"哪里的楼宇越高，白天人口就越密集，交通拥堵就越严重。"城市核心被购物中心、公寓、联排住宅、城郊住宅、电影院、餐厅、酒店和会议中心等包围。

这些区域大多都是新兴的，以至于当戈尔登松在写作时很难在地图上找出位置。但正如他说的那样，靠汽车轮子自由生活的美国消费者们非常了解哪里能够找到这些地方。

所以，这一切到底是怎样发生的？就像马勒（Muller）所说的（1976, Goldensohn, 1986 年引述）："大量的经济活动涌向城郊，使得这种趋势不再被人质疑。大都市的概念不再一成不变。我们必须基于曾经单中心的老城，考虑多中心的城市现实。"

历经两代人的规划设计，从克里斯托勒（Christaller）（1933）到A·勒施（Lösch, 1938, 1954) 对规划的修正都认为居住组团当然应该呈六边形，区域中心的形成，是由于商品和服务的交换与"周边"发生关系。但是，"现在，我们生活在一种中心空间彻底转型的文化环境中。孤立的办公楼即便不在实际的中心位置，但它依然发挥着中心的作用。周边是什么并不重要。屋顶上的卫星大碟起着联系作用。这就是我们要讨论的……全球城市。"

自20世纪60年代末，工业的转型使重点更多地关注信息系统，而非实体的制造业。通信革命意味着人们可以以过去简直无法想象的方式分散生活，其实像麦克卢汉（Marshall Mcluhan）那样有先见之明的人早在20年前就想到了这些。

莱因贝格尔和洛克伍德（1986）将战后的郊区蔓延看作是"纯粹是介于传统紧凑的战前城市和今天的大都市地区的过渡阶段"。

莱因贝格尔和洛克伍德发现了这种速生城市生长的五个原因，其中前四个都最终导致了城市的蔓延。

首先，由于经济的基础由制造业转向服务业以及以知识为基础的产业导致了城市发展方式的转变。尽管制造业在 20 世纪 20 年代占整个就业率的三分之一，到了 80 年代中叶，它却只占了六分之一。很多的新兴服务业：零售、快餐等需要新的场所——比如像购物中心，而同时基于计算机的专业领域需要大量的办公空间。

与此同时，工厂曾经是有害的邻居——它们早已从住宅区中分离出去，而像办公建筑，甚至是高科技园区也已经被人们所接受，进入到中产阶级居住区甚至是更远的城郊区域。

第二，由于道路交通建设的增长，与高昂的铁路运输成本相比，货物的收发都不再需要去火车站。他们可以通过围绕城市的高速公路提供门对门的服务，而不再是送进或送出那么单一。

第三，先进的通信方式，包括廉价的长途电话，人们不再要靠长途跋涉来传递信息。其他的通信手段还有电话，电报、传真系统、电传、电子邮件以及电脑调制解调器的使用，使相关话费变得愈加便宜。

第四，尽管在城郊的建设费用与城市中心相似，但是土地成本却大有不同。根据莱因贝格尔和洛克伍德引用的数据，在城市中心每平方英尺的土地开发成本为 50—1000 美元，而城郊则是 10—50 美元。

此外，在城郊的办公建筑需要解决停车问题，市中心则需要依靠地下空间。建造多层停车库相对更便宜，在城郊则空间不是问题。在很多城郊，土地的价值可以使停车直接在地面解决。这就是为什么在城郊的办公空间，包括那些重要的高层建筑，每平方英尺以 15—24 美元的价格租赁，而市中心则需要 18—42 美元。

正是这些经济因素促使了速生城市的诞生，但是莱因贝格尔和洛克伍德发现了第五个原因，依他们的观点，这个原因最终决定了家庭的迁移。多数的美国人都认为自己喜欢城市生活，以及城市的设施，诸如有多种选择的商店、餐厅、酒店等各种的城市设施。而这些设施的维持都需要一定数量的人流。比方说一家普通的地区购物中心，需要在 3—5 英里辐射半径内汇集 25 万人作为依托。同时对这些人来说，反过来需要在近处方便的工作和生活。一家高雅的餐厅与之相关的人数是 2 万人等。而对于高度发展的服务业而言，对人流要求已经比战前城区的需求要少多了。

此外，人们需要便捷的服务设施。他们不想开车太远，最佳的位置是那些可以从高速公路上看到并且容易接近的地方。

这意味着优越的位置使速成城市可以吸引更多的办公楼、宾馆、越来越多的精品商店和高密度住宅。正是这些因素，老城中心正变成城郊。

它们可能转变成旅游景点，像曼哈顿下城区的海港城南街、巴尔的摩的港湾区、旧金山的渔人码头等。这些反过来又可能吸引很多人，购物中心就会按照城郊的模式建造，以尽可能靠紧这些设施。 *344*

此外，老城中心在整整一代人之前就已变得"危险而低效"，以至于各个家庭被迫迁往新的、有益于身心健康而又卫生的速生城市。

莱因贝格尔和洛克伍德指出，速生城市也有其社会问题。总体上这些区域增长的明显的原因在白种人和上层中产阶级的地区，经理和其他行政主管也是从自身方便的角度才决策选择这种位置。这种模式即使他们在时间和能源消耗上都更有效率，居住者能承担得起在近处居住的房屋，同时又有汽车满足短途的出行需求。

但这些便利并不包括大多数在办公室工作的人员、全体办事员、清洁工、看管员、在当地商场、餐厅、加油站等就职的人员，因为他们无法负担额外的支出。他们需要开汽车或乘公交车，每日消耗大量的时间往返于城市和郊区，这才是他们能负担得起的生活。

对于这种现象一般的解决方式是在速成城市中建造廉价住房。但是,恰恰这点是居民不想要的，正如莱因贝格尔和洛克伍德所说的那样，"收起吊桥"是针对工薪阶层的。事实上，他们中的许多人已经住在那些安保森严的社区内。

都市村庄在美国得到建设发展，大多与其地方政府的组构形式有关。以大洛杉矶为例，它包含100多个城市和5个县，而亚特兰大大都市区却有46个城市和7个县。很多这样的城市都急于扩大它们的征税人群，创造就业机会，迎接"发展"。所以，他们不甘落后，纷纷提供最自由的分区立法、减税政策——至少是临时的——同时改善道路系统、排水系统和其他基础设施。即使某一区域的居民表示抵制，但由于周边其他区域已经迎接了作为他们利润来源的发展，他们依然会受到影响。

莱因贝格尔和洛克伍德最终质疑都市村庄对城市究竟有益还是有害，他们认为问题本身已经无关紧要，因为在美国这股潮流似乎如此成功，以至于完全不可逆转。他们也不想返回过去的发展模式，因为正如他们所说：

> 很难想象理想的都市村庄会这样成功。为各类美国人提供在同一个地域里生活、购物和游玩的机会——同时又能便捷地连接其他都市村庄以获得本区域缺少的东西——这看起来真令人难以置信。

戈尔登松对此并不乐观。这些区域虽然在成熟发展，却恰恰缺乏某些特征，而这正是J·雅各布斯等人所说的城市的本质。正如戈尔登松所言：

> 这其中缺少历史，宏伟的中心区没有过去，没有丰富多样的建筑以及随着时间一层层叠加形成的邻里社区。种族和经济的混合也十分单一。

他进一步认为，从城市理论家的观点看来，速生城市甚至将加剧美国阶级和种族的分化。随着富裕的美国家庭搬去那些新兴的城郊，已经被遗弃的穷人会被完全遗忘。

诚然，那些迁入者将成为城郊的产物，在成长时期，他们的父辈在城市中往返工作，而他们以及妻子则是要在城郊往返工作。目前已经有70%的美国人生活在城郊，仅有30%的人仍生活在城市。如戈尔登松所说的："服务型经济所需要的高科技人才已经在文化上为超大中心做好了准备。总体来说，他们是一个灵活、年轻的群体，愿意迁移并且非常习惯汽车文化。"

所以戈尔登松认为，那些人的孩子迁入速生城市后，将与城市脱离联系，他们甚至连城市生活应该是怎样的都不知道，如此，他们也不知道自己错失了什么。除非如他建议的那样，他们到访真正的威尼斯后才会意识到拉斯克里纳思仅仅是个赝品。即便如此，他仍然觉得他们还有可能喜欢赝品。

所以，尽管速生城市至少在北美无法停止，但它们绝不是我们解决城市问题的方案。如果它们的设计能对其他地方的城市发展有所借鉴，那已经是一件极大的好事。

城市的未来

那么所有这些关于城市的未来究竟告诉了我们什么？毫无疑问城市将会有多种的未来。古老的城市和那些城市中的老城区，将有幸在未来得到保护，不会像现代主义建筑运动期间那样因为阻碍了勒·柯布西耶"光辉城市"的理念而钉在十字架上。虽然这些老城区有着 J·雅各布斯和 N·泰勒所钟爱的那种美好的房子，但是为了给新的高层建筑和机动车道让路，而惨遭拆除。我们已经不能容忍那些优秀的城市结构成为空洞的柯布式空间或汽车崇拜的牺牲品。

我们应该向像锡耶纳和威尼斯这样的城市学习，那些伟大的城市空间是为步行者设计的，应当保持这种使用功能，而不是被汽车搞得凌乱不堪，就像巴斯的马戏场或者南锡的斯坦尼斯拉斯广场。

罗西的教诲值得注意，城市的"记忆"镌刻在纪念性建筑之中，如果没有它们，城市会变得不再与众不同。我们可以想象，当一个纪念性建筑在它所处的城市肌理中若隐若现时，这才是最令人欣喜的——正如大斗兽场曾经表现出的与中世纪罗马的背离，直到墨索里尼将它"释放"，结果成了目前不再辉煌而又孤立的状态。雷恩（Christopher Wren，1632—1723）设计的圣保罗教堂前广场，周边的建筑层数均不低于 5 层，高度相当于大教堂的第一道檐口，远比 1988 年的帕特诺斯特广场（Paternoster Square）设计竞赛中选方案的密度更高。可想而知，开发商们对雷恩的方案会多么满意啊！

或许我们应该向 L·克里尔学习，城市应该重新分区：不是将工作区与居住区、服务区等分开，而是从街区的角度，每个街区都在舒适的步行范围内解决日常生活所需。我们同时也可以接受他根据建筑和规划风格来分区，克里尔认为这是重新建造统一的古典建筑群的唯一方法。不可思议的是，H·威尔逊（Hugh Wilson）于第二次世界大战后在坎特伯雷规划的一个现代主义建筑分区运用了相似的理念，我们现在可以在坎特伯雷欣赏大教堂周边古老的中世纪街区，丝毫不受 20 世纪 50 年代缺乏协调、尺度感、特征的新建筑的影响。它们有各自的分区——或者说聚居区（ghetto）——我们可以选择进入还是离开。

我们也可以向从杜安伊和普拉特齐贝克的锡赛德镇学习，通过开发内在的规则，使每个街区强制获得多样性。

我们还可以像阿尔布瓦克斯、罗西和克里尔兄弟那样期望越来越多的人能够像中世纪的工匠那样，重新居住在"店铺上方"。这种方式由于信息化的增长而得到支持，特别是计算机的使用对邻居的影响比最轻微的工业都要小，这比起中世纪木匠、铁匠，甚至鞋匠的干扰都更微不足道。

J·雅各布斯、C·亚历山大、克里尔和其他许多人的著作也产生了一些共识：重叠和相互联结的混合功能可以创造更具活力也更安全的城市空间，这种混合使用还可以在空间规模上得到延伸。

无论建筑多么令人生畏，塔楼的尺度多么粗野，混凝土和砖的条痕多么肮脏，钱伯林、鲍威尔和邦事务所（Chamberlin，Powell，Bon）在伦敦的巴比坎项目（1959—1983）有许多方面令人们关注（图 13.18）。毫无疑问，这里居住的人们尤其是那些老年人非常享受住在高空，因为这样既能俯瞰充满记忆的城市，同时又能方便乘坐电梯直下到艺术中心的门厅，聆听伦敦交响乐团或

346

图 13.18 钱伯林、鲍威尔和邦事务所（1966—1983）：伦敦的巴比坎（图片来源：作者自摄）

图 13.19 R·萨尔莫纳（1968）：波哥大公园（图片来源：作者自摄）

者观赏皇家莎士比亚剧团的演出。

不觉联想到萨尔莫纳（Rogelio Salmona，1929—2007）设计的波哥大公园（1968—1971），三座超大型高层住宅围绕着一个圆形的斗牛场（图 13.19）。未来这里还会有其他各种可能。

此外还有 R·博菲尔建筑师事务所在摩纳哥设计竞赛的摩纳哥木马方案（Le Cheval De Monaco）（Broadbent，1975a，b）。由一座多层"多功能建筑"围合的"都市舞台"（urban arena）组成，（图 13.20）。正如它们的名字里所隐含的那样，这些建筑可以是公寓、酒吧、精品店、咖啡馆、美术馆、办公、酒店、商铺等。都市舞台则可以用于电影、马戏、音乐会、舞蹈和其他种类的休闲活动。有适合篮球、拳击、击剑、曲棍球、柔道的设备，声光投影等功能应有尽有。

如果生活在这样的地方，人们在任何时刻都可以做出自由的选择，可以待在自己的公寓，欣赏唱片，看电视或任何事情，向窗外眺望，可以看到都市舞台中的活动；或是站在窗边做一个观察者，仅仅观望；或是干脆下楼参与其中，说不定还有更新的发现。

摩纳哥木马试图作为自由城市的一篇随笔，体现在博菲尔建筑师事务所的各式宣传口号中，如"为你也是为大家的时代"、"幸福的文化价值"、"爱的时光"、"新感知"等。当然，它也带来了深层次的含意，如果大家都可以从自己窗外就轻松获得各种休闲需求，那么人们通过旅行去找寻消遣的需求就会大大减少。

其实"多功能"建筑并非什么新鲜事物。比如罗马的城市住宅，沿街面都是商铺。而中世纪的工匠，和 19 世纪的后辈一样，确实居住在"店铺上方"。

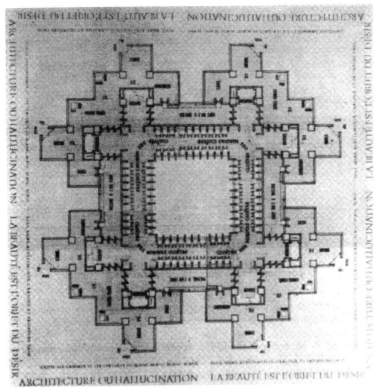

图 13.20 博菲尔建筑师事务所（1975）：摩纳哥木马（图片来源：设计原图）

图 13.21 勒·柯布西耶（1952）：马赛公寓（图片来源：作者自摄）

　　勒·柯布西耶的马赛公寓是更大尺度的多功能建筑，其一层包含商店、超市，跃层上有旅馆，屋顶平台上有学校、健身房和其他各种设施（图 13.21）。L·克罗尔（Lucien Kroll）为勒芬大学设计的学生公寓，位于布鲁塞尔郊外的沃吕沃 – 圣朗贝尔，混合布置学生宿舍、酒吧、商铺、社交设施、一个天主教中心，餐馆分布在各个地块。

　　然而，勒·柯布西耶的马赛公寓以及克罗尔的项目各自存在自身的问题。马赛公寓 337 套公寓不足以支撑一家超市和如此众多的商铺。事实上这些商铺大多数都被各种专业人士用作办公室，他们中有建筑师、医生、律师，他们正如勒·柯布西耶所愿，选择在这里居住。显然，如果谁想设计这类"多功能建筑"，就必须像那些"速成城市"的建造者一样，能充分了解所有这些功能，不管是酒吧也好，酒店、商店也罢，到底需要多大范围，或准确地说，需要多少人口数量才能够维持下去。

　　克罗尔试图在他的住宅设计中希望将各种不同的居住方式"融合"进来，但令他懊恼的是，仅以餐厅为例，需要有备餐间、厨房、食物储藏室等，作为单元看待无疑显得过大，几乎不可能"压缩"到他所设想的地块中。其他种类的功能当然也有同样的情况（图 13.22）。

　　如果每个城市都有各种场所，类似巴比坎项目在建筑和规划中得到进一步"改善"——少一些粗野，尺度更小——人们不是居住在"店铺上方"，而是像博菲尔设想的那样，居住在个人的休闲需求"上方"：音乐会、戏剧、歌剧、有氧健身、保龄球、计算机使用、舞蹈、迪斯科、素描、体操、爵士乐、绘画、雕塑、滑冰、游泳、网球等，人们所使用的每一种场所在这些范围内都特别有效，那将节省人们很多的出行以及其他时间。如果对于这些需求没有多少热情，只是偶尔想参加的话，趁他们高兴也可以时不时过来。

图 13.22 L·克罗尔（1968）：勒芬大学医学院学生公寓，靠近布鲁塞尔的沃吕沃 - 圣朗贝尔（图片来源：作者自摄）

人们可以根据自己所期待的经常活动需要选择住在哪里，这就必然会减少出行的需求、汽车的需求，从而减少道路和停车场的需求。也就会节省城市的许多空间，进一步减少出行距离。

按照罗西的观念，这类"专业化"的中心，有些将毫无疑问成为城市的纪念性建筑。我们也会赞同他所主张的在这类"专业化"中心之间，城市需要一种永远不断变化的特质或肌理。柏林已经通过 IBA 国际建筑展的住宅表明了这种方式，马奇和特拉斯推崇的形式理论作为基础（参见第 7 章）

但是我认为，除了罗西喜好的"纪念性建筑"和"城市肌理"，城市还需要第三种元素，此刻我们可以称之为"城外"住宅。大多数城市都有郊区的这种形式。作为一名激进的倡导者，爱德华兹（Edwards）有这样的描述（1981）：

> 一个中性的世界……一个居住场所……一种混合。它同时具有郊区与城市的特点，既有树木、草地、树篱和鲜花，也有房屋、街道和铺地。这里的居民在大范围下属于同一个社会阶层，那里为养家糊口忙碌的人可以休息而不必工作，房子周围绿树成荫，道路都有路缘石。

他认为，房地产开发商的行为导致的结果是："有可能在日后成为城市议会厅、新镇企业、投机商，甚至使农民发现矮平房是比玉米更有收益的作物。"

而单纯的郊区，并非田园城市，也不同于速生城市。尽管每幢住宅都有花园，在某种程度上可以种植庄稼，但是这里没有商店，没有工业区，也没有任何大型的公寓建筑地块。与速生城市中的居民不同，郊区的居民除了睡觉基本找不到什么城市生活。由于郊区的低密度，建筑之间毫无城市的围合感。唯一获得围合的是巧妙地种植大大小小的树木、树篱、围栏等。

毫无疑问郊区将继续蔓延。欧共体不鼓励农民过多生产粮食，他们显然想"种植"更有利可图的"庄稼"。他们中的某些人毫无疑问愿意提供土地供住宅、商店和休闲场所使用。事实上，他们渴望欧洲版的"速生城市"。

349

　　但是在发展中国家，经历着另一种不同的城外居住形式。这里主要由自建住宅组成，或者说是自建社区，包括住宅、学校、商店等。正像在巴西利亚和昌迪加尔看到的那样，这种发展方式常常比正统的规划更具活力。

　　在很多实例中，往往是先有一家"屋主"修建了一个基本的住所，然后围绕它搭建混凝土砌块的墙体、石棉水泥屋顶等。这种"固化"的过程，在新兴国家都普遍出现，往往以简陋的棚屋作为开始。他们必然也会受那些在何处和何种配套服务设施的推动而定居，然后开始修建他们的住房。

　　诚然，在马克思主义理论家眼中，如 R·塞格雷（Roberto Segre，1975），许多简陋木屋居民对自建的住房所具有的无可争辩的骄傲，本身就是一种谴责。R·塞格雷把他们看作是早期资本家，无论规模有多么小。塞格雷以及有类似观点的理论家们宁愿非常穷的人住在那些低标准的、由政府修建的住房里，理由是这样的住房本身将加强一种形式的社会凝聚力，因此而引发"都市革命"。

　　这种住房显然造价昂贵，很少有第三世界国家能够负担。穷人甚至连租金或采暖费用都无法负担。

　　对比下来，自建住房造价低廉。事实上，按照定义它是属于最廉价的住房，因为这里建造的劳动成本几乎为零。考虑到自建过程中它更容易满足个人实际需求，这使得它的优势更为明显。W·西格尔（Walter Segal）甚至为伦敦的刘易舍姆（Lewisham）制订了一项自建计划。

　　如果仅以极少的规划将区域划给自建，即使有建造的限制，那么发达国家的城市将会何等丰富。随着时间的磨砺，这些区域无疑会与那些显而易见的城市获得同样的活力，最有代表性的例子是巴西利亚周边的"自由城市"。*350*

　　所以我们可以看到三种不同形式的建筑正在显现。显然是由专业建筑师设计的罗西式的"纪念性建筑"符合城市的总体肌理，同样也是由专业人员参与规划的城市发展。或许是按照埃瑞的南锡方式，自我设计的建筑立面尊重原有的城市空间。如果建筑背面原本没有自建的建筑，作为"自由"区域，还可以促成用自建方式开发"现场和服务"的建设计划。

　　作为城市总体肌理的形式，如同 J·雅各布斯所描述的那样，关于街道的类型可以有多种方

图 13.23（a）圣多明各埃尔阿瓦尼科的自建住房，多米尼加共和国。在建造了基本的住所后，屋主正在周围建造永久性的住房（图片来源：作者自摄）

图 13.23（b）加拉加斯的自建住房，委内瑞拉。用混凝土楼板、砖、瓦、石棉水泥修建的住房十分类似希利尔和汉森预言的"非正规"住房（参见21—23 页）（图片来源：作者自摄）

图 13.23（c）希腊伊兹拉的自建住房（Hydra, Greece）。常年累月经自然侵蚀的非正规住房形成了独具特色的旅游景区（图片来源：作者自摄）

式。然而人们希望有不同种类的选择。以伦敦为例，这里既有街道也有广场。广场被四层台阶式住宅所围合，立面使用砖或者粉刷。它们不仅看上去很有吸引力，同时也非常有效。这种住房的效能当然曾经为博菲尔建筑师事务所的设计所实现，例如湖畔拱廊或者安提戈涅住宅区，以及柏林 IBA 国际建筑展的方案。值得一提的是在很多开发项目中妥善安置了汽车：位于城市广场地下，有楼梯或电梯通往公寓。

有趣的是对于发展过程中的尺度问题，马奇和特拉斯关于城市住宅的效用研究（第 7 章）有着精确的表述。乔治时期的广场（Georgian square）就是这样一种尺度，同样和我们在第 7 章中所论述的那样，乔治时期广场的联排住宅包含许多不同尺度的房间，正如 P·考恩（Peter Cowan, 1964）所述，这是有着高度适应性的居住空间。

由于乔治时期广场的住宅规划包含相当多的房间，或者以此为基础，相当大的房间。由于乔治时期住宅的窗户间距允许大房间可以再分隔成小房间，因此不必对基本的乔治时期的住宅形式可以适用许多不同的功能感到惊奇。环绕广场的乔治时期的住宅还有更多其他的优点：在一个特定的城镇中面对广场的大房间是为"社交季"设计的，"家庭"通常在这个房间接待客人，而小一点的房间则在背面，作为服务房间和佣人房。这种房间大小的分配，一般包括四层楼面和一层地下室，使得这种房屋可以适合更多的用途。它们既可保留为一幢大宅，同时又能划分成小公寓，可以是学院、旅馆、护理中心、办公楼甚至建筑学校。例如位于贝德福德广场 66—68 号伦敦的建筑协会，就占据了三幢相比邻的这样的房屋，在侧面相连。

IBA 的"城市别墅"当然也有这些优点。它们的室内具有灵活性，但是缺乏台阶式住宅根本的灵活性。尤其是台阶式住宅在扩建后，只要沿建筑的外墙打洞就可以轻松地从一户住宅进入另一户住宅内。

在很大程度上这是一种选择的问题，"速成城市"的建造者意识到，城市在过去肩负着生产和交换的功能，而在未来则是必须回应信息交流的压力。随着电子设备的高度发展，将来所有这些过程都可以在家中完成。

无疑，有一些人希望完全逃离城市，躲藏在丛林中的"电子茅屋"（electronic cottages）内。但是我们中的大多数需要人与人之间的接触，且需要选择接触对象，这就是我们生活在城市中的主要原因。

351

有些建成形式似乎比其他大多数的形式提供了更多的选择，甚至比简·雅各布斯描述的"安全"街道，博菲尔的"都市舞台"更丰富。这样的城市以明智的方式来取得平衡，既有总体"都市肌理"与罗西式的"纪念性建筑"，如柏林 IBA 所表现的那样，也有位于郊区休斯敦"速成城市"模式，还有通过自建的方式，为更多的人提供最为广泛的城市生活选择。

参考文献

Note: **bold** type indicates buildings and projects.

AAM (1978) *Rational: Architecture: Rationelle* with Essays by Delevoy, R. L., Vidler, A., Krier, L., Scolari, M., Huet, M., Krier, R. and many projects. Archives d'Architecture Moderne, Brussels.

ACIH (1981) Association pour la Consultation International pour l'Aménagement du Quartier des Halles: **600 Contreprojets pour les Halles.** Editions du Moniteur, Paris. See also *Architectural Design* **50** (9/10) 1980.

Addison, J. (1712) On the Pleasures of the Imagination. *The Spectator* No. 412, June 1712 to No. 421, July 3 1712. Reprint edited by G. G. Smith (1897–98) as *The Spectator*, Dent, London.

Akurgal, E. (1978) *Ancient Ruins and Civilizations of Turkey*, Haşet Kitabevi, Istanbul.

Alberti, L. B. [c. 1485] *De Re Aedificatori, Libri Decem*, trans. Leoni, J. (1726, 1739 and 1755) as *The Ten Books of Architecture* (ed. J. Rykwert) (1955) Tiranti, London.

Alexander, C. (1964) *Notes on the Synthesis of Form*. Harvard University Press, Cambridge, Mass.

Alexander, C. (1966) A City is Not a Tree. *Architectural Forum*, April 1966; reprinted in *Design*, No. 6 February 1966. Revised (1986) for *Zone* 1/2, New York; revised version reprinted in Thakara, J. (1988) *Design After Modernism*, Thames and Hudson, London.

Alexander, C. (1975) *The Oregon Experiment*, Oxford University Press, New York. Center for Environmental Studies Vol. 3.

Alexander, C. (1979) *The Timeless Way of Building*, Oxford University Press, New York. Center for Environmental Studies Vol. 1.

Alexander, C. (1981) **The Linz Cafe; Das Linz Café**, Oxford University Press, New York; Löker, Wien. Center for Environmental Studies Vol. 5.

Alexander, C., Ishikawa, S. and Silverstein, M. (1968) *A Pattern Language: Towns, buildings, construction*, Center for Environmental Studies, Berkeley, California. Republished (1977); Oxford University Press, New York. Center for Environmental Studies Vol. 2.

Alexander, C., Neis, H., Anninou, A. and King, I. (1987) *A New Theory of Urban Design*, Oxford University Press, New York. Center for Environmental Studies Vol. 6.

Alison, A. (1790) *Essays on the Nature and Principles of Taste*, Edinburgh. Fourth edn (1815) Edinburgh.

Andrews, J. J. C. (1984) *The Well-Built Elephant and other Roadside Attractions*. Congden and Webb, New York.

Anson, B. (1986) Don't Shoot the Graffiti Man. *Architects' Journal*, **184** (27), 2 July 1986.

Ardrey, M. (1967) *The Territorial Imperative*, New York.

Edition consulted (1969) Collins, London.

Aristotle (n.d.) *Politics*, trans. Rackham, H. (1932), Loeb Classical Library, Heinemann, London.

Arnell, P. and Bickford, T. (compilers and eds) (1985) *Aldo Rossi: Buildings and Projects*. With an Introduction by Vincent Scully, a Postscript by Rafael Moneo and Project Descriptions by Andrews, M. Rizzoli, New York.

Ashcraft, N. and Scheflin, A. E. (1976) *People Space*, New York.

Aurigemma, G. (1979) Giovan Battista Nolli. *Architectural Design*, **49** (3/4).

Ayer, A. J. (1956) *The Problem of Knowledge*, Penguin Books, Harmondsworth (Reprinted by Penguin Books, 1984.)

Aymonimo, C. (1967–9) **Housing Complex for the Gallaratese Quarter of Milan:** Project of 1967–9: Axnmetric Sketch in Bonfanti *et al.* (1973).

Aymonimo, C. (1973) *L'Abbitazione Razionale: Atti dei Congressi CIAM 1929–30*, Ed. Mesilio, Padua.

Aymonimo, C. and Rossi, A. (1969–74) **Housing Complex at the Gallaratese Quarter Milan, Italy**. Edited and photographed by Futigawa, Y., with text by Nicolini, P. *GA*, 45 (1977); Conforti, C. (1981).

Bacon, E. N. (1967) *Design of Cities*, Thames and Hudson, London.

Bacon, F. (1620) *The New Organon*, London (ed. F. H. Anderson, 1960), Bobs-Merrill, New York.

Balestracci, D. and Piccini, G. (n.d.) *Siena nel Trecento*, Ed. Clusf, Florence.

Balfour, A. (1978) **Rockefeller Center:** *Architecture as Theatre*, McGraw Hill, New York.

Banham, R. (1962) Kent and Capability. *The New Statesman*, 7 December.

Banham, R. (1969) *The Architecture of the Well-Tempered Environment*, Architectural Press, London.

Banham, R. (1975) *Mechanical Services*, Unit 21 of the Arts Third Level Course: History of Architecture and Design. Open University, Milton Keynes.

Banham, R. (1981) *Megastructures:* Urban Futures of the Recent Past. Thames and Hudson, London.

Barley, M. W. (ed.) (1977) *European Towns: their archaeology and early history*, London.

Barthes, R. (1953) *Le Degrée Zéro d'L'Écriture*, Editions Seuil, Paris. Trans. Lavers, A. and Smith, C. (1967) as *Writing Degree Zero*, Jonathan Cape, London.

Bartolotti, L. (1983) *Siena*, Ed. Laterza, Rome-Bari.

Barzilay, M., Hayward, C. and Lombard-Valentino, L. (1984) **L'Invention du Parc: Parc de la Villette;** *Con-*

cours International; International Competition 1982–1983, Ed. Graphite, Paris.

Bassegoda, M. (1929) quoted in Voltes Bou, P. (1971).

Baudelaire, C. (1863) Le Peintre de la Vie Moderne, trans. Charvet, P. E. (1972) as The Painter of Modern Life, in *Baudelaire: Selected Writings on Art and Artists*, Cambridge University Press, Cambridge.

Bayón, P. and Gasparini, P. (1977) *Panorámica de la Arquitectura Latino-Americana*, Ed. Blume, Barcelona; UNESCO, Paris.

Benevelo, L. (1960) *Storia dell Città*, Ed. Laterza, Bari, trans. Culverwell, G. (1971) as *History of the City*, Scolar Press, New York.

Benevolo, L. (1963) *Le Origine dell'Urbanistica Moderna*, Ed. Laterza, Bari. Trans. Landry, J. (1967) as *The Origins of Modern Town Planning*, MIT Press, Cambridge, Mass.

Benjamin, W. (1955) *Schriften Suhrkamp Verlag*, Frankfurt, trans. Zohn, H. and ed. H. Arendt (1973 as *Illuminations*, Fontana, London).

Bennington, G. (1987) Complexity without contradiction in architecture. In *AA Files*, No. 15, Summer 1987, Architectural Association, London.

Beresford, M. (1967) *New Towns of the Middle Ages: Town Plantation in England, Wales and Gascony*, London.

Berkeley, G. (1709) *An Essay Towards a New Theory of Vision*. Intro. Lindsay, A. D. (1910) Everyman's Library, Dent, London; Dutton, New York.

Blake, P. (1964) *God's Own Junkyard: The planned deterioration of America's Landscape*, Holt, Rinehart and Winston, New York.

Bletter, E. H. and Robinson, C. (1975) *Skyscraper Style: Art Deco New York*. Oxford University Press, New York.

Blomeyer, G. **Rob Krier: The White House, Berlin-Kreutzberg** 1977/80 (Ritterstrasse Housing) in *Architectural Design*, **52** (1/2) 1982.

Bloomer, K. C. and Moore, C. W., with Yudell, R. J. (1977) *Body, Memory, and Architecture*, Yale University Press, New Haven and London.

Boase, T. S. R. (1967) *Castles and Churches of the Crusading States*, London.

Bocchi, F. (1967) *Attraverso le Città nel Medioeva*, Ed. Grafis, Casalecchio di Reno.

Bofill, R. and the Taller de Arquitectura (1974–78) **Projects for Les Halles: 1974–78**. *Architectural Design*, (9/10), **50**, 1980.

Bofill, R. (1978) *L'Architecture d'un Homme*, Arthaud, Paris.

Bofill, R. (1985) *Ricardo Bofill: Taller de Arquitectura* with an Introduction by Norberg-Schultz, C. Rizzoli, New York.

Bohigas, O., Puigdomènech, Acebillo, J. and Galofré, J. (1983) *Plans i Projectes per a Barcelona 1981/82*, Ajuntament de Barcelona.

Bonfanti, E., Bonicalzi, R., Rossi, A., Scolari, M. and Vitale, D. (1973) *Architettura Razionale*, France Agneli, Milan.

Bordini, G. F. (1588) **Sketch Plan of the Streets of Sixtus V** from Giedion (1962)

Borghesi, S. and Banchi, E. L. (1898) *Nuovi Documenti per la Storia dell'Arte Senese*, Enrico Torrini, Siena.

Bortolotti, L. (1983) *Le città nella storia dItalia. Siena*, Editori Laterza.

Bottomore, T. (ed.) (1983) *A Dictionary of Marxist Thought*, Blackwell Reference, Oxford.

Boullée, E.-L. (n.d.) *Architecture: Essai sur l'Art*, Paris. Ed. Pérouse de Montclos, J.-M. (1968), Paris.

Braghieri, G. (1981) *Aldo Rossi*, Ed. Zanichelli, Bologna.

Broadbent, G. (1973a) *Design in Architecture*. John Wiley, Chichester. Republished with a Postscript (1987) David Fulton, London.

Broadbent, G. (1973b) The Taller of Bofill. *Architectural Review*, **CLIV**, (921), November.

Broadbent, G. (1975a) Taller di Arquitectura *Architectural Design*, **XLV**, 7/1975.

Broadbent, G. (1975b) The Road to Xanadu – and Beyond. *Progressive Architecture*, September.

Broadbent, G. (1977) A Plain Man's Guide to the Theory of Signs in Architecture. *Architectural Design*, **47** (7/8) 1977.

Broadbent, G. (1981a) Bofill and the Taller. *A A Files*, **1** (1), 1981–82.

Broadbent, G. (1981b) Architects and their Symbols. *Built Environment*, **6** (1). Reprinted (1983) in Piplin, J. S., La Gory, M. E. and Blau, J. D. *Remaking the City*, University of New York Press, Albany, New York.

Broadbent, G. (1987) On Reading Architectural Space. *Espaces et Sociétés*, Société Semiotique Hellenique.

Broadbent, M. (1973) *Wine Tasting*, Christie's Wine Publications, London. 1979 edn consulted: Mitchell Beazley, London.

Buchanan, P. (1980) Stirling Magic. *Architectural Review*, **CLXVII**, (998), April.

Bullock, N. (1978) Housing in Frankfurt: 1925–1931. *Architectural Review*, **CLXIII**, (976), June.

Burke, E. (1757) A Philosophical Enquiry into the Origin of our Ideas of the Sublime and the Beautiful: with an Introductory Discourse Concerning Taste, and Several Other Additions, in *The Works of the Right Honourable Edmund Burke*, The World's Classics, Vol. 1, London, Oxford.

Burke, G. (1975) *Towns in the Making*, Arnold, Leeds.

Cantor, N. F. and Werthman, M. S. (1972) *Medieval Society 400–1450*, Thomas Y. Crowell, New York.

Cappon, D. (1971) Mental Health and High Rise. *Canadian Public Health Association*, April.

Carreras Candi, F. (1929) Pueblo Espanol, in *Las Noticias*. Trans. and reprinted in Voltes Bou, P. (1971) *Spanish Village of Barcelona*, Corporation of Barcelona.

Carter, P. *Mies van der Rohe at Work*, Pall Mall, London.

Castell Esteban, R. (1985) **Guía de el Pueblo Español, Mointjuich, Barcelona**, Es. Castell, Barcelona.

Castells, M. (1972) *La Question urbaine*, François Maspero, Paris. Trans. Sheridan. A. (1977) as *The Urban Question: A Marxist Approach*, Edward Arnold, London.

Cataneo, P. (1554) *L'Architettura*, Venice.

Cawker, R. (1987) Between the Lines in *A + U* No. 207, December.

Chadwick, E. *et al.* (1842) *Report on the Sanitary Conditions of the Labouring Population and on the Means of its Improvement*, Poor Law Board, London.

Chadwick, H. and Evans, G. R. (1987) *Atlas of the Christian Church*, Book Club Associates in association with Macmillan, London.

Charvet, P. E. (1972) *Baudelaire: Selected Writings on Art and Artists*, Cambridge University Press, Cambridge.

Chaslin, F. (1985) *Les Paris de François Mitterand: Histoire des Grands Projets Architecturaux*, Gallimard, Paris.

Chemetov, P. and Huidobro, B. (1982–) **Ministère des Finances, Paris**. See Mitterand *et al.* (1987).

Chimacoff, A. (1979) Roma Interrotta Reviewed. *Architectural Design*, **49** (3/4).

Choay, F. (1965) *L'Urbanisme, Utopies et Réalités: Une Anthologie*, Éditions du Seuil, Paris.

Chomsky, N. (1957) *Syntactic Structures*. Mouton, The Hague.

Christaller, W. (1933) *Die zentralen Orte in Suddeutschland: Eine ökonomisch-geographische Untersuchung über die Gesetzmassigkeit der Veerbreitung und Eintwicklung der Siedlungen mit städtischen Funktionem*. Jena. Trans. Baskin, C. W. (1966) as *Central Places in Southern Germany*. Prentice-Hall Engelwood Cliffs, New Jersey.

Cipolla, C. M. (1976) *Before the Industrial Revolution: European Society and Economy 1000–1700*. London.

Clark, K. (1969) *Civilisation*, BBC Publications and John Murray, London.

Clelland, D. (1987) In our times. *Architectural Review*, **CLXXXI**, (1082), April.

Coleman, A. (1985) *Utopia on Trial*, Hilary Shipman, London.

Collins, G. R. and Collins, C. C. (1965) *Camillo Sitte and the Birth of Modern City Planning*. Revised edn (1986), Rizzoli International, New York.

Colquhoun, A. (1975) Rational Architecture. Review of an Exhibition offshoot of the Milan Triennale Architettura Razionale Exhibition held at Art Net in London. In *Architectural Design*, **XLV**, 6/1975.

Conant, K. J. (1939) **The Third Church at Cluny**, in *Medieval Studies in Honour of A Kingsley Porter*, (2 vols), Cambridge.

Conant, K. J. (1954) Medieval Academy Excavations at Cluny, VIII. *Speculum*, **29**, also **38** (1963).

Conant, K. J. (1959) *Carolingian and Romanesque Architecture*, Penguin, Harmondsworth.

Condit, C. W. (1964) *The Chicago School of Architecture: A History of Commercial and Public Building on the Chicago Area, 1875–1925*. University of Chicago Press, Chicago and London.

Conforti, C. (1981) **Il Gallaratese di Aymonimo e Rossi**, Ed. Officina, Rome.

Correa and Mila (1981–82) **Plaça Reial, Barcelona**. See Bohigas *et al.*, 1983.

Cowan, P. (1964) Studies in the Growth, Change and Ageing of Buildings. *Transactions of the Bartlett Society*, No. 3, Bartlett School of Architecture, London.

Cramer, S. (1906) Lecture on Air Conditioning quoted in Ingels, S. (1952) *Willis Carrier, Father of Air Conditioning*, Garden City.

Crombie, A. C. (1972) *Medieval Science and Technology*, in Cantor, N. F. and Werthman, M. S. (1972).

Crouch, D. P. and Mundigo, I. L. (1977) The City Planning Ordinances of the Laws of the Indies Revisited II. *Town Planning Review*, **48**, October, pp. 397–418.

Crouch, D. P., Carr, D. J. and Mundigo, A. L. (1982) *Spanish City Planning in North America*, MIT Press, Cambridge, Mass.

Cullen, G. (1959) *Townscape*. Architectural Press, London.

Cullen, G. (1966) *The Scanner*. Alcan Industries Limited, London.

Cullen, G. (1971) *The Concise Townscape*. Architectural Press, London.

Culot, M. (1977) Portrait de François Spoerry. *Archives d'Architecture Moderne*, No. 12, November, pp. 4–22.

Culot, M. (1988) Une Ile: An Island, in *Leon Krier: Atlantis Archives d'Architecture Moderne*, Brussels.

Daniel, N. (1975) *The Arabs and Medieval Europe*, Longmans, London. Librairie du Liban, Beirut.

Dardi, C. (1978) **Roma Interrotta: Sector II**, in *IIA Catalogue* (1978). Reprinted in *Architectural Design*, **49** (3–4), 1979.

Darwin, C. (1859) *The Origin of Species*, John Murray, London. 1968 edn consulted, Penguin Books, Harmondsworth.

Davey, P. and Clelland, D. (1987a) Berlin: Origins to IBA. *Architectural Review*, **CLXXXI**, (1082), April.

Davey, P. and Clelland, D. (1987b) 750 Years of Berlin. *Architectural Review*, **CLXXXI**, (1082), April.

Davies, W. H. (n.d.) *Leisure*, in Gardner, H. (1972) *The New Oxford Book of English Verse*, Oxford University Press, Oxford.

Delevoy, R. E. *et al.* (1978) *Rational: Architecture: Rationelle: The Reconstruction of the European City*, Archives d'Architecture Moderne, Bruxelles.

de Quincy, Quatremère (1788) Imitation. In Pancoucke: *Encyclopédie Métodique*, Paris. Reprinted in Krier, L. and Porphyrios, D. (eds) 1980.

de Quincy, Quatremère (1823) *Essai sur La Nature, le But et les Moyens de l'Imitation dans les Beaux Arts*, Treuttel et Würtz, Paris. Reprinted in Krier, L. and Porphyrios, D. (eds), 1980.

de Quincy, Quatremère (1832) 'Architecture', 'Construction', 'Copier', 'Invention' and 'Type', all in his *Dictionnaire de l'Architecture*, Paris.

Derrida, J. (1967a) *De la Grammatologie*. Trans Spivak, G. C. (1976) as *Of Grammatologie*, John Hopkins University Press, Baltimore.

Derrida, J. (1967b) *L'Écriture et la Différence*. Trans with introduction and additional notes by Bass, A. (1978) Chicago University Press, Chicago.

Derrida, J. (1967c) *La Voix et le Phénomènone*. Trans (1973) as *Speech and Phenomena*, Northwestern University Press, Evanston.

Derrida, J. (1972) *Positions*. Trans (1981) as *Positions*, University of Chicago Press, Chicago, (1987) Athlone Press, London.

Derrida, J. (1978) *La Vérité en Peinture*. Trans Bennington, G. and MacLeod, I. (1987) as *The Truth in Painting*, Chicago University Press, Chicago.

Derrida, J. (1985) Point de Folie – maintenant architecture. In *La Case Vide: La Villette* (ed. B. Tschumi). Reprinted in *AA Files*, No. 12, Summer 1986, Architectural Association, London.

Derrida, J. (1986) Architetture ove il desiderio puu abitare – Interview by Eva Meyer. In *Domus*, No. 671, April, 1986.

Derrida, J. (1987a) Cinquante-deux aphorismes pour un avant-propos. In *Psyché*, Galilée, Paris. Trans Benjamin, A. (1988a) as Fifty-Two Aphorisms for a Foreward for *Deconstruction: Academy Forum at the Tate*, 28 March 1988, Academy Editions and Tate Gallery, London.

Derrida, J. (1987b) Pourquoi Peter Eisenman écrit de si bons livres. In *Psyché*, Galilée, Paris. Trans (1988) as Why Peter Eisenman writes such good books. *A + U* 1988/8.

Derrida, J. *et al.* (1987) *Mesure pour mesure: Architecture et Philosophie*, Cahiers du CCI, Centre Georges Pompidou, Paris.

Derrida, J. (1988) Filmed interview with Norris, C. for *Academy Forum at the Tate*.

Descartes, R. (1637) *Discourse de la Méthode pour bien Conduire sa Raison et Chercher la Vérité dans les Sciences*. 1941 edition consulted, Manchester University Press, Manchester; also trans. and intro. Wollaston, A. (1960) as *Discourse on Method*, Penguin Books, Harmondsworth.

Descartes, R. (1641) *Méditations sur la Philosophie Première dans laquelle est Démonstrée l'Existence de Dieu et l'Immortalité d l'Âme*. Trans. and Intro. Wollaston, A. (1960) as *Meditations*, Penguin Books, Harmondsworth.

Descartes, R. (1644) *Principles de la Philosophie*. Preface translated Wollaston, A. (1960) as *Principles of Philosophy*, Penguin Books, Harmondsworth.

de Seta, C. and di Mauro, L. (1980) *Palermo*, Ed. Laterza, Rome-Bari.

Dewey, J. (1908) Does Reality Possess Practical Character? in *Essays, Philosophical and Psychological, in Honor of William James*, Longmans Green, New York. Reprinted (1934) as The Practical Character of Reality, in *Philosophy and Civilization*, Minton, Balch, New York and in Thayer, H. S. (1970).

Dewey, J. (1922) La Dévelopement du Pragmatisme Américain, in the *Revue Métaphysique et de Morale*, **29**, 1922. Translated (1925) as The Development of American Pragmatism, in *Studies in the History of Ideas*, Columbia University Press, New York. Reprinted (1931) in *Philosophy and Civilization*, Milton, Balch, New York and in Thayer, H. S. (1970).

Diaz, B. (*c.* 1568) *Historia verdadera de la conquista de la nueva España*, Trans Cohen, J. M. (1963) as *The Conquest of the New Spain*. Penguin Books, Harmondsworth.

Dilke, O. A. W. (1971) *The Roman Land Surveyors: an Introduction to the Agrimensores*, London.

Doré, G. (1872) **Carter Lane** and **A City Thoroughfare**, in *London: A Pilgrimage*, reprinted (1987) as Jerrold, B. and Doré, G., *The London of Gustave Doré*, Wordsworth Editions, London.

Doubilet, S. (1987) The Divided Self: **Social Housing, West Berlin** by Peter Eisenman. In *Progressive Architecture*, March, 1987.

Doxiadis, C. (1972) *Architectural Space in Ancient Greece*, MIT Press, Cambridge, Mass.

Drexler, A. (ed.) (1977) *The Architecture of the Ecole des Beaux Arts*, based on an Exhibition held at the Museum of Modern Art in New York; October 1975 to January 1976. Museum of Modern Art, New York; Secker and Warburg, London.

Duany, A. and Plater-Zyberk, E. (1983) *The Town of Seaside:* Master Plan for the Town of Seaside, Florida. (See also Ivry, in *Architecture* Magazine, June 1985) and

Abrams, J. (1986) The form of the (American) city: two projects by Duany and Plater-Zyberk. *Lotus International*, **27**, 1980/II.

Eisenman, P. (1982–86) **Berlin Housing** see Eisenman, P. (1983) The city of artificial excavation. *Architectural Design*, **53** (7/8), 1983: Doubilet (1987); Eisenman, P. *et al.* (1988); Eisenman, *A + U*, 1988/8.

Eisenman, P. (1988) Interview by Charles Jencks. *Architectural Design*, **58** (3/5), 1988.

Eisenman, P. and Derrida, J. (1986) **Oeuvre Choral: Choral Work**, see Tschumi (1987); Auricoste, I. and Tonka, H. (1987); Derrida, J. (1987b); Eisenman, P. (1988a) and (1988b) Choral Works: Parc de la Villette. *A + U*, 1988/8.

Eliot, T. S. (1932) *Selected Essays: 1917–32*, Harcourt Brace, Jovanovich, New York.

Eliot, T. S. (1933) *The Use of Poetry and the Use of Criticism*, Harvard University Press, Cambridge, Mass.

Empson, W. (1955) *Seven Types of Ambiguity*, Meridian Books, New York.

Engels, F. (1845) *The Condition of the Working Class in England*. Revised trans. 1962, Foreign Languages Publishing House, Moscow.

Engels, F. (1883) Speech at the graveside of Karl Marx, in Tucker, R. C. (1978) *The Marx and Engels Reader*, W. W. Norton, New York.

Ennen, E. (1977) *The Medieval Town*, Trans. Fryde, N., London.

Essex County Council (1973) *A Design Guide for Residential Areas*, County Council of Essex.

Evenson, N. (1969) *Le Corbusier: The Machine and the Grand Design*, Studio Vista, London.

Fanning, D. M. (1967) Families in Flats. *British Medical Journal*, November, No. 198.

Farrell, T. (1985) South Bank, London, Improvement Scheme. See Finch, P. (1985) South Bank Lifeline. *Building Design*, October 11.

Farrell, T. (1986) *Charing Cross Development: An Urban Proposal*, by the Terry Farrell Partnership for Greycoat Group PLC in association with the British Railways Board, London.

Farrell, T. (1987) *Terry Farrell in the Context of London*. Catalogue by Rowan Moore of an Exhibition at the RIBA Heinz Gallery, London, 14 May–13 June 1987.

Farrelly, E. M. (1986) The New Spirit. *Architectural Review*, **CLXXX**, (1074), August.

Ferlenga, A. (1983) **Rob Krier Schinkelplatz**. *Lotus International*, **39**, 1983/III.

Ferriss, H. (1922) The New Architecture (Including **Ferriss' drawings of Building Envelopes**), *New York Times*, March 19, 1922. Reprinted in Corbett, H. W. (1923) Zoning and the Envelope of the Building, in *Pencil Points*, April 1923 and in Ferriss .Leich, J. (1980) *Architectural Visions: the Drawings of Hugh Ferriss*, Whitney Library of Design, New York.

Filarete, A. A. (n.d.) Trattato d'Architettura (cited Rosenau, 1983) for numerous manuscripts, the most important being the *Codex Maglia-becchianus*, Biblioteca Nazionale, Florence.

Filler, M. (1978) The Magic Fountain: **Piazza d'Italia, New Orleans**. *Progressive Architecture*, November, pp. 81–7.

Finch, P. (1985) South Bank Lifeline (Terry Farrell's scheme for improving the South Bank complex in London). *Building Design*, October 11.

Fleming, I. (1959–60) Thrilling Cities serialized in *The Sunday Times*. Reprinted (1963) as *Thrilling Cities* vol. 1: From Hong Kong to New York and vol. 2: From Hamburg to Monte Carlo. Jonathan Cape, London and (1965) Pan Books, London.

Fontana, D. (1590) *Della Transportazione dell'Obelisco Vaticana et delle Fabriche di Nostro Signore Papa Sisto V, fatto dal Cav. Domenico Fontana, Architetto di Sua Sandita*, Rome. Trans. for Giedion, S. (1962) by Ackerman, J. S.

Francesc, Daniel and Molina (1848–59) **Placa Reial, Barcelona**. See Bohigas *et al.* (1983).

Frontinus, J. (n.d.) *de Limit*. 1 ed. Thulin.

Futigawa, Y. (ed.) (1986) *Architect: Zaha Hadid*. Introduction by Isosaki, A. and an interview with Boyarsky, A. G A Architect **5**, ADA Edita, Tokyo.

Gabrielli, F. and Scerrato, V. (1979) *Gli Arabi in Italia*, Scheiwiller, Garzanti.

Games, S. (1985) *A Magnificent Catastrophe*. In *Behind the Façade*, BBC, London.

Garcias, J.-C. (1985) Urbano, troppo urbano: **un progetto por Amiens**, with entries by Martorell, Bohigas, Mackay, Krier, R. with Dewez, B. and Geiswinkler, M., Dollé, B. and Henry, G. AUSIA; AARP; and Naizot, G. *Casabella*, **513**, May 1985.

Gardella, I., Rossi, A., Reinhart, F. and Angello, S. (1982) **Carlo Felice Theatre, Genoa;** *Lotus International*, **42**, 1984/2.

Gaudet, J. (1902) *Éléments et Théorie de l'Architecture: Cours Professé a l'École Nationale et Spéciale des Beaux Arts*, Librairie de la Construction Moderne, Paris.

Gayle, M. and Gillon, E. V. (1975) *Cast Iron Architecture in New York*, Dover, New York.

Geddes, P. (1949) *Cities in Evolution*, Ernest Benn, London.

Geretsegger, H. and Peintner, M. (eds) (1964) *Otto Wagner, 1841–1918*, Residenz Verlag, Salzburg, trans. Onn, G. (1979) Academy Editions, London.

Giedion, S. (1941) *Space, Time and Architecture* (1962 edition consulted), Harvard University Press, Cambridge, Mass.

Gilpin, W. (1748) *A Dialogue upon the* **Gardens . . . at Stowe** in Buckinghamshire, J. and J. Rivington, London.

Gilpin, W. (1768) *An Essay upon Prints: Containing Remarks upon the Principles of Picturesque Beauty, the Different Kinds of Prints, and the Characters of the Most Noted Masters*, London.

Gilpin, W. (1794) *Three Essays: On Picturesque Beauty; On Picturesque Travel; and On Sketching Landscape: to Which Is Added a Poem, On Landscape Painting*, London. Republished 1972, Gregg International, Farnborough.

Gilpin, W. (1808) *Remarks on Forest Scenery, and Other Woodland Views, Relative Chiefly to Picturesque Beauty*, London.

Girouard, M. (1985) *Cities and People*, Yale University Press, New Haven and London.

Giurgola, R. (1978) **Roma Interrotta: Sector VI**, in *IIA Catalogue* (1979). Reprinted in *Architectural Design*, **149** (3–4), 1979.

Glusberg, J. and Bohigas, O. (1981) *Miguel Angel Roca*, Academy editions, London.

Goldberger, P. (1979) *The City Observed: New York: A Guide to the Architecture of Manhattan*, Penguin Books, Harmondsworth.

Goldensohn, M. (1986) Metropolis Now. *United*, **31** (16), October.

Gosling, D., Cullen, G. and Donaghue, D. (1974) **Development Plan for Maryculter New Town, Aberdeen**, Christian Salveson.

Gosling, D. and Maitland, B. (1984) *Concepts of Urban Design*. Academy editions, London; St Martin's Press, New York.

Grabar, O. (1973) *The Formation of Islamic Art*, Yale University Press, New Haven and London.

Grassi, G. (1970) Project for Restoration and Extension of the **Castello di Abbiategrasso** in Milan as a New Community Palace in Bonfanti *et al.* (1973).

Grassi, G. (1985) **Fixed Stage Project for Roman Theatre at Segundo**. *Lotus International*, **46**, 1985/2.

Graves, M. (1978) **Roma Interrotta: Sector IX**, in *IIA Catalogue* (1979). Reprinted in *Architectural Design*, **49** (2–3), 1979.

Graves, M. (guest ed.) (1979) Roman interventions. *Architectural Design*, **49** (3–4), 1979.

Grumbach, A. **Roma Interrotta: Sector III**, in *IIA Catalogue* (1979). Reprinted in *Architectural Design*, **49** (3–4), 1979.

Guidoni, E. (1971) **Il Campo di Siena**, Ed. Multigrafica, Rome.

Guidoni, E. (1979) La Componente Urbanistica Islamica nella Formazione delle Città Italiane, in Gabrelli, F. and Scerrato, V. (1979).

Hadid, Z. (1981) **Housing, Stresemanstrasse, Berlin**. *Architectural Review*, **CLXXXI**, (1082), April 1987.

Hadid, Z. (1987) **Berlin: Stresermannstrasse à Kreutzberg**. *Architecture d'Aujourd'hui*, No. 252, September 1987.

Hadid, Z. (1988) **Two Recent Projects for Berlin and Hong Kong**. *Architectural Design*, **58** (3/4), 1988.

Hakim, B. S. (1986) *Arabic–Islamic Cities; Building and Planning Principles*. KPI, London.

Halbwachs, M. (1909) *Les Expropriations et le Prix des Terrains à Paris*, E. Cornély, Paris.

Halprin, L. with MLTW and Urban Innovations Group (1965–66) **Lovejoy Fountain: Portland, Oregon**. See Lyndon, F. D. 1966: Concrete Cascade in Portland, in *Architectural Forum* No. 125 July–August 1966; Portland Plaze: It's like WOW, in *Progressive Architecture*, No. 49, May 1968; Laurence Halprin Makes the City Scene, in *Design and Environment*, Fall 1970; Portland Center: Lovejoy Plaza, in *A + U*, 1973/8; also *A + U*, 1978/5 and Johnson (1986).

Hartshorne, C. and Weiss, P. (eds) (1934) *Collected Papers of Charles Sanders Peirce* vol. 5, Harvard University Press, Cambridge, Mass.

Heckscher, A. (1962) *The Public Happiness*, Antheneum Publications, New York.

Hejduk, J. (1985) *Mask of Medusa: Works 1947–1983*, Rizzoli, New York.

Hejduk, J. (1986) Project 11–84, *Residential Building* **Studio Tower South Friedrichstrasse**. Berlin in Nakamuro, T (ed.) *1987 International Building Exhibition, Berlin 1987*. A + U extra edn 1985/5.

Hilbersheimer, L. (1964) *Contemporary Architecture: Its Roots and Trends*, Paul Theobalds, Chicago.

Hillier, W. R. G. (1973) In Defence of Space. *RIBA Journal*, November 1973.

Hillier, W. R. G. and Hanson, J. (1984) *The Social Logic of Space*, Cambridge University Press, Cambridge.

Hincmar (n.d.) *Annales Bertiniana* (ed. Waitz, A.) (1883) Hanover. Quoted Daniel (1973).

Hiorns, F. R. (1956) *Town-Building in History: An Outline View of Conditions, Influences, Ideas, and Methods Affecting 'Planned' Towns through Five Thousand Years*, George Harrap, London; Criterion Books, New York.

Hipple, W. J. (1957) *The Beautiful the Sublime and the Picturesque in English 18th Century Theory*. Southern Illinois University Press, Carbondale.

Hippocrates (n.d.) *Aphorisms* III, 4 and 5; also *Airs, Waters*, in trans. Jones, W. H. S. (1923, 1931) and Withington, F. B. (1928) *Hippocrates: Works*, vols 1–4. Loeb Classical Library, Heinemann, London.

Hirsch, E. D. (1983) Derrida's Axioms: Review of Culler, J. (1983) On deconstruction. In *London Review of Books*, 31 July–3 August, 1983.

Hohler, C. (1966) Court Life in Peace and War, in Evans, J. (ed.) (1966) *The Flowering of the Middle Ages*, Thames and Hudson, London.

Hollein, H. (1983–87) **Kulturforum, West Berlin**. *Architectural Design*, **54** (11/12), 1984.

Horn, W. and Born, E. (1979) *The Plan of St Gall* (3 vols), University of California Press, Berkeley.

Hourlier, J. (1964) Saint Odilon, Abbé de Cluny, in *Bibliotèque de la Revue d'Histoire Ecclésiastique*, Louvain.

Howard, E. (1898) *Tomorrow a Peaceful Path to Real Reform*. Revised (1902) as *Garden Cities of Tomorrow*. Edited and with a Preface by Osborn, J. and an Essay by Mumford, L. (1965), Faber and Faber, London.

Hume, D. (1739–40) *A Treatise on Human Nature*. Intro. Lindsay, A. D. (1911) Everyman's Library: J. M. Dent, London.

Hunt, N. (ed.) (1971) *Cluniac Monasticism in the Central Middle Ages*, Macmillan, London.

Hussey, C. (1927) *The Picturesque: Studies in a Point of View*, Putnam, London.

IBA (1987) *Internationale Bauasstellung Berlin 1987*: Projecktübersicht IBA, Berlin.

IIA (1978) *Roma Interrotta Exhibition Catalogue*, Officina Roma, Rome. See also *Controspazio*, No. 4, 1978 and *Architectural Design*, **49** (3/4), 1979.

Isosaki, A. (1983) **Tsukuba Center Building**. *G A Document*, **8**, October 1983; *Japan Architect*, No. 321, January 1984. See also Popham, P. (1984) and Jencks, C. (1987).

Isosaki, A. (1984a) Of city, nation, and style. *Japan Architect*, No. 321, January, pp. 8–13.

Isosaki, A. (1984b) Isosaki on **Tsukuba**. *Building Design*, May 11.

Ivy, E. A. (1985) Building by the Sea: The Southeast. *Architecture Magazine*, June 1985.

Jacobs, J. (1961) *The Death and Life of Great American Cities: The Failure of Town Planning*, Random House, New York. Republished (1962) Jonathan Cape, London and (1965) Penguin Books, Harmondsworth.

James, W. (1896) The Will to Believe. An address to the Philosophical clubs of Yale and Brown Universities. In *New World* (1980) and reprinted in Thayer (1970).

James, W. (1907) What Pragmatism Means. In *Pragmatism: A New Name for some Old Ways of Thinking*, Longmans, Green, New York. Reprinted in Thayer, (1970).

Jeannel, B. (1985) *Le Nôtre*, Fernand Hazan, Paris.

Jencks, C. (1987) *Post-Modernism: The New Classicism in Art and Architecture*, Academy Editions, London.

Johnson, E. (1982) What Remains of Man? Aldo Rossi's **Modena Cemetery**. *Journal of the Society of Architectural Historians*, 1982/1.

Johnson, E. J. (1986) *Charles Moore: Buildings and Projects 1949–1986* with Essays by Krens, T. Moore, C. W., Bloomer, K., Lyndon, D., Stern, R. A. M. and Gastil, R., Klotz, H., Rudolph, D. and T. Song, R. and Johnson, E. J., Rizzoli, New York.

Johnson, P. (1947) *Mies van der Rohe* Museum of Modern Art, New York. Third edition consulted (1978); also Secker and Warburg, London.

Johnson, P. (1959) Whither Away: Non-Mieisian Directions, in Johnson, P. (1979) *Writings*, Oxford University Press, New York.

Johnson, P. and Burgee, J. (1970) **Fort Worth Water Gardens**, Fort Worth, Texas, in Johnson, P. and Burgee, J. (1986).

Johnson, P. and Burgee, J. (1971) **Thanks-giving Square, Dallas, Texas**, in Johnson, P. and Burgee, J. (1986).

Johnson, P. and Burgee, J. (1985) *Philip Johnson/John Burgee: Architecture 1979–85*. Introduction by Knight, C. III, Rizzoli International, New York.

Johnson, P. and Wigley, M. (1988) *Deconstructivist Architecture*, Exhibition Catalogue, Museum of Modern Art, New York.

Jones, E. (1987) Comment: A City Hall in Search of a City. *A + U*, 1987/12.

Jones, E. and Kirkland, M. (1987) **Mississauga City Hall**. *A + U*, 1987/12; *Architectural Design*, **58** (1/2), 1988.

Kant, I. (1758) *The Fundamental Principles of the Metaphysics of Morals* trans. Abbot, T. K. (1987) Prometheus Books, Buffalo, New York.

Keller, H. E. (ed.) and afterword (1978) *Der Markusplatz zu Venedig*, containing Moretti, F. (1831) *Ricinto della Piazza e Piazzetta di San Marco in Venezia*, Karl Hitzegrad, Dortmund.

Keller, H. E. (ed.) (1979) **Der Markusplatz zu Venedig**, with engravings by Moretti (1830) Karl Hitzegrad, Dortmund.

Kenyon, K. (1960) *Archaeology in the Holy Land* (4th edn consulted, 1979), Ernest Benn, London.

Kidder Smith, G. E. (1955) *Italy Builds*. Architectural Press, London, Reinhold, New York.

Kinder, H. and Hilgemann, W. (1964) *dty-Atlas zu Weltgeschichte*, Deutscher Taschenbuch, Munich. Trans. Menze, E. A. (1974) as *The Penguin Atlas of World History*, Penguin Books, Harmondsworth.

Kinsky, C. H. (1978) *Rockefeller Center*, Oxford University Press, New York.

Kliehues, J. P. and Klotz, H. (1986) *International Building Exhibition Berlin 1987: Examples of a New Architecture*, Academy Editions, London.

Knight, R. P. (1806) *An Analytical Enquiry into the Principles of Taste*, London. Reprinted 1972, Gregg International, Farnborough.

Konopka, S. (Intro.) (1985) *Wohnen am Tiergarten: **Die Bauten an der Rauchstrasse***. Konopka, Berlin.

Koolhaas, R. (1978) *Delirious New York: A Retroactive Manifesto for Architecture*, Oxford University Press, New York; Academy Editions, London.

Korn, A. (1953) *History Builds the Town*, Lund Humphries, London.

Kostoff, S. (1973) *The Third Rome 1870–1950*, University Art Museum, Berkeley, California.

Kostoff, S. (1985) *A History of Architecture: Settings and Rituals*, Oxford University Press, New York.

Kouwenhoven, J. A. (1953) *The Columbia Historical Portrait of New York: An Essay in Graphic History*, Doubleday, New York. Reprinted (1972) Icon Editions, Harper and Row, New York.

Krier, L. (1968) **University of Bielefeld**. *Architectural Design*, **54** (7/8), 1984.

Krier, L. (1970) **Abbey Extension, Echternacht**. *Architectural Design*, **54** (7/8), 1984.

Krier, L. (1971) **Lewishamstrasse**, in Bonfanti *et al*. (1973).

Krier, L. (1973–78) Analyse et projet d'un ville en péril: **Projet pour la reconstruction de Luxembourg**, in *Archives d'Architecture Moderne*, No. 15, 1978. Also (1979) as Analisi e progetto per una citta in pericolo, *Exhibition Catalogue*, Clea, Rome and (1979) Luxembourg, Capital of Europe, an appeal to the citizens, etc. *Architectural Design*, **49** (1), 1979 and *Lotus International*, **24**, Sept. 1979; *Architectural Design*, **54** (7/8), 1984.

Krier, L. (1974) **Royal Mint Square Housing**. *Architectural Design*, **54** (7/8), 1984.

Krier, L. (1976) **New Quartier of La Villette, Paris** in Bonfanti *et al*. (1973) Paris-Project, Nos 15–16 1976; *Architecture d'Aujourd'hui*, No. 187, 1976; *Lotus International*, **13**, Dec. 1976; *Archives d'Architecture Moderne*, No. 9, 1976; as A City Within a City, *Architectural Design*, **47** (3), 1977; *Arquitectura*, Nos 204–5, November 1977; *Architectural Design*, **54** (7/8), 1984.

Krier, L. (1977) **Rénovation du centre ville de Echternacht**, in Bonfanti *et al*. (1973) *Architecture*, Paris, No. 3, 1977.

Krier, L. (1977–79) **Projet pour une Nouvelle Ecole de Cinq Cents Enfants** in *Archives d'Architecture Moderne*, No. 19, 1980; also as School for 500 Children at St Quentin-en-Yvellines, *Architectural Review*, **CLXVII**, (995), January 1980; *Architectural Design*, **54** (7/8), 1984.

Krier, L. (1978a) La reconstruction de la Ville: The Reconstruction of the City, in AAM (1978); Archives d'Architecture Moderne, Brussels, 1978. Expanded (1984) as The Reconstruction of the European City. *Architectural Design*, **54** (11/12), 1984.

Krier, L. (1978b) **Roma Interrotta: Sector XII**, in *IIS Catalogue* (1978). Reprinted in *Architectural Design*, **46** (3–4), 1979. Also Trois centres sociaux à Rome in *Architecture d'Aujourd'hui*, No. 198, 1978; *Architectural Design*, **54** (7/8), 1984.

Krier, L. (1980a) **Project for Les Halles**. *Architectural Design*, **50** (9/10), 1980; also ACIH (1981).

Krier, L. (1980b) Les Halles: An Everlasting Void. *Architectural Design*, 9/10, 1980.

Krier, L. (1980c) ***Leon Krier: Drawings***. Intro. by Culot, M. Archives d'Architecture Moderne, Brussels.

Krier, L. (1980–83) **Project for Berlin-Tegel**, in Krier, L. (1980b) Leone, H. (1982); *Architectural Design*, **54** (7/8), 1984.

Krier, L. (1981) ***Project for Les Halles***, in ACIH (1981).

Krier, L. (1982) **Pliny's Villa, Laurentum**. *Architectural Design*, **54** (7/8), 1984.

Krier, L. (1984) The size of a City. *Architectural Design*, **54** (7/8), 1984.

Krier, L. (1985a) The Necessity of Master Plans (with reference to IBA). *Art & Design*, No. 5, June 1985.

Krier, L. (1985b) **The Completion of Washington DC**: A Bicentennial Masterplan for the Year 2000. *Art & Design*, November 1985; *Archives d'Architecture Moderne*, No. 30, 1986.

Krier, L. (1985c) Limits of Growth. *Art & Design*, August.

Krier, L. (1985d) The Light Problem. *Art & Design*, September.

Krier, L. (ed.) (1985e) *Albert Speer: Architecture 1932–42*, Archives d'Architecture Moderne, Brussels.

Krier, L. (1986a) An Architecture of Desire. *Architectural Design*, **56** (4), 1986.

Krier, L. (1986b) **The Completion of Trafalgar Square**: A Masterplan for a National Square. *Art & Design*, April 1986.

Krier, L. (1986c) Project for the **Redevelopment of Spitalfields Market**. *Architectural Design*, **57** (1/2), 1987.

Krier, L. (1986d) Tradition – Modernity – Modernism: Some Necessary Explanations. Extract from Directorship Policy Statement for SOMAI (Skidmore, Owings and Merrill Architecture Institute). *Architectural Design*, **57** (1/2), 1987.

Krier, L. (1987a) Leon Krier: A Profile by Ian Latham. *Architectural Design*, **57** (1/2), 1987.

Krier, L. (1987b) **Atlantis, Tenerife**. *Architectural Design*, **58** (1/2); *Domus*, 694, May 1988; *Archives d'Architecture Moderne*, 1988. See also Culot, M. (1988) and Porphyrios, D.L (1988).

Krier, L. and Porphyrios, D. (eds) (1980) *Quatremère de Quincy: De l'Imitation*, Archives d'Architecture Moderne, Brussels.

Krier, R. (1963) **Haus Siemer** in Bonfanti *et al*. (1973); *Architecture d'Aujourd'hui*, No. 179; *Deutsche Bauzeiting*, 1973; *Architectural Review*, 1973; *Architectural Forum*, 1973; *Bouw*, 49; *Bauen und Wöhnen*; *Lotus International*, 1975; Krier, R. (1982b).

Krier, R. (1964) **Leinfelden City Centre, Stuttgart**, in Bonfanti *et al*. (1973), Krier, R. (1975, 1979) *A + U*, No. 78 June, 1977 and as Cultural and Commercial Center for Leinfelden, Stuttgart, in Krier, R. (1982b).

Krier, R. (1973a) **Tower Bridge Housing, London** in Bonfanti *et al*. (1973); Krier, R. (1982b).

Krier, R. (1973b) **Berlin Ritterstrasse**. *Architecture d'Aujourd'hui*, No. 200.

Krier, R. (1974) Dickes House in Krier, R. (1982b).

Krier, R. (1975) *Stadtraum in Theorie und Praxis*, Karl Krämer Verlag, Stuttgart, (1976) Gustavo Gili, Barcelona. Trans. (1979) as *Urban Space*, Academy Editions, London. (1980) *A + U*, Tokyo, (1981) Archives d'Architecture Moderne, Brussels.

Krier, R. (1977a) **Südliche Freidrichstrasse**, Berlin: Ideal Plan in Krier, R. (1982a) also as Urban Development of South Friedrichstadt, Berlin in Krier, R. (1982b).

Krier, R. (1977b) Proposal 1977 for the Area **Lindenstrasse, Alte Jakobstrasse, and Ritterstrasse in Berlin, with Schinkelplatz at the top**; also 'Schinkelplatz as the Focus of Four Blocks' in Krier, R. (1982). See also Schinkelplatz, Berlin. *Lotus International*, No. 41, 1984/1.

Krier, R. *et al.* (1977–80) Housing on the **Ritterstrasse**. *Architecture d'Aujourd'hui*, Nos 200, 213; *Architectural Design*, **49** (12), 1979; Krier, R. (1982a); *A + U*, 84: 01; *Architectural Review*, **CLXVI**, (1051).

Krier, R. (1977–80) **The Rauchstrasse Houses**. *Lotus*, **44**, 1984–85; Housing in the Tiergarten, Berlin, in Krier, R. (1982b); *Architectural Review*, **CLXVI**, (1051), September 1984 and Konopka, 1985.

Krier, R. (1977–82) **Schinkelplatz, South Friedrichstrasse, Berlin**, see Ferelenga, A. (1983) in Krier, R. (1982a and b); *Architectural Review*, **CLXVI**, (1051), September 1984.

Krier, R. (1978a) **Roma Interrotta: Sector X** in *IIA Catalogue* (1978). Reprinted in *Architectural Design*, **49** (3–4), 1979.

Krier, R. (1978b) Urban Design for the **Prager Platz, Berlin** in Krier, R. (1982a and b).

Krier, R. (1979) Typological and Morphological Elements of the Concept of Urban Space. *Architectural Design*, **49** (1), 1979.

Krier, R. (1980) New Block Partition Between Lindenstrasse and Alte Jacobstrasse, **South Friedrichstadt, Berlin** in Krier, R. (1982b).

Krier, R. (1980) **Projects for Berlin**. *Lotus International*, No. 28; *Bauen + Wohnen*, June 1980; *Neue Heimat*, October 1980.

Krier, R. (1982a) *On Architecture*, Academy Editions, London; St Martin's Press, New York.

Krier, R. (1982b) *Urban Projects 1968–1982* with Essays by Berke, D. and Frampton, K. Institute for Architecture and Urban Studies and Rizzoli International, New York.

Krier, R. (1983) Elements of Architecture. *Architectural Design*, **53** (9/10), 1983.

Krier, R. (1985) **Project for Amiens** in Garcias (1985); also Krier, R. (1987); *Amiens: the Reconstruction of the Historic Centre*, Archives d'Architecture Moderne, Brussels.

Krier, R. (1987) Personal communication at the Academy Forum at the Tate on 'Post Modernism', October 1987.

Krier, R. (1988) *Architectural Composition*, Academy Editions, London.

Kroll, L. (1968–71) **Medical Faculty, Woluwé-Saint Lambert, La Mémé**, Brussels. See Kroll, L. (1975) The Soft Zone. *Architectural Association Quarterly*, **7** (4); Williams, S. (1976) Do it Yourself. . . . *Building Design*, March 30, 1976; Strauven, F. (1976) L'Anarchitecture de Lucien Kroll. *Archives d'Architecture Moderne*, 1976 No. 8; also in *Architectural Association Quarterly*, No. 2, December 1976.

Kroll, L. (1986) *The Architecture of Complexity*, London.

Kroll, L. (1988) *Buildings and Projects*, with an Intro. by Pehnt, W., Thames and Hudson, London.

Kurokawa, K. (1982–83) *Projet pour le **Parc de la Villette, Paris***, see Barziley *et al.* (1984).

Lampugnani, V. M. (1984) How to put a contradiction into effect. *Architectural Review*, **CLXVI**, (1051), September 1984.

Latham, I. (1987) Leon Krier: A Profile by Ian Latham. *Architectural Design*, **57**, (1/2), 1987.

Laugier, M.-A. (1753) *Essai sur l'Architecture*, Duchesne, Paris. Reprinted (1966) Gregg Press, Farnborough; also Trans. Herman, W. and A. (1977) as *An Essay on Architecture*, Hennessey and Ingalls, Los Angeles.

Lazzaroni, M. and Muñ, A. *Filarete*, Rome. Quoted Rosenau, 1972.

Le Corbusier-Saugnier (1922a) Le Chemin des Anes, le Chemin des Hommes. *L'Esprit Nouveau*, No. 17, 1922. Reprinted in Le Corbusier (1924).

Le Corbusier (1922b) L'Angle Droit and L'Ordre. *L'Esprit Nouveau*, No. 18, 1922. Reprinted in Le Corbusier (1924).

Le Corbusier (1922c) Exhibition at the Salon d'Automne of **Une Ville Contemporaine** Reprinted (1924) as Une Ville Contemporain de 3 Millions d'habitants. *L'Esprit Nouveau*, No. 28.

Le Corbusier (1924) Various articles from *L'Esprit Nouveau*. Reprinted (1924) as *Urbanisme*, Editions Crés, Paris. Trans. Etchells, F. (1929) as *The City of Tomorrow*, John Rodker, London. Reprinted (1947, 1971 and 1987) Architectural Press, London.

Le Corbusier (1925a) **Plan Voisin de Paris** for the Pavilion d'Esprit Nouveau at the Exhibition of Arts Decoratifs in Paris. Reprinted Le Corbusier, 1929.

Le Corbusier (1925b) La Rue. *L'Intransigeant*, May 1929. Reprinted in Le Corbusier and Jeanneret, P. (1964) as La Rue: the Street; Die Strasse.

Le Corbusier (1926) Les 5 points d'une architecture nouvelles. Reprinted in Le Corbusier and Jeanneret, P. (1929).

Le Corbusier (1930) *Précisions sur un état présent de l'architecture et d'urbanisme*, Paris.

Le Corbusier (1935) **La Ville Radieuse**, Paris. Trans. (1967) as *The Radiant City*, Faber, London.

Le Corbusier (consultant) (1937–43) with Costa, L., Leão, C., Moreira, J., Niemeyer, O., Reidy, A. R. & Vasconcelos, E. **Ministry of Education and Health, Rio de Janeiro** in Frank, K. (1960) *The Architecture of Alfonso Eduardo Reidy*, Praeger, New York.

Le Corbusier (1946a) *Quand les Cathédrales Etáient Blanches*, trans. Hyslop, F. E. as *When the Cathedrals Were White* (1964 edn consulted), McGraw Hill, New York.

Le Corbusier (1946b) *Manière de penser l'urbanisme*, Ed. Architecture d'Aujourd'hui, Paris. Trans. Entwistle, C. (1967) as *Concerning Town Planning*, Architectural Press, London.

Le Corbusier (1946c) *Manière de Penser l'Urbanisme: Soigner la Ville Malade*, Éditions de l'Architecture d'Aujourd'hui, Paris.

Le Corbusier (1948) Letter to Senator Warren Austin. *Architectural Review*, July 1950 and Banham, R. (1975).

Le Corbusier and Jeanneret, P. (1929) *Oeuvres Complète*, vol. 1: 1910–1929 (eds O. Stonorow and S. Boesiger). Reprinted (1964) as *Le Corbusier and Pierre Jeanneret: The*

Complete Architectural Works, vol. 1 1919–1929. Editions d'Architecture, Zurich; Thames and Hudson, London.

Ledoux, N.-C. (1804) *L'Architecture Considerée sous le Rapport de l'Art, des Moeurs et de la Législation*, Chez l'Auteur, Paris. Reprinted (1981) Uhl Verlag, Nördlingen.

Leinberger, C. B. and Lockwood, C. (1986) How Business is reshaping America. *Atlantic Monthly*, October.

Lenoine, B. (1980) *Les Halles de Paris*, Ed. L'Equerre, Paris.

Leone, H. (1982) The new traditional town: Two plans by Leon Krier for **Bremen** and **Berlin-Tegel**. *Lotus International*, **36**, 1982/III.

Libeskind, D. (1979) **Arktische Blumen: Arctic Flowers** in Libeskind, D. (1981) Wider die altehwürdige 'Sprach der Architektur': Versus the Old-established 'Language of Architecture'. *Daidalos: Berlin Architectural Journal*, No. 1, 1981.

Libeskind, D. (1987) **City Edge Competition, Berlin**. In *AA Files*, No. 14, Spring 1987, Architectural Association, London. Also as **Berlin Project**, *A + U* No. 215, August 1988 and Richter, A. and Forster, K. W. (1988) Daniel Libeskind: **Edificio per uffici, abbitazione e spazi pubblici**. In *Domus*, July/August 1988.

Llorens, T. (1981) Manfredo Tafuri: Neo-Avant-Garde and History. On the Methodology of Architectural History (Review of Architecture and Utopia: Manfredo Tafuri). *Architectural Design*, **51** (6/7), 1981. Reprinted in Ockman, J. (ed.) (1985) *Architecture: Criticism: Ideology*, Princeton Architectural Press, Princeton.

Locke, J. (1687) *An Essay Concerning Human Understanding* (ed. A. D. Woozley) (1964) Collins Fontana Library, London.

Lorenz, K. (1952) *King Solomon's Ring*, Crowell, New York.

Lösch, A. (1938) The Nature of Economic Regions. *Southern Economic Journal*, **5** pp. 71–8.

Lösch, A. (1954) *The Economics of Location*, New Haven.

Lynch, K. (1960) *The Image of the City*, MIT Press, Cambridge, Mass. and London.

Maggi, G. and Castriotto, I. F. (1564) *Delle Fortificazione della Città*, Venice.

March, L. and Trace, M. (1968) *The Land Use Performance of Selected Arrays of Built Forms*, Working Paper 2, Land Use and Built Form Studies, Cambridge.

Martienssen, R. D. (1958) *The Idea of Space in Greek Architecture*, Wittwatersrand University Press, Johannesburg.

Martin, L. (1958–) **Harvey Court: Gonville and Caius College, Cambridge** in Bonfanti *et al.* (1973) in Martin, L. (1983) *Buildings and Ideas: 1933–83*. Cambridge University Press, Cambridge.

Martin L. and March L. (1972) *Urban Space and Structure*, Cambridge Univeristy Press, Cambridge.

Martini, Fr. di Giorgio (c. 1495) *Trattato di Architectura Civile e Militare*, quoted Rosenau, 1972.

Marx, K. (1844) Economic and Philosophical Manuscripts. Trans. (1975) in Marx, K. and Engels, F. *Collected Works*, Vol. 3: 1843–44.

Marx, K. (1857–58) *Grundrisse der Kritik der Politischen Ökonemie*. Trans. Nicolaus, M. (1973) as *Grundrisse*, Penguin Books, Harmondsworth.

Marx, K. (1867) *Das Kapital*, Vol. 1 Trans. English 1887 and (1894) Vol. III. Trans. English 1909. Revised editions, Progress Publishing, Moscow; Lawrence and Wishart, London.

Marx, K. and Engels, F. (1845–46) The German Ideology trans. 1976 in Marx, K. and Engels, F. *Collected Works*, Vol. 5. Progress Publishing, Moscow; Lawrence and Wishart, London.

Marx, K. and Engels, F. (1848) The Communist Manifesto, trans. Moore, S. (1888) 1967 edition consulted. Penguin Books, Harmondsworth.

Matthew, D. (1983) *Atlas of Medieval Europe*, Phaidon, London.

Maxwell, R. (1988) Critique of **Mississauga City Hall**. *Architectural Design*, **58** (1/2), 1988.

May, E. and Wichert, F. (eds) (1929–32) *Das neue Frankfurt*. See Rodrigues-Lorres and Wichert (1977) for edited selection.

Mellaart, J. (1967) *Çatal Hüyük: A Neolithic Town in Anatolia*, Thames and Hudson, London.

Miller-Lane, B. (1968) *Architecture and Politics in Germany 1918–1945*, MIT Press, Cambridge, Mass.

Mitterand, F. *et al.* (1987) *Architectures Capitales: Paris 1979–89*, Electa Moniteur, Paris.

MLTW with Halprin, L. and Urban Innovations Group (1965–66) **Lovejoy Fountain: Portland, Oregon**. See Halprin (1965–66).

MLTW (1966–74) Moore-Turnbull with Buchanan, M., Calderwood, R. and Simpson, R. **Kresge College: University of California at Santa Cruz**. See Another America, Kresge College, University of California, Santa Cruz, in *Architectural Review*, **CLVI**, (929), July 1974; Whitman Village, Kresge College in *Toshi Jutaku*, September 1974; Kresge College, Santa Cruz, USA, in *Baumeister*, **72**, September 1975; School: Kresge College, in *Architecture and Urbanism*, May 1975; Kresge College, University of California, Santa Cruz, in *L'Architecture d'Aujourd'hui*, March 1976. Also *Process Architecture*, No. 3, 1977; *A + U*, 1978/5 and Johnson (1986).

Moneo, R. (n.d.) La Idea de Arquitectura en Rossi y **El Cemeterio de Modena** Ed. ETSAB, Barcelona. Trans. Giral, A. as Aldo Rossi: The Idea of Architecture and the Modena Cemetery. *Oppositions*, **5**, Summer 1976.

Moore, C. W. Associates and Urban Innovations Group with Perez, A. Associates (1975–78) **Piazza d'Italia: New Orleans, Louisiana**. See Davis, J. (1975) The Dazzling Piazza That Might Have Been in *New Orleans States-Item*, January 29, 1975; The Magic Fountain *Progressive Architecture*, **59**, November 1978; Filson, R. (1978) The Magic Fountain of the Piazza D'Italia. *Arquitectura*, **215**, November–December 1978; *A + U*, May 1978; Goldberger, P. New Orleans' New Plaza Is A Wild and Mad Vision, in *New York Times*, February 9, 1979; Moore, C. W. (1980) Piazza s'Italia. *Architectural Design*, **50** (5/6), 1980; Also *A + U*, 1978/5, and Johnson E. J. (1986).

Moore, Ruble, Yudell (1980–) **Tegel Harbour Housing: Berlin**. See Tegeler Hafen Competition: Residential and Recreation Facilities in Berlin. Charles Moore Wins First European Competition. *Architectural*

Design, News Supplement; Wohnen und Freikzeit am Tegeler Hafen, in *Bauwelt*, **42**, November 1980; Moore, C. W. (1982) Schinkel's Free Style Pavilion and the Berlin Tegeler Hafen Scheme. *Architectural Design*, **52** (1/2) 1982; Moore, C. W. Tegel Harbour, Berlin. *Architectural Design*, **53** (1/2), 1983; Johnson (1986) *Architectural Review*, **CLXVI**, (1051); IBA (1987) Nakamura, T. (ed.) (1987).

Moore, Grover, Harper (1981) **Project for Les Halles**, in ACIH, September, 1981.

More, T. (1534) *Utopia: A Dialogue of Comfort*, Intro., Warrington, J. (n.d.), Heron Books, London.

Moretti, F. (1831) **Ricinto della Piazza e Piazzetta di San Marco in Venezia**. Reprinted, with an Afterword by Keller, H. (1978) as *Der Markusplatz zu Venedig*. Karl Hitzegrad, Dortmund.

Morris, A. E. J. (1974) *History of Urban Form: Prehistory to Renaissance*, George Godwin, London. Republished (1979) as *History of Urban Form: Before the Industrial Revolution*. Halstead Press of John Wiley, New York.

Morris, C. (1967) *The Naked Ape*, Jonathan Cape, London.

Morris, D. (1969) *The Human Zoo*, Jonathan Cape, London.

Morville, J. (1969) *Borne Brug af Friarsaler*, Disponering Af Friarsaler, Etageboligomrader Med Saerlig Henblik PaBorns Legsmuligheder, SBI, Denmark. Part translated in Alexander, C., Ishikawa, S. and Silverstein, M. (1977).

Moschini, F. (1979) *Aldo Rossi: Projects and Drawings 1962–1979*, Stiav, Florence, Trans. (1979) Academy Editions, London.

Muller, P. (1976) *The Outer City: Geographical Consequences of the Urbanization of Suburbia*, Association of American Geographers, Washington.

Mumford, L. (1938) *The Culture of Cities*, 1970 edn consulted, Harcourt Brace Jovanovich, New York.

Mumford, L. (1952) House of Glass. Reprinted from *The New Yorker*, in *From the Ground Up*, Harcourt Brace Jovanovich, New York.

Mumford, L. (1954) Crystal Lantern. Reprinted from *The New Yorker*, in *From the Ground Up*, Harcourt Brace Jovanovich, New York.

Mumford, L. (1961) *The City in History*, Secker and Warburg, London. Republished (1966) Penguin Books, Harmondsworth.

Mundy, J. H. and Riesenberg, P. (1958) *The Medieval Town*, Van Nostrand Reinhold, New York.

Mutthesius, S. (1982) *The English Terrace House*, Yale University Press, New Haven.

Nairn, I. (1955) *Outrage*, Architectural Press, London.

Nairn, I. (1957) *Counter Attack*, Architectural Press London.

Nakamura, T. (ed.) (1987) *International Building Exhibition: Berlin 1987*, A + U extra edn, 1987/5. A + U, Tokyo.

Nasr, S. H. (1976) *Islamic Science: An Illustrated Study*, World of Islam Festival Publishing Company, London.

Newman, O. (1972) *Defensible Space: People and Design in the Violent City*, Macmillan Co., New York, 1973 edn; Architectural Press, London.

Nicolin, P.-L. (1977) *GA: Carlo Aymonimo/Aldo Rossi: **Housing Complex at the Gallaratese Quarter***, Milan, Italy, 1969–74. Edited and photographed by Futagawa, Y., ADA Eduta, Tokyo.

Nolli, G. (1748) *Roma al Tempo di Benedetto XIV: La Pianta di Roma*, reprinted (n.d.) Biblioteca Apostolica Vaticana, Città del Vaticano.

Norberg-Schultz, C. (1963) *Intentions in Architecture*, Universitetsforlaget, Oslo; Allen and Unwin, London.

Norberg-Schultz, C. (intro.) (1985) *Ricardo Bofill: Taller de Arquitectura*, Rizzoli, New York.

Nuttall, Z. (1921) Royal Ordinances Concerning the Layout of Spanish Towns. *The Hispanic American Historical Review*, **4** (4), November 1921, pp. 743–53.

Nuttall, Z. (1922) Royal Ordinances Concerning the Laying Out of New Towns. *The Hispanic American Historical Review*, **5** (2), May 1933, pp. 249–54.

Oates, J. (1979) *Babylon*, Thames and Hudson, London.

Osborn, F. J. and Whittick, A. (1963) *New Towns: Their Origins, Achievements and Progress*, Leonard Hill. London; Routledge and Kegan Paul, Boston.

Papadakis, A. (ed.) (1988a) The New Modernism: Deconstructionist Tendencies in Art. *Art and Design*, **4** (3/4), 1988.

Papadakis, A. (ed.) (1988b) Deconstruction in Architecture. Architectural design profile. *Architectural Design*, **58**, (3/4), 1988.

Patte, P. (1765) *Monuments érigés à la gloire de Louis XV*, Paris.

Pattou, J. (1981) **Project for Les Halles**, in ACIH, September, 1981.

Pausanius (n.d.) *Description of Greece*, trans. Jones, W. H. S. (1918) 5 vols, Loeb Classical Library, Harvard University Press, Cambridge, Mass.; Heinemann, London, trans. and ed. Levi, S. J. (1971) as *Guide to Greece*, Penguin, Harmondsworth.

Pei, I. M. (1981–88) **Pyramid Entrance to Le Grand Louvre**, see Mitterand *et al.* (1987).

Peirce, C. S. (1878) How to Make our Ideas Clear. *Popular Science Monthly*, January 1878. Reprinted in Thayer (1970).

Peirce, C. S. (1902) Pragmatics and Pragmatism, in Baldwin, J. M. (ed.) (1902) *Dictionary of Philosophy and Psychology*, vol. II, Macmillan, New York. Reprinted in Hartshorne and Weiss (eds) (1934) and Thayer (1970).

Peirce, C. S. (1905) What Pragmatism Is. *The Monist*, **15**, (1905). Reprinted in Thayer (1970).

Pellegrini, E. (1986) *L'Iconografia di Siena nelle Opere a Stampa*. Ed. Lombardi, Siena.

Pennick, N. (1979) *The Ancient Science of Geomancy*, Thames and Hudson, London.

Pérez de Arce, R. (1978) Urban Transformations and the Architecture of Additions (including **Chandigarh and Dacca**). *Architectural Design*, **49** (4).

Pérez de Arce, R. (1978) The Urban redevelopment of the city: **Chandigarh and Dacca**. *Lotus International*, **19**, June 1978.

Pérouse de Montclos, J.-M. (1969) *Étienne-Louis Boullée (1728–1799) de l'Architecture Classique a l'Architecture Révolutionnaire*, Arts et Metier Graphique, Paris.

Pevsner, N. (1976) *A History of Building Types*, Thames and Hudson, London; Princeton University Press, Princeton, New Jersey.

Pinon, H. and Viaplana (1981–82) **Placa l'Estacio de Sants, Barcelona**. See Bohigas *et al.* (1983).

Pirenne, H. (1925) *Les Cités Médiévales*, trans. Halsey, F. D.

(1952) as *Mediaeval Cities, Their Origins and the Revival of Trade* (1974) (edn consulted) Princeton University Press, Princeton, New Jersey.

Pirenne, H. (1937) *Economic and Social History of Medieval Europe*, Harcourt Brace Jovanovich, New York. Chapter on The Impact of Commerce and Urbanization, reprinted in Cantor, N. F. and Wertham, M. S. (eds) (1972) *Medieval Society: 400–1450*, Thomas Y. Crowell, New York.

Plato (n.d.) Theatetos, in Warrington, J. (trans. 1961) *Plato: Parmenides and Other Dialogues*, Everyman's Library, J. M. Dent, London; E. P. Dutton, New York.

Plato (n.d.) Phaedo, in Buchanan, S. (ed.) (1948) *The Portable Plato*, Viking Press, New York.

Plato (n.d.) Republic, trans. Cornford, F. M. (1941) as *The Republic of Plato*, Clarendon Press, Oxford.

Platt, C. (1976) *The English Medieval Town*, Secker and Warburg, London.

Popham, P. (1984) A Hollow Monument **(Tsukubu Civic Centre)**. *Building Design*, May 11.

Popper, K. (1959) *The Logic of Scientific Discovery*, Hutchinson, London.

Popper, K. (1963) *Conjectures and Refutations*, Routledge and Kegan Paul, London.

Porphyrios, D. (1984) Leon Krier: Houses, Palaces, Cities. *Architectural Design*, **54** (7/8).

Porphyrios, D. (1988) A Critique of **Atlantis**. *Architectural Design*, **58** (1/2), 1988; also The Meaning of Atlantis et sa Signification, in *Leon Krier* (1988); *Atlantis*, Archives d'Architecture Moderne, Brussels.

Portoghesi, P. (1978) **Roma Interrota: Sector V**, in *IIS Catalogue* (1978). Reprinted in *Architectural Design*, **149** (3/4), 1979.

Provost, A. (1982–84) **Projet pour le Parc de la Villette, Paris.** See Barziley *et al.* (1984).

Price, L. (1982) **The Plan of St Gall**, in *Brief*, University of California Press, Berkeley.

Price, U. (1794) *An Essay on the Picturesque, As Compared with the Sublime and the Beautiful; and, on the Use of Studying Pictures, for the Purpose of Improving Real Landscape*, London. Reprinted 1972, Gregg International, Farnborough.

Reff, T. (1983) Manet and the Paris of Haussmann and Baudelaire, in *Monet and Modern Art*, Exhibition Calogue, National Gallery of Art, Washington. Reprinted (1987) in Sharpe, W. and Wallock: *Visions of the Modern City: Essays in History, Art, and Literature*, Johns Hopkins University Press, Baltimore.

Reichlin, B. and Reinhart, F. (1973) **Villa Tonini at Lugano**, in Bonfanti *et al.* (1973).

Reps, J. (1965) *The Making of Urban America*, Princeton University Press, Princeton, New Jersey.

Repton, H. (1794) Sketches and Hints on Landscape Gardening and Sources of Pleasure in Landscape Gardening, in Loudon, J. C. (ed.;) (1840) *The Landsscape Gardening and Landscape Architecture of Humphrey Repton, Esq, Being his Entire Works on These Subjects . . .*, J. C. Loudon, London. Reprinted by Gregg Press, Farnborough.

Reventós, R., Folguera, F., Noguès, X. and Utrillo, M. (1929) **Pueblo Esapañol: Barcelona**, in Voltes Bou (1972) and Castell Esteban (1985).

Rewald, J. (1946) *The History of Impressionism*, Museum of Modern Art, New York. 4th revised edn consulted, also Secker and Warburg, London.

Roca, M. A. (1979–80) **Plaza España, Cordoba, Argentina**, in Roca, M. A. (1981)

Roca, M. A. (1979–80) **Plaza des Armas: Cordoba, Argentina**, in Roca, M. A. (1981) and *Architectural Design*, **54** (11/12), 1984.

Roca, M. A. (1981) *Miguel Angel Roca*, with texts by Glusberg, J. and Bohigas, O., Academy Editions, London.

Rodrigues-Lorres, J. and Uhlig, G. (eds) (1971) Selections from *Das Neue Frankfurt*, Lehrstuhl für Plannungstheorie, RWTH Aachen, Aachen.

Rörig, F. (1967) *The Medieval Town* (trans. Bryant, D.) University of California Press, Berkeley.

Rosenau, H. (1959) *The Ideal City and its Architectural Evolution*, Routledge and Kegan Paul, London. Republished 1972 as *The Ideal City: Its Architectural Evolution*, November Books, New York; 1974 as *The Ideal City*, Studio Vista, London and 1983 Methuen, London; November Books, London.

Rosenau, H. (1976) *Boullée and Visionary Architecture*, including Boullée's Architecture: Essay on Art, Academy Editions, London; Harmony Books, New York.

Rosenthal, A. W. and Gelb, A. (eds) (1965) *The Night the Lights Went Out*, Signet Book, New American Library, New York.

Rossi, A. (1965) **City Square and Monumental Fountain in Segrate, Milan**, in *A + U*, 1976/5.

Rossi, A. (1966) *L'Architettura della città*, Ed. Marsilio, Padua; trans. Ghirardo, D. and Ockman, J. (1982) as *The Architecture of the City*, MIT Press, Cambridge, Mass. and London.

Rossi, A. (1967) Introduzione a Boullée, in Boullée, E.-L. (trans. Italian) *Architettura: Saggia sull'Arte*, Padua.

Rossi, A. (1971a) **Cemetery of San Cataldo, Modena**. *A + U*, 1976: 5; 1982: 11; Conforti (1981) Johnson, E. (1982); Savi, V. (1983); Savi, V. and Lupano, M. (1983).

Rossi, A. (1971b) L'azzurro del cielo, in entry, with Braghieri, G. for **Modena Cemetery Competition**. Reprinted in *Controspazio*, 10 October 1972; trans. Barsoum, M. and Dimitriu, L. (1976) as The blue of the sky. *Oppositions*, **5**, Summer 1976.

Rossi, A. (1972a) Il gioco dell'occa: Boardgame, **Collage of Modena Cemetery** Drawings, in Moschini, F. (1979).

Rossi, A. (1972b) **Architectural Collage**. *A + U*, No. 65, May 1976.

Rossi, A. (1972c) **Project for an Elementary School at Fagano Olona**, (Varese), in Bonfanti *et al.* (1973).

Rossi, A. (1978) **Roma Interrotta; Sector XI**, in *IIA Catalogue* (1978). Reprinted in *Architectural Design*, **49** (3/4), 1979.

Rossi, A. (1980a) **Canareggio West: Project for the Grand Canal in Venice**, in Rossi, 1985.

Rossi, A. (1984) *Lotus International*, **42**, 1984/2.

Rossi, A. (1987) *Aldo Rossi: Architect*, with texts by

Harrison, P., Rossi, A., Barbieri, U. and Braghieri, B., Ghirri, L. and Ferlenga, A. Catalogue of an Exhibition held at York (20 November 1987–3 January 1988 and London, 20 February–29 March 1988) Electa Spa, Milan.

Rossi, A. and Stead, W. (1980) **Molteni Funerary Chapel, Giussano**, in Arnell and Bickford (1985).

Rossi, A. and Braghieri, G., with Stead, C. and Johnson, J. (1981) Brick Building marked by windows. *Lotus International*, **32**, 1981/III.

Rossi, A., with Adjini, M. and Gerinzi, G. (1982) **Congressional Palace for Milan**, in Arnell and Bickford (1985); Rossi (1987).

Rowe, C. (1978) **Roma Interrotta: Sector VIII**, in *IIA Catalogue* (1978). Reprinted in *Architectural Design*, **49** (3/4) 1979.

Rowe, C. (1984) IBA: Rowe Reflects. *Architectural Review*, **CLXVI**, (1051), September 1984.

Rowe, C. and Koetter, F. (1975) Collage City. *Architectural Review*, **CLVIII**, (942), August 1975. Republished (1979) as *Collage City*, MIT Press, Cambridge, Mass. and London.

Russell, B. (1946) *History of Western Philosophy*, Allen and Unwin, London.

Rykwert, J. (1972) *On Adam's House in Paradise: the Idea of the Primitive Hut*, in *Architectural History*, Museum of Modern Art, New York.

Rykwert, J. (1974) 15 Triennale Esposizione Internazionale dell Arte Decorative e Industriale Noderne e dell'Archirettura moderne, Milano 20/9–20, 11, 1973, in *Domus*, January 1974.

Rykwert, J. (1976) *The Idea of a Town*, Faber and Faber, London.

Saalman, H. (n.d.) *Mediaeval Cities*, Studio Vista, London; George Braziller, New York.

Saalman, H. (1971) *Haussmann: Paris Transformed*, Studio Vista, London; George Braziller, New York.

Salmona, R. (1968–71) **El Parque, Bogota**, in Bayón, D. and Gasparini, P. (1977).

Salonas, Arriolque, Gali and Quintana (1981–82) **Parc de l'Excorxador, Barcelona**. See Bohigas *et al.* (1983).

Samonà, G. and A. (1967) **Competition Entry for a New Chamber of Deputies Building in Rome**, in Bonfanti *et al.* (1973).

Samonà, G. *et al.* (1970) **Piazza San Marco**: l'Architettura la Storia le Funzioni, Marsilio Editori, Venice.

Savi, V. (1983) **The Aldorossian Cemetery**. *Lotus International*, 1983/III.

Savi, V. and Lupano, M. (1983) *Aldo Rossi: Opera Recenti*, Catalogue of an Exhibition held at Modena 25 June–5 September 1983 and Perugia, October 1983, Ed. Panini.

Scammozzi, V. (1615) *L'Idea della Architetura Universale*, Venice.

Schevill, F. (1909) *Siena: The Story of a Medieval Commune*, Charles Scribner's Sons, New York. Reprinted (1964) Harper and Row Torchbooks, New York.

Schulz, J. and Gräbner, W. (1987) *Berlin: Architektur von Pankow bis Köpenick*; VEB Verlag für Bauwesen, Berlin.

Schütte-Lihotsky (1927) Razionalisierung im Haushalt. *Das Neue Frankfurt*, **1** (5).

Scully, V. (1974) *The Shingle Style Today or The Historian's Revenge*, George Braziller, New York.

Segre, R. (1975) Communication and Social Participation, in Segre, R. and Kusnetzoff, F. (eds) (1975) *América Latina en su Arquitectura*, UNESCO, Paris, trans. Grossman, E. (1981) as *Latin America in its Architecture*, Holmes and Meier, New York and Greenwich, London.

Siena, Commune de Costituto of 1262; Costituto of 1309 and Statuto dei Viari (1280) all in Balestracci, D. and Piccinni, G. (n.d.).

Siena, Commune di (1292) Ordine . . . nelle nuove casa . . . nella Piazza del Campo, tutte finestre debbano esser costruite a colonnelli, from Archivo di Stato in Siena, in Borghesi, S. and Banchi, E. L. (1898).

Simmel, G. (1902–03) Die Grosstäde und das Geistleben, trans. Wolf, K. H. (1950) as The Metropolis and Mental Life, in *The Sociology of Georg Simmel*, Free Press, New York.

Sitte, C. (1889) Der Städte-Bau nach sienen künstlerischen Grundsätzen trans. Collins, G. R. and C. C. (1965) as *City Planning according to Artistic Principles*, in Collins, G. R. and C. C. (1986) *Camillo Sitte: The Birth of Modern City Planning*, Rizzoli International, New York.

Smith, R. C. (1955) Colonial Towns of Spanish and Portuguese Americas. *Journal of the Society of Architectural Historians*, XIV, No. 4, December 1955, pp. 3–12.

Smithson, A. and Smithson, P. (1972) Signs of Occupancy. *Architectural Design*, **XLI**, 2/1972.

Smithson, A. and Smithson, P. (1973) *Without Rhetoric: An Architectural Aesthetic 1956–72*, Latimer New Dimensions, London.

Spoerry, F. (1963) **Port Grimaud**. See Smithson, A. and P. (1972) also Culot, M. Portrait de Francois Spoerry. *Archives d'Architecture Moderne*, No. 12, Nov. 1977, and Williams Ellis, C. (1978).

Stanislawski, D. (1946) The Origin and Spread of the Grid Pattern Town. *The Georgraphical Review XXXVI*, No. 1, January 1947.

Stanislawski, D. (1947) Early Spanish Town Planning in the New World. *The Geographical Review XXXVII*, No. 1, January 1947.

Stein, C. S. (1957) *Towards New Towns for America*, Van Nostrand Reinhold, New York.

Stern, R. (1977) At the Edge of Modernism: Some Methods, Paradigms and Principles for Modern Architecture at the Edge of the Modern Movement. *Architectural Design*, **47** (4).

Stern, R. A. M. (1988) *Modern Classicism*, Thames and Hudson, London.

Stern, R. A. M., Gilmartin, G. and Massengale, J. M. (1983) *New York 1900: Metropolitan Architecture and Urbanism 1890–1915*, Rizzoli, New York.

Stirling, J. (1978) **Nolli Plan: Sector IV**, in *IIS Catalogue* (1978). Reprinted in *Architectural Design*, **49** (3/4), 1979.

Stirling, J., with Krier, L. (1970a) **Siemens A. G. Munchen-**

Pelach. *Architectural Design*, **XL**, July 1970; *Space Design*, October 1970.

Stirling, J., with Krier, L. (1970b) **Project for Derby Civic Centre**. *Space Design*, November 1971; *Domus*, No. 518, November 1972; Bonfanti *et al.* (1973); *Architectural Design*, **XLIII** 9/1973; Krier, L. (1980).

Stirling, J. and Wilford, M. (1980) **Science Centre, South Tiergarten, Berlin**. See Buchanan, P. (1980) in *Architectural Review*, **CLXVII**, (998), April 1980; *Architectural Review*, **CLXXXI**, (1082), April 1987.

Sullivan, L. (1896) The Tall Office Building Artistically Considered. *Lippincott's*, **57**, March 1896. Reprinted many times including Sullivan, L. (1918) *Kindergarten Chats and Other Writings*. 1979 edn consulted, Dover, New York.

Tafuri, M. (1973) *Progetto e Utopia*, Ed. Laterza, Bari, trans. (1976) as *Architecture and Utopia: Design and Capitalist Development*, MIT Press, Cambridge, Mass. and London.

Tafuri, M. (1974) L'Architecture dans la Boudoir: il linguaggio della critica e la critica del linguaggio, trans. Caliandro, V. (1974) as L'Architecture dans la Boudoir: The language of criticism and the criticism of language. *Oppositions*, **3**, May 1974.

Tarn, J. N. (1973) *Five Percent Philanthropy*, Cambridge University Press, Cambridge.

Tauranac, J. (1979) *Essential New York: A Guide to the History and Architecture of Manhattan's Important Buildings, Parks and Bridges*, Holt, Rinehart and Winston, New York.

Taylor, F. W. (1911) *Scientific Management*. Republished (1974) Harper and Brothers, New York.

Taylor, N. (1973) *The Village in the City: Towards a New Society*, Temple Smith, London.

Thayer, H. S. (ed.) (1970) *Pragmatism: The Classical Writings*, Mentor Book of the New American Library, New York; the New English Library, London.

Thiel, P. (1986) *Notations for an Experimental Envirotecture*, University of Washington, Seattle.

Tod, I. and Wheeler, M. (1978) *Utopia*, Orbis, London.

Toynbee, A. (ed.) (1967) *Cities of Destiny*, Thames and Hudson, London.

Tschumi, B. (1981) *The Manhattan Transcripts*, Academy Editions, London and St Martin's Press, New York.

Tschumi, B. (1983) Illustrated index: themes from the Manhattan transcripts. *AA Files*, No. 4, July 1983, Architectural Association, London.

Tschumi, B. (1982–83) **Projet pour le Parc de la Villette, Paris**. See Barziley *et al.* (1987).

Tschumi, B. (1984) Work in progress. In *L'Invention du Parc*, Editions Graphite, Paris.

Tschumi, B. (1985) *La Case Vide*: twenty plates exploring future conceptual transformations and dislocations of the **Villette** project. With an essay on Bernard Tschumi by Jacques Derrida, an introduction by Anthony Vidler and an interview by Alvin Boyarsky. AA Folio VIII. Architectural Association, London.

Tschumi, B. (1987) *Cinégramme Folie, le parc de la Villette* Champ-Vallon, Paris and Princeton University Press, Princeton, New Jersey.

Tschumi, B. (1988) **Parc de la Villette**, Paris. *Architectural Design*, **58** (3/4), 1988.

Tschumi, B. (1988) Notes towards a theory of deconstruc-tion. *Architecture and Urbanism*, No. 216, September 1988.

Tunnard, C. and Pushkarew, B. (1963) *Man-made America: Chaos or Control: Selected Problems of Design in the Urban Landscape*, with Baker, G. *et al.* Drawings by Lin, P., Pozharsky, V. and photographs by Reed, J. and Schulze, C. R. J. Yale University Press, New Haven.

Turnbull, W. (1977) **Kresge College**, quoted in Chang, C.-Y. (ed.) *Process Architecture*, No. 3.

Ungers, M. (1964) The Forum of Culture: **Proposal for Kemperplatz, Berlin**. *Lotus International*, **43**, 1984/3.

van der Rohe, M. (1967) **A New City Square and Office Tower in the City of London**, in Carter, P. (1974).

Venturi, R. (1953) **The Campidoglio: A Case Study**, in *MFA Thesis*, Princeton University. Reprinted (1953) in *Architectural Review*, May 1953, No. 675, pp. 333–4 and in Venturi, R. and Scott Brown, D., with Arnell, P., Bickford T. and Bergart, C. (eds) (1984) *A View from the Campidoglio*, Harper and Row, New York.

Venturi, R. (1966) *Complexity and Contradiction in Architecture*, Museum of Modern Art, New York. Republished (1977) also Architectural Press, London.

Venturi, R. and Scott-Brown, D. (1968) A Significance for A and P Parking Lots, or Learning from Las Vegas. *Architectural Forum*, March.

Venturi, R., Scott Brown, D. and Izenour, S. (1972) *A Significance for A & P Parking Lots or Learning from Las Vegas*, MIT Press, Cambridge, Mass. Revised (1972, 1979) as *Learning from Las Vegas: the Forgotten Symbolism of Architectural Form*, MIT Press, Cambridge, Mass. and London.

Venturi, R. and Rauch (1978) **Roma Interrotta: Sector VII**, in *IIA Catalogue* 1978. Reprinted in *Architectural Design*, **49** (3/4), 1979.

Vidler, A. (1978) La Troisieme Typologie: The Third Typology, on AAM (1978).

Violich, F. (1962) Evolution of the Spanish City: Issues Basic to Planning Today. *Journal of the American Institute of Planners*, **28** (3), August 1962, pp. 170–79.

Vitruvius (n.d.) *De Architectura*, trans. Morgan, W. H. (1914) as *Vitruvius: The Ten Books on Architecture*, Harvard University Press, Cambridge, Mass. Reprinted (1960) Dover Publications, New York. Also trans. Grainger, F. (1934) as *Vitruvius on Architecture*, vols I and II, Loeb Classical Library, Harvard University Press, Cambridge, Mass. and William Heinemann, London.

Voltes Bou, P. (1971) **Pueblo Español de Montjuich, Barcelona: Spanish Village of Barcelona**, Corporation of Barcelona.

von Spreckelsen, O. (1982–88) **Grand Arche; Tête de la Defense, Paris**. See Mitterand *et al.* (1987).

Wagner, O. (1905–7) **St Leopold am Steinhoff**, in Geretsegger, H. and Peintner, M. (eds) (1964) *Otto Wagner, 1841–1918*, Residenz Verlag, Salzburg, trans. Onn, G. (1979) Academy Editions, London.

Ward-Perkins, J. B. (1970) Roman Imperial Architecture as part of Boethius, A. and Ward-Perkins, J. B. *Etruscan and Roman Architecture*. Republished (1981) as *Roman Imperial Architecture*, Penguin Books, Harmondsworth.

Weller, A. S. (1943) *Francesco di Giorgio*, Chicago. Quoted Rosenau (1972).

Wigley, M. (1987) Postmortem architecture: the taste of Derrida. *Perspecta: The Yale Architectural Journal*, No. 23, 1987.

Wigley, M. (1988) Projects. In *Deconstructivist Architecture* (eds P. O. Johnson and M. Wigley), Museum of Modern Art, New York.

Williams-Ellis, C. and A. (1924) *On the Pleasures of Architecture*, quoted without bibliographical details in Williams-Ellis, C. (1971).

Williams-Ellis, C. (1963) **Portmeirion: The Place and its Meaning**. Revised edn (1973) Portmeirion Limited, Portmeirion.

Williams-Ellis, C. (1978) The Miracle of **Port Grimaud** and **Portmeirion** Grows Up, in *Around the World in Eighty Years*, Golden Dragon Books, Portmeirion.

William-Ellis, C. (1982) **Portmeirion:** *It's What? When? Why and How? Variously Answered*, Portmeirion Limited, Portmeirion.

Woodbridge, S. (1974) How to Make a Place (on MKTW **Kresge College**). *Progressive Architecture*, **55**, May.

Wycherley, R. E. (1949) *How the Greeks Built Cities*, London.

Zdekauer, L. (1967) *La Vita Pubblica del Senese nel Pugento*, Bologna.

Zorzi, A. (1980) *Una Citta, Una Repubblica, Un Impero Venezia 697–1797*, trans. 1983 as *Venice 697–1797: City – Republic – Empire*, Sidgwick and Jackson, London.

索 引 *

人名索引

---

* 词条后页码指原书页码，斜体表示附图所在页码，在中文译本中皆为边码。——译者注

地名索引

主题索引

译后记

国内读者对于勃罗德彭特教授的了解，可能始于 1991 年出版的《建筑理论译丛》中由他参与编辑的理论文集《符号、象征与建筑》（乐民成译，中国建筑工业出版社，1991 年）。实际上，勃罗德彭特是一位在英语世界有着广泛影响力的作者和评论家，特别是在当代建筑的主义与流派研究方面，是和查尔斯·詹克斯齐名的重要学者之一，贡献卓著。

杰弗里·海格·勃罗德彭特（Geoffrey Haigh Broadbent），建筑教育家、理论家，英国皇家特许建筑师。1929 年生于英国约克郡的哈德斯菲尔德（Huddersfield），1955 年毕业于曼彻斯特大学（获学士学位），经过一段时期作为建筑师的实践经历之后，1959 年他回到母校，开始漫长的教学生涯，历任曼彻斯特大学、约克大学、设菲尔德大学和朴茨茅斯大学的讲师、教授职位，其中 1967—1988 年间长期担任朴茨茅斯大学建筑系主任。他一生著述丰富，主要专著和编著包括：《建筑设计的方法》（1973，1988 再版）、《建筑中的设计：建筑与人文科学》（1978）、《符号、象征与建筑》（1980）、《建成环境中的意义与行为》（1980）、《城市空间设计概念史》（1990）、《解构：一本给学生们的指南》（1991，1997）、《托马斯·塔维拉（Tomas Taveira）专辑》（1991）、《米格尔·安赫尔·罗加（Miguel Angel Roca）作品专辑》（1994）、《托马斯·塔维拉专辑 II》（1994）等。

我们此次翻译的《城市空间设计概念史》一书，初版于 1990 年，后经多次重印（1990，1995，2001，2005），并且已经出版了三种文字（英语、西班牙语、法语），可谓影响深远。此次翻译的底本选择的是 1995 年由 Taylor & Francis 出版社出版的重印版本。本书是勃罗德彭特学术生涯后期的作品，内容涉猎相当广泛而又不拘泥于细节，语言风格学术而不失流畅，尤见功力。特别有特点的是，行文分段较短，节奏感和口语感强，读上去像在听一位正在课堂上讲课的老教授在向你娓娓讲述。我们在翻译中试图尽量保持这些特征。

值得加以说明的是，原书标题 "Emerging Concepts in Urban Space Design" 中的 "Emerging Concepts" 指的是当时正方兴未艾的"新"思想、"新"概念。由于本书初版至今已逾 20 载，当年也许正在涌现的新概念今天来看已经成了历史的一部分，因此再译为新观念或者新概念已有不妥。因此，兼顾到本书内容涉及的长历史跨度和标题的字面意思，经译者反复斟酌，最终译为"概念史"。

书中所涉及多种语言的专用名词和人名、地名，除少量建筑学领域广泛接受的约定俗成的译法之外，人名依据《世界人名翻译大辞典》（修订第二版）（中国对外翻译出版公司，2007 年），地名依据《外国地名译名手册》（商务印书馆，1993 年），书后附有索引，以便读者检索。对一些读者可能不太熟悉的人名，我们尽量以译者注的形式在脚注中解释说明。

全书正文共分为四个部分，其中第一、二部分由王凯负责，第三、四部分由刘刊负责，最后由郑时龄教授通校全书。刘刊还负责了书后索引部分的翻译。

感谢中国建筑工业出版社的刘慈慰老社长和董苏华、张建两位编辑的辛勤工作，让本书得以顺利出版。

翻译永远不是一件容易的事。由于译者时间、水平有限，译文中不足、不当甚至错讹之处在所难免，敬请读者批评指正，以便译者日后修正译文。

译者
2016 年 8 月